Excel大百科全

从超繁到极简
Excel
高效办公实用技巧
（完全自学视频版）

韩小良◎著

中国水利水电出版社
www.waterpub.com.cn
·北京·

内容简介

《从超繁到极简 Excel高效办公实用技巧(完全自学视频版)》通过微课视频+案例图片+步骤文字的形式，通过实际案例，让读者真正了解“Excel 高效工作法”。在处理日常工作中的每一个实际数据，都会用到288个技巧。现将这些技巧总结归纳成册，并且边操作边录制了完整的讲解视频，让读者能够快速掌握这些技能技巧，然后应用到实际工作中，提升自己的数据处理效率。本书从最基础的Excel基本操作，到Excel常用数据处理工具的灵活使用，再到常用函数公式的灵活应用，以及数据透视表的基本数据统计分析，都做了全面的应用讲解。

《从超繁到极简 Excel高效办公实用技巧(完全自学视频版)》适合Excel基础薄弱的小白们，以及对Excel使用有诸多疑问的基础使用者，也适合会一点Excel操作却不能熟练分析数据的职场人士，还适合刚毕业或即将毕业走向工作岗位的广大学生，宜可作为大、中专院校以及培训机构的教学参考用书。

图书在版编目(CIP)数据

从超繁到极简 Excel高效办公实用技巧：完全自学视频版/韩小良著. —北京：中国水利水电出版社，2020.12

ISBN 978-7-5170-8905-6

Ⅰ. ①从…　Ⅱ. ①韩…　Ⅲ. ①表处理软件　Ⅳ. ①TP391.13

中国版本图书馆CIP数据核字(2020)第182322号

书　　名	从超繁到极简 Excel 高效办公实用技巧（完全自学视频版） CONG CHAOFAN DAO JIJIAN Excel GAOXIAO BANGONG SHIYONG JIQIAO
作　　者	韩小良 著
出版发行	中国水利水电出版社 （北京市海淀区玉渊潭南路 1 号 D 座 100038） 网址：www.waterpub.com.cn E-mail：zhiboshangshu@163.com 电话：（010）62572966-2205/2266/2201（营销中心）
经　　售	北京科水图书销售中心（零售） 电话：（010）88383994、63202643、68545874 全国各地新华书店和相关出版物销售网点
排　　版	北京智博尚书文化传媒有限公司
印　　刷	河北华商印刷有限公司
规　　格	180mm×210mm　24 开本　17.25 印张　554 千字　1 插页
版　　次	2020 年 12 月第 1 版　2020 年 12 月第 1 次印刷
印　　数	0001—5000 册
定　　价	69.80 元

前　言

Excel大百科全书在陆续上市的过程中，受到了广大读者的认可，很多人都是整套地系统学习，解决了实际工作中的诸多问题。

通过在QQ交流群里跟读者之间的不断交流，发现了一个被我忽视的问题：很多人对Excel的使用，仅限于简单的数据处理层面，对他们而言迫切需要实用的小技巧。他们说，韩老师，你写的书对我们来说，还是太难了，有没有针对“Excel小白”的基础书?

对很多的“Excel小白”而言，不需要介绍什么复杂烧脑的嵌套函数公式，更不需要介绍什么高大上的、一键刷新的自动化数据分析模板，他们目前迫切需要的是节省时间，快速处理简单的数据。为了满足广大读者的需求，我把Excel数据处理常用的技能技巧，梳理总结，编纂成册，录制成视频，以期能帮助Excel初学者。至少，希望他们通过学习不再像以前那样，用传统方法加班加点地工作了。

有人问，为什么别人发给我的表格，我不能随便输入数据？这个人到底给表格做了什么手脚？这就是数据验证的功劳，就是不让你随便输入数据，必须输入别人规定的数据。

有人问，为什么用VLOOKUP函数时总是出错？我觉得自己用得不错了呢，但是在这个表格里，就是用不好。其实，你对VLOOKUP函数还是没有透彻了解，尽管相识了这么多年，仍然是面孔熟悉，内心不懂。

有人问，为什么我把分类汇总数据复制到另外一个工作表时，却把所有数据都复制过去了？这个怎么破？其实，你想复制的仅仅是看得见的单元格数据吧，复制数据时不能不加以辨认地全部选中，得先选中可见单元格才行。

有人问，怎样才能快速填充有规律的数据？比如从某列里提取需要的关键词，输入到另一列中？我一个个地挖数太累了！其实，使用简单的函数及分列工具，甚至使用简单的Ctrl+E组合键，几秒就能搞定。

本书的初衷，是面向Excel基础薄弱的小白们，通过“图+文+视频”的形式，对每一个在实际数据处理中常用的技能技巧进行翔实介绍。288 个使用技巧，288 个亲自录制的操作讲解视频（录制的效果虽不太理想，但不影响学习），让你快速掌握这些技能技巧，然后用到实际工作中，提升自己的数据处理效率，让工作更高效！

欢迎加入 QQ 群一起交流，群号：676696308。

韩小良

Contents 目录

第1章 操作工作表实用技巧

第2章 选择单元格实用技巧

第3章 处理单元格实用技巧

第 6 章 输入日期和时间实用技巧

第7章 数据规范输入高级技巧

第8章 利用函数输入数据实用技巧

第9章 输入数据实用小技巧

第10章 输入数据高级应用案例

第11章 编辑数据实用技巧

第12章 自定义数字显示格式技巧

第13章 利用条件格式自动标识和跟踪数据技巧 ▸▸▸

第14章 公式、函数和名称基本技巧

第15章 数值计算实用技巧

第16章 日期时间计算实用技巧

第17章 处理文本数据实用技巧

第18章 数据统计汇总实用技巧

第19章 数据查找与引用实用技巧

第 20 章 数据判断处理实用技巧

第 21 章 数据筛选实用技巧

第22章 数据排序实用技巧

第23章 分类汇总与分级显示实用技巧

第24章 工作表汇总实用技巧

第25章 数据透视表分析数据实用技巧

第1章 操作工作表实用技巧

EXCEL

工作表的操作，是既简单又需要一些技巧的。本章主要介绍如何从数十个、数百个工作表中快速选择某个工作表，如何不使用鼠标在工作表中快速切换，如何特殊保护工作表等。

快速在几个工作表之间切换 技巧 001

切换工作表最简单的方法是单击某个工作表标签。这种方法不算烦琐，但是当快速依次查看每个工作表时，就显得比较麻烦了。

可以使用快捷键来快速切换工作表，其中：

按 Ctrl+PgDn 组合键，可以快速往后切换工作表。

按 Ctrl+PgUp 组合键，可以快速往前切换工作表。

需要注意的是，这样的切换是往后或往前依顺序切换的，无法跳过不想查看的工作表。

快速选择某个工作表 技巧 002

如果要选择某个工作表，一般就是单击。但是，如果有数十个甚至上百个工作表，这种单击的方法就非常低效了，此时，可以使用快捷菜单。

在工作表标签左侧位置右击，弹出一个“激活”对话框，如图 1-1 所示。

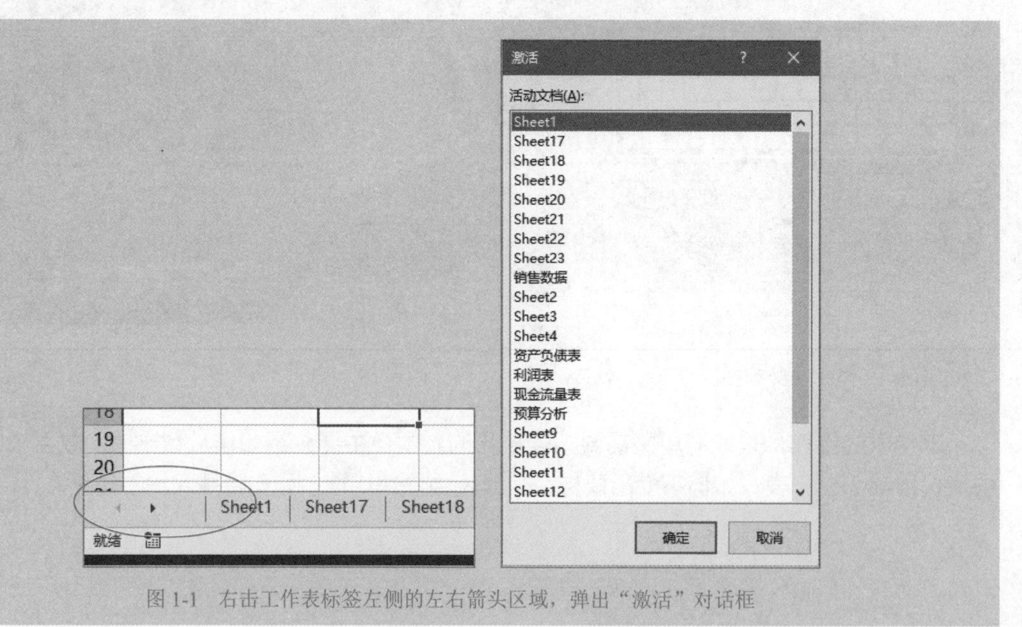

图 1-1 右击工作表标签左侧的左右箭头区域，弹出“激活”对话框

然后在这个“激活”对话框中，选择某个工作表，单击“确定”按钮，就打开了该工作表。

说明：在这个“激活”对话框中，列出了所有可见工作表，被隐藏的工作表是不列出来的。

技巧 003 选择某几个工作表

如果要选择相邻的几个工作表，可以先单击第一个工作表，然后按住 Shift 键不放，单击最后一个要选择的工作表。

如果要选择某几个不相邻的工作表，可以按住 Ctrl 键不放，单击要选择的工作表。如果发现选错了某个工作表，可以再次单击该工作表（注意仍然要按住 Ctrl 键不放），就取消了该工作表的选择。

技巧 004 选择全部工作表

如果工作表不多，可以先单击第一个工作表，然后按住 Shift 键不放，单击最后一个要选择的工作表。

如果工作表很多，上述的方法就比较麻烦了，可以在某个工作表标签处右击，执行快捷菜单中的“选定全部工作表”命令，如图 1-2 所示。

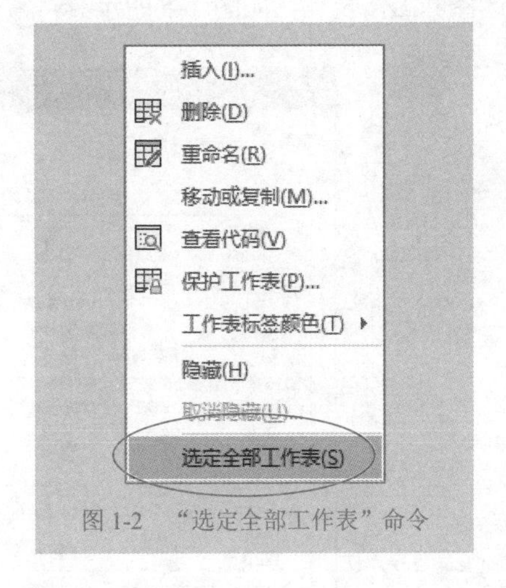

图 1-2 “选定全部工作表”命令

技巧 005 取消工作表组

当把某几个工作表一起选中后，这几个工作表就构成了工作表组，此时对当前工作表操作，就是对选中的所有工作表进行相同的操作。

如果要取消工作表组，可以在某个选中工作表的标签处右击，选择快捷菜单的“取消组合工作表”命令，如图 1-3 所示。

如果要取消部分工作表，可以单击任一未选中的工作表标签，就直接取消了工作表组的操作。

如果选择的是全部工作表，取消工作表组更简单，直接单击任一工作表标签即可。

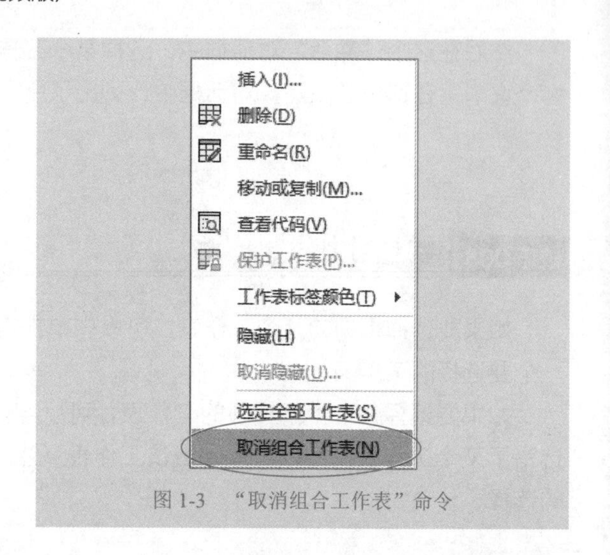

图 1-3 “取消组合工作表”命令

快速插入工作表 技巧 006

插入工作表的一般方法是右击选择快捷菜单中的“插入”命令，如图 1-4 所示，然后在打开的“插入”对话框中选择“工作表”，如图 1-5 所示。

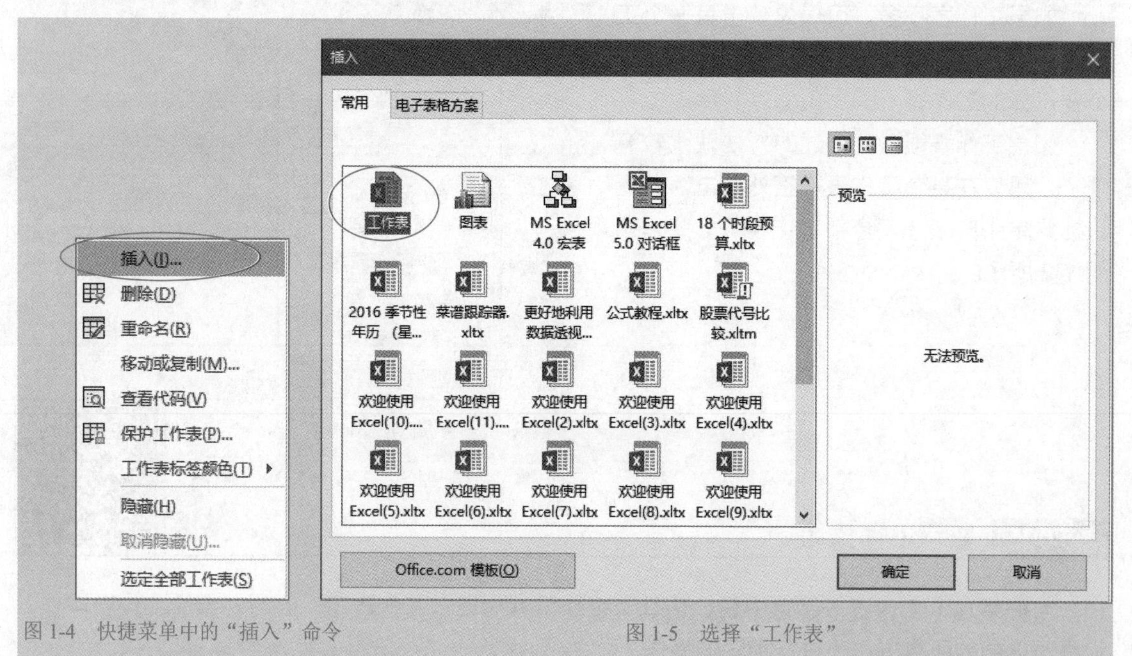

图 1-4 快捷菜单中的“插入”命令

图 1-5 选择“工作表”

这种插入工作表的方法比较烦琐，最简便的方法是单击工作表标签右侧的“新工作表”按钮，如图 1-6 所示，就可以迅速插入一个新工作表。

按 Shift+F11 组合键，也能快速插入一个普通的空白工作表。如果直接按 F11 键，就是插入了一个图表工作表。

还有一个插入工作表的命令：“开始”→“插入”→“插入工作表”，如图 1-7 所示，执行这个命令，也可以插入一个新工作表。

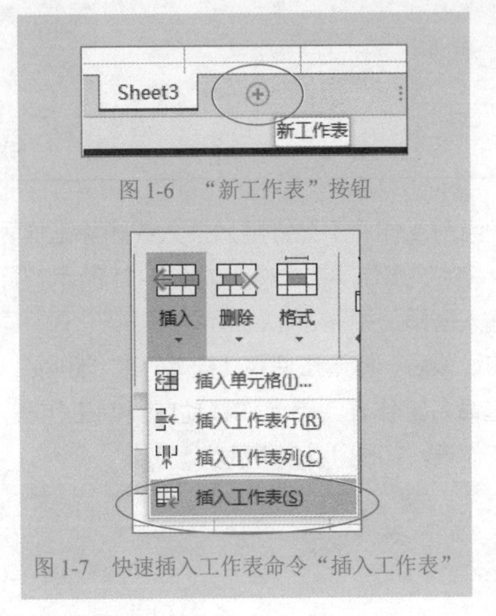

图 1-6 “新工作表”按钮

图 1-7 快速插入工作表命令“插入工作表”

技巧 007 快速删除工作表

大多数人删除工作表的方法是对准要删除的工作表标签，右击，执行“删除”命令，如图 1-8 所示。如果该工作表没有做过任何的操作，就直接删除；如果该工作表做过操作，那么就会弹出一个警示框，询问是否永久删除此工作表，如图 1-9 所示。单击“确定”按钮，就会将该工作表彻底删除。

还有一个删除工作表的命令：“开始”→“删除”→“删除工作表”，如图 1-10 所示，执行这个命令，就可以删除选择的工作表。

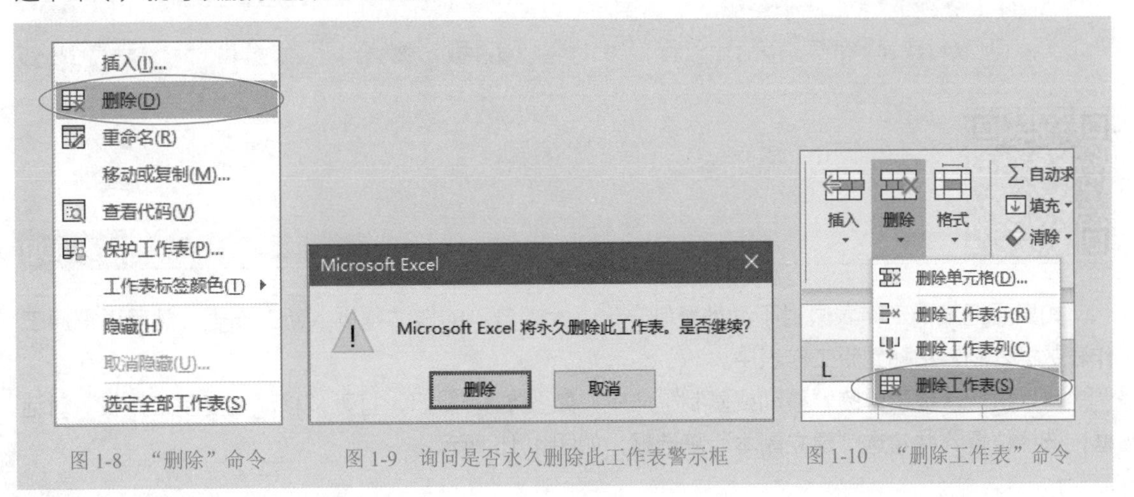

图 1-8 “删除”命令　图 1-9 询问是否永久删除此工作表警示框　图 1-10 “删除工作表”命令

禁止插入或删除工作表技巧 技巧 008

如果要保护当前工作簿不允许随意插入或删除工作表，可以对工作簿结构进行保护。方法是，执行“审阅”→“保护工作簿”命令，如图 1-11 所示，打开“保护结构和窗口”对话框，勾选“结构”复选框，输入密码，如图 1-12 所示。

经过这样的设置后，将无法使用“插入”或“删除”命令来插入新工作表或删除已有工作表，并且也不允许重命名工作表，不允许移动或复制工作表，不允许设置工作表标签颜色，不允许隐藏或取消隐藏工作表，如图 1-13 所示。

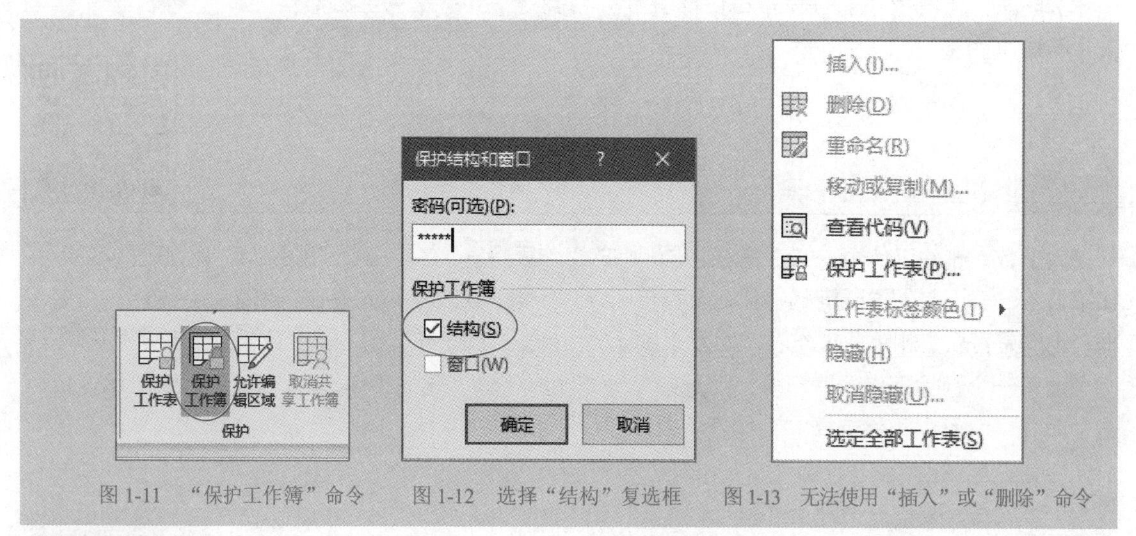

图 1-11 “保护工作簿”命令　图 1-12 选择“结构”复选框　图 1-13 无法使用“插入”或“删除”命令

快速复制工作表 技巧 009

如果要把某个工作表原封不动地复制一份，大部分人的做法是插入新工作表，然后再把原工作表数据复制、粘贴到新工作表中。

可以执行快捷菜单的“移动或复制”命令，如图 1-14 所示，打开“移动或复制工作表”对话框，选择位置，并勾选“建立副本”复选框，如图 1-15 所示。

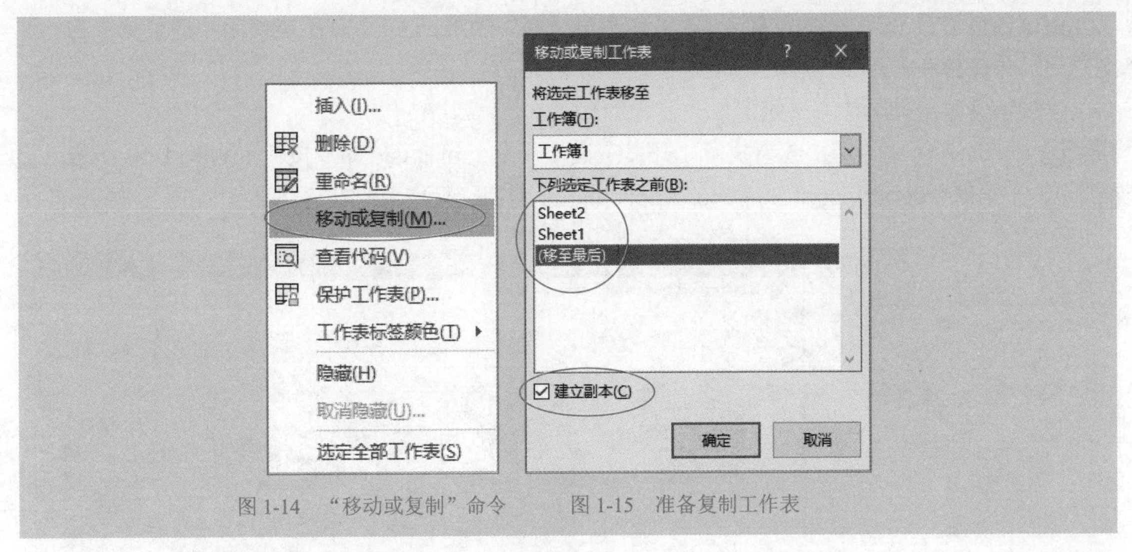

图 1-14 “移动或复制”命令　　图 1-15 准备复制工作表

这种方法仍然比较麻烦，更简单的方法是：按住 Ctrl 键，鼠标拖动该工作表标签，便完成了该工作表的复制，复制的工作表默认名称是“原始工作表名（2）”。

技巧 010 特殊隐藏工作表

为了保护工作表敏感数据，一般的做法是隐藏工作表，也就是在要隐藏的工作表标签处右击，执行“隐藏”命令，如图 1-16 所示。

但是，这样的隐藏只要使用“取消隐藏”命令，然后选择要显示的工作表，就又显示出来了，如图 1-17 所示。因此，这种隐藏工作表的方法，起不到真正隐藏的作用。

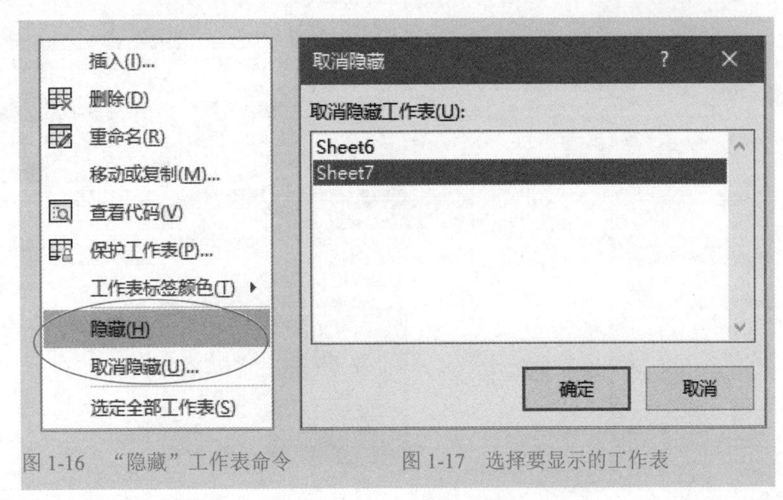

图 1-16 “隐藏”工作表命令　　图 1-17 选择要显示的工作表

可以通过设置VBA属性的方法，对工作表进行特殊隐藏，这样，就不能使用快捷菜单中的“取消隐藏”命令重新显示工作表。

这种特殊隐藏的具体方法如下：

Step01 按 Alt+F11 组合键，或者执行“开发工具”→ Visual Basic 命令按钮，如图 1-18 所示。

Step02 打开 Microsoft Visual Basic for Applications 窗口（又称为 VBE 窗口），如图 1-19 所示。

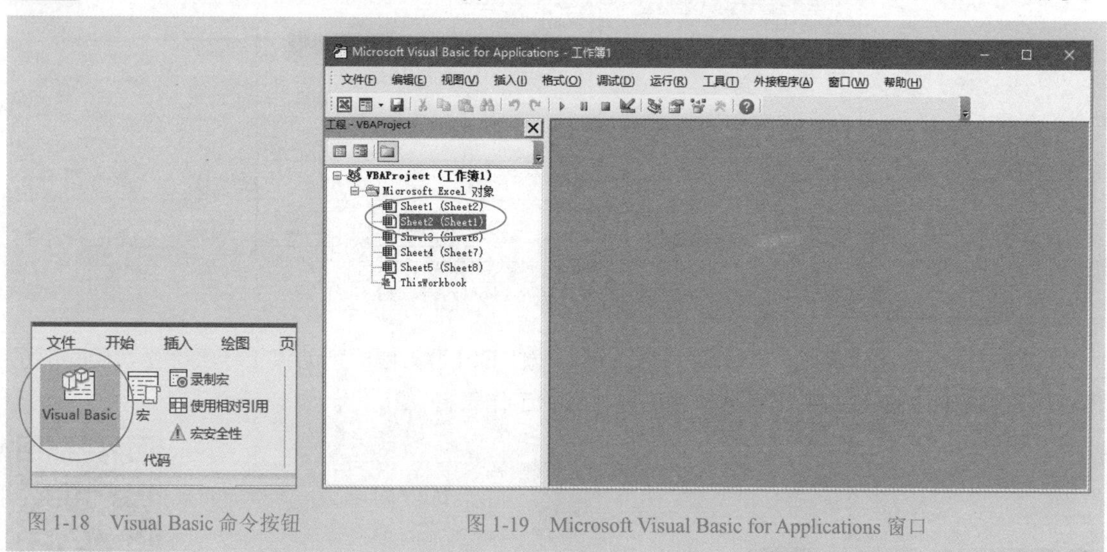

图 1-18 Visual Basic 命令按钮

图 1-19 Microsoft Visual Basic for Applications 窗口

Step03 在左侧的VBAProject窗格中，选择要特殊隐藏的工作表，按F4键，打开属性窗格，如图1-20所示。

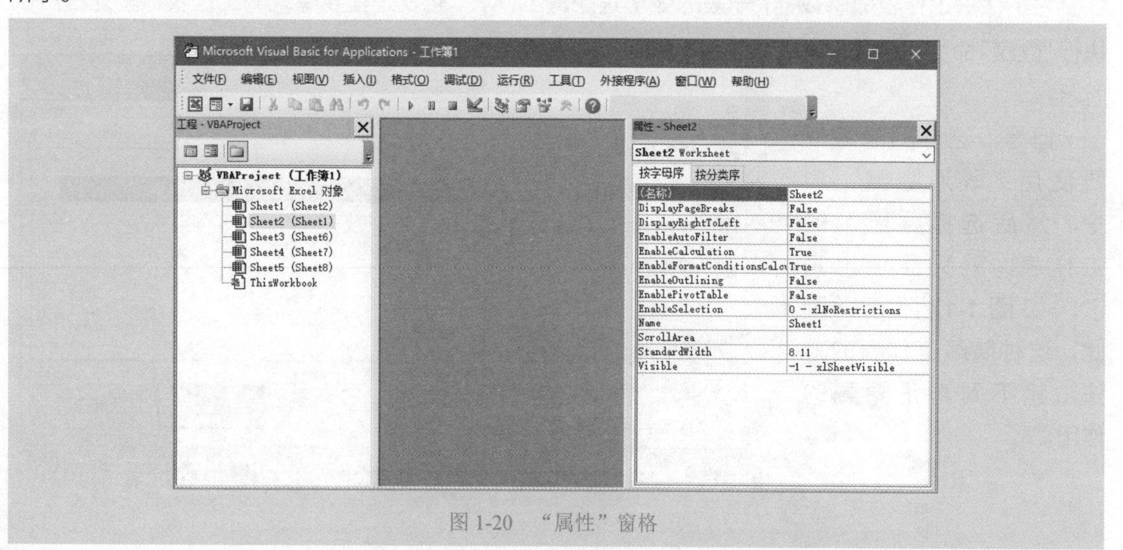

图 1-20 “属性”窗格

Step04 在属性窗口最下面的 Visible 属性值列表中，选择 2-xlSheetVeryHidden，如图 1-21 所示。

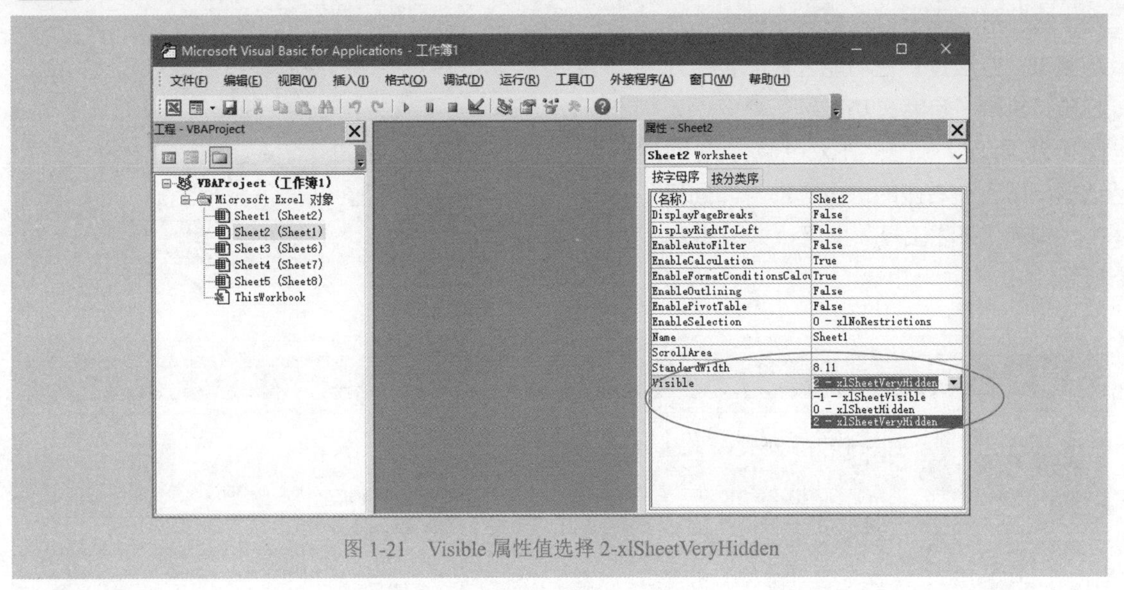

图 1-21 Visible 属性值选择 2-xlSheetVeryHidden

Step05 最后关闭 Microsoft Visual Basic for Applications 窗口，可以看到，该工作表被隐藏，但“取消隐藏”对话框中并没有显示出该工作表，如图 1-22 所示。

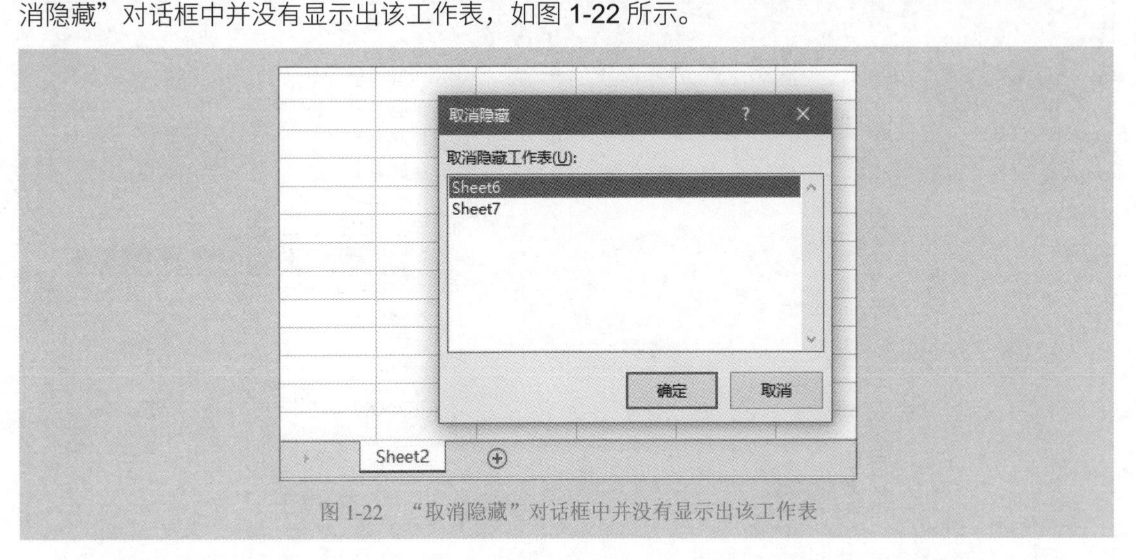

图 1-22 “取消隐藏”对话框中并没有显示出该工作表

如果要重新显示出来该工作表，就需要打开 Microsoft Visual Basic for Applications 窗口，在左侧的 VBAProject 窗格中，选择该工作表，按 F4 键，打开属性窗格，将 Visible 属性值设置为 -1-xlSheetVisible。

有的Excel功能区可能没有显示“开发工具”选项卡，可以将这个选项卡显示出来，方法是：在功能区任一按钮处右击，执行“自定义功能区”命令，如图1-23所示，打开“Excel选项”对话框，然后在右侧的“主选项卡”列表中，勾选“开发工具”即可，如图1-24所示。

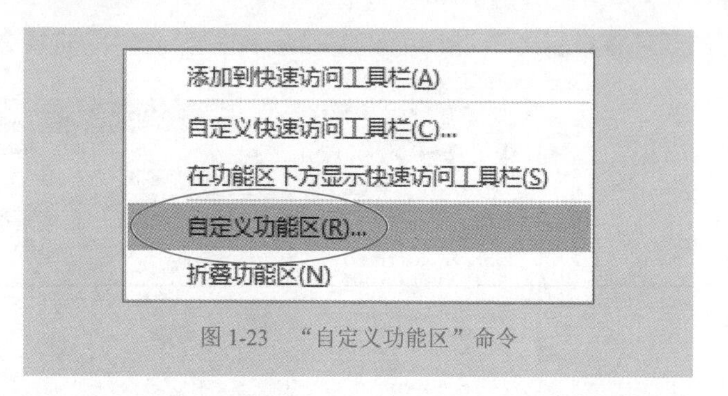

图 1-23　“自定义功能区”命令

图 1-24　勾选“开发工具”

第2章 选择单元格实用技巧

EXCEL

在单元格内输入、编辑数据和公式，设置单元格的格式等，都需要选择单元格或单元格区域。

选择单元格有很多种方法，可以根据不同的情况，采用最简便的方法。本章主要介绍一些选择单元格的常用方法和技巧。

利用鼠标选择单元格技巧 技巧 011

常用的选择单元格的方法是使用鼠标。联合使用鼠标和 Shift 键或 Ctrl 键，可以灵活地选择各种单元格区域。

1. 选择连续的单元格区域

利用鼠标选择连续的单元格区域有两种简便的方法：一种方法是单击要选取的单元格区域左上角的第一个单元格，按住鼠标左键，向右、向下、向上、向左拖曳鼠标，然后松开鼠标左键，即可选择形状为矩形的连续单元格区域；另一种方法是单击要选取的单元格区域左上角的第一个单元格后，按住 Shift 键不放，单击拟选取区域左上角、左下角、右上角或右下角的最后一个单元格，然后松开 Shift 键，同样可以选择形状为矩形的连续单元格区域。

2. 选择不连续的单元格区域

选择不连续的单元格区域要联合使用鼠标和 Ctrl 键。首先单击要选取的单元格区域的第一个单元格，按住 Ctrl 键不放，用鼠标逐次单击要选取的每一个单元格，然后松开 Ctrl 键。

3. 选择单行

选择单行是非常简单的，只需将鼠标移到行号的上方，当鼠标指针变为“➡”时，直接单击，即可选择该行。

4. 选择连续的多行

将鼠标移到第一行行号的上方，当鼠标指针变为“➡”时，按住左键不放，向下或向上拖动鼠标至末行，即可选择连续的多行。

5. 选择不连续的多行

将鼠标移到第一行行号的上方，当鼠标指针变为“➡”时，单击，然后按住 Ctrl 键不放，依次选取各个行，即可选择不连续的多行。

6. 选择单列

选择单列是非常简单的，只需将鼠标移到列标的上方，当鼠标指针变为“⬇”时，直接单击，即可选择该列。

7. 选择连续的多列

将鼠标移到第一列列标的上方，当鼠标指针变为“⬇”时，按住左键不放，向左或向右拖动鼠标至末列，即可选择连续的多列。

8. 选择不连续的多列

将鼠标移到第一列列标的上方，当鼠标指针变为“⬇”时，单击，然后按住 Ctrl 键不放，依次选取各个列，即可选择不连续的多列。

9. 选取工作表的所有单元格

选取工作表的所有单元格，也就是选择整个工作表，有两种基本的方法：方法一是单击工作表左上角的“全选”按钮；方法二是按 Ctrl+A 组合键。

说明：使用 Ctrl+A 组合键选择整个工作表单元格，需要先定位到数据区域以外的空单元格，不能定位到数据区域。

技巧 012 选择多个工作表的相同单元格区域

如果要选择多个工作表的相同单元格区域，首先要选择这些工作表，然后再采用上述的方法选择单元格区域。

选择连续的多个工作表和不连续的多个工作表，其方法略有不同：

（1）选择连续的多个工作表：先单击第一个工作表标签，按住 Shift 键，然后单击后面的某个工作表标签，即可选择两个工作表之间的所有工作表。

（2）选择不连续的多个工作表：先单击第一个工作表标签，按住 Ctrl 键，然后单击其他工作表标签，即可选择多个不连续的工作表。

选择了多个工作表后，这些工作表就构成了工作表组，在其中的任何一个工作表进行操作，那么在其他工作表也会有同样的操作。

说明：若要取消多个工作表的选定，只需要单击未被选择的某个工作表标签即可。

技巧 013 利用名称框选择单元格区域

名称框是工作表界面左上角的一个输入框，如图 2-1 所示。它既可以用来观察选择了哪个单元格或者选择了哪个对象，也可以用来选择单元格，还可以用来输入嵌套函数。

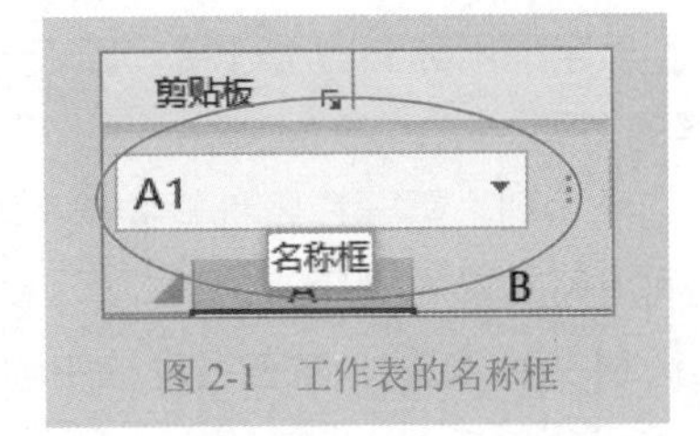

图 2-1　工作表的名称框

名称框是 Excel 工作表的一个非常有用的输入框，尤其是在选择距离非常远的某些不连续单元格区域，或者在输入嵌套函数方面，非常有用。

例如，要同时选择 A1:B10、M500:P1000、AB3000:AR3020、HH 列和 HK 列这样的距离很远的不连续单元格区域，利用鼠标操作就非常困难了，但是，如果利用名称框便会变得非常容易。

1. 选择连续的单元格区域

比如，如果要选择连续的单元格区域 M500:P1000，就在名称框中输入 M500:P1000，按 Enter 键，即可选择该单元格区域。注意选择连续的单元格区域时，第一个单元格地址引用和最后一个单元格地址引用之间用英文的冒号隔开。

2. 选择不连续的单元格区域

利用名称框选择不连续的单元格区域，需要在各个不连续的单元格或单元格区域地址之间用英文的逗号隔开。

例如，要选择 A1:B10、M500:P1000、AB3000:AR3020、HH 列和 HK 列这样的不连续单元格区域，可以在名称框中输入 A1:B10,M500:P1000,AB3000:AR3020,HH:HH,HK:HK，按 Enter 键。

3. 选择单行

利用名称框选择单行，需要在名称框中输入该行号引用。例如，要选择第 100 行，就在名称框中输入 100:100，按 Enter 键即可。两个相同的行号之间用英文冒号连接，即表示选择该行。

4. 选择连续的多行

利用名称框选择连续的多行，需要在名称框中输入开始的行号和最后一行的行号，并且这两个行号之间用英文冒号隔开。

例如，要选择第 100 行至第 120 行，就在名称框中输入 100:120，然后按 Enter 键。

5. 选择不连续的多行

利用名称框选择不连续的多行，需要用逗号隔开各行的引用。

例如，要选择第 1 行、第 5 行、第 10 行至第 20 行、第 100 行至第 120 行，就在名称框中输入 1:1,5:5,10:20,100:200，然后按 Enter 键。

6. 选择单列

利用名称框选择单列，需要在名称框中输入该列标引用。

例如，要选择第 AB 列，就在名称框中输入 AB:AB，按 Enter 键。

两个相同的列表字母用英文冒号连接，即表示选择该列。

7. 选择连续的多列

利用名称框选择多列，需要在名称框中输入开始的列标字母和最后一列的列标字母，并且这两个列标字母之间用英文冒号隔开。

例如，要选择 M 列至 Q 列，就在名称框中输入 M:Q，然后按 Enter 键。

8. 选择不连续的多列

利用名称框选择不连续的多列，需要用英文逗号隔开各列的引用。

例如，要选择 A 列、D 列、M 列至 P 列、AA 列至 AD 列、BB 列，就在名称框中输入 A:A,D:D,M:P,AA:AD,BB:BB，然后按 Enter 键。

技巧 014 在当前工作表中选择其他工作表单元格区域

如果要在当前工作表中快速选择其他某个工作表的单元格区域，可以在名称框中输入“工作表名！单元格地址”，按 Enter 键。

例如，要选择工作表“财务分析”的单元格区域 A1:D10，而又无法一下子切换到这个工作表（因为工作表过多），那么，就可以在名称框中输入“财务分析 !A1:D10”，按 Enter 键。

技巧 015 利用定位对话框选择单元格

Excel 提供了一个定位对话框，利用这个定位对话框，我们也可以非常方便地选择单元格或单元格区域。

打开 Excel 定位对话框的方法是：执行“编辑”→“定位”命令，或者按 Ctrl+G 组合键，或者按 F5 键，打开“定位”对话框，如图 2-2 所示。

在“定位”对话框的“引用位置”文本框中，输入要选择的单元格区域地址（输入方法与在名称框中输入的方法相同），然后单击“确定”按钮，即可选择相应的单元格区域，如图 2-3 和图 2-4 所示。

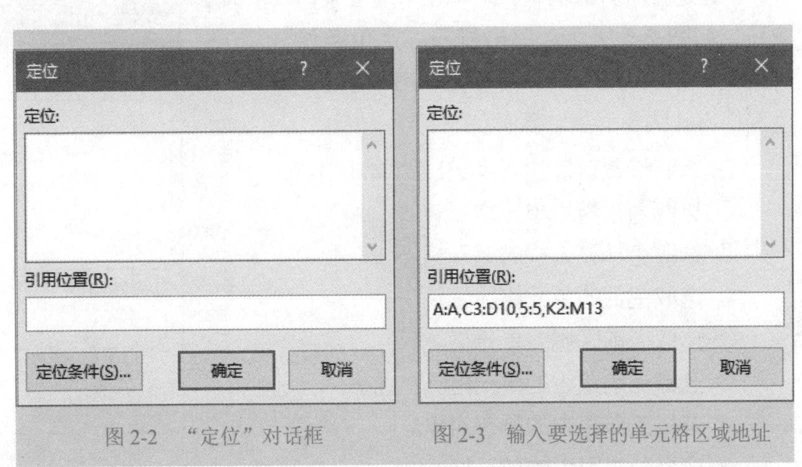

图 2-2 “定位”对话框　　图 2-3 输入要选择的单元格区域地址

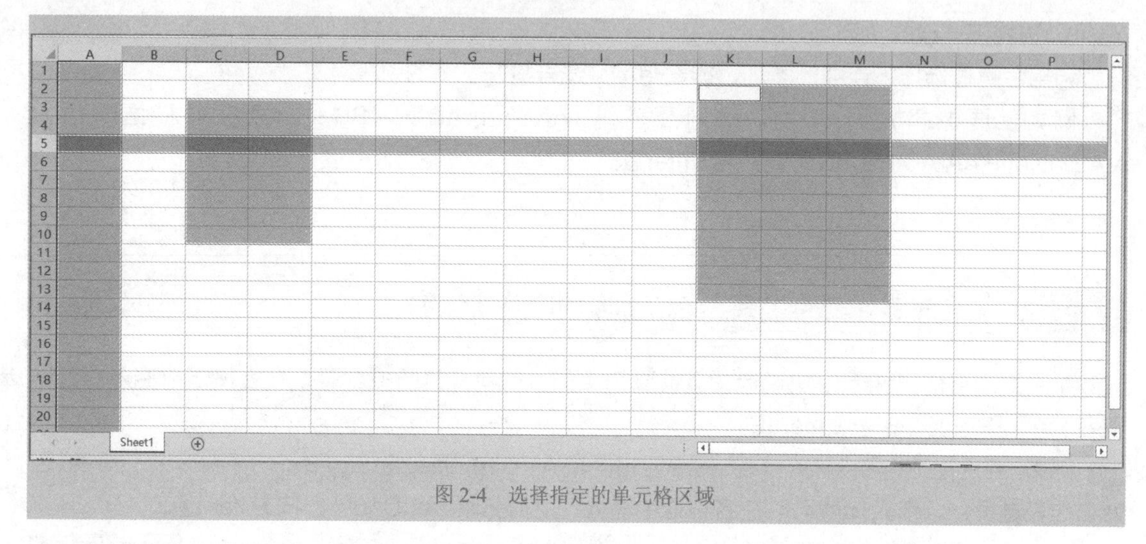
图 2-4　选择指定的单元格区域

也可以利用“定位”对话框选择多个工作表的相同单元格区域。首先选择这些工作表，使这些工作表构成一个工作表组，然后打开“定位”对话框，在“引用位置”文本框中输入要选择的单元格区域地址引用，最后单击“确定”按钮，选择相应的单元格区域。

选择有计算公式的单元格　技巧 016

在“定位”对话框中，有一个“定位条件”按钮，如图 2-5 所示。单击打开“定位条件”对话框，如图 2-6 所示，利用这个对话框，可以选择特殊的单元格，具体如下：

◎ 选取设置有批注（笔记）的单元格。
◎ 选取为常量的单元格。
◎ 选取有计算公式的单元格。
◎ 选取空值的单元格。
◎ 选取当前区域的单元格。
◎ 选择当前数组的单元格。
◎ 选择工作表中的所有对象。
◎ 选择公式引用的单元格。

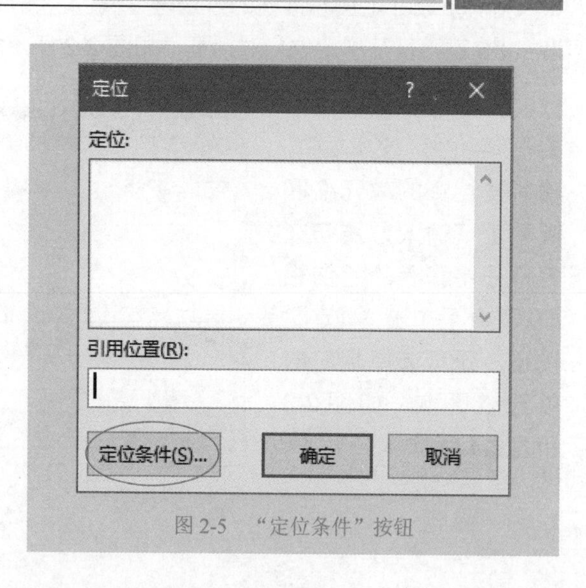

图 2-5　“定位条件”按钮

◎ 选取被公式引用的单元格。

◎ 选取可见单元格。

◎ 选取设置条件格式的单元格。

◎ 选取设置有数据验证的单元格。

利用“定位条件”对话框，可以非常容易地选择当前工作簿、当前工作表、某几个工作表、指定单元格区域内的所有计算公式的单元格。

如果要选择指定单元格区域内的所有计算公式的单元格，首先选择该单元格区域，然后按 **F5** 键，打开“定位”对话框，再单击“定位条件”按钮，打开“定位条件”对话框，选中“公式”单选按钮，如图 **2-7** 所示，最后单击“确定”按钮。

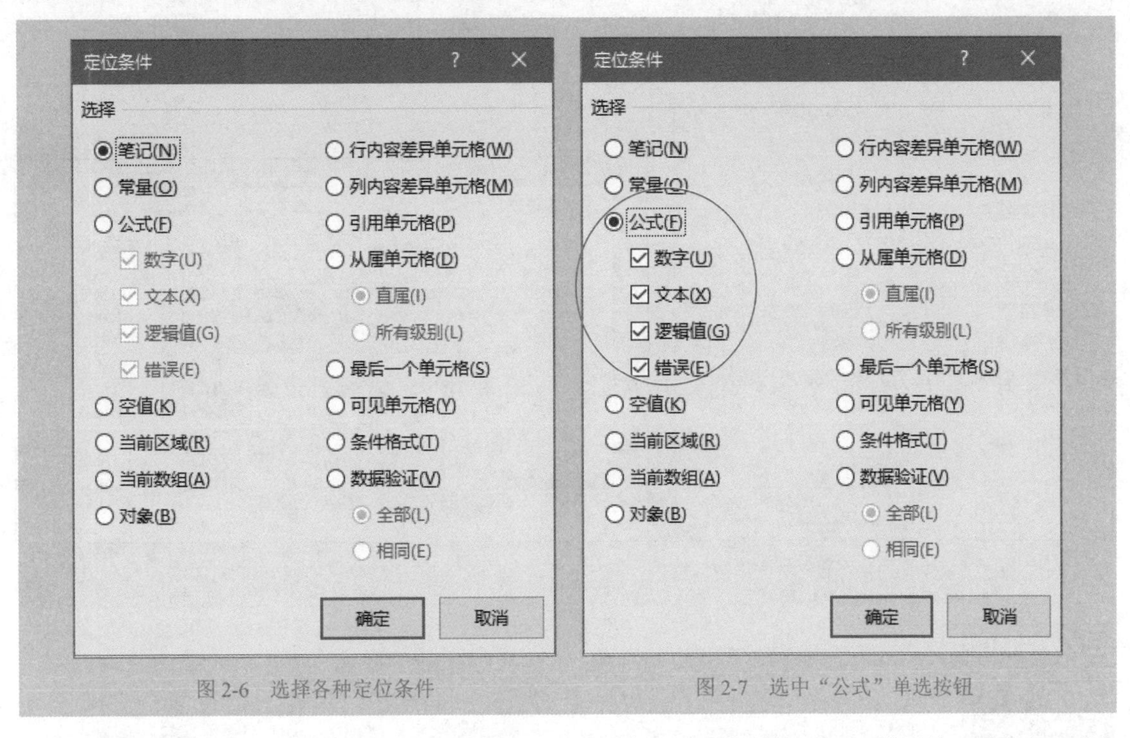

图 2-6　选择各种定位条件　　图 2-7　选中“公式”单选按钮

如果要选择某个工作表中有计算公式的单元格区域，首先激活该工作表，然后按**F5**键，打开“定位”对话框，再单击“定位条件”按钮，打开“定位条件”对话框，选中“公式”单选按钮，单击“确定”按钮。

公式的结果可以是数字也可以是文本，可以是逻辑值也可以是错误值。可以根据需要选择不同的选项，定位选择不同结果的公式单元格。

选择公式结果为数字的单元格 技巧 017

如果要把计算结果为数字的公式单元格选出来，可以在“定位条件”对话框中，选中“公式”单选按钮后勾选“数字”复选框，如图 2-8 所示，即可迅速选择计算结果是数字的单元格，如图 2-9 所示。

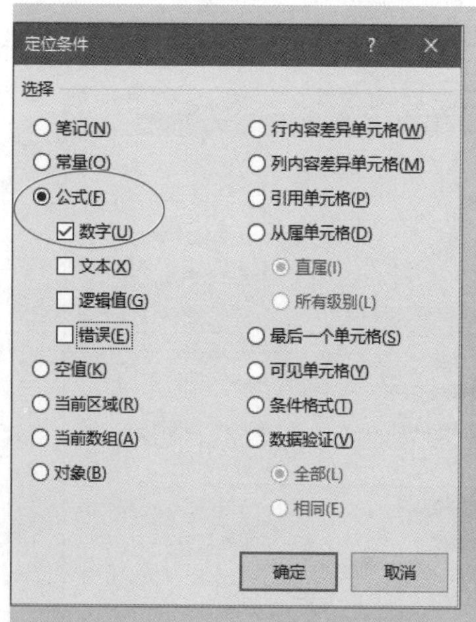

图 2-8　选择“公式”单选按钮和“数字”复选框

	A	B	C	D	E	F	G
1							
2							
3		项目	去年	今年	增长率	备注1	是否正常项目
4		项目1	380	987	159.7%	正常项目	TRUE
5		项目2	756	374	-50.5%	正常项目	TRUE
6		项目3	361		-100.0%	取消项目	FALSE
7		项目4	387	978	152.7%	正常项目	TRUE
8		项目5		815	#DIV/0!	新增项目	FALSE
9		项目6	355	425	19.7%	正常项目	TRUE
10		项目7		817	#DIV/0!	新增项目	FALSE
11		项目8	328	469	43.0%	正常项目	TRUE
12		项目9	1082	856	-20.9%	正常项目	TRUE
13		项目10		560	#DIV/0!	新增项目	FALSE
14		合计	3649	6281	72.1%		
15							

图 2-9　计算结果是数字的单元格

选择公式结果为文本的单元格 技巧 018

如果要把计算结果为文本的公式单元格选出来，可以在“定位条件”对话框中，选中“公式”单选按钮后勾选“文本”复选框，如图 2-10 所示。图 2-11 是一个示例。

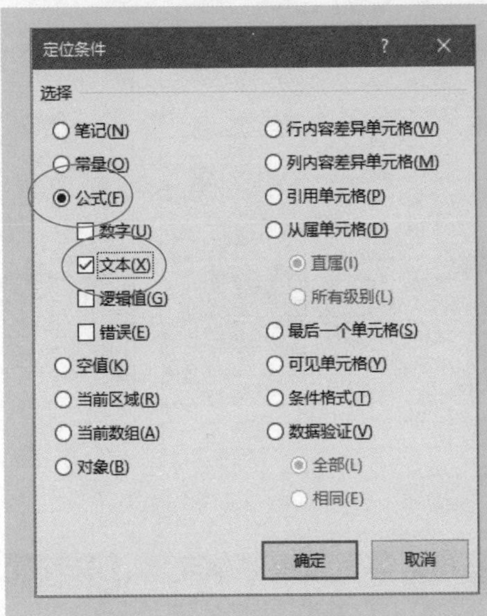

图 2-10　选择“公式”单选按钮和“文本”复选框

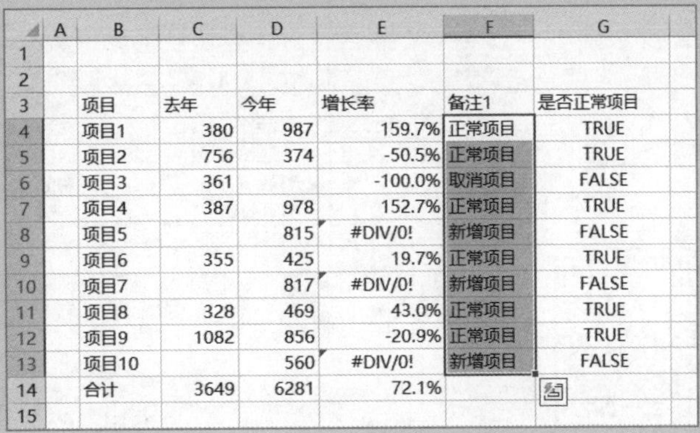

	A	B	C	D	E	F	G
1							
2							
3		项目	去年	今年	增长率	备注1	是否正常项目
4		项目1	380	987	159.7%	正常项目	TRUE
5		项目2	756	374	-50.5%	正常项目	TRUE
6		项目3	361		-100.0%	取消项目	FALSE
7		项目4	387	978	152.7%	正常项目	TRUE
8		项目5		815	#DIV/0!	新增项目	FALSE
9		项目6	355	425	19.7%	正常项目	TRUE
10		项目7		817	#DIV/0!	新增项目	FALSE
11		项目8	328	469	43.0%	正常项目	TRUE
12		项目9	1082	856	-20.9%	正常项目	TRUE
13		项目10		560	#DIV/0!	新增项目	FALSE
14		合计	3649	6281	72.1%		
15							

图 2-11　计算结果是文本的单元格

技巧 019　选择公式结果为逻辑值的单元格

如果要把计算结果为逻辑值的公式单元格选出来，可以在“定位条件”对话框中，选中“公式”单选按钮后勾选“逻辑值”复选框，如图 2-12 所示。图 2-13 是一个示例。

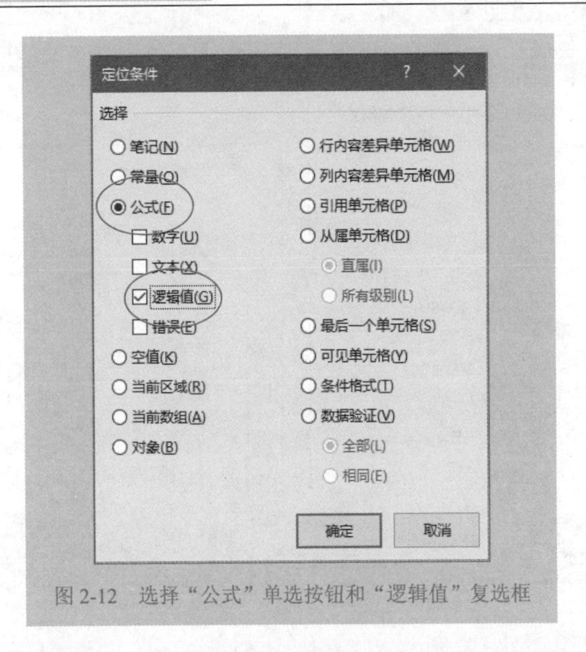

图 2-12　选择“公式”单选按钮和“逻辑值”复选框

	A	B	C	D	E	F	G
1							
2							
3		项目	去年	今年	增长率	备注1	是否正常项目
4		项目1	380	987	159.7%	正常项目	TRUE
5		项目2	756	374	-50.5%	正常项目	TRUE
6		项目3	361		-100.0%	取消项目	FALSE
7		项目4	387	978	152.7%	正常项目	TRUE
8		项目5		815	#DIV/0!	新增项目	FALSE
9		项目6	355	425	19.7%	正常项目	TRUE
10		项目7		817	#DIV/0!	新增项目	FALSE
11		项目8	328	469	43.0%	正常项目	TRUE
12		项目9	1082	856	-20.9%	正常项目	TRUE
13		项目10		560	#DIV/0!	新增项目	FALSE
14		合计	3649	6281	72.1%		
15							

图 2-13　计算结果是逻辑值的单元格

选择公式结果为错误的单元格　技巧 020

在有些情况下，单元格的计算公式结果可能是错误值，可能是数据不合理造成的，也可能是函数参数错误造成的，或者是其他原因引起的。为了改正公式的错误，需要把出现错误值的公式单元格找出来，可以在“定位条件”对话框中，选中“公式”单选按钮后勾选“错误”复选框，如图 2-14 所示。图 2-15 是一个示例。

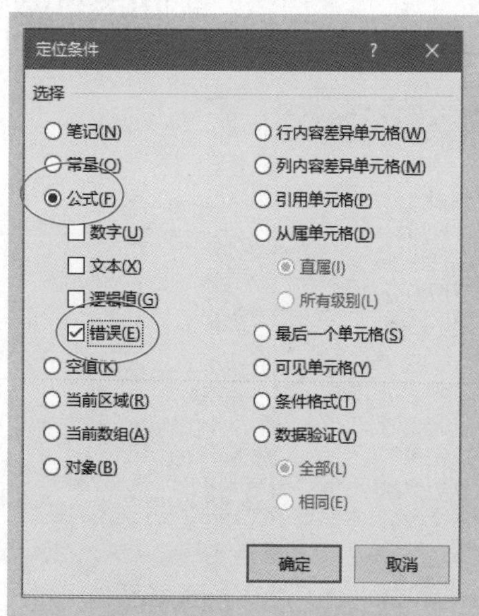

图 2-14　选择“公式”单选按钮和“错误”复选框

	A	B	C	D	E	F	G
1							
2							
3		项目	去年	今年	增长率	备注1	是否正常项目
4		项目1	380	987	159.7%	正常项目	TRUE
5		项目2	756	374	-50.5%	正常项目	TRUE
6		项目3	361		-100.0%	取消项目	FALSE
7		项目4	387	978	152.7%	正常项目	TRUE
8		项目5		815	#DIV/0!	新增项目	FALSE
9		项目6	355	425	19.7%	正常项目	TRUE
10		项目7		817	#DIV/0!	新增项目	FALSE
11		项目8	328	469	43.0%	正常项目	TRUE
12		项目9	1082	856	-20.9%	正常项目	TRUE
13		项目10		560	#DIV/0!	新增项目	FALSE
14		合计	3649	6281	72.1%		
15							

图 2-15　计算结果是错误的单元格

技巧 021 选择数据为常量的单元格

常量是指不是计算公式计算结果的数据，而是直接输入单元格的数据，包括数字、文本、逻辑值和错误。

可以使用“定位条件”对话框，选择单元格区域中的常量单元格。也就是在“定位条件”对话框中，选中“常量”单选按钮后勾选“数字”“文本”“逻辑值”“错误”四个复选框即可，如图 2-16 所示。图 2-17 是一个示例。

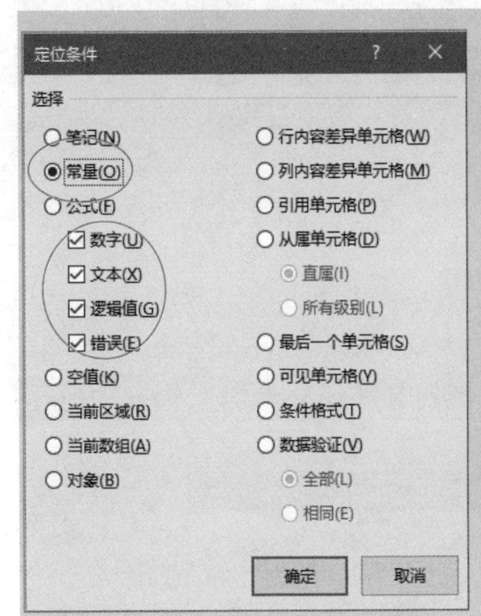

图 2-16 选择“常量”单选按钮和所有四个复选框

	A	B	C	D	E	F	G
1							
2							
3		项目	去年	今年	增长率	备注1	是否正常项目
4		项目1	380	987	159.7%	正常项目	TRUE
5		项目2	756	374	-50.5%	正常项目	TRUE
6		项目3	361		-100.0%	取消项目	FALSE
7		项目4	387	978	152.7%	正常项目	TRUE
8		项目5		815	#DIV/0!	新增项目	FALSE
9		项目6	355	425	19.7%	正常项目	TRUE
10		项目7		817	#DIV/0!	新增项目	FALSE
11		项目8	328	469	43.0%	正常项目	TRUE
12		项目9	1082	856	-20.9%	正常项目	TRUE
13		项目10		560	#DIV/0!	新增项目	FALSE
14		合计	3649	6281	72.1%		
15							

图 2-17 所有的常量单元格被选中

技巧 022 选择数据为数字常量的单元格

如果仅选择数字常量的单元格区域，就在“定位条件”对话框中选中“常量”单选按钮后，仅选择“数字”复选框，即可选择直接输入数字的所有单元格，如图 2-18 所示。图 2-19 是一个示例。

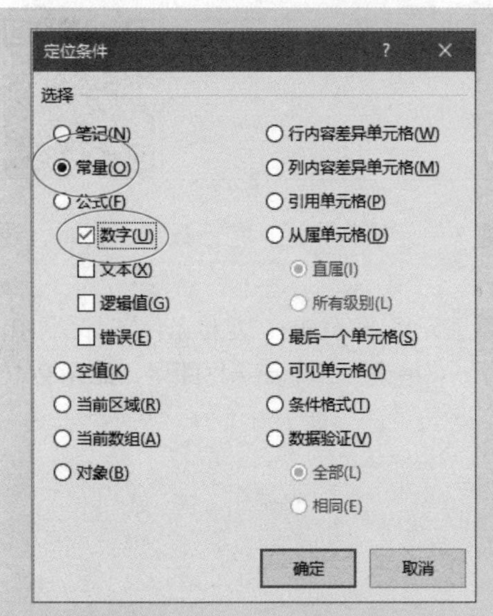

图 2-18　选择“常量”选项按钮和“数字”复选框

	A	B	C	D	E	F	G
1							
2							
3		项目	去年	今年	增长率	备注1	是否正常项目
4		项目1	380	987	159.7%	正常项目	TRUE
5		项目2	756	374	-50.5%	正常项目	TRUE
6		项目3	361		-100.0%	取消项目	FALSE
7		项目4	387	978	152.7%	正常项目	TRUE
8		项目5		815	#DIV/0!	新增项目	FALSE
9		项目6	355	425	19.7%	正常项目	TRUE
10		项目7		817	#DIV/0!	新增项目	FALSE
11		项目8	328	469	43.0%	正常项目	TRUE
12		项目9	1082	856	-20.9%	正常项目	TRUE
13		项目10		560	#DIV/0!	新增项目	FALSE
14		合计	3649	6281	72.1%		

图 2-19　选择的所有数字常量单元格

选择数据为文本常量的单元格　技巧 023

如果仅选择文本常量的单元格区域，就在“定位条件”对话框中选中“常量”单选按钮后，仅勾选“文本”复选框，即可选择直接输入文本的所有单元格，如图 2-20 所示。图 2-21 是一个示例。

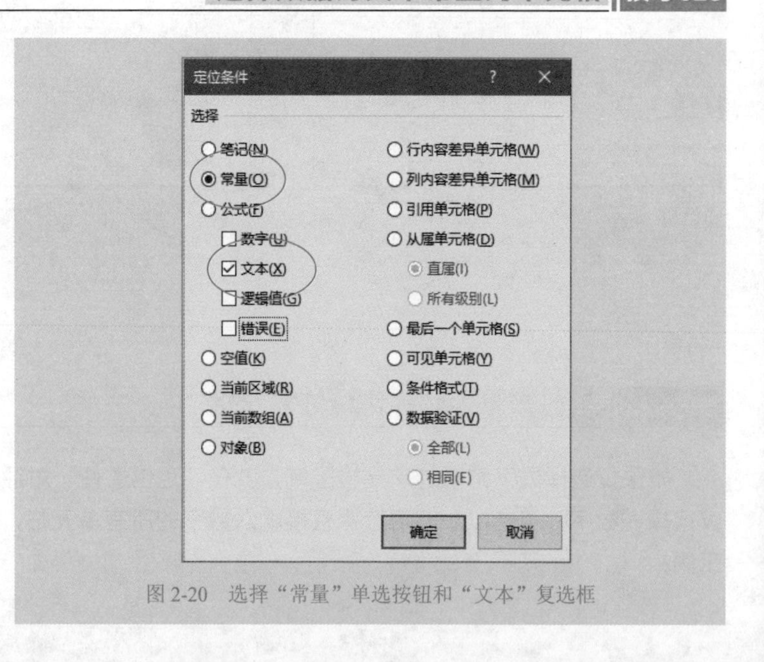

图 2-20　选择“常量”单选按钮和“文本”复选框

	A	B	C	D	E	F	G
1							
2							
3		项目	去年	今年	增长率	备注1	是否正常项目
4		项目1	380	987	159.7%	正常项目	TRUE
5		项目2	756	374	-50.5%	正常项目	TRUE
6		项目3	361		-100.0%	取消项目	FALSE
7		项目4	387	978	152.7%	正常项目	TRUE
8		项目5		815	#DIV/0!	新增项目	FALSE
9		项目6	355	425	19.7%	正常项目	TRUE
10		项目7		817	#DIV/0!	新增项目	FALSE
11		项目8	328	469	43.0%	正常项目	TRUE
12		项目9	1082	856	-20.9%	正常项目	TRUE
13		项目10		560	#DIV/0!	新增项目	FALSE
14		合计	3649	6281	72.1%		
15							

图 2-21　选择的所有文本常量单元格

技巧 024　选择为空值的单元格

在很多情况下，表格中会存在大量的空单元格，这样的空单元格要么是真正的空单元格，要么是假的空单元格（实际上应该有数据），因此就需要根据具体情况，对表格的空单元格进行处理。

在处理空单元格之前，必须先把这些空单元格选定出来，这同样可以使用“定位条件”对话框来处理。在“定位条件”对话框中选中“空值”单选按钮，如图 2-22 所示。图 2-23 是一个示例。

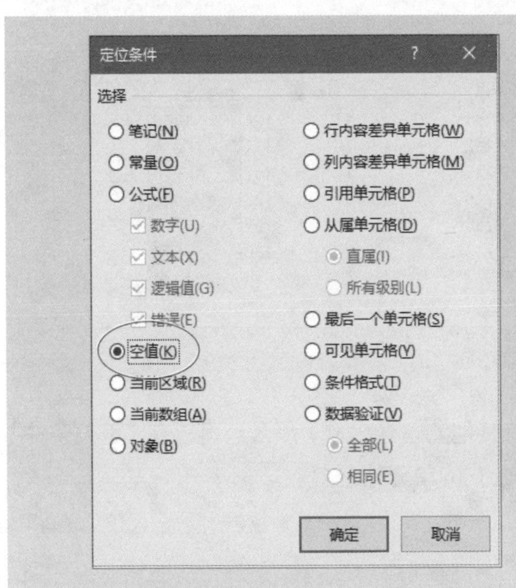

图 2-22　选择“空值”单选按钮

	A	B	C	D	E
1	日期	单据编号	购货单位	产品代码	实发数量
2	2019-04-01	XOUT004664	客户A	005	5000
3	2019-04-01	XOUT004665	客户B	005	1520
4				006	1000
5	2019-04-02	XOUT004666	客户C	001	44350
6	2019-04-04	XOUT004667	客户D	007	3800
7				007	600
8	2019-04-03	XOUT004668	客户E	001	14900
9				001	33450
10	2019-04-04	XOUT004669	客户A	007	5000
11	2019-04-04	XOUT004670	客户G	007	2300
12				007	2700
13	2019-04-04	XOUT004671	客户H	007	7680
14				007	1420
15	2019-04-04	XOUT004672	客户E	005	3800
16				002	2000
17				007	1500
18				008	2200
19	2019-04-04	XOUT004678	客户A	007	400
20	2019-04-04	XOUT004679	客户K	005	10000

Sheet1　Sheet2

图 2-23　选择的所有为空值的单元格

需要注意的是，如果单元格内有长度不为零的空字符串，尽管表面上看起来该单元格没有任何数据，但实际上该单元格并不是空值单元格。

选择包含数组公式的单元格 技巧 025

如果在某个单元格区域内输入数组公式，为了编辑这个数组公式，需要将该数组公式所在的单元格区域全部选中。

选择包含数组公式的单元格区域，主要方法和步骤是：首先单击数组公式所在的某个单元格，打开“定位条件”对话框，然后选中“当前数组”单选按钮，如图 2-24 所示，单击“确定”按钮即可。图 2-25 是选择包含数组公式的单元格区域的一个示例。

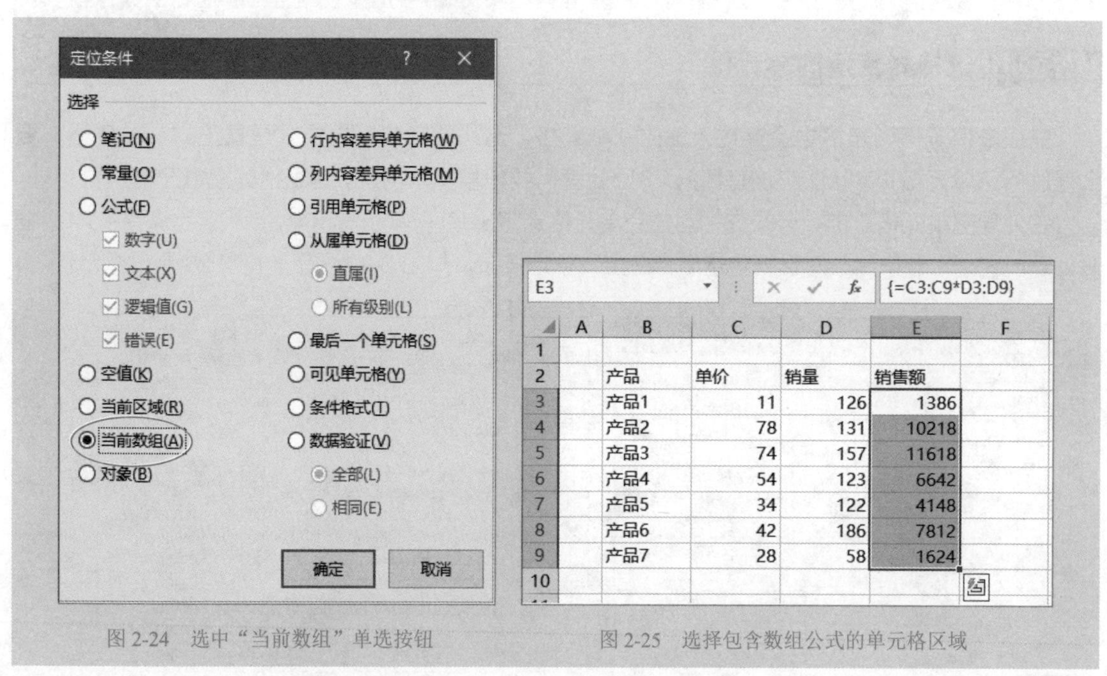

图 2-24 选中“当前数组”单选按钮 图 2-25 选择包含数组公式的单元格区域

说明：如果指定数据区域内仅仅有数组公式，没有其他的普通公式，那么还可以在“定位条件”对话框中选中“公式”单选按钮，迅速选定包含数组公式的单元格区域。

技巧 026　选择公式引用的单元格

在检查公式时，需要查看公式引用了哪些单元格，以便于检查和修改公式。此时，可以使用“公式审核”工具，也可以使用“定位条件”对话框，方法是：单击需要检查的公式单元格，打开“定位条件”对话框，选中“引用单元格”单选按钮，如图 2-26 所示。图 2-27 和图 2-28 是一个示例。

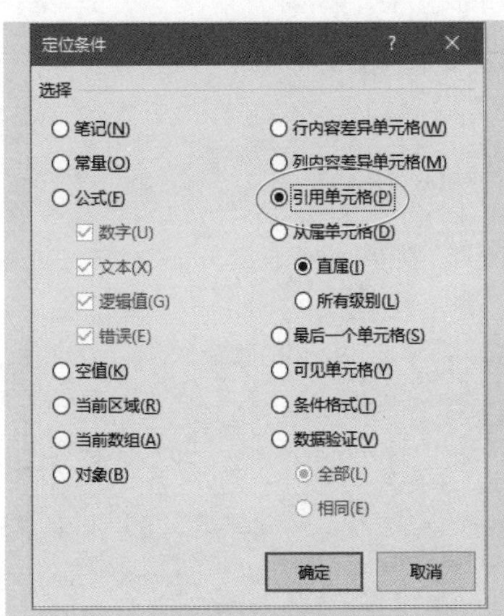

图 2-26　选中“引用单元格”单选按钮

G6　=VLOOKUP(G2,A2:C10,IF(G4="销量",2,3),0)

	A	B	C	D	E	F	G
1	产品	销量	销售额				
2	产品1	91	448			指定产品	产品5
3	产品2	74	687				
4	产品3	52	1105			指定项目	销售额
5	产品4	82	561				
6	产品5	39	407			数据=?	407
7	产品6	28	992				
8	产品7	36	703				
9	产品8	103	324				
10	产品9	36	1027				
11							

图 2-27　公式引用了一些单元格（单元格区域）

	A	B	C	D	E	F	G
1	产品	销量	销售额				
2	产品1	91	448			指定产品	产品5
3	产品2	74	687				
4	产品3	52	1105			指定项目	销售额
5	产品4	82	561				
6	产品5	39	407			数据=?	407
7	产品6	28	992				
8	产品7	36	703				
9	产品8	103	324				
10	产品9	36	1027				
11							

图 2-28　选择了该公式引用的单元格

选择可见的单元格区域 技巧 027

当数据区域中有一些行或列被隐藏后，如果利用鼠标选择该数据区域，那么就会将隐藏的行或列一并选中。这样，当需要复制看得见的单元格数据，而剔除被隐藏的单元格数据时，常用的方法就可能把隐藏的数据也复制了。

在实际工作中，常常是只需要选择可见的单元格区域，而忽略隐藏的行或列，那么可以利用“定位条件”对话框来完成这个任务。

利用“定位条件”对话框选择可见的单元格区域的具体方法和步骤如下：

Step01 选择包含有隐藏的行或列的数据区域。

Step02 打开“定位条件”对话框。

Step03 选中“可见单元格”单选按钮，如图 2-29 所示。

Step04 单击“确定”按钮。

图 2-30 为选择数据区域内可见单元格区域后的情形。

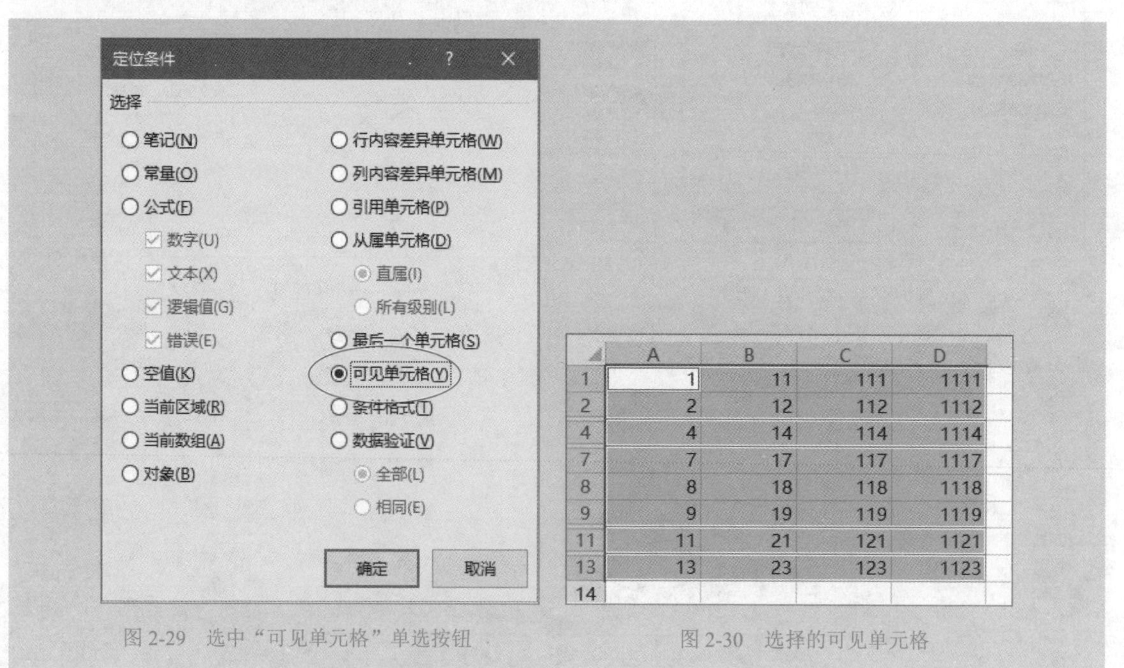

	A	B	C	D
1	1	11	111	1111
2	2	12	112	1112
4	4	14	114	1114
7	7	17	117	1117
8	8	18	118	1118
9	9	19	119	1119
11	11	21	121	1121
13	13	23	123	1123
14				

图 2-29 选中“可见单元格”单选按钮

图 2-30 选择的可见单元格

选择这些可见单元格区域后，按 Ctrl+C 组合键后按 Ctrl+V 组合键，即可将其复制到其他的地方，如图 2-31 和图 2-32 所示。

说明：定位选择可见单元格，也可以使用组合键：Alt+ 英文分号（;）。

	A	B	C	D
1	1	11	111	1111
2	2	12	112	1112
3	3	13	113	1113
4	4	14	114	1114
5	5	15	115	1115
6	6	16	116	1116
7	7	17	117	1117
8	8	18	118	1118
9	9	19	119	1119
10	10	20	120	1120
11	11	21	121	1121
12	12	22	122	1122
13	13	23	123	1123
14				

图 2-31　原始数据区域

	A	B	C	D
1	1	11	111	1111
2	2	12	112	1112
3	4	14	114	1114
4	7	17	117	1117
5	8	18	118	1118
6	9	19	119	1119
7	11	21	121	1121
8	13	23	123	1123
9				

图 2-32　复制出的可见数据（参考图 2-30）

技巧 028　选择设置有条件格式的单元格

当在工作表中对某些单元格区域设置了条件格式后，假若不再需要某些单元格区域条件格式，但仍需要保留其他单元格区域的条件格式，那么可以利用“定位条件”对话框，定位选择某个条件格式的单元格区域，然后再删除它。

利用“定位条件”对话框定位到某个条件格式的单元格区域的方法和步骤如下：

Step01 单击需要定位的设置有某种条件格式的单元格区域内的任一单元格。

Step02 打开“定位条件”对话框。

Step03 选中“条件格式”单选按钮后选中“相同”单选按钮，如图 2-33 所示。

Step04 单击“确定”按钮即可。

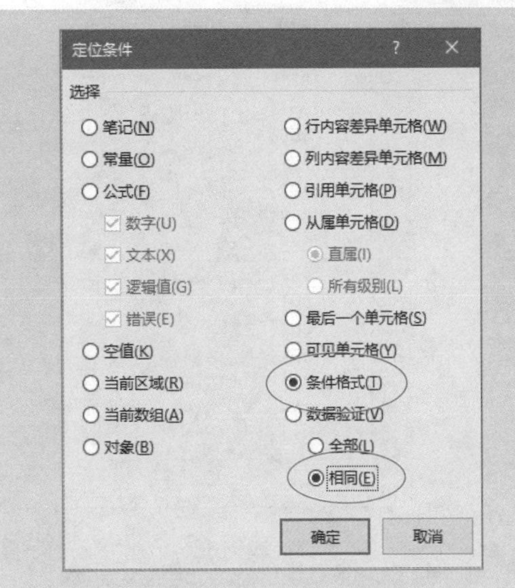

图 2-33　选中“条件格式”单选按钮，选中“相同”单选按钮

图 2-34 是一个选择有某种条件格式的单元格区域的示例。

	A	B	C	D	E	F	G	H	I
1	1430	1096	1409			1431	180	1788	
2	893	1217	617			1729	157	580	
3	1821	1156	889			743	752	563	
4	1661	281	669			1737	1946	1426	
5	466	1166	107			355	805	571	
6	791	1246	1727			1093	1164	1744	
7	482	160	1772			1242	653	932	
8	1847	1573	820			1204	878	204	
9	1385	1383	1719			1354	276	1645	
10	1171	652	694			1034	948	177	
11	561	272	684			846	345	1085	
12	262	1855	1989			1276	903	1658	
13	901	1815	1858			1852	797	1661	
14	1443	1018	540			123	288	1372	
15	788	635	1535			782	682	804	
16	524	1687	1029			909	1840	1206	
17	316	1410	915			1747	477	464	
18									

图 2-34　选择有指定条件格式的单元格区域

如果要选择工作表中所有设置有条件格式的单元格区域，那么需要在“定位条件”对话框中选中“条件格式”选项按钮后勾选“全部”复选框。图 2-35 是一个示例。

	A	B	C	D	E	F	G	H
1	1430	1096	1409			1431	180	1788
2	893	1217	617			1729	157	580
3	1821	1156	889			743	752	563
4	1661	281	669			1737	1946	1426
5	466	1166	107			355	805	571
6	791	1246	1727			1093	1164	1744
7	482	160	1772			1242	653	932
8	1847	1573	820			1204	878	204
9	1385	1383	1719			1354	276	1645
10	1171	652	694			1034	948	177
11	561	272	684			846	345	1085
12	262	1855	1989			1276	903	1658
13	901	1815	1858			1852	797	1661
14	1443	1018	540			123	288	1372
15	788	635	1535			782	682	804
16	524	1687	1029			909	1840	1206
17	316	1410	915			1747	477	464
18								

图 2-35　选择工作表中全部有条件格式的单元格区域

技巧 029 选择有数据验证的单元格

同样，当在工作表中对某些单元格区域设置了数据验证后，如果不再需要某些单元格区域的数据验证，但仍需要保留其他单元格区域的数据验证设置，那么可以利用“定位条件”对话框，定位选择某个数据验证单元格区域，然后再删除它。

利用“定位条件”对话框定位到某个数据验证的单元格区域的方法和步骤如下：

Step01 单击要定位的设置有某种数据验证的单元格区域内的任一单元格。

Step02 打开“定位条件”对话框。

Step03 选中“数据验证”单选按钮后选中“相同”单选按钮，如图 2-36 所示。

Step04 单击“确定”按钮即可。

图 2-37 是一个选择有某种数据验证的单元格区域的示例。

如果要选择工作表中所有设置有数据验证的单元格区域，那么需要在“定位条件”对话框中选中“数据验证”单选按钮后选中“全部”单选按钮。图 2-38 是一个示例。

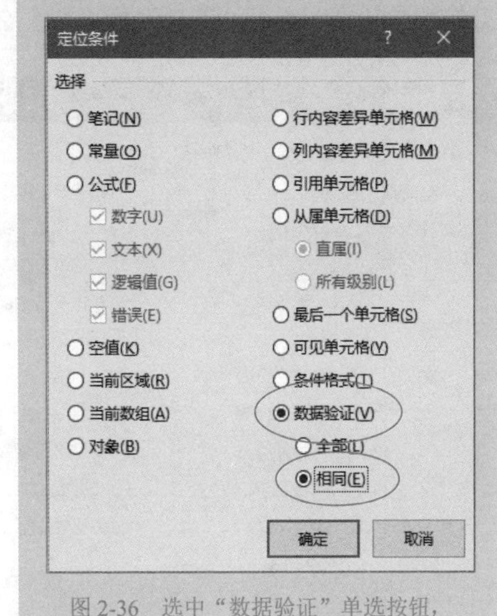

图 2-36 选中“数据验证”单选按钮，选中“相同”单选按钮

	A	B	C	D
1	日期	产品	客户	销售量
2	2020-2-1	产品3	客户A	596
3				
4				
5				
6				
7				
8				
9				
10				
11				
12				
13				
14				
15				
16				
17				

请输入2020年日期

图 2-37 选择有指定数据验证的单元格区域

	A	B	C	D
1	日期	产品	客户	销售量
2	2020-2-1	产品3	客户A	596
3				
4				
5				
6				
7				
8				
9				
10				
11				
12				
13				
14				
15				
16				
17				

图 2-38 选择工作表中全部有数据验证的单元格区域

选择有批注（笔记）的单元格 技巧 030

选择有批注（笔记）的单元格区域是非常容易的，只要在“定位条件”对话框中选中“笔记”单选按钮或者“批注”单选按钮（不同版本的名称不一样），就可以迅速地选择指定数据区域或工作表中的全部有批注的单元格，如图 2-39 和图 2-40 所示。

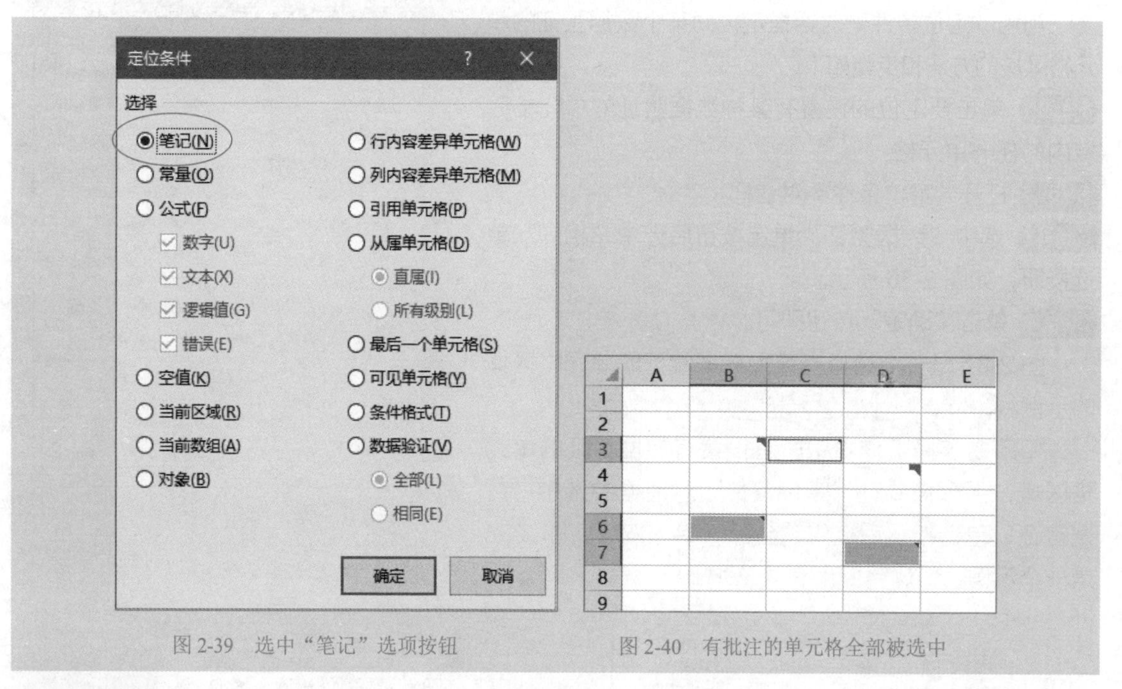

图 2-39　选中“笔记”选项按钮

图 2-40　有批注的单元格全部被选中

选择工作表中的所有对象 技巧 031

删除插入工作表中的形状、图表、控件、图片等对象，首先要选择这些对象，然后按 Delete 键即可。

选择这些对象的方法是使用“定位条件”对话框，选中“对象”单选按钮即可，如图 2-41 所示。图 2-42 中一次性选择了所有的对象。

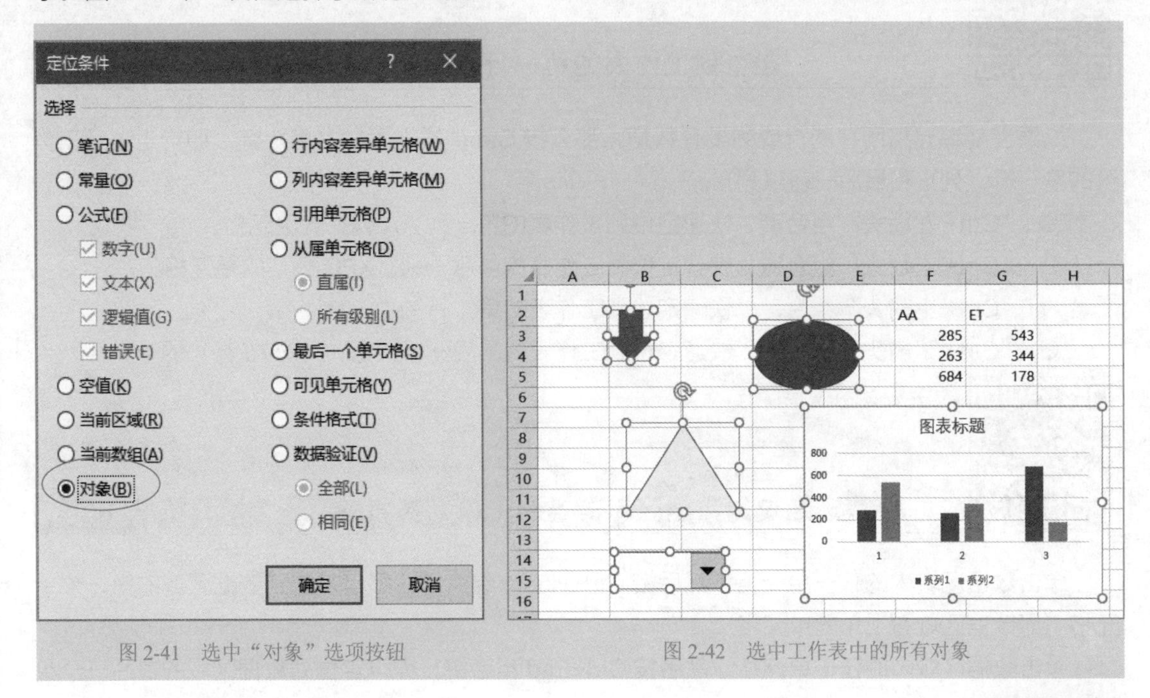

图 2-41 选中“对象”选项按钮

图 2-42 选中工作表中的所有对象

技巧 032 定位到单元格区域的边缘行或列的单元格

首先单击数据区域内的任一单元格，然后按 Ctrl 键和上、下、左、右箭头键，即可定位到数据区域边缘的单元格。

◎ “Ctrl+ 左箭头”组合键：可以快速定位到数据区域中该单元格所在行最左边的一个单元格。

◎ “Ctrl+ 右箭头”组合键：可以快速定位到数据区域中该单元格所在行最右边的一个单元格。

◎ “Ctrl+ 上箭头”组合键：可以快速定位到数据区域中该单元格所在列最上边的一个单元格。

◎ “Ctrl+ 下箭头”组合键：可以快速定位到数据区域中该单元格所在列最下边的一个单元格。

定位到工作表的第一行（列）和最后一行（列） 技巧 033

如果当前单元格所在的行或列没有数据，那么按 Ctrl 键和上下左右箭头键，即可定位到工作表的第一行（列）和最后一行（列）。

◎ “Ctrl+ 左箭头”组合键：快速定位到工作表的第一列（A 列）的单元格。

◎ “Ctrl+ 右箭头”组合键：快速定位到工作表的最后一列（XFD 列）的单元格。

◎ “Ctrl+ 上箭头”组合键：快速定位到工作表的第 1 行的单元格。

◎ “Ctrl+ 下箭头”组合键：快速定位到工作表的最后一行（第 1048576 行）的单元格。

快速定位到数据区域的第一个单元格和最后一个单元格 技巧 034

单击数据区域内的任一单元格，然后按 Ctrl+Home 组合键，即可定位到数据区域的第一个单元格（即数据区域右上角的单元格）。

单击数据区域内的任一单元格，然后按 Ctrl+End 组合键，即可定位到数据区域的最后一个单元格（即数据区域右下角的单元格）。

利用定义的名称定位单元格区域 技巧 035

名称是用来对单元格区域进行定义的，它取代普通的以单元格地址引用所代表的单元格区域，因此名称的使用是很方便的。而利用名称定位单元格区域比利用单元格地址引用来定位单元格区域更加方便。

如果定义了很多名称，现在要查看某名称代表的单元格区域，那么可以通过“名称管理器”对话框来进行查看。具体方法和步骤如下：

Step01 执行“公式”→“名称管理器”命令，打开“名称管理器”对话框。

Step02 在名称列表中选择某个名称。

Step03 在“引用位置”输入框中，单击，那么该名称所代表的单元格区域就会被闪烁的虚线包围起来，如图 2-43 所示。

	A	B	C	D	E	F	G	H
1	200	200	200	200	200	200	200	200
2	200	200	200	200	200	200	200	200
3	200	200	200	200	200	200	200	200
4	200	200	200	200	200	200	200	200
5	200	200	200	200	200	200	200	200
6	200	200	200	200	200	200	200	200
7	200	200	200	200	200	200	200	200
8	200	200	200	200	200	200	200	200
9	200	200	200	200	200	200	200	200
10	200	200	200	200	200	200	200	200
11	200	200	200	200	200	200	200	200
12	200	200	200	200	200	200	200	200
13	200	200	200	200	200	200	200	200
14	200	200	200	200	200	200	200	200
15	200	200	200	200	200	200	200	200
16	200	200	200	200	200	200	200	200
17	200	200	200	200	200	200	200	200
18								
19								
20								

名称管理器

名称	数值	引用位置	范围	批注
data	{"","","","","",...	=Sheet1!E...	工作簿	
产品	{"";"";"";"";"";...	=Sheet1!B...	工作簿	
数据源	{...}	=OFFSET(Sh...	工作簿	
销售额	{"";"";"";"";"";...	=Sheet1!$M:...	工作簿	

引用位置(R): =OFFSET(Sheet3!$A$1,,,COUNTA(Sheet3!$A:$A),COUNTA(Sheet3!$1:$1))

图 2-43 在定义名称对话框中查看到某名称代表的单元格区域

技巧 036 选取有指定数据的单元格

Excel 的查找和替换工具非常强大，不过大多数人对这个功能的认识仅限于数据的查找和替换上。实际上，该工具的用途不仅限于此。下面我们介绍如何利用“查找和替换”对话框来选择特殊数据单元格区域。

利用“查找和替换”对话框选取有指定数据的单元格区域是很简单的，只要按 Ctrl+F 组合键，打开“查找和替换”对话框，在“查找内容”输入框中输入要查找的数据，然后单击“查找全部”按钮，即可将所有满足条件的单元格查找出来，并显示在“查找和替换”对话框下方的列表中，如图 2-44 所示。

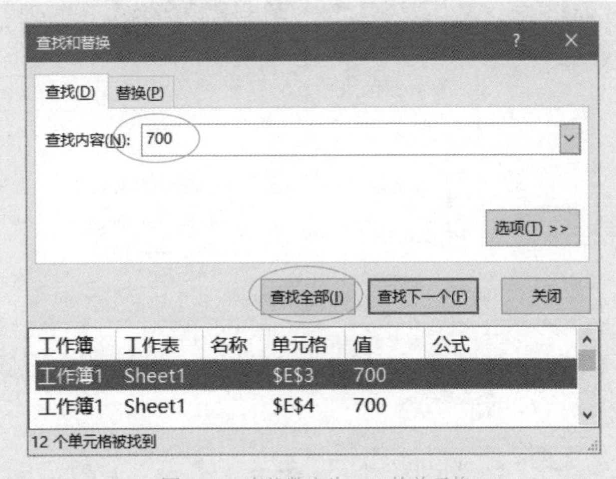

图 2-44 查找数字为 700 的单元格

此时，在激活“查找和替换”对话框的情况下，按 Ctrl+A 组合键，即可选择全部满足条件的单元格，如图 2-45 所示。最后再单击“关闭”按钮，关闭“查找和替换”对话框。

	A	B	C	D	E	F
1	1199	691	1179	463	1122	540
2	532	567	992	539	1080	918
3	649	529	807	862	700	1197
4	597	1094	953	848	700	735
5	842	2700	700	1015	1013	684
6	700	700	1177	841	676	417
7	70000	629	956	861	540	1149
8	735	7700	460	711	1700	1049
9	987	969	700	427	939	746
10	661	536	589	638	7000	649
11	865	533	926	857	790	722
12	1057	627	700	543	1160	580
13	522	1033	775	1001	1174	514

图 2-45 选择数字为 700 的所有单元格

但要注意，这种选择，会把所有含有 700 的单元格选择出来，如图 2-45 所示。

如果仅仅是选择单元格数据是 700 的单元格，也就是严格匹配单元格数据是 700，则需要单击“选项”按钮，展开对话框，勾选“单元格匹配”复选框，如图 2-46 所示，此时便仅选择了单元格数据是 700 的单元格，如图 2-47 所示。

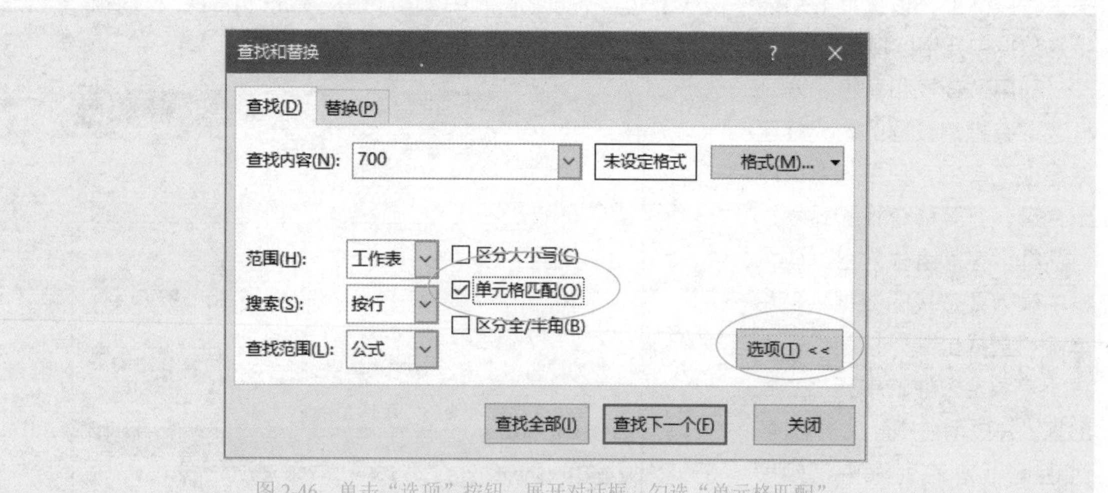

图 2-46 单击“选项”按钮，展开对话框，勾选“单元格匹配”

	A	B	C	D	E	F
1	1199	691	1179	463	1122	540
2	532	567	992	539	1080	918
3	649	529	807	862	700	1197
4	597	1094	953	848	700	735
5	842	2700	700	1015	1013	684
6	700	700	1177	841	676	417
7	70000	629	956	861	540	1149
8	735	7700	460	711	1700	1049
9	987	969	700	427	939	746
10	661	536	589	638	7000	649
11	865	533	926	857	790	722
12	1057	627	700	543	1160	580
13	522	1033	775	1001	1174	514

查找和替换

查找(D) 替换(P)

查找内容(N): 700 未设定格式 格式(M)...

范围(H): 工作表 □区分大小写(C)

搜索(S): 按行 ☑单元格匹配(O)

查找范围(L): 公式 □区分全/半角(B) 选项(T) <<

查找全部(I) 查找下一个(F) 关闭

工作簿	工作表	名称	单元格	值	公式
工作簿1	Sheet1		$E$3	700	
工作簿1	Sheet1		$E$4	700	

7 个单元格被找到

图 2-47 仅查找选择数据是 700 的单元格

技巧 037 选取有特定字符的单元格

使用通配符（*），我们还可以利用“查找和替换”对话框选取有特定字符的单元格区域。

例如，要选择文字中含有“北京”的所有单元格，就在“查找内容”输入框中输入“* 北京 *”，然后单击“查找全部”按钮，就可以将所有满足条件的单元格查找并显示出来，如图 2-48 所示，然后按 Ctrl+A 组合键，即可选择全部满足条件的单元格，如图 2-49 所示。

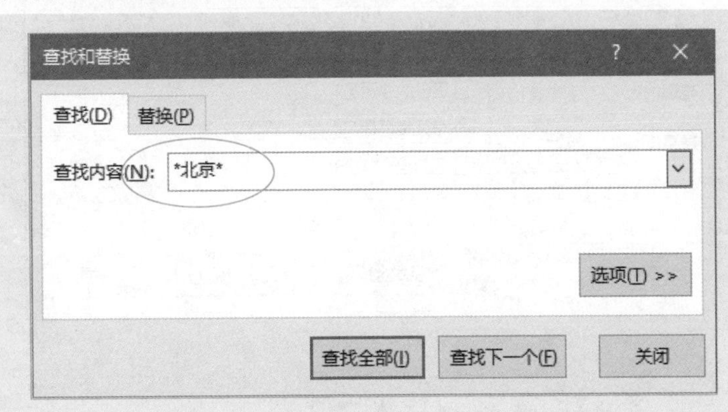

图 2-48 输入查找条件，使用通配符（*）

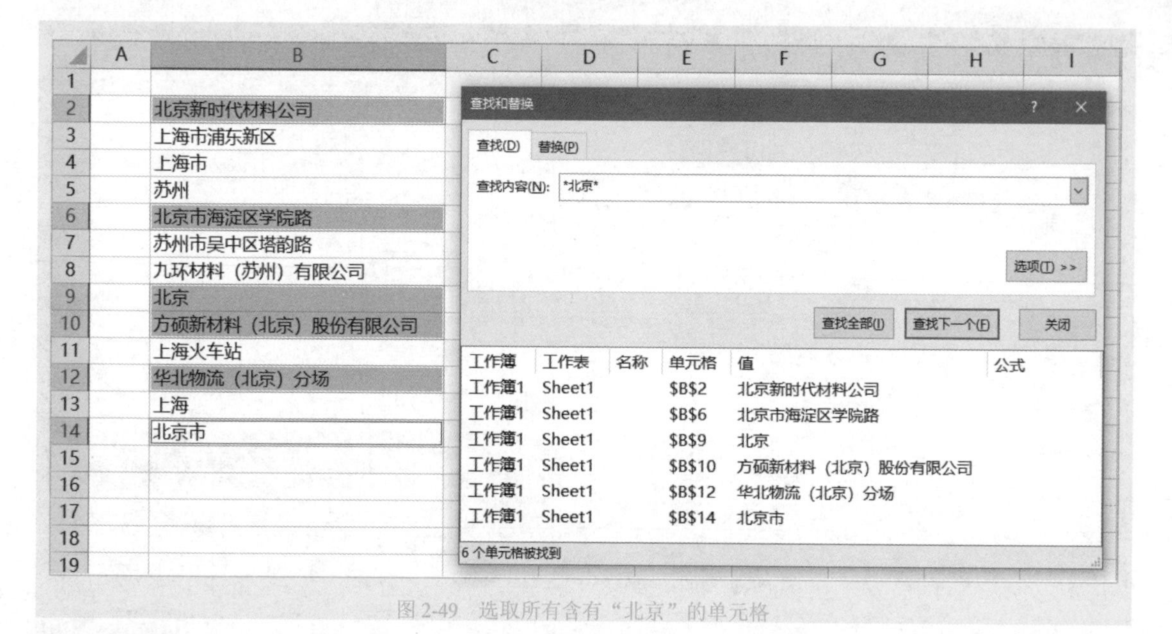

图 2-49　选取所有含有“北京”的单元格

但是，如果要查找以“北京”开头的单元格，则查找条件需要输入“北京 *”，并注意勾选“单元格匹配”复选框，如图 2-50 所示，此时便得到了所有以“北京”开头的单元格，如图 2-51 所示。

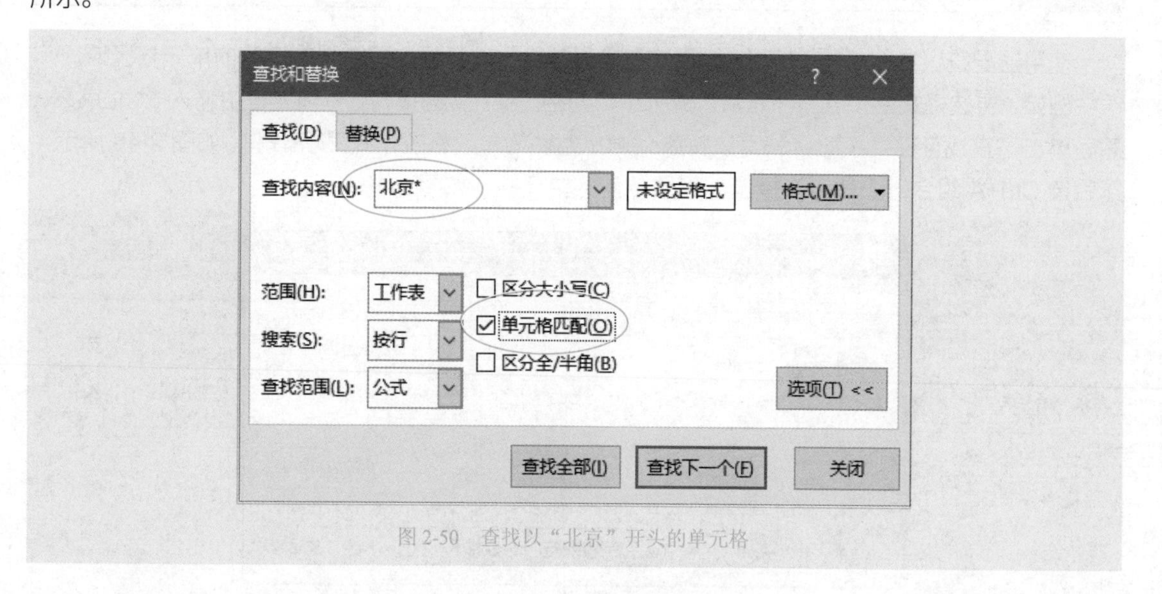

图 2-50　查找以“北京”开头的单元格

英文问号（?）用来匹配字符个数，一个问号表示一个字符。例如，要查找字符是两个的单元格，就输入查找条件“??”，同时勾选“单元格匹配”复选框，如图 2-52 所示，此时便得到只有两个字符的单元格，如图 2-53 所示。

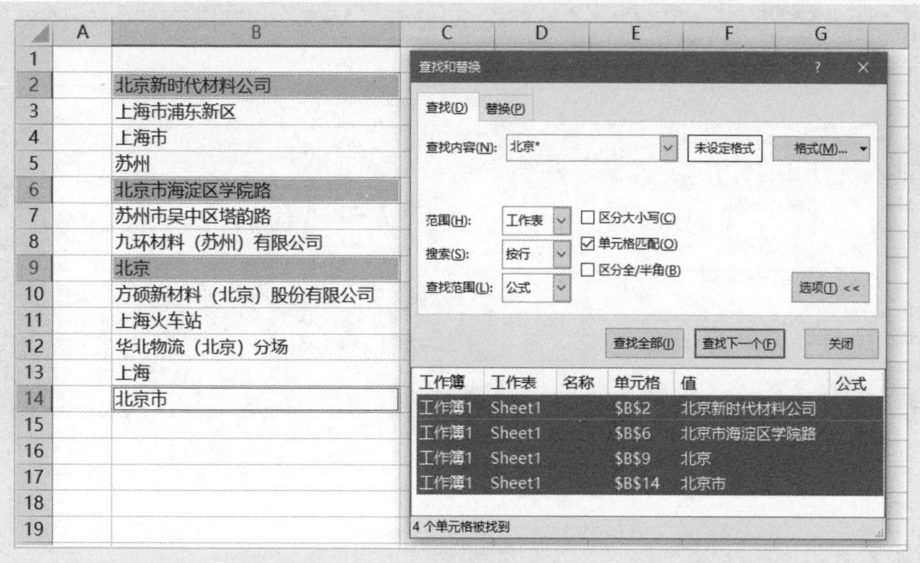

图 2-51　所有以“北京”开头的单元格

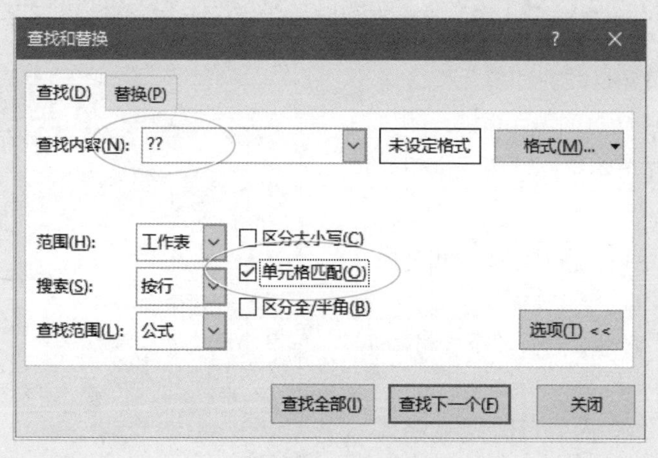

图 2-52　查找只有两个字符的单元格

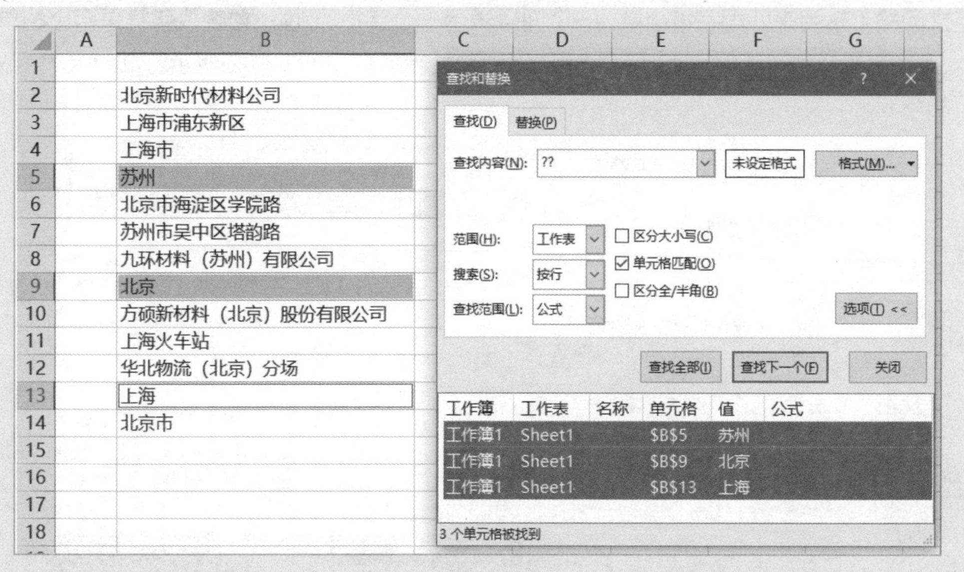

图 2-53　只有两个字符的单元格

选取指定单元格颜色的单元格　技巧 038

可以选取指定单元格颜色的单元格区域。例如，要选择图 2-54 所示的单元格填充颜色为“黄色”的所有单元格区域，具体方法和步骤如下：

Step01 按 Ctrl+F 组合键，打开“查找和替换”对话框。

Step02 单击“选项”按钮，展开“查找和替换”对话框，如图 2-55 所示。

Step03 单击“格式”按钮，打开“查找格式”对话框，选择“填充”选项，在“背景色”中选择颜色为黄色格式，如图 2-56 所示。

图 2-54　不同的填充颜色

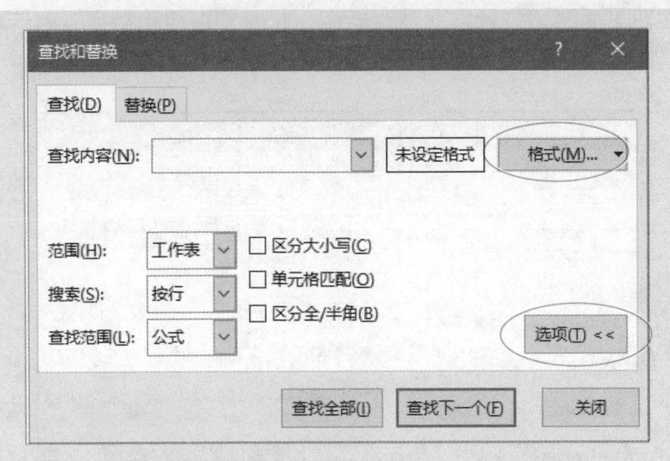

图 2-55　展开的“查找和替换”对话框

图 2-56　选择单元格颜色

单击“确定”按钮，关闭“查找格式”对话框，此时“查找和替换”对话框变为图 2-57 所示的样子。

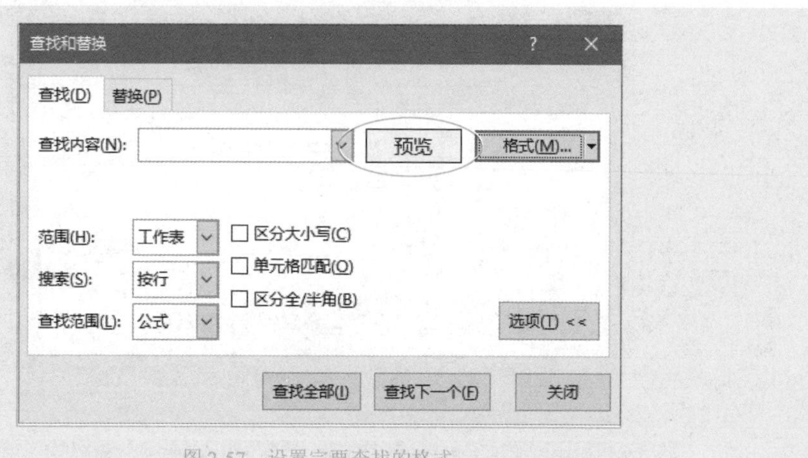

图 2-57　设置完要查找的格式

Step04 单击“查找全部”按钮，即可将所有黄色填充的单元格查找并显示出来，然后按 Ctrl+A 组合键，即可选择全部满足条件的单元格，如图 2-58 所示。

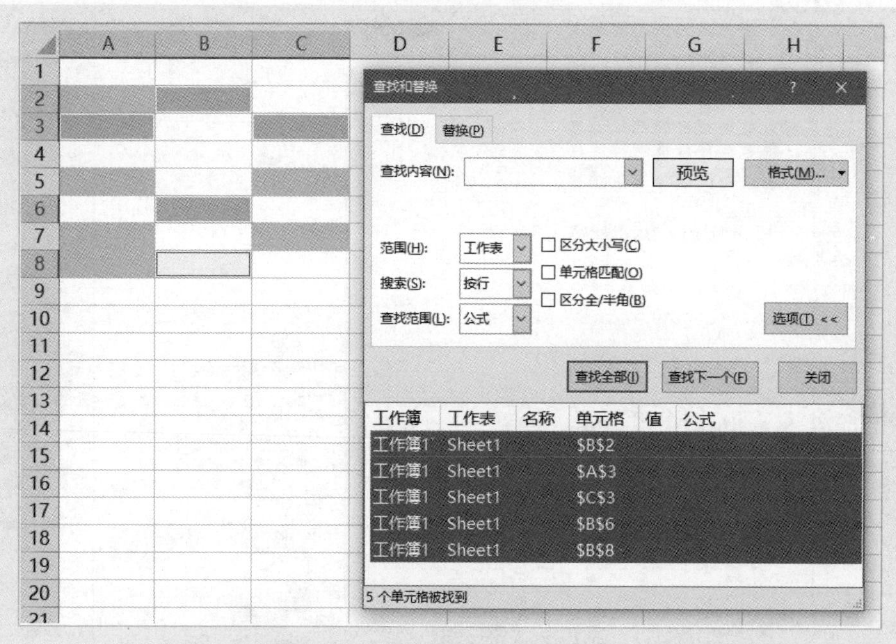

图 2-58　查找出单元格填充颜色为“黄色”的所有单元格

如果人工选择设置格式不方便，还可以单击“查找和替换”对话框中的“格式”按钮右侧的下拉箭头，从下拉菜单中选择“从单元格选择格式”，然后单击工作表中要查找格式的单元格，即可得到图 2-59 所示的对话框，然后再单击“查找全部”按钮，进行查找即可。

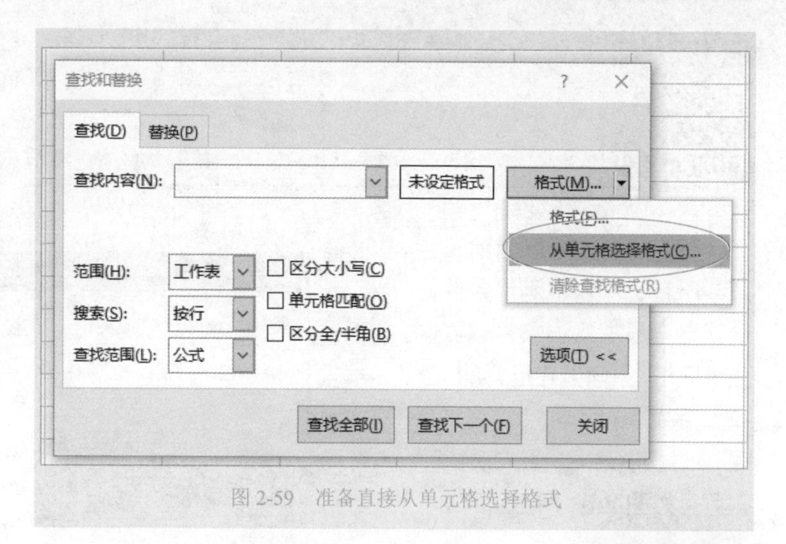

图 2-59 准备直接从单元格选择格式

技巧 039 选取区分字母大小写的单元格

在默认情况下，查找是不区分字母的大小写的。但是，在有些情况下，需要区分字母大小写进行查找。此时，需要在“查找和替换”对话框中，勾选“区分大小写”复选框，如图 2-60 所示，然后再进行查找。图 2-60 是查找并选择所有含有大写字母 A 的单元格。

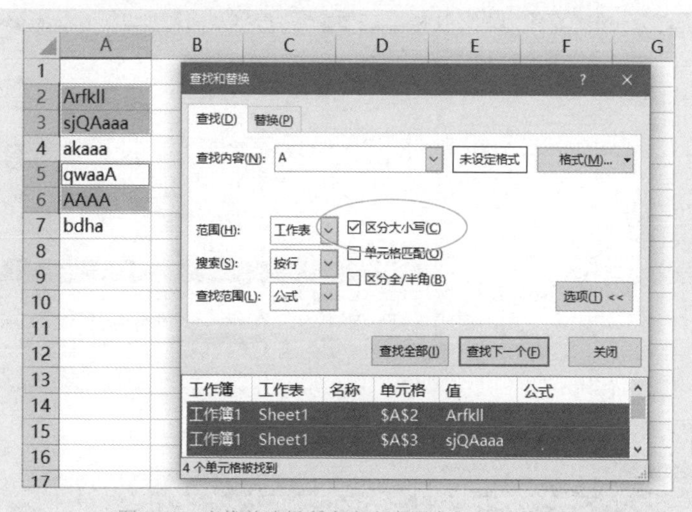

图 2-60 查找并选择所有含有大写字母 A 的单元格

选取当前工作簿中所有满足匹配条件的单元格 技巧 040

若要一次性地将当前工作簿中所有工作表中满足条件的单元格全部查找出来并选择这些单元格，只需要在展开的“查找和替换”对话框中，在“范围”下拉列表中选择“工作簿”即可，如图 2-61 所示。

图 2-62 是从选定的几个工作表中，查找含有“北京”的单元格。

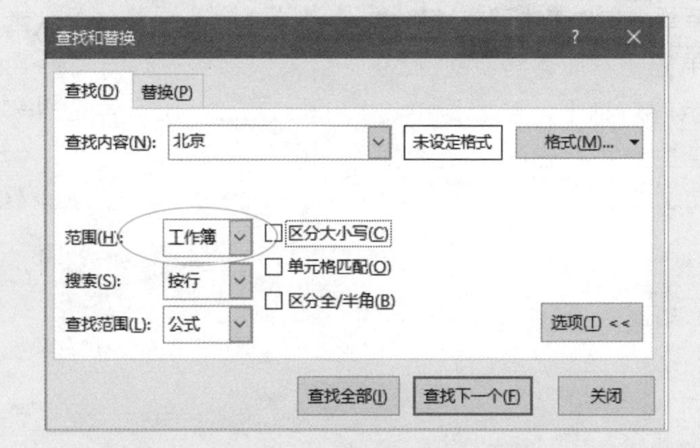

图 2-61 准备选取当前工作簿中所有满足匹配条件的单元格

图 2-62 从选定的几个工作表中，查找含有“北京”的单元格

技巧 041 快速查看选择的单元格区域共有多少行和多少列

Excel 有一个不引人注意的功能：在选择单元格区域时，可以快速查看选择的单元格区域共有多少行和多少列。

1. 快速查看选择了多少整行

例如，在利用鼠标选择连续的整行时，会在最后一行的行号下面出现诸如 7R 的提示信息，如图 2-63 所示，这里字母 R 就表示行，而数字就表示选取了多少行。

不过，这种操作无法确定不连续行的个数。

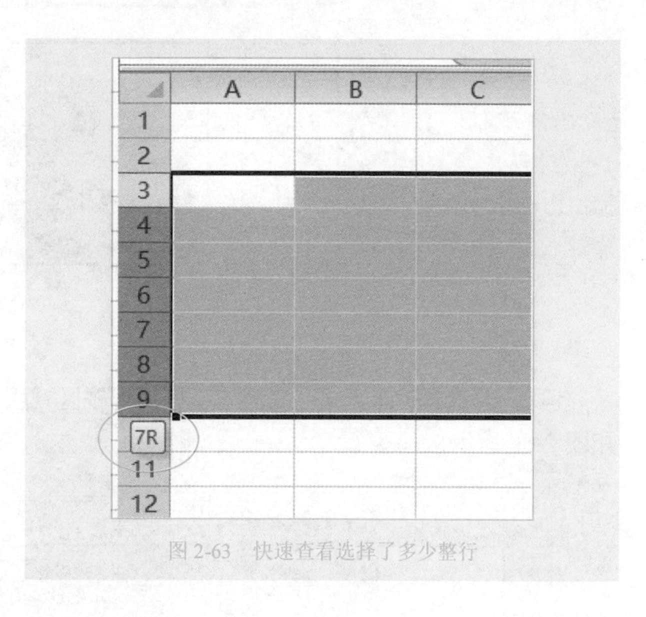

图 2-63 快速查看选择了多少整行

2. 快速查看选择了多少整列

在利用鼠标选择连续的整列时，会在最后一列的列标右侧出现诸如 5C 的提示信息，如图 2-64 所示，这里字母 C 就表示列，而数字就表示选取了多少列。

不过，这种操作无法确定不连续列的个数。

图 2-64 快速查看选择了多少整列

3. 快速查看选择的单元格区域共有多少个单元格

当选择连续的单元格区域时，在 Excel 的名称框中会出现诸如 6R x 3C 这样的提示信息，如

图 2-65 所示，这里，6R 表示该单元格区域有 6 行，3C 表示该单元格区域有 3 列，则该单元格区域共有 18（6×3）个单元格。

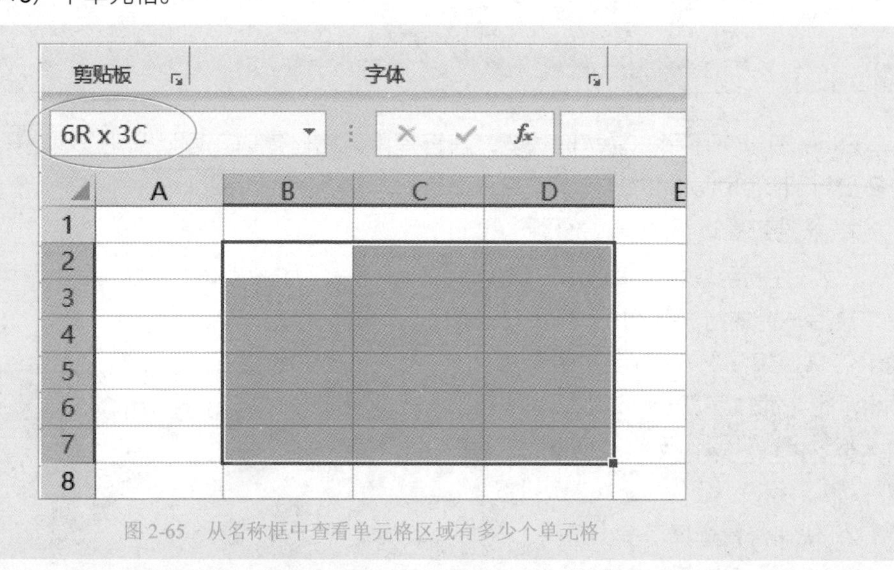

图 2-65　从名称框中查看单元格区域有多少个单元格

但是，当选择的单元格区域超过了屏幕可视区域后，提示信息会出现在单元格区域的右下角，如图 2-66 所示。

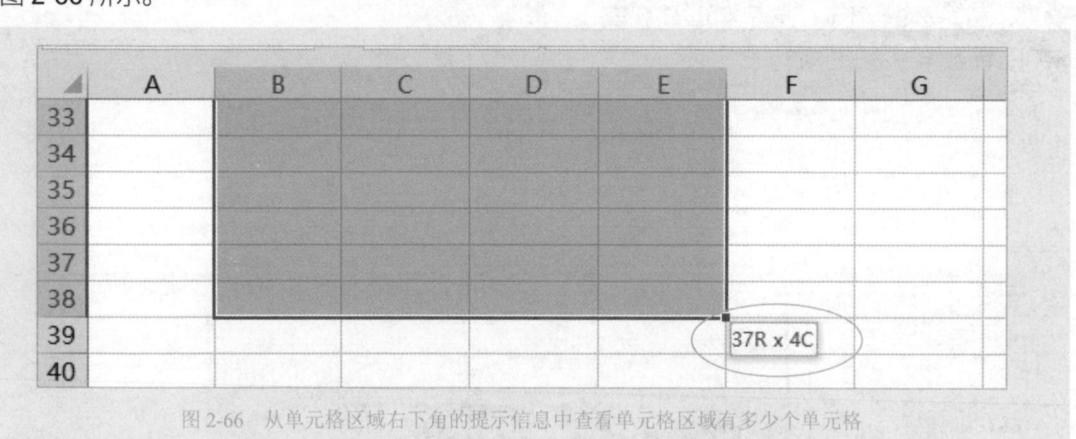

图 2-66　从单元格区域右下角的提示信息中查看单元格区域有多少个单元格

需要注意的是，这种操作无法确定不连续单元格区域中单元格的个数。

技巧 042 只允许选择某些单元格区域

通过设置工作表对象的 ScrollArea 属性，可以限制用户选定滚动区域之外的单元格区域。具体方法和步骤如下：

Step01 在“开发工具”中单击“Visual Basic 编辑器”命令，或者按 Alt+F11 组合键，打开 Visual Basic 编辑器窗口。

Step02 在 Visual Basic 编辑器窗口左边的“工程资源管理器”中，选择限制用户选定滚动区域之外的单元格区域的工作表对象，比如，在工作表 Sheet1 中对用户滚动区域进行限制，那么就选择 Sheet2（Sheet1）对象，如图 2-67 所示。

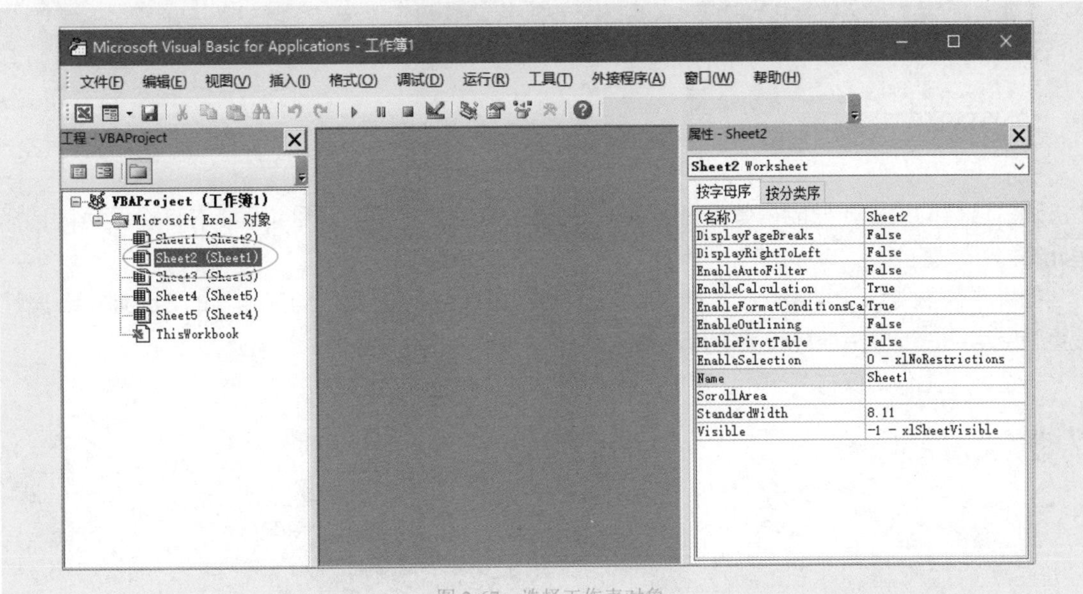

图 2-67 选择工作表对象

Step03 按 F4 键，打开该工作表对象的属性窗口，单击 ScrollArea 属性右边的输入栏，然后输入允许滚动的单元格区域，比如，只允许滚动单元格区域 A1:P20，就输入 A1:P20，如图 2-68 所示，然后按 Enter 键。

Step04 关闭 Visual Basic 编辑器窗口。

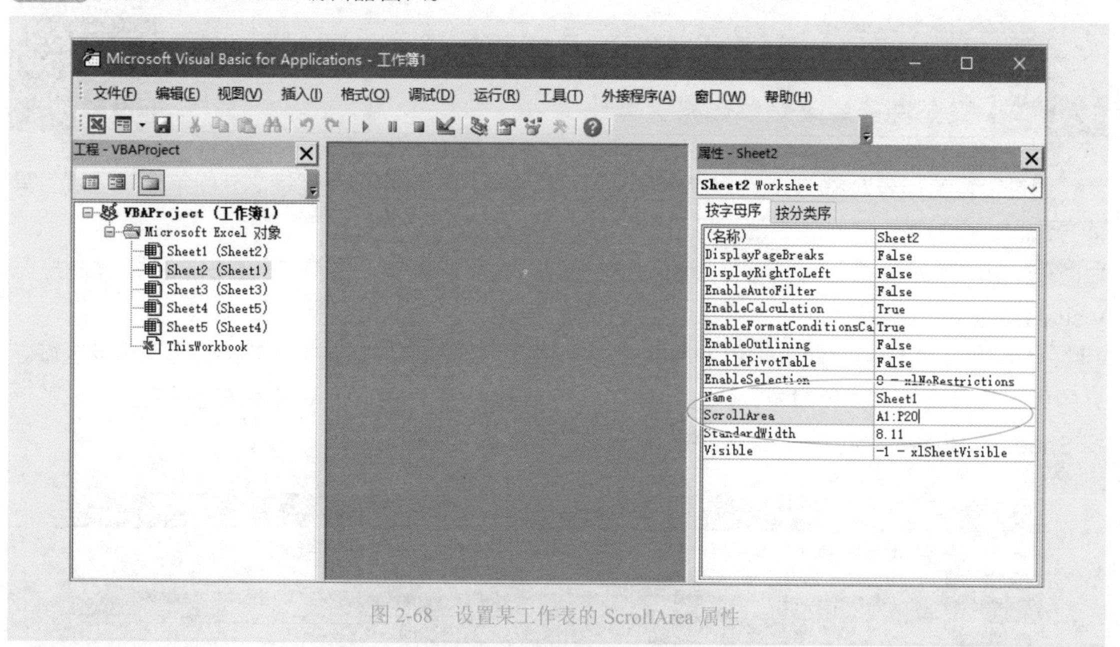

图 2-68 设置某工作表的 ScrollArea 属性

通过这样的设置，只能在单元格区域 A1:P20 内拖拉滚动条，并且也只能在这个区域内选择单元格。

如果要恢复能够滚动整个工作表的区域，就需要将图 2-68 所示的工作表的 ScrollArea 属性设置为空字符，即删除原先设置的单元格区域。

不过，当工作簿保存关闭后，再打开工作簿，这种设置便会自动失效。

第3章

处理单元格实用技巧

EXCEL

处理单元格是指诸如插入、删除、隐藏行、列、单元格的操作行为。本章主要介绍插入空行或空列，隐藏行或列，删除行、列和单元格，以及合并或取消合并单元格等的基本方法和技巧。

每隔一行插入一个空行 技巧 043

在数据区域中插入空行可能是经常遇到的操作。插入空行的方式有很多，比如每隔一行插入一个空行或者多个空行、每隔多行插入一个空行或者多个空行等。每种情况都有不同的方法和技巧。下面分几种情况介绍插入空行的基本方法和相关技巧。

每隔一行插入一个空行最简便的方法是利用辅助列排序。比如，对于图 3-1 所示的数据区域，现在我们要求每隔一行插入一个空行，那么可以按照下面的步骤进行操作：

Step01 在数据区域的右侧插入一个辅助列，并输入序列数字 1、2、3……一直输入数据区域的最后一行为止（这里假设为第 8 行）。

Step02 在辅助列对应数据区域最后一行的下面一行开始输入等差序列 1.5、2.5、3.5……数据多少没有关系，但最后一个数必须大于数据区域对应辅助列最后一个数加一个小数（比如 0.5）。

输入完毕，辅助列数字的情况如图 3-2 所示。

	A	B	C	D
1	数据1	数据2	数据3	数据4
2	1	2	3	4
3	5	6	7	8
4	9	10	11	12
5	13	14	15	16
6	17	18	19	20
7	21	22	23	24
8	25	26	27	28
9				

图 3-1　示例数据

	A	B	C	D	E
1	数据1	数据2	数据3	数据4	辅助列
2	1	2	3	4	1
3	5	6	7	8	2
4	9	10	11	12	3
5	13	14	15	16	4
6	17	18	19	20	5
7	21	22	23	24	6
8	25	26	27	28	7
9					1.5
10					2.5
11					3.5
12					4.5
13					5.5
14					6.5
15					

图 3-2　在辅助列对应的数据区域行中输入自然数，并在数据区域外输入等差小数序列

说明：我们可以输入 1.1、2.1、3.1……这样的等差序列数字，或者 1.2、2.2、3.2……这样的等差序列数字等，只要数字是在自然数 1 和 2、2 和 3、3 和 4……之间即可。

Step03 对辅助列进行升序排序，即可得到图 3-3 所示的情形。此时已经在数据区域内每隔一行插入了一个空行。

Step04 删除辅助列，即可得到需要的结果，如图 3-4 所示。

上述步骤为纯粹的操作方法。这种方法的原理不难理解，即通过排序，将空行插入数据区域中。

	A	B	C	D	E
1	数据1	数据2	数据3	数据4	辅助列
2	1	2	3	4	1
3					1.5
4	5	6	7	8	2
5					2.5
6	9	10	11	12	3
7					3.5
8	13	14	15	16	4
9					4.5
10	17	18	19	20	5
11					5.5
12	21	22	23	24	6
13					6.5
14	25	26	27	28	7
15					

图 3-3 对辅助列升序排序，插入空行

	A	B	C	D
1	数据1	数据2	数据3	数据4
2	1	2	3	4
3				
4	5	6	7	8
5				
6	9	10	11	12
7				
8	13	14	15	16
9				
10	17	18	19	20
11				
12	21	22	23	24
13				
14	25	26	27	28
15				

图 3-4 删除辅助列，得到最后的结果

技巧 044 每隔一行插入两个空行

每隔一行插入两个空行也可以使用辅助列排序方法。辅助列排序方法就是设计一个辅助列，输入相应的数据系列，并通过对辅助列进行排序而在数据区域中每隔一行插入两个空行。具体方法如下：

Step01 在数据区域的右侧插入一个辅助列，并输入序列数字 1、2、3……一直输入到数据区域的最后一行为止。

Step02 在辅助列对应数据区域最后一行的下面一行开始输入等差序列 1.1、1.2、2.1、2.2、3.1、3.2……辅助列数字输入完毕的情况如图 3-5 所示。

Step03 对辅助列进行升序排序，即可得到图 3-6 所示的情形。此时已经在数据区域内每隔一行插入了两个空行。

Step04 删除辅助列，即可得到需要的结果。

	A	B	C	D	E
1	数据1	数据2	数据3	数据4	辅助列
2	1	2	3	4	1
3	5	6	7	8	2
4	9	10	11	12	3
5	13	14	15	16	4
6	17	18	19	20	5
7	21	22	23	24	6
8	25	26	27	28	7
9					1.1
10					1.2
11					2.1
12					2.2
13					3.1
14					3.2
15					4.1
16					4.2
17					5.1
18					5.2
19					6.1
20					6.2

图 3-5　设计辅助列并输入数字序列

	A	B	C	D	E
1	数据1	数据2	数据3	数据4	辅助列
2	1	2	3	4	1
3					1.1
4					1.2
5	5	6	7	8	2
6					2.1
7					2.2
8	9	10	11	12	3
9					3.1
10					3.2
11	13	14	15	16	4
12					4.1
13					4.2
14	17	18	19	20	5
15					5.1
16					5.2
17	21	22	23	24	6
18					6.1
19					6.2
20	25	26	27	28	7

图 3-6　对辅助列进行升序排序

说明：为了能够快速输入这样的数据序列，可以在 E9 和 E10 中分别输入 1.1 和 1.2 后，在单元格 E11 中输入计算公式 =E9+1，然后向下填充复制到需要的行，最后通过选择性粘贴的方法将辅助列的公式转换为数值。

如果要每隔一行插入多个空行，并且数据区域非常大，那么最好使用辅助列排序的方法。注意在辅助列下面的对应空行的单元格中输入多个空行的序列号。比如，要插入 3 个空行，即输入 1.1、1.2、1.3、2.1、2.2、2.3 等序列数字；要插入 4 个空行，即输入 1.1、1.2、1.3、1.4、2.1、2.2、2.3、2.4 等序列数字等。这种方法可以插入任意多个空行，而不必绞尽脑汁去想如何构造计算公式。

每隔两行插入一个空行　技巧 045

每隔两行插入一个空行有很多种方法，比如鼠标操作法、辅助列排序法、函数法等。下面主要介绍辅助列排序法。

辅助列排序法就是设计一个辅助列，输入相应的数据系列，并通过对辅助列进行排序而在数据区域中每隔两行插入一个空行。具体方法如下：

Step01 在数据区域的右侧插入一个辅助列，并输入序列数字 1、2、3……一直输入到数据区域的最后一行为止，如图 3-7 所示。

Step02 在辅助列对应数据区域最后一行的下面一行单元格（这里为单元格 E9）中输入数字 2.5，然后在单元格 E10 中输入计算公式 =E9+2，然后向下填充复制到需要的行，最后通过选择性粘贴的方法将辅助列的公式转换为数值。

Step03 对辅助列进行升序排序，即可得到图 3-8 所示的情形。此时已经在数据区域内每隔两行插入一个空行。

Step04 删除辅助列，即可得到需要的结果。

	A	B	C	D	E
1	数据1	数据2	数据3	数据4	辅助列
2	1	2	3	4	1
3	5	6	7	8	2
4	9	10	11	12	3
5	13	14	15	16	4
6	17	18	19	20	5
7	21	22	23	24	6
8	25	26	27	28	7
9					2.5
10					4.5
11					6.5
12					8.5

图 3-7 设计辅助列并输入数字序列

	A	B	C	D	E
1	数据1	数据2	数据3	数据4	辅助列
2	1	2	3	4	1
3	5	6	7	8	2
4					2.5
5	9	10	11	12	3
6	13	14	15	16	4
7					4.5
8	17	18	19	20	5
9	21	22	23	24	6
10					6.5
11	25	26	27	28	7
12					8.5

图 3-8 对辅助列进行升序排序

技巧 046 每隔多行插入多个空行

每隔多行插入多个空行时最好使用辅助列排序法，示例数据及结果如图 3-9 和图 3-10 所示，该示例是每隔两行插入两个空行。

复制数字序列要根据不同的情况设计不同的值。这种方法可以每隔任意行插入任意的空行。

	A	B	C	D	E
1	数据1	数据2	数据3	数据4	辅助列
2	1	2	3	4	1
3	5	6	7	8	2
4	9	10	11	12	3
5	13	14	15	16	4
6	17	18	19	20	5
7	21	22	23	24	6
8	25	26	27	28	7
9	29	30	31	32	8
10					2.1
11					2.2
12					4.1
13					4.2
14					6.1
15					6.2
16					8.1
17					8.2

图 3-9　设计辅助列并输入数字序列

	A	B	C	D	E
1	数据1	数据2	数据3	数据4	辅助列
2	1	2	3	4	1
3	5	6	7	8	2
4					2.1
5					2.2
6	9	10	11	12	3
7	13	14	15	16	4
8					4.1
9					4.2
10	17	18	19	20	5
11	21	22	23	24	6
12					6.1
13					6.2
14	25	26	27	28	7
15	29	30	31	32	8
16					8.1
17					8.2

图 3-10　对辅助列进行升序排序

插入列技巧　技巧 047

插入列非常容易，而且在实际工作中也较少遇到需要每隔数列插入数个空列的情况。不过，如果需要每隔数列插入数个空列，那么可以采用鼠标操作法进行。

比如，需要每隔一列数据插入一个空列，则可以选择先按住 Ctrl 键，然后用鼠标选取数据区域中除第一列外的各列，如图 3-11 所示，在列标处右击，选择“插入”命令，如图 3-12 所示，即可迅速地每隔一列数据插入一个空列，如图 3-13 所示。

	A	B	C	D	E
1	11	22	33	44	
2	12	23	34	45	
3	13	24	35	46	
4	14	25	36	47	
5	15	26	37	48	
6	16	27	38	49	
7	17	28	39	50	
8	18	29	40	51	
9					
10					

图 3-11　按住 Ctrl 键，鼠标选择数据区域中除第一列外的各列

图 3-12 快捷菜单的“插入”命令

	A	B	C	D	E	F	G	H
1	11		22		33		44	
2	12		23		34		45	
3	13		24		35		46	
4	14		25		36		47	
5	15		26		37		48	
6	16		27		38		49	
7	17		28		39		50	
8	18		29		40		51	
9								

图 3-13 每隔一列插入了一个空列

技巧 048 快速删除数据区域中所有的空行：筛选删除法

如果工作表数据区域内存在空行，则会影响数据的处理和分析，必须将这些空行删除。

删除空行的方法有很多，例如筛选删除法、定位删除法等。下面结合图 3-14 所示的示例数据来介绍筛选删除法。

Step01 选择数据区域的整列。记住，一定要选择整列，这样才能把包括空行在内的整个数据区域选中。

Step02 执行“数据”→“筛选”命令，建立自动筛选，如图 3-15 所示。

	A	B	C	D	E
1	日期	产品	销量	销售额	
2	2020-2-5	产品1	359	1135	
3	2020-2-6	产品2	357	2893	
4					
5	2020-2-7	产品3	332	3531	
6	2020-2-8	产品1	389	1612	
7	2020-2-9	产品2	296	2933	
8					
9					
10	2020-2-10	产品3	256	3645	
11	2020-2-11	产品4	355	1258	
12	2020-2-12	产品5	166	1787	
13	2020-2-13	产品4	395	1603	
14					
15	2020-2-14	产品5	199	3167	
16	2020-2-15	产品3	356	3159	
17	2020-2-16	产品1	229	3854	
18					
19	2020-2-17	产品2	198	1283	
20					

图 3-14 示例数据：存在大量的空行

Step03 从任意列中筛选出“（空白）”，如图 3-16 所示。

	A	B	C	D
1	日期	产品	销量	销售额
2	2020-2-5	产品1	359	1135
3	2020-2-6	产品2	357	2893
4				
5	2020-2-7	产品3	332	3531
6	2020-2-8	产品1	389	1612
7	2020-2-9	产品2	296	2933
8				
9				
10	2020-2-10	产品3	256	3645
11	2020-2-11	产品4	355	1258
12	2020-2-12	产品5	166	1787
13	2020-2-13	产品4	395	1603
14				
15	2020-2-14	产品5	199	3167
16	2020-2-15	产品3	356	3159
17	2020-2-16	产品1	229	3854
18				
19	2020-2-17	产品2	198	1283
20				

Sheet1 Sheet2

图 3-15　建立数据区域的自动筛选

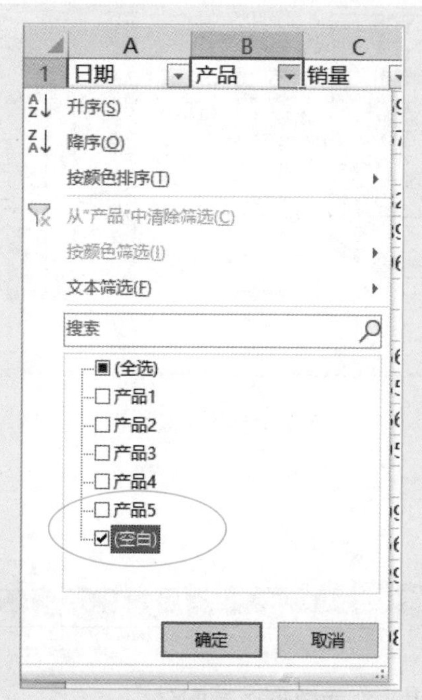

图 3-16　筛选“(空白)”

Step04 选择空白行（可以按 Alt+; 组合键，也可以直接选择，在高版本中会直接选择可见单元格），右击，执行快捷菜单中的“删除行”命令，如图 3-17 所示。

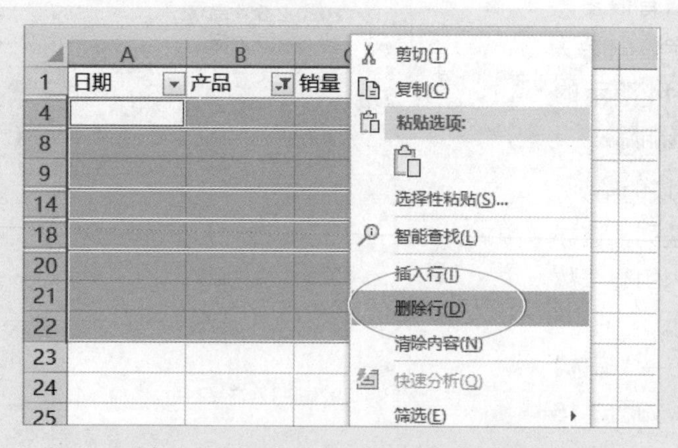

图 3-17　选择空白行，右击，执行快捷菜单中的“删除行”命令

Step05 这时会弹出一个警示框，询问是否删除工作表的整行，如图 3-18 所示。

Step06 单击“确定”按钮，即将空行全部删除，最后取消筛选，得到一个规范的数据区域，如图 3-19 所示。

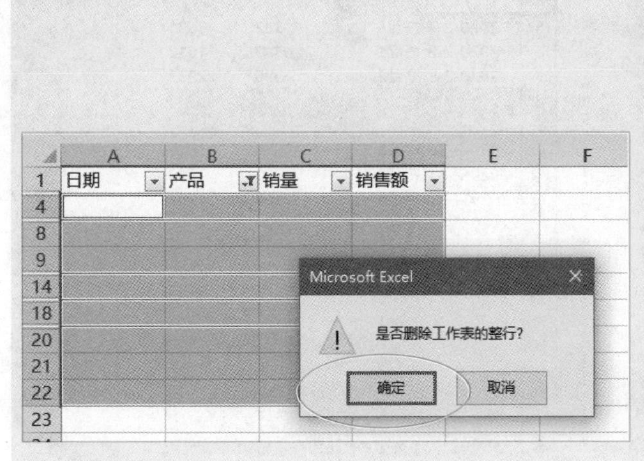

图 3-18 警示框，询问是否删除

	A	B	C	D
1	日期	产品	销量	销售额
2	2020-2-5	产品1	359	1135
3	2020-2-6	产品2	357	2893
4	2020-2-7	产品3	332	3531
5	2020-2-8	产品1	389	1612
6	2020-2-9	产品2	296	2933
7	2020-2-10	产品3	256	3645
8	2020-2-11	产品4	355	1258
9	2020-2-12	产品5	166	1787
10	2020-2-13	产品4	395	1603
11	2020-2-14	产品5	199	3167
12	2020-2-15	产品3	356	3159
13	2020-2-16	产品1	229	3854
14	2020-2-17	产品2	198	1283

图 3-19 删除空行后的数据区域

技巧 049 快速删除数据区域中所有的空行：定位删除法

在技巧 048 中介绍的筛选删除法比较麻烦，而且当数据量很大时，筛选速度较慢。删除空行最简单的方法是定位删除法，详细步骤如下：

Step01 选择数据区域的整列。

Step02 按 Ctrl+G 组合键或者按 F5 键，打开“定位”对话框，如图 3-20 所示。

Step03 单击“定位条件”按钮，打开“定位条件”对话框，选中“空值”单选按钮，如图 3-21 所示。

Step04 单击“确定”按钮，即将数据区域内所有的空单元格选中，如图 3-22 所示。

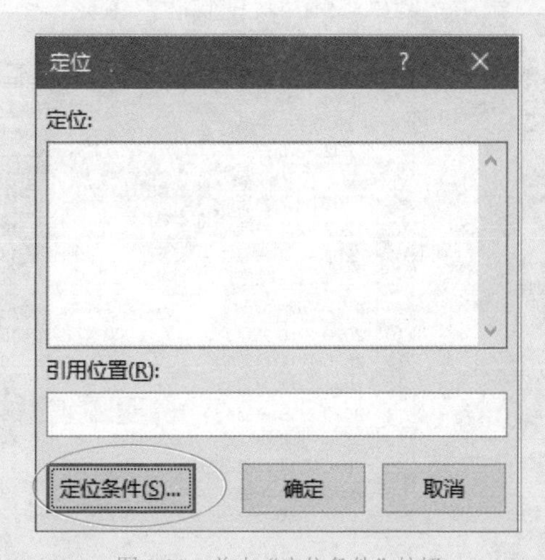

图 3-20 单击“定位条件”按钮

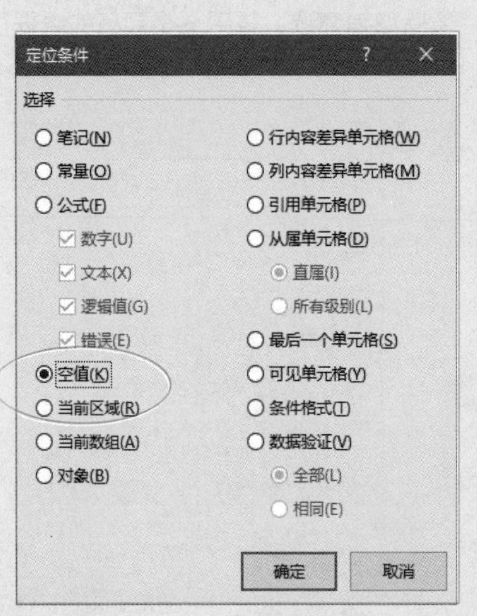

图 3-21　选中“空值”单选按钮

	A	B	C	D
1	日期	产品	销量	销售额
2	2020-2-5	产品1	359	1135
3	2020-2-6	产品2	357	2893
4				
5	2020-2-7	产品3	332	3531
6	2020-2-8	产品1	389	1612
7	2020-2-9	产品2	296	2933
8				
9				
10	2020-2-10	产品3	256	3645
11	2020-2-11	产品4	355	1258
12	2020-2-12	产品5	166	1787
13	2020-2-13	产品4	395	1603
14				
15	2020-2-14	产品5	199	3167
16	2020-2-15	产品3	356	3159
17	2020-2-16	产品1	229	3854
18				
19	2020-2-17	产品2	198	1283
20				
21				
22				
23				

图 3-22　选中数据区域中所有的空行

Step05 鼠标对准某个选中的单元格，右击，执行快捷菜单中的“删除”命令，如图 3-23 所示。

Step06 在弹出的“删除”对话框中，选中“整行”单选按钮（如果该数据区域外还有别的数据区域，则需要选中“下方单元格上移”单选按钮），如图 3-24 所示。

Step07 单击“确定”按钮，即将所有空行予以删除。

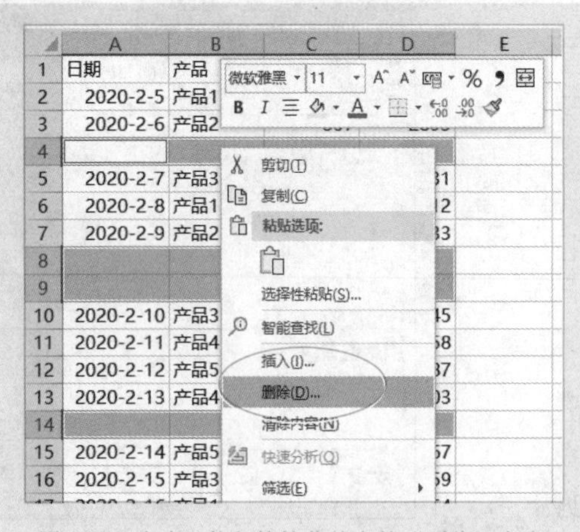

图 3-23　右击，执行快捷菜单中的“删除”命令

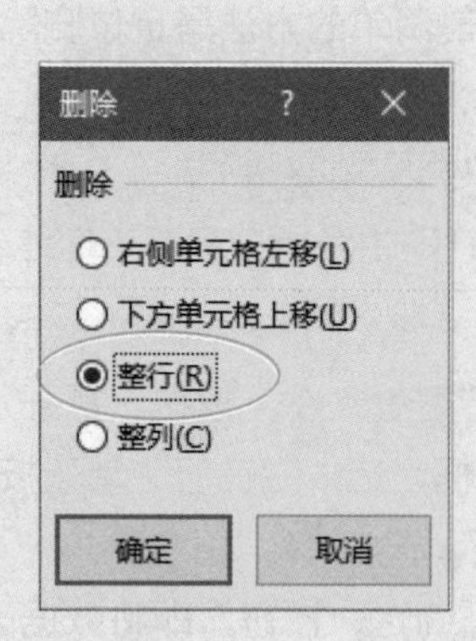

图 3-24　选中“整行”单选按钮

技巧 050 快速删除数据区域中所有的空列

如果要删除数据区域内存在的空列，最简单的方法是使用定位删除法，基本步骤如下：

Step01 选择第一行标题（这里认定：如果标题是空的，就认为是空列）。

Step02 按 Ctrl+G 组合键，打开“定位”对话框。

Step03 单击“定位条件”按钮，打开“定位条件”对话框。

Step04 选中“空值”单选按钮，将标题行里所有的空行选中。

Step05 右击，执行快捷菜单中的“删除”命令，如图 3-25 所示。

Step06 在弹出的“删除”对话框中选中“整列”单选按钮，如图 3-26 所示。

Step07 单击“确定”按钮，则删除了所有的空列。

图 3-25　右击，执行快捷菜单中的“删除”命令

图 3-26　选中“整列”单选按钮

技巧 051 快速删除有特定数据的单元格

要快速删除有特定数据的单元格，可以利用第 2 章介绍的“定位条件”对话框或者“查找和替换”对话框，将有特定数据的单元格查找出来并选择它们，然后再执行“开始”→“删除”命令，如图 3-27 所示，根据实际情况，选择相应命令即可。也可以在选中的某个单元格处，右击，执行“删除”命令。

执行“删除单元格”命令，会打开一个如图 3-26 所示的“删除”对话框。在这个对话框中，有 4 个选项按钮，其功能如下：

◎ “右侧单元格左移”，表示当删除选定的单元格后，该单元格右侧的单元格左移，以填补删除单元格后的空白。

◎ “下方单元格上移”，表示当删除选定的单元格后，该单元格下方的单元格上移，以填补删除单元格后的空白。

◎ “整行”，表示删除选定单元格所在的行。

◎ “整列”，表示删除选定单元格所在的列。

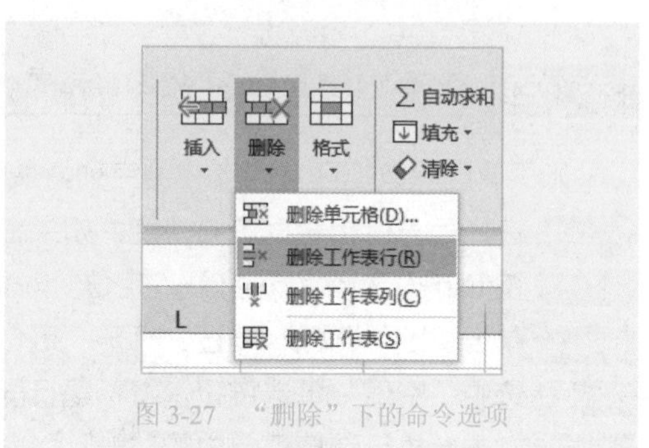

图 3-27 “删除”下的命令选项

删除各列数据都相同的行 技巧 052

删除各列数据都相同的行，实际上就是指将数据区域中的重复记录删除。如果要将重复的记录全部删除，不保留备份，那么可以直接执行“数据”→“删除重复值”命令，如图 3-28 所示。

例如，如图 3-29 所示的数据，有些数据是重复的，现在要删除重复数据，保留唯一的数据。具体方法如下：

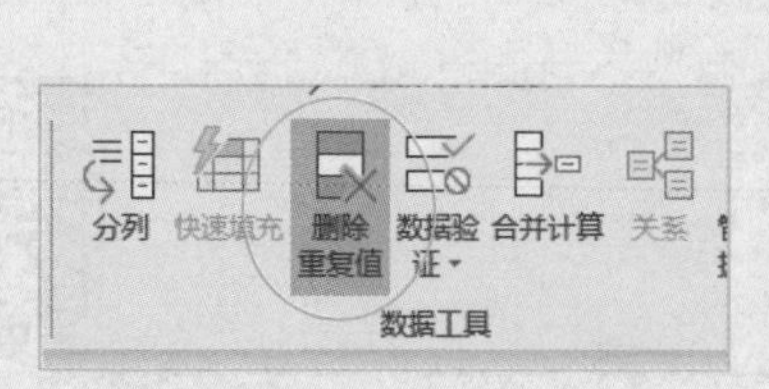

图 3-28 “删除重复值”命令

	A	B	C	D
1	项目	数据1	数据2	数据3
2	项目1	116	133	199
3	项目3	355	383	234
4	项目4	390	173	130
5	项目2	363	322	209
6	项目5	133	150	154
7	项目6	259	271	348
8	项目7	122	344	167
9	项目2	363	322	209
10	项目1	116	133	199
11	项目9	211	188	244
12	项目5	133	150	154
13				

图 3-29 有重复数据

Step01 单击数据区域任一单元格。

Step02 单击“删除重复值”按钮，打开“删除重复值”对话框，保持默认，如图 3-30 所示。

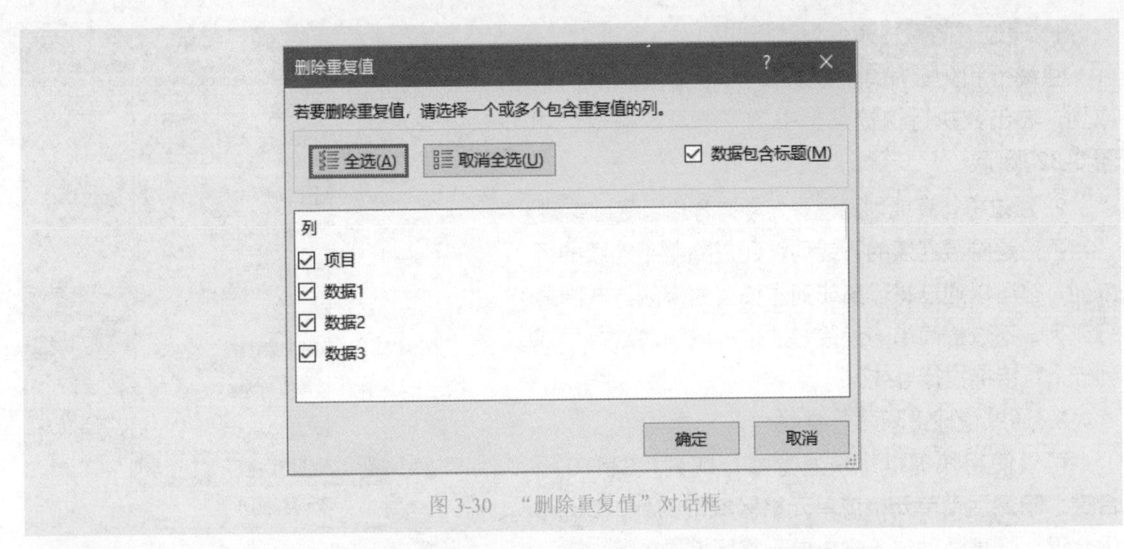

图 3-30 “删除重复值”对话框

Step03 单击“确定”按钮，即将重复数据删除，保留了唯一数据，如图 3-31 所示。

	A	B	C	D	E	F	G
1	项目	数据1	数据2	数据3			
2	项目1	116	133	199			
3	项目3	355	383	234			
4	项目4	390	173				
5	项目2	363	322				
6	项目5	133	150				
7	项目6	259	271				
8	项目7	122	344				
9	项目9	211	188	244			
10							
11							
12							

Microsoft Excel
发现了 3 个重复值，已将其删除；保留了 8 个唯一值。
确定

图 3-31 删除了重复数据

如果要从数据区域中提炼出不重复数据列表，可以将数据区域复制到其他工作表，然后执行“数据”→“删除重复值”命令。

技巧 053 普通方法隐藏行或列

隐藏行或列是单元格较常见的操作之一。隐藏行或列是非常容易的，选择需要隐藏的行或列，执行相关的命令即可。不过，根据选择是否连续的行或列，隐藏行或列的方法也略有不同。

1. 通过"隐藏"命令隐藏行或列

隐藏行和列最简单的方法是：选择要隐藏的行或列，右击，执行快捷菜单中的"隐藏"命令，如图 3-32 所示。

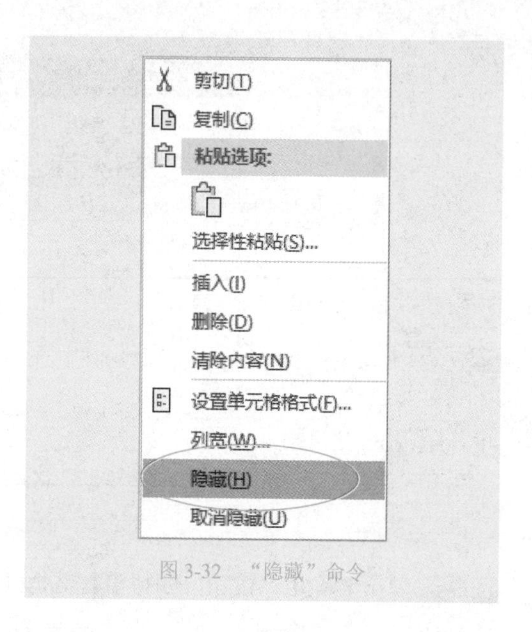

图 3-32 "隐藏"命令

2. 通过将行高或列宽设置为零的方式隐藏行或列

不论是隐藏连续的行或列，还是隐藏不连续的行或列，都可以通过将行高或列宽设置为零的方式隐藏行或列，不过最简单的设置方法是将鼠标对准行号或列标，直接拖拉行号或列标。

3. 通过快捷键隐藏行或列

可以使用快捷键来快速隐藏行或列：Ctrl+0 组合键：隐藏活动单元格或单元格区域中的列；Ctrl+9 组合键：隐藏活动单元格或单元格区域中的行。

取消行或列的隐藏 技巧 054

取消行或列的隐藏是非常简单的，执行快捷菜单命令即可，如图 3-33 所示。

如果要显示被隐藏的列，则用鼠标选择包含被隐藏的列，右击，执行快捷菜单中的"取消隐藏"命令。

如果要显示被隐藏的行，则用鼠标选择包含被隐藏的行，右击，执行快捷菜单中的"取消隐藏"命令。

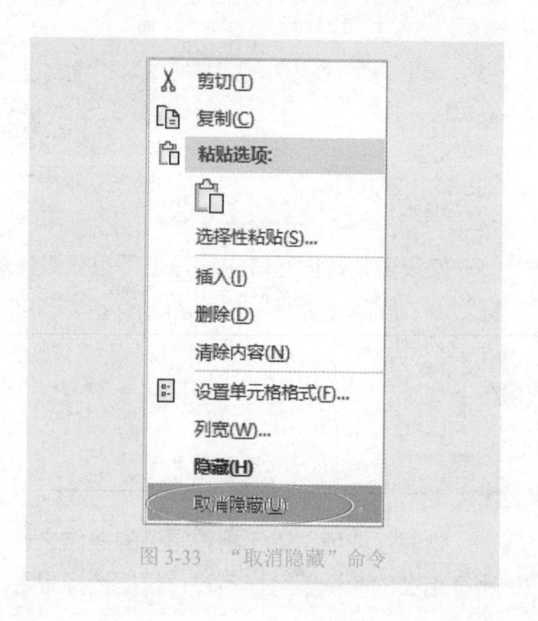

图 3-33 "取消隐藏"命令

技巧 055 合并单元格和取消合并单元格

合并单元格，是常用的操作之一。但是，不建议在基础表单中合并单元格，如果有这样的合并单元格，建议进行处理。

选择几个单元格进行合并时，会弹出警示框，提醒只保留左上角单元格的值，其他单元格的值会丢失，如图 3-34 所示。

如果已经存在了很多合并单元格，则需要根据具体情况进行处理。

图 3-35 就是一个示例，A 列的地区是合并单元格，这样的表格是无法进行高效数据分析的。

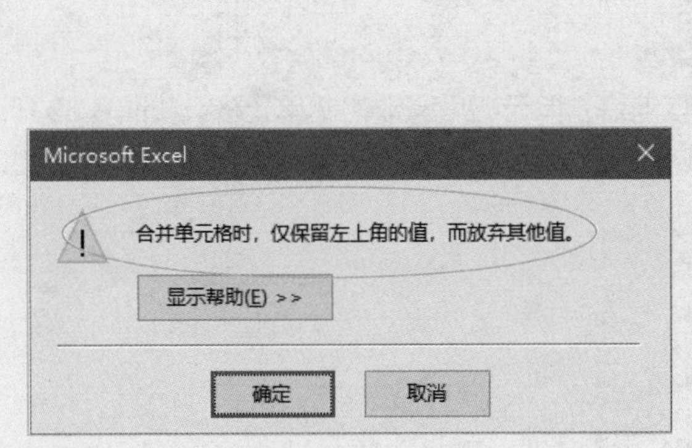

图 3-34 合并单元格时弹出的警示框

	A	B	C
1	地区	产品	销量
2	华北	产品1	242
3		产品2	244
4		产品3	782
5	华东	产品1	264
6		产品2	761
7		产品3	100
8		产品4	331
9		产品5	531
10	华南	产品3	100
11		产品4	562
12		产品1	716
13		产品2	637
14	华中	产品5	491
15		产品3	113

图 3-35 存在合并单元格的数据区域

现在，必须将合并单元格取消，并填充地区名称，具体方法如下：

Step01 选择 A 列数据区域，单击“开始”→“合并后居中”按钮，如图 3-36 所示。数列区域如图 3-37 所示。

Step02 按 Ctrl+G 组合键，打开“定位”对话框，再单击对话框里的“定位条件”按钮，打开“定位条件”对话框，选中“空值”单选按钮，如图 3-38 所示。

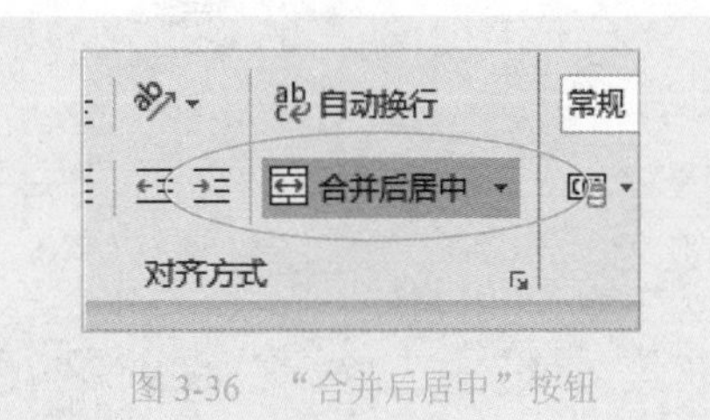

图 3-36 “合并后居中”按钮

	A	B	C
1	地区	产品	销量
2	华北	产品1	242
3		产品2	244
4		产品3	782
5	华东	产品1	264
6		产品2	761
7		产品3	100
8		产品4	331
9		产品5	531
10	华南	产品3	100
11		产品4	562
12		产品1	716
13		产品2	637
14	华中	产品5	491
15		产品3	113
16			

图 3-37　需要取消合并单元格的区域

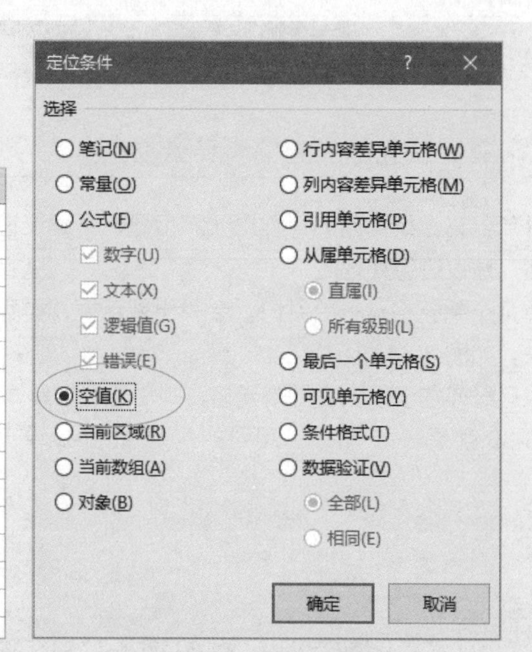

图 3-38　选中“空值”单选按钮

Step03 单击“确定”按钮，则选择了所有取消合并单元格后释放的空单元格，如图 3-39 所示。

Step04 在键盘上输入等号“=”，然后单击单元格 A2，输入公式 =A2，如图 3-40 所示。

	A	B	C
1	地区	产品	销量
2	华北	产品1	242
3		产品2	244
4		产品3	782
5	华东	产品1	264
6		产品2	761
7		产品3	100
8		产品4	331
9		产品5	531
10	华南	产品3	100
11		产品4	562
12		产品1	716
13		产品2	637
14	华中	产品5	491
15		产品3	113
16			

图 3-39　选择了取消合并单元格后释放的空单元格

	A	B	C
1	地区	产品	销量
2	华北	产品1	242
3	=A2	产品2	244
4		产品3	782
5	华东	产品1	264
6		产品2	761
7		产品3	100

图 3-40　输入填充引用公式 =A2

Step05 按 Ctrl+Enter 组合键，则将所有空单元格填充为地区名称，如图 3-41 所示。

Step06 选择 A 列，按 Ctrl+C 组合键，然后再单击“开始”→“粘贴”→“数值”命令按钮，如图 3-42 所示，将公式转换为数值。

	A	B	C	D
1	地区	产品	销量	
2	华北	产品1	242	
3	华北	产品2	244	
4	华北	产品3	782	
5	华东	产品1	264	
6	华东	产品2	761	
7	华东	产品3	100	
8	华东	产品4	331	
9	华东	产品5	531	
10	华南	产品3	100	
11	华南	产品4	562	
12	华南	产品1	716	
13	华南	产品2	637	
14	华中	产品5	491	
15	华中	产品3	113	

图 3-41 所有空单元格填充为地区名称

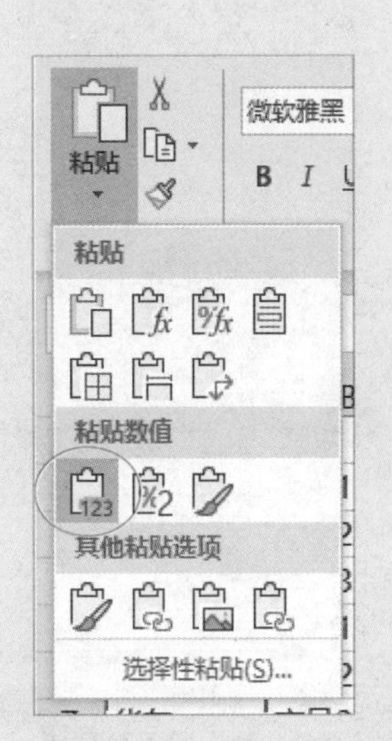

图 3-42 将选择的单元格区域公式转换为数值

技巧 056 快速把重复数据单元格转换为合并单元格

日常生活和工作中经常需要把重复数据单元格转换为合并单元格，例如，把图 3-41 所示的表格转换为图 3-35 所示的表格。最简单的方法是使用数据透视表。

具体步骤如下：

Step01 单击数据区域的任一单元格。

Step02 单击“插入”→“数据透视表”按钮，如图 3-43 所示。

Step03 打开“创建数据透视表”对话框，保持默认，如图 3-44 所示。

Step04 单击“确定”按钮，则在一个新工作表上创建了一个空白透视表，如图 3-45 所示。

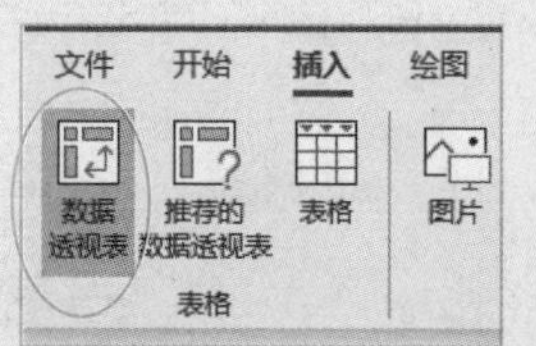

图 3-43 “数据透视表”按钮

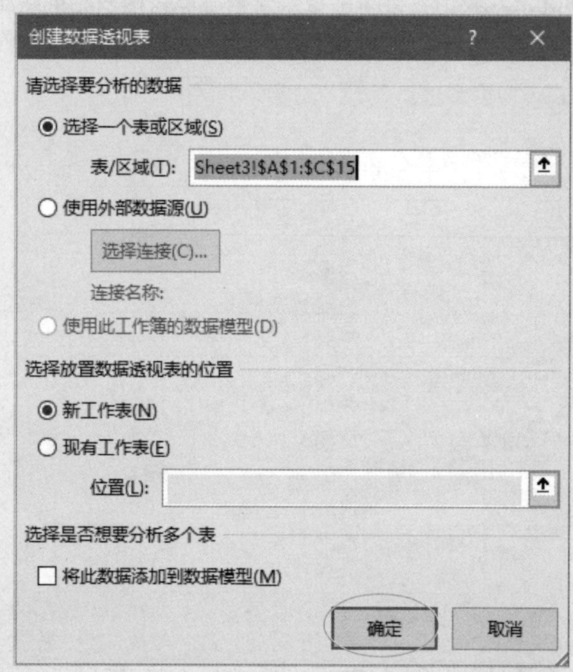

图 3-44 “创建数据透视表”对话框

图 3-45 创建的空白透视表

Step05 在右侧的“数据透视表字段”窗格里，将所有字段都拖放到“行”区域，如图 3-46 所示。

图 3-46 布局数据透视表

Step06 单击“设计”选项卡中“数据透视表样式”右侧的下拉箭头，如图 3-47 所示。

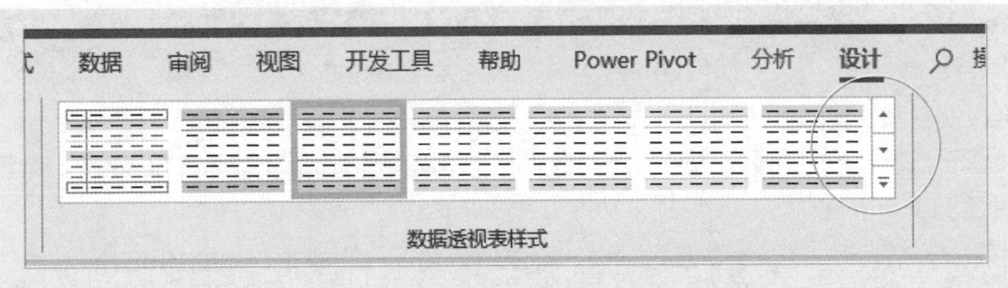

图 3-47 单击“数据透视表样式”右侧的下拉箭头

Step07 展开样式列表，单击左下角的“清除”按钮，如图 3-48 所示。

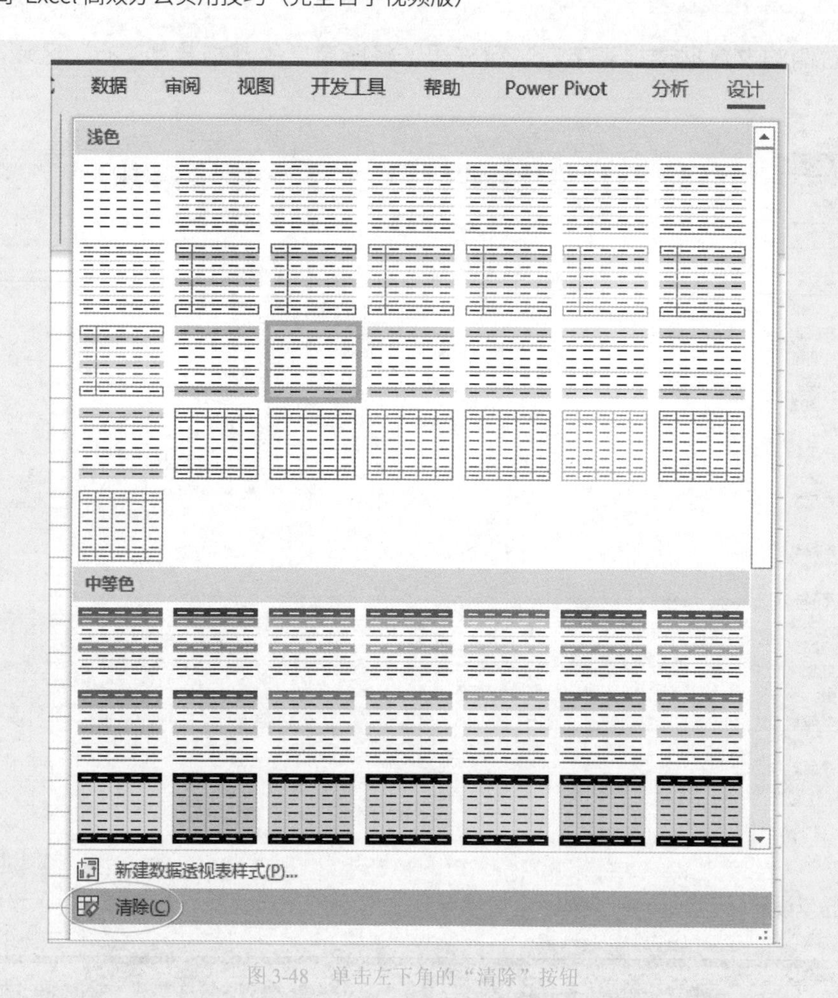

图 3-48　单击左下角的“清除”按钮

这样，就将默认的数据透视表样式清除了，如图 3-49 所示。

Step08 执行“设计”→“报表布局”→“以表格形式显示”命令，如图 3-50 所示。数据透视表显示为图 3-51 所示的情形。

Step09 再执行“设计”→“分类汇总”→“不显示分类汇总”命令，如图 3-52 所示。

这样，就将所有字段的分类汇总取消了，表格变得干净，如图 3-53 所示。

Step10 再执行“设计”→“总计”→“对行和列禁用”命令，如图 3-54 所示。

行	A	B
1		
2		
3	行标签	
4	⊟华北	
5	⊟产品1	
6	242	
7	⊟产品2	
8	244	
9	⊟产品3	
10	782	
11	⊟华东	
12	⊟产品1	
13	264	
14	⊟产品2	
15	761	
16	⊟产品3	
17	100	
18	⊟产品4	
19	331	
20	⊟产品5	

图 3-49　清除默认的数据透视表样式

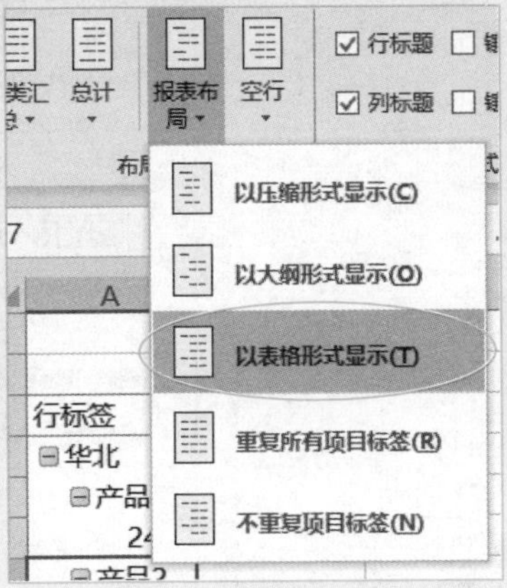

分类汇总
总计
报表布局
空行
行标题
列标题
以压缩形式显示(C)
以大纲形式显示(O)
以表格形式显示(T)
重复所有项目标签(R)
不重复项目标签(N)

图 3-50　“以表格形式显示”命令

行	A	B	C
1			
2			
3	地区	产品	销量
4	⊟华北	⊟产品1	242
5		产品1 汇总	
6		⊟产品2	244
7		产品2 汇总	
8		⊟产品3	782
9		产品3 汇总	
10	华北 汇总		
11	⊟华东	⊟产品1	264
12		产品1 汇总	
13		⊟产品2	761
14		产品2 汇总	
15		⊟产品3	100
16		产品3 汇总	
17		⊟产品4	331
18		产品4 汇总	
19		⊟产品5	531
20		产品5 汇总	

Sheet1　Sheet5　Sheet3

图 3-51　以表格形式显示的数据透视表

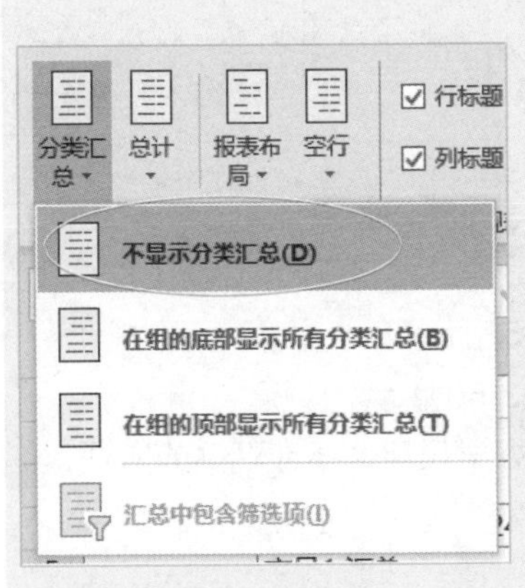

图 3-52　“不显示分类汇总”命令

行	A	B	C
1			
2			
3	地区	产品	销量
4	⊟华北	⊟产品1	242
5		⊟产品2	244
6		⊟产品3	782
7	⊟华东	⊟产品1	264
8		⊟产品2	761
9		⊟产品3	100
10		⊟产品4	331
11		⊟产品5	531
12	⊟华南	⊟产品1	716
13		⊟产品2	637
14		⊟产品3	100
15		⊟产品4	562
16	⊟华中	⊟产品3	113
17		⊟产品5	491
18	总计		

图 3-53　取消分类汇总后的数据透视表

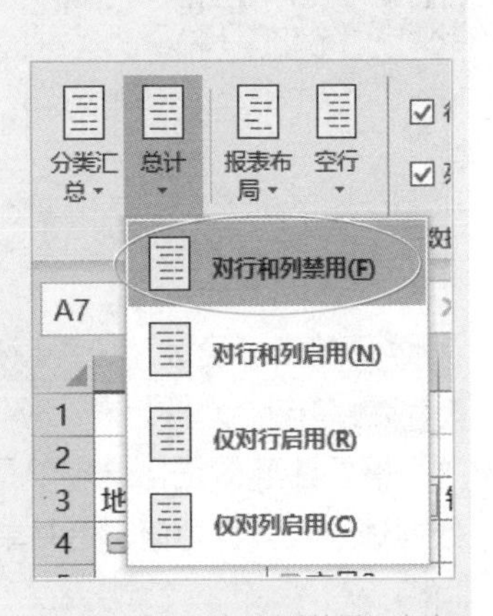

图 3-54　“对行和列禁用”命令

这样，表格变得更加干净，其效果如图 3-55 所示。

Step11 在数据透视表里右击，执行“数据透视表选项”命令，如图 3-56 所示。

Step12 打开“数据透视表选项”对话框，勾选“合并且居中排列带标签的单元格”复选框，如图 3-57 所示。

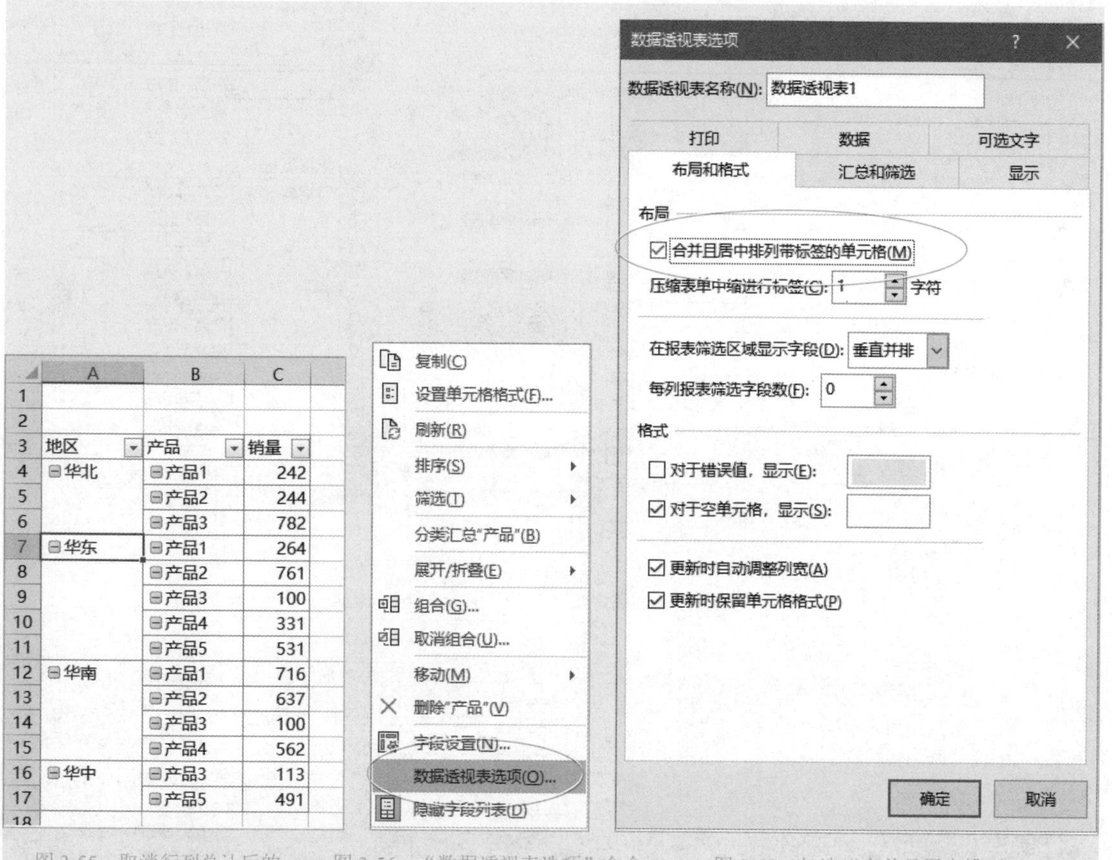

	A	B	C
1			
2			
3	地区	产品	销量
4	⊟华北	⊟产品1	242
5		⊟产品2	244
6		⊟产品3	782
7	⊟华东	⊟产品1	264
8		⊟产品2	761
9		⊟产品3	100
10		⊟产品4	331
11		⊟产品5	531
12	⊟华南	⊟产品1	716
13		⊟产品2	637
14		⊟产品3	100
15		⊟产品4	562
16	⊟华中	⊟产品3	113
17		⊟产品5	491
18			

图 3-55 取消行列总计后的数据透视表

图 3-56 “数据透视表选项”命令

图 3-57 勾选“合并且居中排列带标签的单元格”复选框

Step13 单击“确定”按钮，相同地区的单元格即已合并，如图 3-58 所示。

Step14 单击“分析”→“+/- 按钮”，如图 3-59 所示，效果如图 3-60 所示。

需要注意的是，这仅仅是在透视表里才能显示合并单元格，如果采用选择性粘贴的方法，把数据透视表转换为值，合并单元格就会消失，如图 3-61 所示。

	A	B	C
1			
2			
3	地区	产品	销量
4	华北	产品1	242
5		产品2	244
6		产品3	782
7	华东	产品1	264
8		产品2	761
9		产品3	100
10		产品4	331
11		产品5	531
12	华南	产品1	716
13		产品2	637
14		产品3	100
15		产品4	562
16	华中	产品3	113
17		产品5	491
18			

图 3-58 得到的地区合并单元格

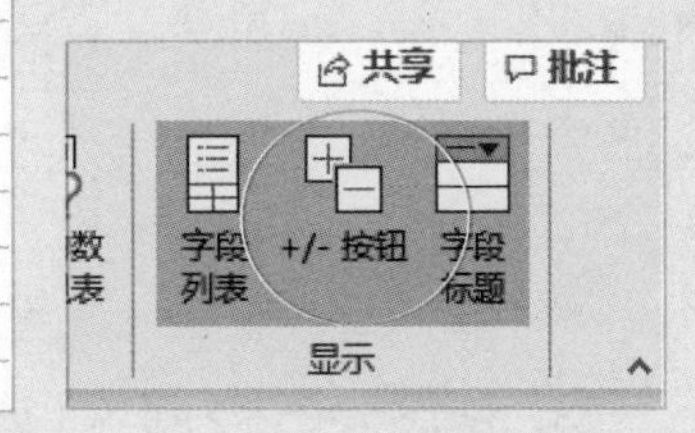

图 3-59 +/- 按钮

	A	B	C
1			
2			
3	地区	产品	销量
4	华北	产品1	242
5		产品2	244
6		产品3	782
7	华东	产品1	264
8		产品2	761
9		产品3	100
10		产品4	331
11		产品5	531
12	华南	产品1	716
13		产品2	637
14		产品3	100
15		产品4	562
16	华中	产品3	113
17		产品5	491
18			

图 3-60 相同地区处理成了合并单元格

	A	B	C
1			
2			
3	地区	产品	销量
4	华北	产品1	242
5		产品2	244
6		产品3	782
7	华东	产品1	264
8		产品2	761
9		产品3	100
10		产品4	331
11		产品5	531
12	华南	产品1	716
13		产品2	637
14		产品3	100
15		产品4	562
16	华中	产品3	113
17		产品5	491
18			

图 3-61 数据透视表选择粘贴成值后，合并单元格消失

第4章

输入文本实用技巧

EXCEL

本章主要介绍一些常用的输入数据（包括文本、数字、日期和时间等）的方法和技巧。

输入文本的基本技巧 技巧 057

文本是指由字母、汉字、数字等组成的字符串。文本在单元格中的默认对齐方式是左对齐。

当输入长文本时，如果单元格的宽度不够，那么当右边的单元格没有数据时，文本将自动覆盖右边的单元格，但实际上它仍是本单元格的数据；当右边的单元格有数据时，该单元格只显示一部分文本数据，但这并不表明文本资料丢失了一部分，只不过是没有显示出来。增加单元格的宽度，即可看见更多的文本数据。

输入一般性的文本是非常简单的。但是，在有些情况下，需要采用一些方法和技巧来提高文本的输入速度和效率。下面介绍一些常用的输入文本的方法和技巧。

快速输入符号 技巧 058

输入特殊符号的基本方法是：首先单击“插入”→“符号”按钮，如图 4-1 所示，打开“符号”对话框，如图 4-2 所示；然后单击需要的符号进行输入即可。

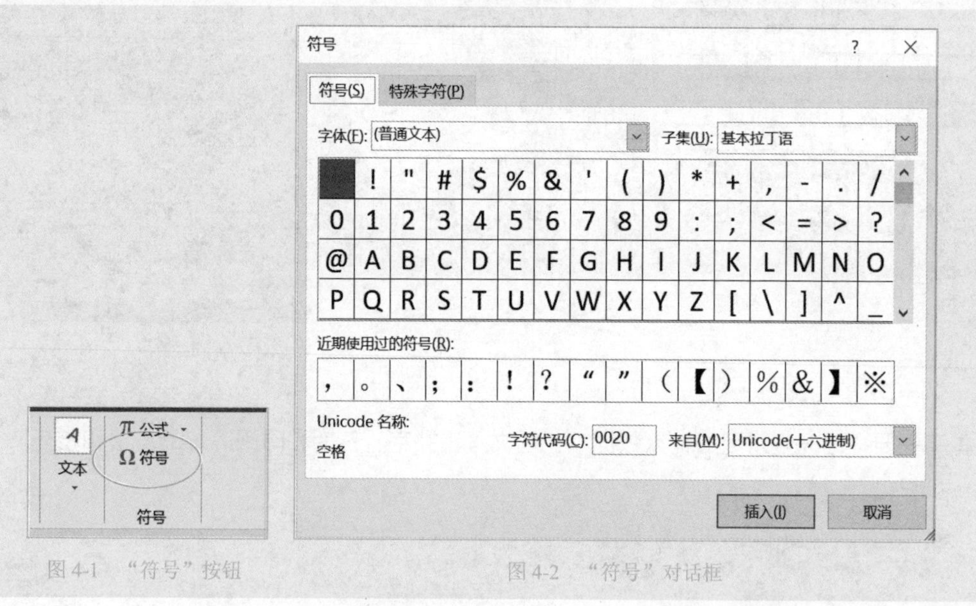

图 4-1 “符号”按钮

图 4-2 “符号”对话框

如果计算机中安装了搜狗输入法，则可以按 Ctrl+Shift+Z 组合键，打开“符号大全”对话框，选择输入符号即可，如图 4-3 所示。

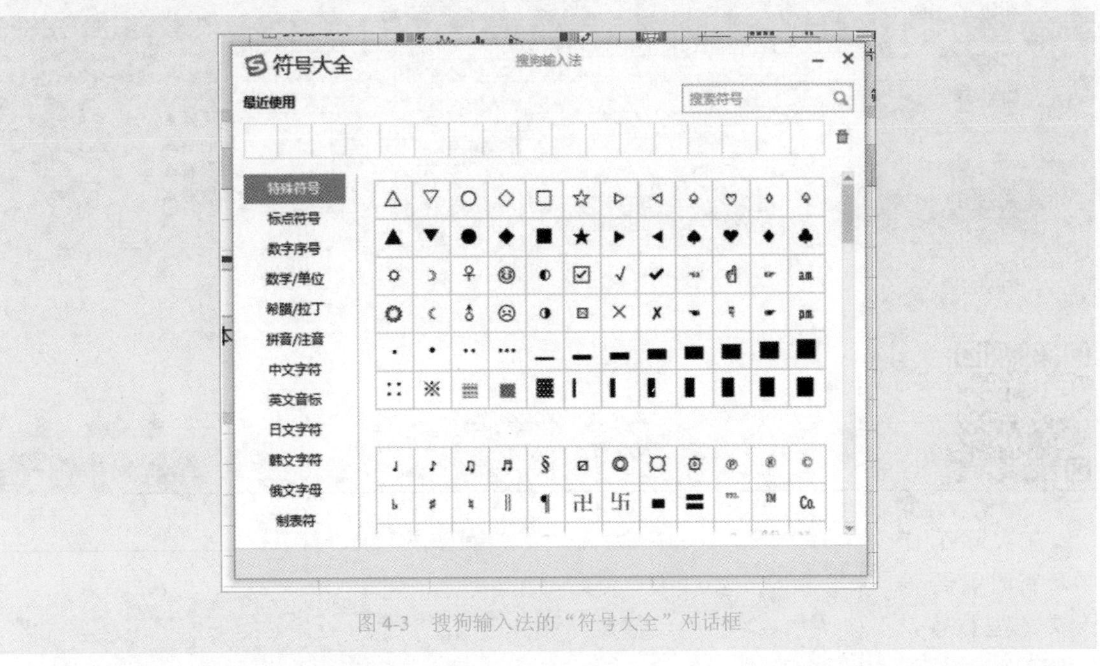

图 4-3　搜狗输入法的“符号大全”对话框

如果要在很多单元格中输入某个特殊符号，每次都用这种方法则会非常烦琐，此时建议使用批量替换方法来实现这样的数据输入。具体方法和步骤如下：

Step01 在需要输入特殊符号的位置，用一个容易在键盘上输入的字符来代替，例如输入“——”，如图 4-4 所示。请注意这个字符不能是表格中需要的字母或汉字。

Step02 表格制作完成后，按 Ctrl+H 组合键，打开“查找和替换”对话框，在对话框中的“查找内容”框中输入需要替换的字符（如“——”），在“替换为”框中输入需要的特殊符号，然后单击“全部替换”按钮，一次性将每个单元格中的原字符全部替换为需要输入的特殊字符。

	A	B	C
1			
2		找代驾——	
3		何仙姑——	
4		多看看——	
5		读后感——	
6			

图 4-4　输入含有特殊字符的文本：用普通的字符代替特殊字符

例如，要在许多单元格中输入的字符串中都含有字符“▲”，那么就先在这些单元格中输入字符串，其中特殊字符“▲”先用字符“——”代替，如图 4-4 所示，然后打开“查找和替换”对话框，进行相关设置，如图 4-5 所示，单击“全部替换”按钮，即一次性将普通字符“——”全部替换为特殊字符“▲”，如图 4-6 所示。

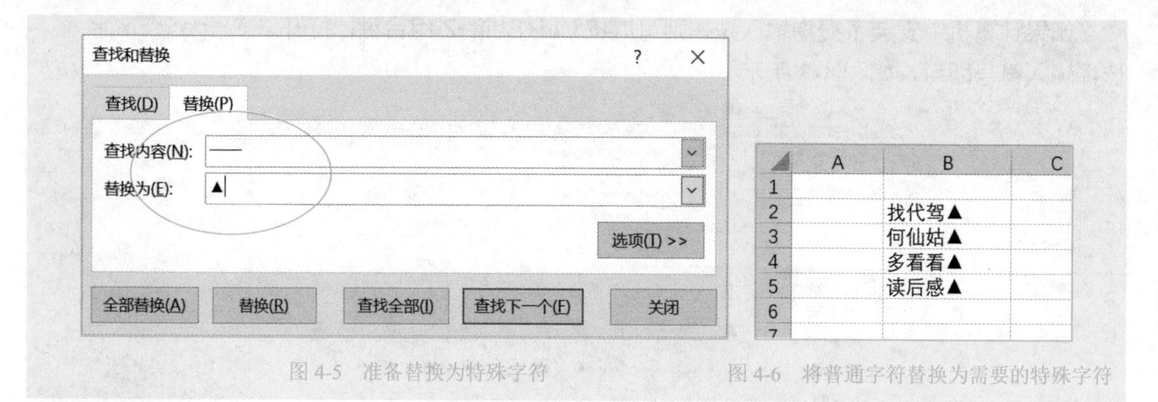

图 4-5　准备替换为特殊字符　　图 4-6　将普通字符替换为需要的特殊字符

输入文本型数字　技巧 059

在实际工作中，有时需要输入文本型数字，比如邮政编码、身份证号码、职工编码、合同号等，此时，应先输入单引号“'”，再输入数字。也可以先将单元格格式设置为文本，如图 4-7 所示，然后再在单元格中输入数字。

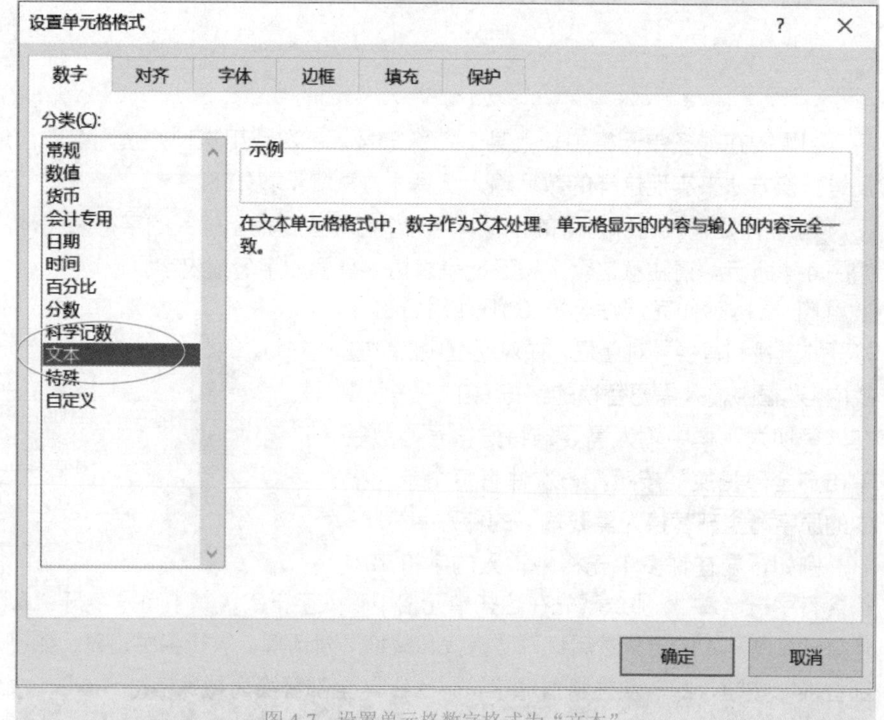

图 4-7　设置单元格数字格式为“文本”

一般情况下输入文本型数字后，会在单元格的左上角出现一个智能标记符号，单击该标记的下拉箭头，即可看到一个下拉列表，其第一条项目就是“以文本形式存储的数字”，如图4-8所示，表明单元格的数字是文本型数字，并不是纯数字。

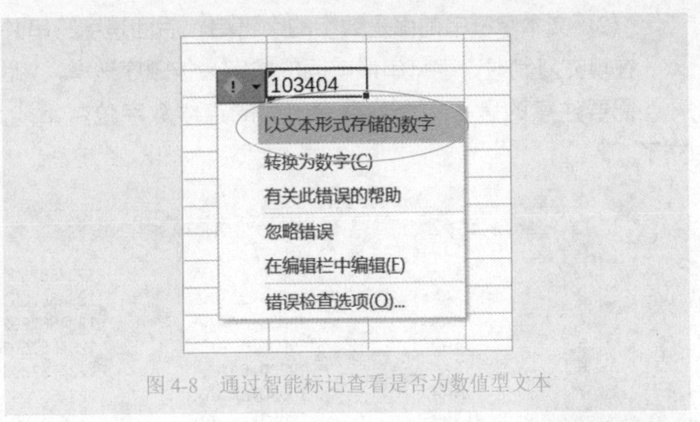

图 4-8　通过智能标记查看是否为数值型文本

技巧 060　输入含有数字的文本序列

有些含有数字的文本序列可以通过填充的方式进行快速输入，也就是说，只要在第一个单元格输入文本后，将其向下或向右填充，即可得到文本序列。

可以通过填充的方式快速输入的文本形式有以下几种情况：

（1）文本字符串前面是字母或汉字，后面是数字。

例如，A1、部门 1、分公司 A1 等，此时，在填充复制时，字符串最后的数字会按顺序递增，如图 4-9 所示。

需要注意的是，文本字符串后面的连续数字位数不能超过 10 位，否则就无法进行自动填充了。

	A	B	C	D	E	F	G	H	I
1									
2		A1		SHFH10004995		AAA-1234567890		AAA-12345678901	
3		A2		SHFH10004996		AAA-1234567891		AAA-12345678901	
4		A3		SHFH10004997		AAA-1234567892		AAA-12345678901	
5		A4		SHFH10004998		AAA-1234567893		AAA-12345678901	
6		A5		SHFH10004999		AAA-1234567894		AAA-12345678901	
7		A6		SHFH10005000		AAA-1234567895		AAA-12345678901	
8		A7		SHFH10005001		AAA-1234567896		AAA-12345678901	
9		A8		SHFH10005002		AAA-1234567897		AAA-12345678901	
10		A9		SHFH10005003		AAA-1234567898		AAA-12345678901	
11		A10		SHFH10005004		AAA-1234567899		AAA-12345678901	
12									

图 4-9　以数字结尾的文本序列

（2）文本字符串前面是数字的字符串，后面是字符串并且最后的字符不是数字。

在填充复制时，字符串最前面的数字会按顺序递增，如图 4-10 所示。

需要注意的是，文本字符串前面的连续数字位数不能超过 10 位，否则就无法进行自动填充了。

	A	B	C	D	E	F	G	H
1								
2		1AAA		19030-1AAAA		1234567890QQQ		12345678901AA
3		2AAA		19030-2AAAA		1234567891QQQ		12345678901AA
4		3AAA		19030-3AAAA		1234567892QQQ		12345678901AA
5		4AAA		19030-4AAAA		1234567893QQQ		12345678901AA
6		5AAA		19030-5AAAA		1234567894QQQ		12345678901AA
7		6AAA		19030-6AAAA		1234567895QQQ		12345678901AA
8		7AAA		19030-7AAAA		1234567896QQQ		12345678901AA
9		8AAA		19030-8AAAA		1234567897QQQ		12345678901AA
10		9AAA		19030-9AAAA		1234567898QQQ		12345678901AA
11		10AAA		19030-10AAAA		1234567899QQQ		12345678901AA
12								

图 4-10　以数字开头的文本序列

（3）文本字符串前后是文本，中间是数字。

在填充复制时，字符串中间的数字会按顺序递增，如图 4-11 所示。

需要注意的是，文本字符串前面的连续数字位数不能超过 10 位，否则就无法进行自动填充了。

	A	B	C	D	E	F	G	H
1								
2		A-1-BC		A-00-1005-195-AAA		DH-北京-123938-哈哈QQ		AA-12345678901-SS
3		A-2-BC		A-00-1005-196-AAA		DH-北京-123939-哈哈QQ		AA-12345678901-SS
4		A-3-BC		A-00-1005-197-AAA		DH-北京-123940-哈哈QQ		AA-12345678901-SS
5		A-4-BC		A-00-1005-198-AAA		DH-北京-123941-哈哈QQ		AA-12345678901-SS
6		A-5-BC		A-00-1005-199-AAA		DH-北京-123942-哈哈QQ		AA-12345678901-SS
7		A-6-BC		A-00-1005-200-AAA		DH-北京-123943-哈哈QQ		AA-12345678901-SS
8		A-7-BC		A-00-1005-201-AAA		DH-北京-123944-哈哈QQ		AA-12345678901-SS
9		A-8-BC		A-00-1005-202-AAA		DH-北京-123945-哈哈QQ		AA-12345678901-SS
10								
11								

图 4-11　中间含有数字的文本序列

输入自定义的文本序列　技巧 061

Excel 给出了一些自定义序列，在输入这些序列时，可以采用快速填充的方法。

执行“文件”→“选项”命令，如图 4-12 所示。

图 4-12　Excel 的“选项”命令

打开“Excel 选项”对话框，切换到“高级”分类，然后单击“编辑自定义列表”按钮，如图 4-13 所示。

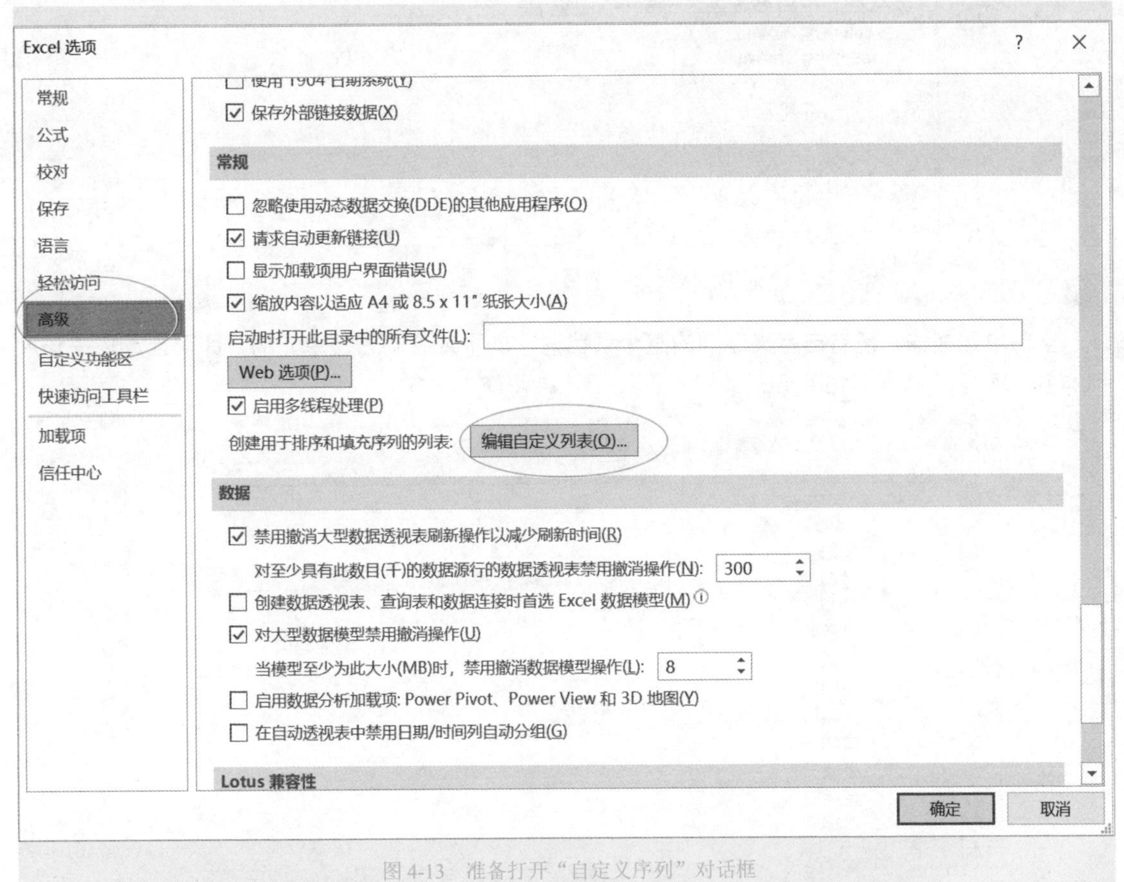

图 4-13　准备打开“自定义序列”对话框

打开“自定义序列”对话框，即可查看已有的自定义序列情况，如图 4-14 所示。

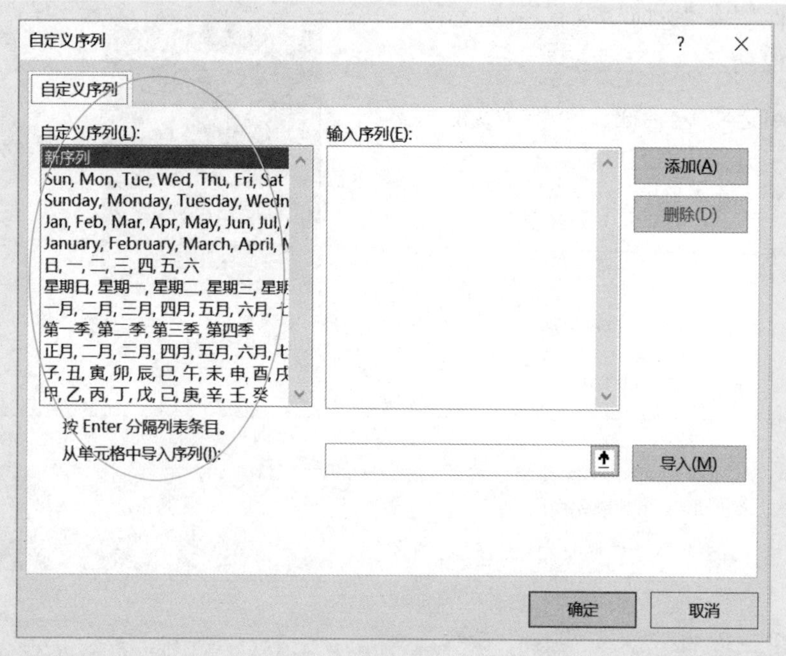

图 4-14 “自定义序列”对话框，左侧是已有的自定义序列

当在单元格输入已有自定义序列的某个项目时，向下或者向右拉单元格，即可自动填充该序列的各个项目，如图 4-15 所示。

	A	B	C	D	E	F	G	H
1								
2								
3		星期一						
4		星期二		星期四	星期五	星期六	星期日	星期一
5		星期三						
6		星期四						
7		星期五						
8		星期六						
9		星期日						
10		星期一						
11		星期二						
12		星期三						
13		星期四						
14								

图 4-15 输入 Excel 已有的自定义序列

技巧 062 创建并输入有特殊需求的自定义序列

根据实际情况，可以添加有特殊需求的文本序列。

例如，要经常在工作表中输入序列“办公室、财务部、人力资源部、研发部、营销部”这样的名称，就可以先添加这样的自定义序列，方法很简单，打开“自定义序列”对话框，然后在“输入序列”列表中输入序列的各个项目，输入完毕一个项目后按 Enter 键，待全部项目输入完毕后，单击“添加”按钮，将该序列添加到左侧的“自定义序列”列表中，如图 4-16 所示，最后单击“确定”按钮，关闭对话框。

此时，只要在某个单元格输入“办公室”，然后进行填充，即可快速得到需要的文本序列数据，如图 4-17 所示。

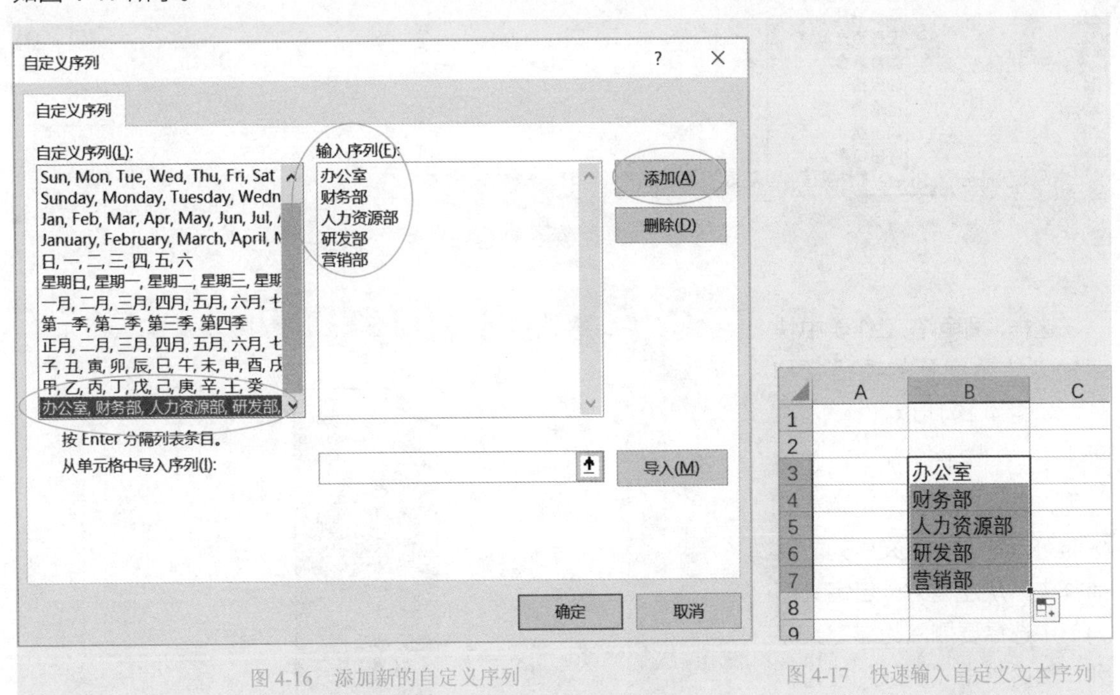

图 4-16　添加新的自定义序列　　　　图 4-17　快速输入自定义文本序列

当序列的项目很多时，一个一个在对话框中输入就太麻烦了，可以先在单元格中将这个序列项目输入进去，然后单击“从单元格中导入序列”输入框，使用鼠标选择序列项目区域，再单击“导入”按钮，即可将工作表中的序列项目添加到“自定义序列”列表中，如图 4-18 所示。

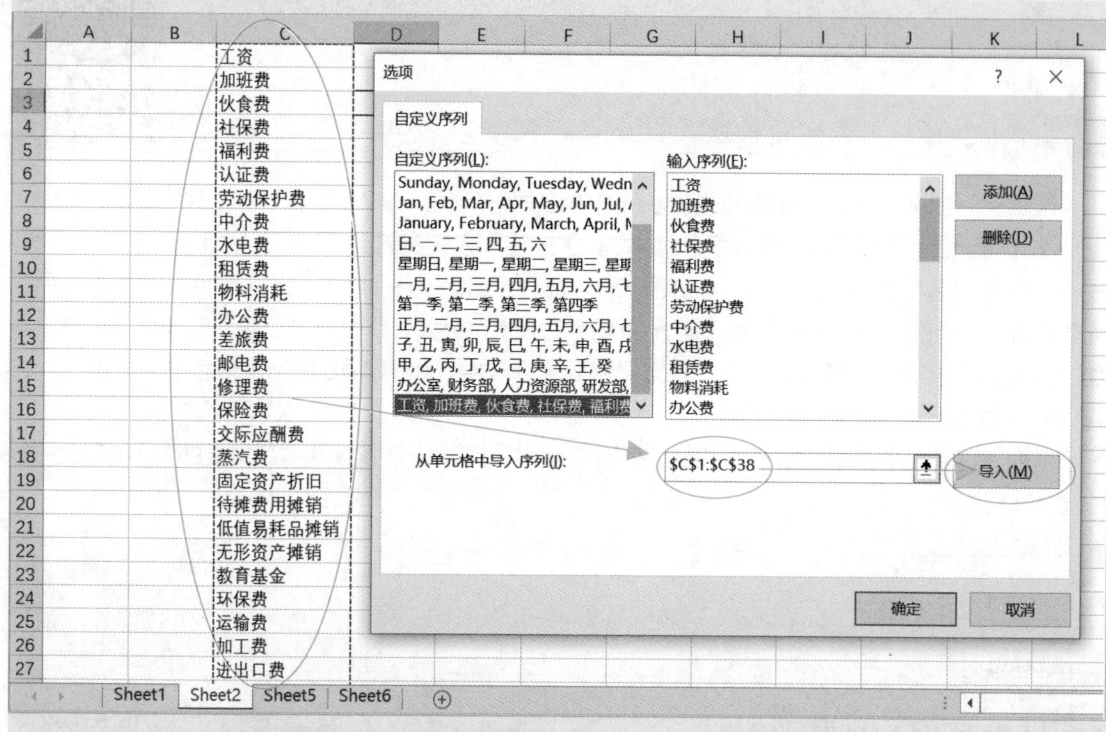

图 4-18　通过引用单元格的数据，完成自定义序列的添加

这样，即可在工作表中快速输入这个序列的项目名称了，如图 4-19 所示。

说明：一旦添加了自定义序列，这个序列将永远存在，除非可以在“自定义序列”对话框中，从左侧的“自定义序列”中选择要删除的自定义序列，然后单击“删除”按钮，如图 4-20 所示，则将该自定义序列从 Excel 中彻底删除。

	A	B	C	D	E
1					
2					
3			工资		
4			加班费		
5			伙食费		
6			社保费		
7			福利费		
8			认证费		
9			劳动保护费		
10			中介费		
11			水电费		
12			租赁费		
13			物料消耗		
14			办公费		
15			差旅费		
16			邮电费		
17					

图 4-19　快速输入已定义的自定义序列项目

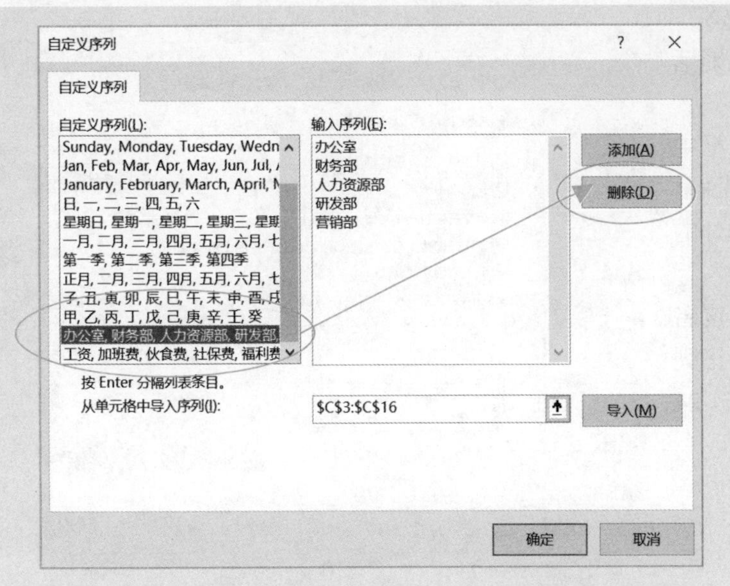

图 4-20　选中某个自定义序列，单击“删除”按钮即可将其删除

技巧 063 使用自动更正选项创建词典，快速输入数据

Excel 提供了自动更正工具，使用它可以建立自己的常用语词典，以快速输入一些常用的短语。

例如，要输入会计科目名称，可以先定义会计科目名称拼音字头对应的产品名称，这样，以后只要输入这些拼音字头，就可以立即得到会计科目名称。具体方法如下：

Step01 打开“Excel 选项”对话框，切换到“校对”类别，如图 4-21 所示。

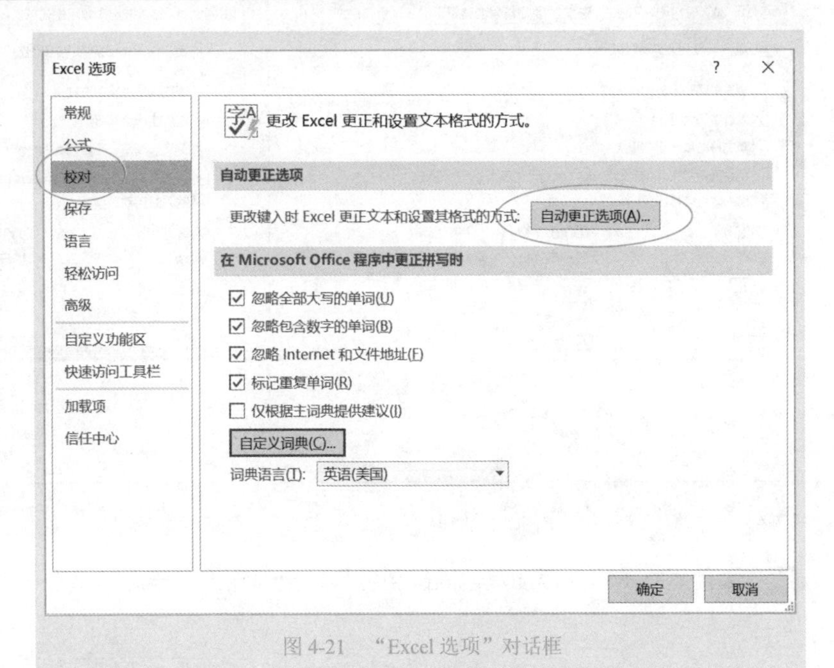

图 4-21　“Excel 选项”对话框

Step02 单击“自动更正选项”按钮，打开“自动更正”对话框，如图 4-22 所示。

Step03 在“替换”输入框中输入短语简码，比如 yhck，在“为”输入框中输入具体的名称，例如“银行存款”，单击“添加”按钮，将该名称编码及名称添加到更正列表中，如图 4-23 和图 4-24 所示。

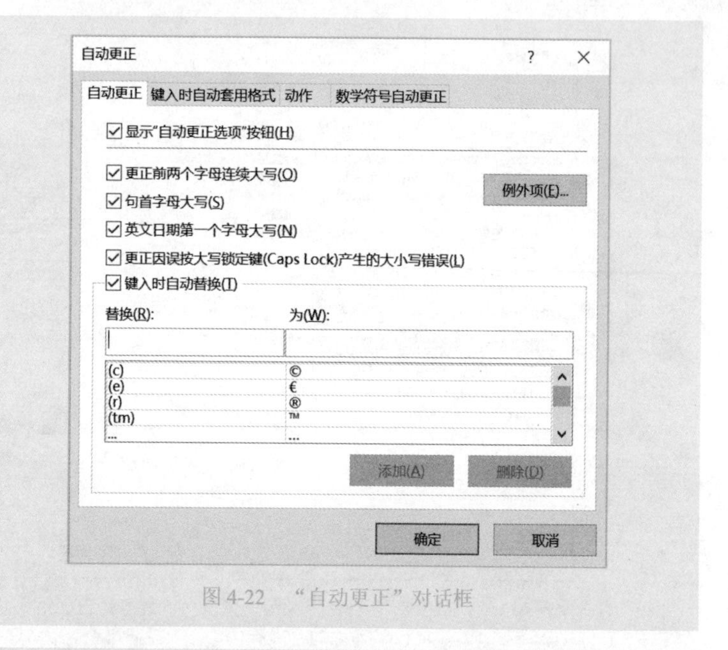

图 4-22 “自动更正”对话框

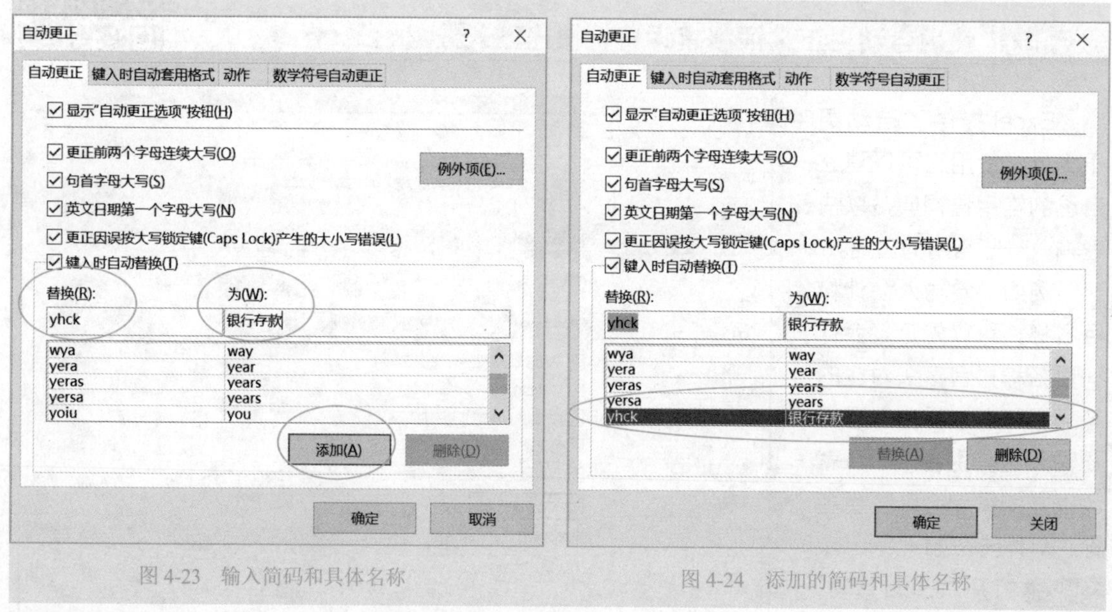

图 4-23 输入简码和具体名称

图 4-24 添加的简码和具体名称

Step04 用同样的方法添加其他简码和名称，全部输入完毕后，单击“确定”按钮，关闭“自动更正”对话框。

这样，只要花时间设计好会计科目名称的短语简码，以后就可以一劳永逸地快速输入这些会计科目名称了。例如，在单元格输入 yhck，就会立即得到“银行存款”。并且也可以随时添加新的项目，或者删除已有的项目。

当然，在设计输入短语简码时，要特别注意不要与英语单词重名，或者与某些固定的短语重名。

如果不再想保留这些简码词典，可以打开“自动更正”对话框，从词典列表中选择要删除的项目，单击“删除”按钮，如图 4-25 所示。

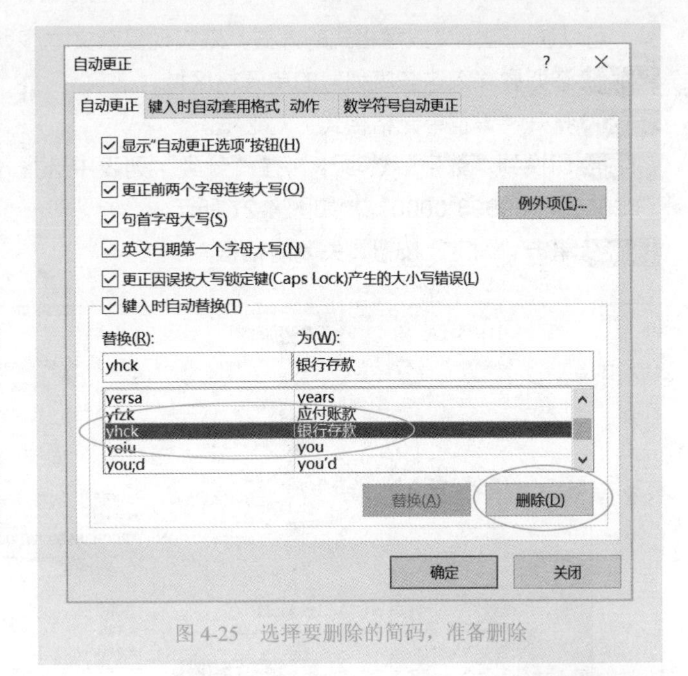

图 4-25　选择要删除的简码，准备删除

技巧 064 利用自定义格式快速输入复杂的序列号

当要输入很长、很复杂的文本序列号时，如零件号、产品序号、社会保险号等，这些文本序列号的显著特征是文本的前面部分固定不变，仅仅是后面的几位数字变化。这时，如果一个一个输入字符是很麻烦的，而且在有些情况下也无法快速填充输入。

例如，要在单元格输入这样的位数超过 10 位的文本序列号：2008885899960001、2008885899960002、2008885899960003……这些数字的前面部分“200888589996”是固定不变的，仅仅是后 4 位数字变化。如果像往常那样直接输入数字，那么在单元格的这些数字就会显示为 2.00889E+15；而如果在这些数字前加一个单引号“'”，则不能采用填充复制的方法输入序列，如图 4-26 所示。

	A	B	C	D	E
1					
2		2.01E+15		2008885899960001	
3		2.01E+15		2008885899960001	
4		2.01E+15		2008885899960001	
5		2.01E+15		2008885899960001	
6		2.01E+15		2008885899960001	
7		2.01E+15		2008885899960001	
8		2.01E+15		2008885899960001	
9					

图 4-26　无法输入，也无法快速填充

可以通过自定义数字格式的方式，来实现复杂文本序列号的快速输入。具体方法和步骤如下：

Step01 选取要输入这些序列号的单元格区域。

Step02 打开“设置单元格格式”对话框。

Step03 切换到“数字”选项卡，在“分类”列表中选择“自定义”，在“类型”文本框中输入“"200888589996"0000”，如图 4-27 所示。

Step04 单击“确定”按钮，关闭对话框。

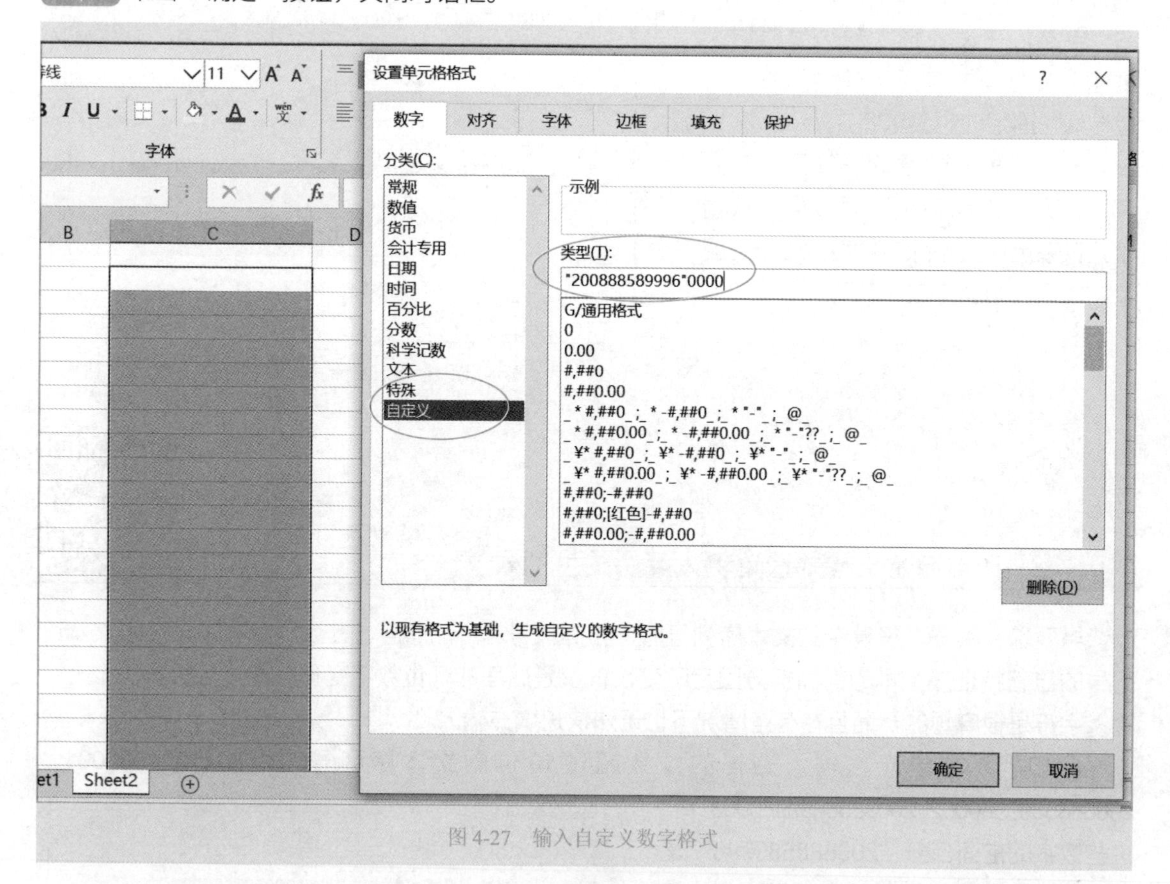

图 4-27　输入自定义数字格式

这里，格式字符串的前面几个数字“200888589996”是序列中固定的部分，它要用双引号括起来，表示的是文本；后面的 4 个 0 表示在固定数字部分后面是一个自然数序列，最大位数是 4 位。

这样，只要在这些单元格输入 1、2、3……就会自动得到设置的复杂序列号。也可以在该单元格区域的前两个单元格分别输入 1 和 2，然后采用填充的方法得到连续的序列号。如图 4-28 所示。

	A	B	C	D	E
1					
2			2008885899960001		
3			2008885899960002		
4			2008885899960003		
5			2008885899960004		
6			2008885899960005		
7			2008885899960006		
8			2008885899960007		
9			2008885899960008		
10			2008885899960009		
11					
12					

图 4-28　快速输入复杂的序列号

需要注意的是，输入单元格的数据并不是图 4-28 中显示的长数字，而是数字 1、2、3 这样的数字，只不过是显示成这样而已。当需要使用函数引用时，必须特别注意真正的数字是什么。

上述案例是针对数字型文本的。对于混合型文本，也可以采用同样的方法实现快速输入。例如，要在单元格输入这样的文本序列号：A2008-X-100799990001、A2008-X-100799990002、A2008-X-100799990003……这些数字的前面部分“A2008-X-10079999”是固定不变的，仅仅是后 4 位数字变化。显然，一个一个输入这样的文本序列号是非常麻烦的，同样，这样的文本序列号也无法进行快速填充，如图 4-29 所示。

	A	B	C	D	E
1					
2			A2008-X-100799990001		
3			A2008-X-100799990001		
4			A2008-X-100799990001		
5			A2008-X-100799990001		
6			A2008-X-100799990001		
7			A2008-X-100799990001		
8			A2008-X-100799990001		
9			A2008-X-100799990001		
10			A2008-X-100799990001		
11					

图 4-29　无法进行快速填充

但是，通过定义自定义数字格式“"A2008-X-10079999"0000”，如图 4-30 所示，即可以快速输入要求的序列号：输入数字 1 即得到 A2008-X-100799990001，输入数字 2 即得到 A2008-X-100799990002 等，或者输入数据进行填充，如图 4-31 所示。

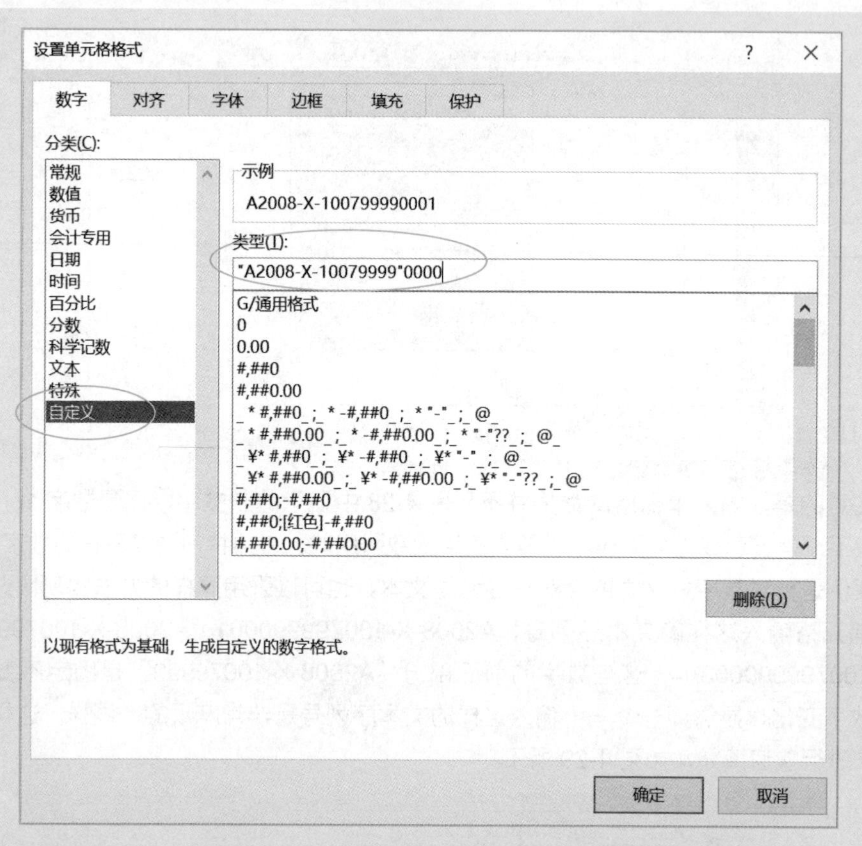

图 4-30　自定义数字格式："A2008-X-10079999"0000

	A	B	C	D	E
1					
2			A2008-X-100799990001		
3			A2008-X-100799990002		
4			A2008-X-100799990003		
5			A2008-X-100799990004		
6			A2008-X-100799990005		
7			A2008-X-100799990006		
8			A2008-X-100799990007		
9					
10					

图 4-31　快速输入字母数字混合的长编码

技巧 065 利用 TEXT 函数快速输入复杂的序列号

在技巧 064 中介绍的通过自定义数字格式的方法输入长编码时，输入单元格的数据并不是真正的长编码字符，而是数字 1、2、3 这样的数字，但在使用函数公式处理数据时，这种方法就会出现麻烦。

如果要往单元格输入真实的长编码，可以使用 TEXT 函数来快速填充。

TEXT 函数的功能是把一个数字转换为指定格式文字。这里注意以下两个方面：

（1）TEXT 转换的对象是数字，文本是不起作用的。

（2）TEXT 的结果是文本，不再是数字，性质完全变了。

TEXT 的用法如下：

```
=TEXT( 数字，格式代码 )
```

例如，公式“=TEXT(0.934763,"0.00%")”，结果是文本 "93.48%"。

例如，公式“=TEXT(12,"0000")”，结果是文本 "0012"。

这样，可以使用 TEXT 函数，利用公式快速输入长编码数字。

例如，可以使用公式来解决如“95685868340001”这样的长编码，如图 4-32 所示，其公式为：

```
="9568586834"&TEXT(ROW(A1),"0000")
```

◎ "9568586834" 是固定部分。

◎ ROW(A1) 是获取单元格 A1 的行号，就是 1。

◎ TEXT(ROW(A1),"0000") 就是把 A1 的行号（数字 1）转换为 4 位数字，不足 4 位左边补足 0。

◎ "9568586834"&TEXT(ROW(A1),"0000") 就是把这两个文本组合成新文本字符串。

B2 ="9568586834"&TEXT(ROW(A1),"0000")

	A	B	C	D
1				
2		95685868340001		
3		95685868340002		
4		95685868340003		
5		95685868340004		
6		95685868340005		
7		95685868340006		

图 4-32　利用 TEXT 函数输入长编码序列

字母数字混合的长编码填充公式如下，如图 4-33 所示。

="A2008-X-10079999"&TEXT(ROW(A1),"0000")

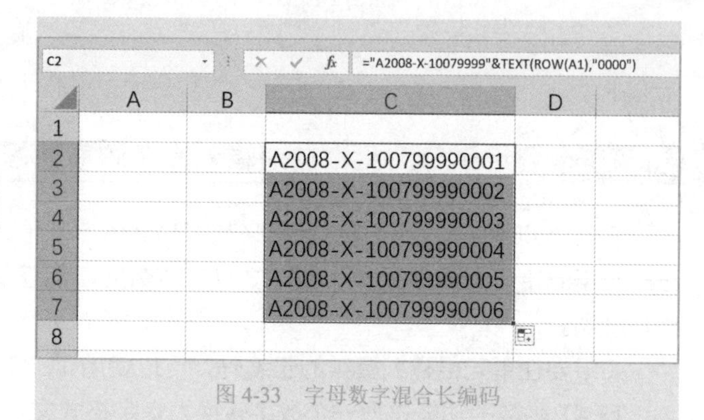

	A	B	C	D
1				
2			A2008-X-100799990001	
3			A2008-X-100799990002	
4			A2008-X-100799990003	
5			A2008-X-100799990004	
6			A2008-X-100799990005	
7			A2008-X-100799990006	
8				

图 4-33　字母数字混合长编码

快速输入中文小写数字文本序列“一、二、三、四……”　技巧 066

如果想要输入中文小写数字文本序列“一、二、三、四……”是不能采用填充的方法的，因为这样会得到中文星期的简写“一、二、三、四、五、六、日”。为了能够快速输入中文小写数字文本序列，可以采用自定义数字格式的方式。具体方法和步骤如下：

Step01 选取要输入这些序列号的单元格区域。

Step02 打开“设置单元格格式”对话框，在“分类”列表中选择“特殊”选项，在“类型”选择“中文小写数字”，如图 4-34 所示。

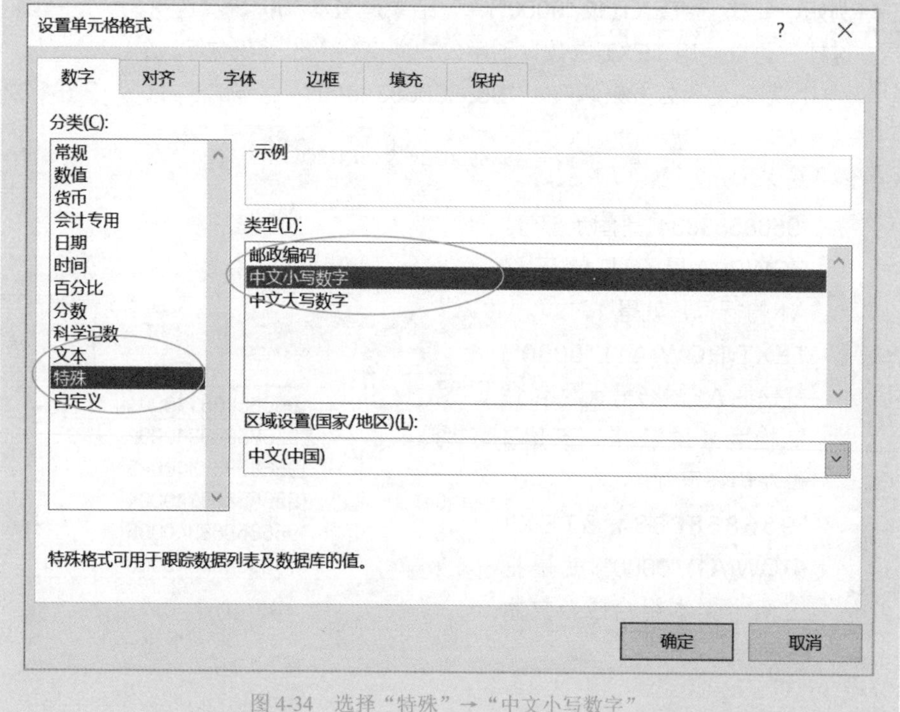

图 4-34　选择“特殊”→“中文小写数字”

这样，只要在这些单元格输入 1、2、3 等，单元格就会自动显示为中文“一、二、三……”了，如图 4-35 所示。

	A	B	C	D
1				
2		一		
3		二		
4		三		
5		四		
6		五		
7		六		
8		七		
9		八		
10		九		
11		一十		
12		一十一		
13		一十二		
14				

图 4-35　快速输入中文小写文本

说明：通过自定义数字格式的方法，输入数字然后显示为汉字，并不是真正地在单元格中输入了汉字，而是数字 1、2、3 这样的数字，因此，在使用函数公式处理数据时要特别注意。

技巧 067　快速输入中文大写数字文本序列“壹、贰、叁、肆……”

要实现快速输入中文大写数字文本序列“壹、贰、叁、肆……”可以采用自定义数字格式的方式。具体方法和步骤如下：

Step01 选取要输入这些序列号的单元格区域。

Step02 打开“设置单元格格式”对话框，在“分类”列表中选择“特殊”，在“类型”选择“中文大写数字”，如图 4-36 所示。

这样，只要在这些单元格输入 1、2、3 等，就会自动得到设置的中文大写文本序列“壹、贰、叁……”了，如图 4-37 所示。

说明：通过自定义数字格式的方法，输入数字然后显示为汉字，并不是真正地在单元格中输入了汉字，而是输入 1、2、3 这样的数字，因此，在使用函数公式处理数据时需要特别注意。

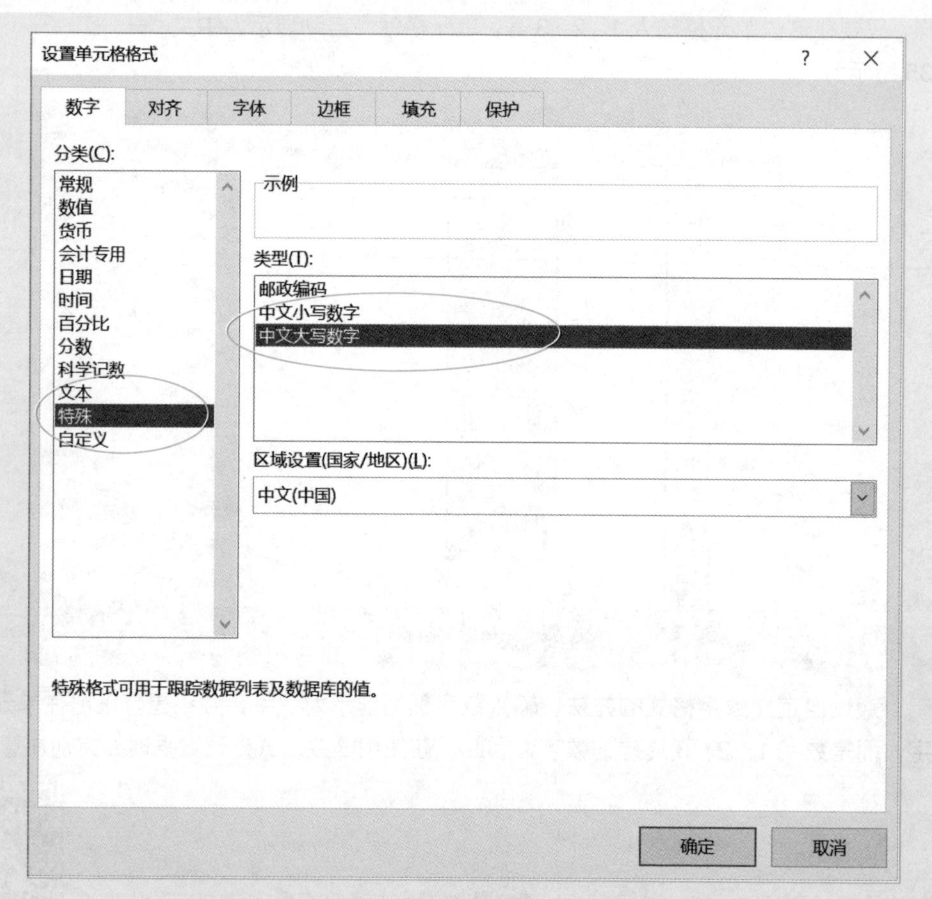

图 4-36　选择“特殊”→“中文大写数字”

	A	B	C	D	E
1					
2			壹		
3			贰		
4			叁		
5			肆		
6			伍		
7			陆		
8			柒		
9			捌		
10			玖		
11					

图 4-37　快速输入中文大写数据

第5章 输入数字实用技巧

EXCEL

本章主要介绍一些快速输入数字以及防止输入不合规定的数字的方法和技巧。

快速输入指定位数小数点的数字 技巧 068

对于财务人员来说，经常会遇到要输入含大量小数点的数字的情况。按照普通的方法输入显然是效率低下的，那么，在 Excel 里提供了小数点自动插入功能，利用这个功能，可以让小数点自动插入，从而加快输入速度。

打开“Excel 选项”对话框，切换到“高级”分类，勾选“自动插入小数点”复选框，并在“小位数”选项中设置小数点位数（比如设置为 2），如图 5-1 所示，单击“确定”按钮，关闭“Excel 选项”对话框。

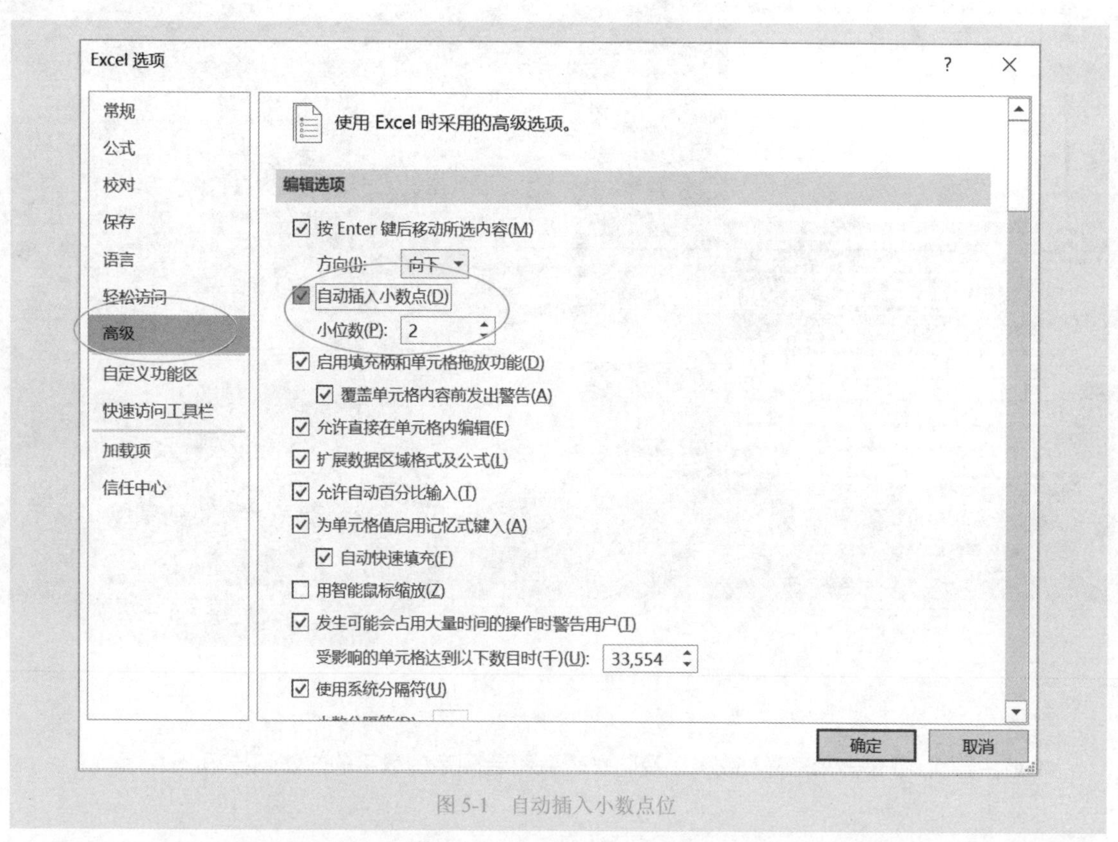

图 5-1 自动插入小数点位

这样，当需要输入带有小数点的数字时，直接输入数字，即可自动得到小数点。比如，要输入 156.89，那么只要输入 15689 就可以了；要得到 0.01，就输入数字 1 等。

需要注意的是，这种设置将一直保留，并且对所有的工作簿都有效。因此，当数字输入完毕后，最好再在“Excel 选项”对话框的“高级”分类中取消选择“自动插入小数点”复选框，恢复为默认。

技巧 069 快速输入分数

分数的表示规则是“分子 / 分母”。但是，如果在单元格直接输入“分子 / 分母”，Excel 会根据输入分子和分母数字的具体情况，进行不同的默认处理。

如果分子是 1 ～ 31 之间的数字，分母是 1 ～ 12 之间的数字，那么 Excel 会将其自动处理为日期“月 - 日”。

如果分子的数字是 1 ～ 31 之外的数字，或者分母是 1 ～ 12 之外的数字，那么 Excel 会将其自动处理为文本。

因此，为了输入正确的分数，可以采用下面的几种方法。

方法 1: 将单元格格式设置为文本格式，如图 5-2 所示，然后再输入分数，或者在输入分数之前，先输入单引号（'），如图 5-3 所示。

但是，这种方法输入的是文本，并不是数字，因此无法进行算术计算。

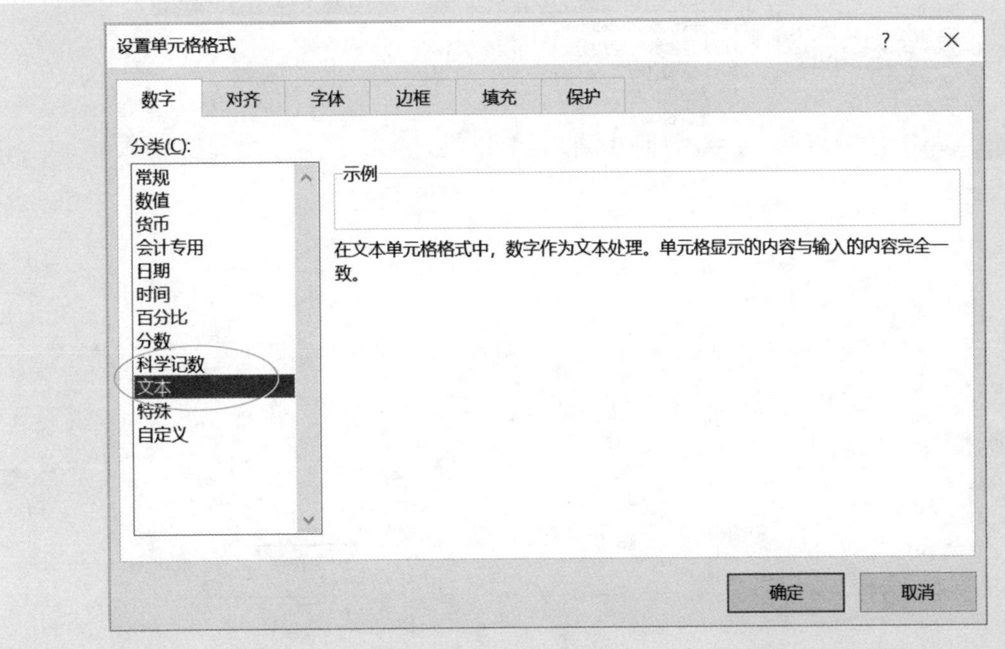

图 5-2　将单元格格式设置为“文本”

方法 2：将单元格格式设置为分数格式，并根据具体情况，选择分数类型（即分母是几位），如图 5-4 所示，然后再输入分数，如图 5-5 所示。

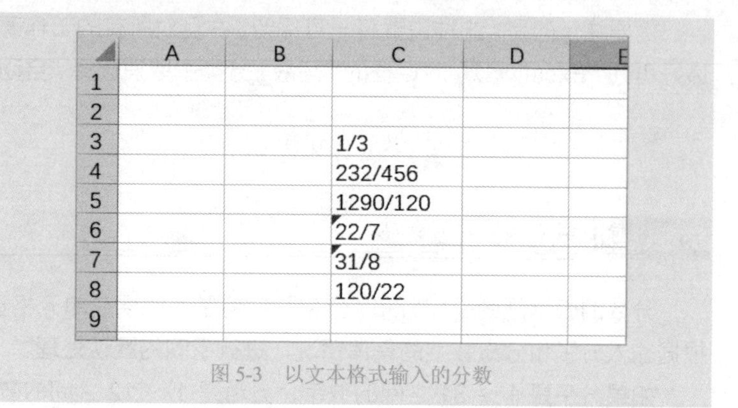

图 5-3　以文本格式输入的分数

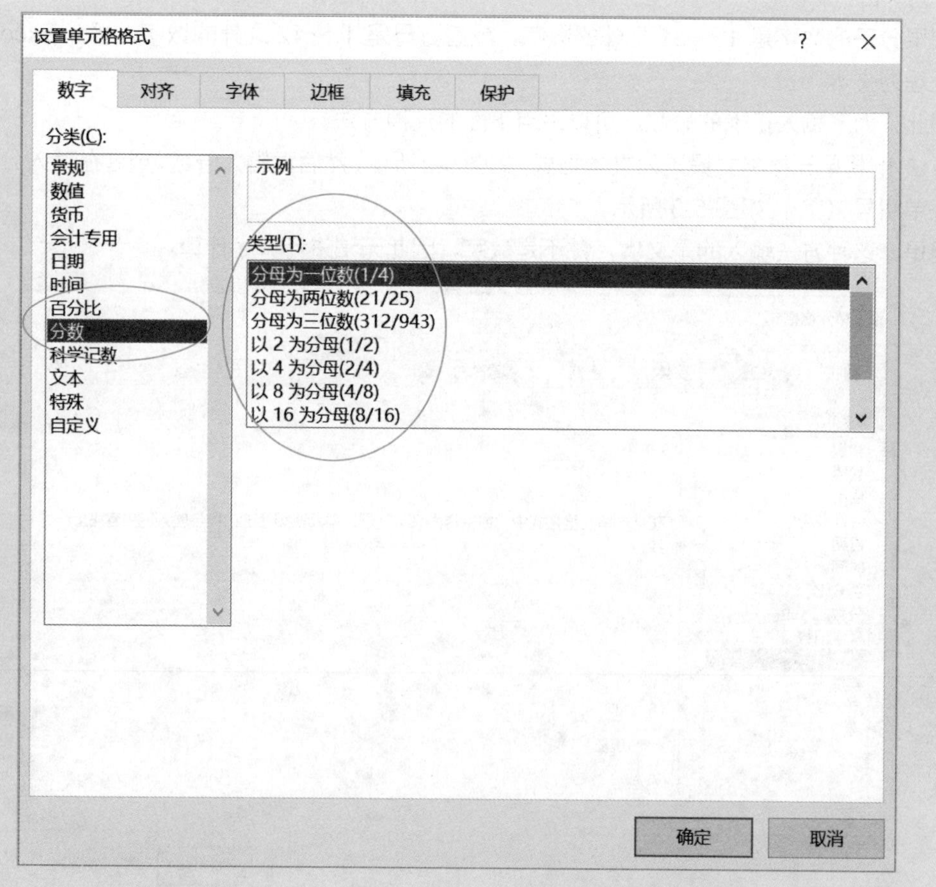

图 5-4　将单元格格式设置为“分数”，并根据具体情况，选择分数类型

方法 3：先输入数字 0，空一格，再输入分数（按格式“分子 / 分母”输入）。也可以先将单元格的格式设置为“分数”，再进行输入。

	A	B	C	D	E
1					
2					
3			1/2		
4			103/400		
5			9 1/22		
6			26 34/39		
7			1 4/7		
8			3 1/7		
9					

图 5-5 以分数格式输入的分数

需要注意的是，设置单元格格式为“分数”，或者先输入 0 再输入分数，Excel 会将输入的假分数进行简化，从而得到一个带分数。而且输入的分数会被处理为 Excel 默认的分子和分母都是两位数的表示，如图 5-5 所示。

因此，为了满足不同的需求，可以自定义分数格式，这样输入的分数则会按照要求的格式显示，而不会被处理为默认的格式或者被简化处理。

自定义分数格式可使用诸如“??/??”这样的格式，分子分母有几个问号（?），就表示分数的分子和分母显示为几位数。

例如，在“设置单元格格式”对话框中，将分数的自定义格式设置为“???/???”，如图 5-6 所示，那么输入的分数就显示为图 5-7 所示的情形。

图 5-6 将分数的格式设置为自定义格式“???/???”

	A	B	C	D	E
1					
2					
3			1/2		
4			103/400		
5			199/22		
6			1048/39		
7			11/7		
8			22/7		
9					

图 5-7　按自定义格式显示的分数

输入的分数，Excel 都会自动将其进行计算，得到一个有 15 位小数的数字，这可以从编辑栏中看出，如图 5-8 所示。

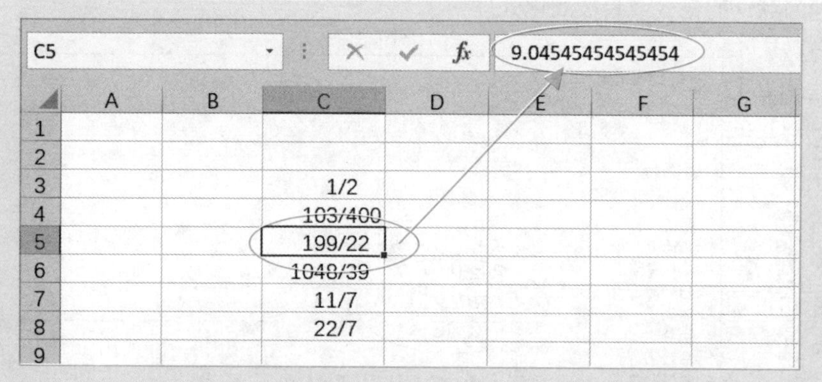

图 5-8　在编辑栏中可以看到分数被自动计算成了小数

只能输入正的小数　技巧 070

Excel 提供了数据验证工具，利用这个工具，可以有针对性地限制输入数据，在输入错误的数据后还可以弹出信息框，提醒用户进行修改。

例如，有一列是金额数字，只能输入正数，可以是小数或整数，但不能是负数，也不能是 0，那就可以使用数据验证进行限制，具体方法如下：

Step01 选择要设置数据验证的单元格区域。

Step02 单击“数据”→“数据验证”按钮，如图 5-9 所示。

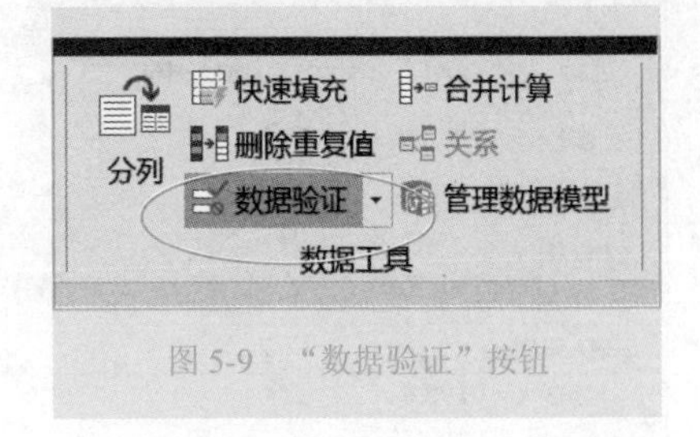

图 5-9 “数据验证”按钮

Step03 打开“数据验证”对话框，切换到“设置”选项卡，做如下设置：

(1) 从“允许”下拉列表中选择“小数”。

(2) 从“数据”下拉列表中选择“大于”。

(3) 在“最小值”输入框中，输入数字 0。

设置完毕后的对话框如图 5-10 所示。

图 5-10 设置数据验证条件

Step04 为了能够让表格使用者清楚在这列应该输入什么数据，再切换到“输入信息”选项卡，勾选“选定单元格时显示输入信息”复选框，输入提示信息文字，如图 5-11 所示。

Step05 在输入数据时，会输入错误的数据，此时，可以让 Excel 弹出一个禁止输入警告框，提醒错误的原因，因此再切换到“出错警告”选项卡，输入出错警告信息文字，如图 5-12 所示。

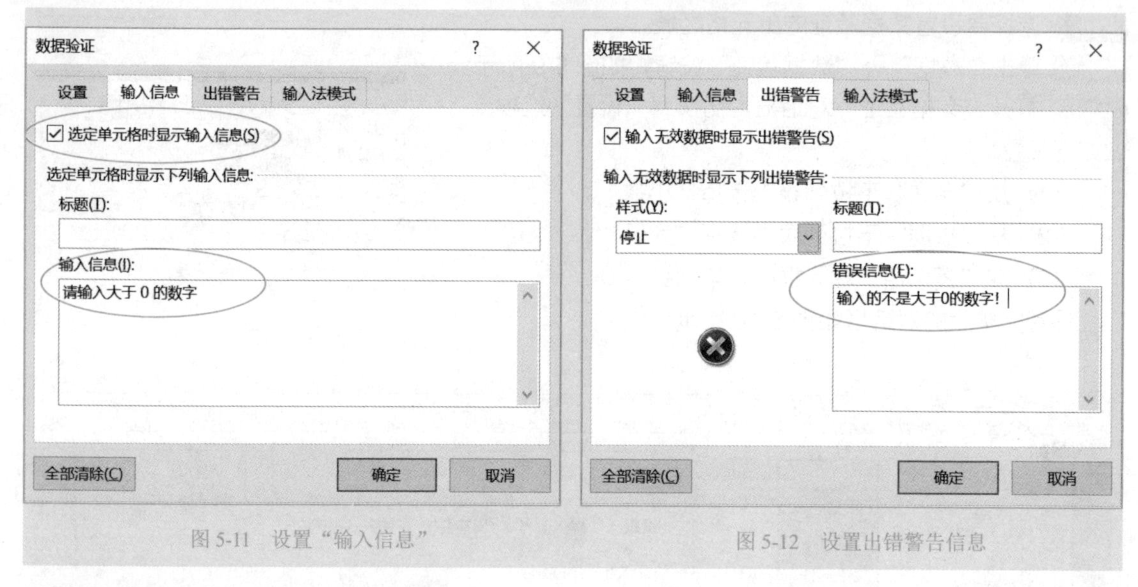

图 5-11　设置“输入信息”　　图 5-12　设置出错警告信息

Step06 单击“确定”按钮，关闭对话框。

这样，当单击 C 列设置有数据验证的单元格时，在单元格旁边出现一个黄色背景的提示信息，告诉我们应该怎么输入数据，如图 5-13 所示。

如果输入了不满足条件的数据时，则弹出警告框，并禁止输入，如图 5-14 所示。

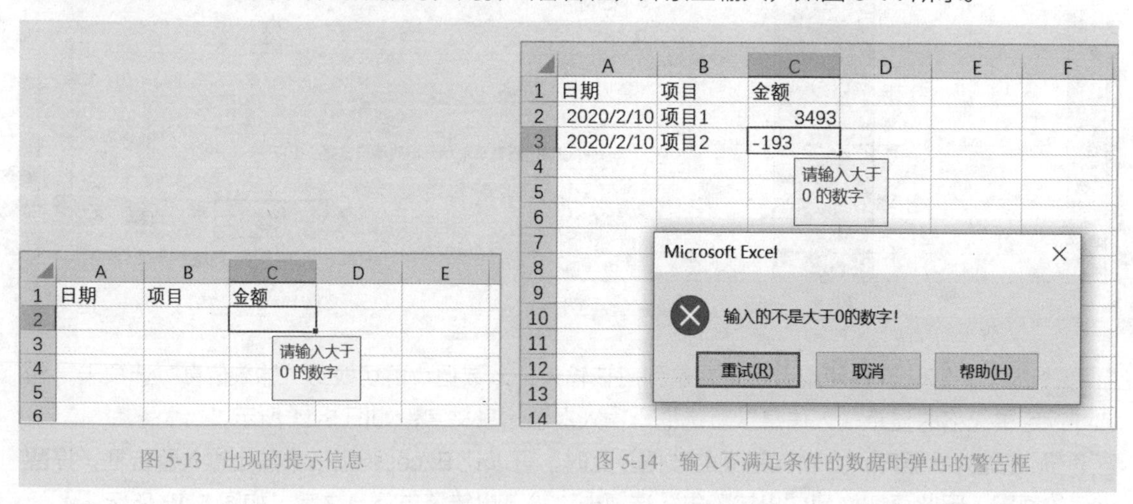

图 5-13　出现的提示信息　　图 5-14　输入不满足条件的数据时弹出的警告框

技巧 071 只能输入正整数

如果要对单元格限制只能输入正整数，不能输入小数，也不能输入负数，同样可以设置数据验证，如图 5-15 所示。

（1）从“允许”下拉列表中选择“整数”。

（2）从“数据”下拉列表中选择“大于”。

（3）在“最小值”输入框中，输入数字 0。

这样，只能输入正整数，如果不是正整数，则提醒并禁止输入，如图 5-16 所示。

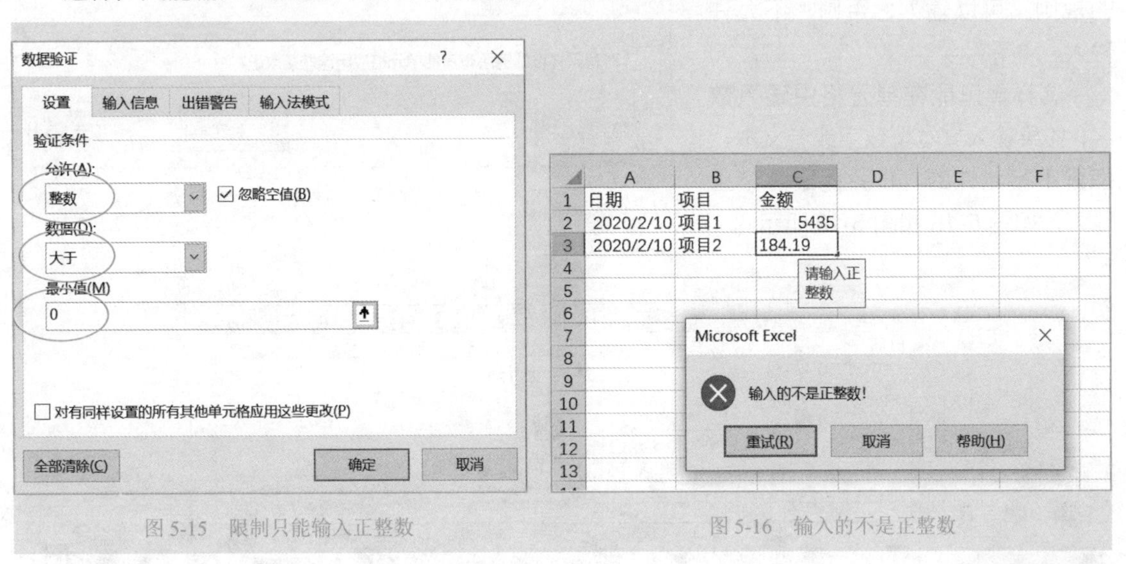

图 5-15　限制只能输入正整数

图 5-16　输入的不是正整数

技巧 072 只能输入数字，不能输入文本

如果需要输入数字的单元格，输入了文本（包括纯文本和文本型数字），那么则会影响计算。此时，可以对单元格设置自定义数字验证，来限制只能输入纯数字（可以是小数、整数、正数，也可以是负数），数据验证如下，如图 5-17 所示。

（1）从“允许”下拉列表中选择“自定义”。

（2）在“公式”输入框中，输入公式 =ISNUMBER(C2)。

（3）根据需要，设置输入信息和出错警告。

图 5-17　限制只能输入数字

公式 =ISNUMBER(C2) 的含义是：使用 ISNUMBER 判断输入单元格 C2 的是不是数字，如果是数字，公式的结果就是 TRUE，满足指定的规则，可以输入；否则，不允许输入。

这样，只能在单元格中输入数字，如果输入文本型数字或者文本，都是不被允许的，将会提醒并禁止输入，如图 5-18 和图 5-19 所示。

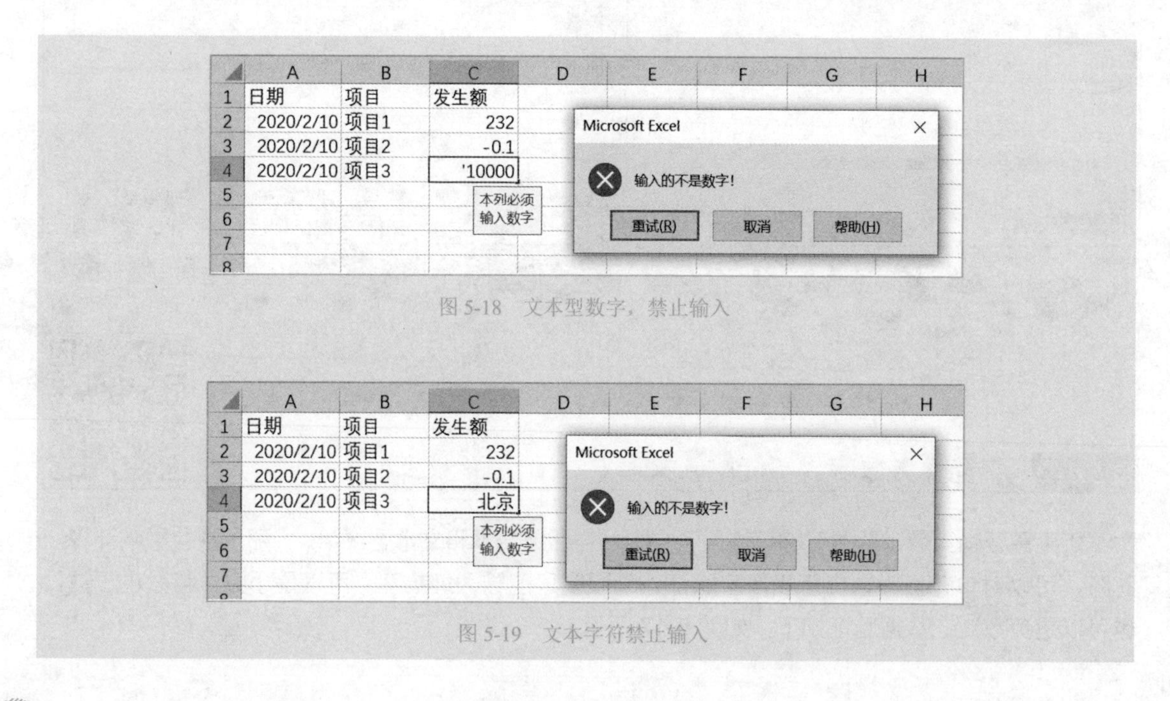

图 5-18　文本型数字，禁止输入

图 5-19　文本字符禁止输入

技巧 073 限制只能输入比上行大的序列号数字

利用自定义数据验证，还可以限制只能输入比上行大的序列号数字，例如，输入工号、序号等，可以做如下的数据验证，如图 5-20 所示。

（1）从“允许”下拉列表中选择“整数”。

（2）在“数据”下拉列表中选择“大于”。

（3）在“最小值”输入框中，输入公式= MAX($A$1:A1)。

（4）根据需要，设置输入信息和出错警告。

图 5-20 设置只能输入比上一行大的整数

这样，如果输入了比上一行小的整数，就会被禁止输入，如图 5-21 所示。

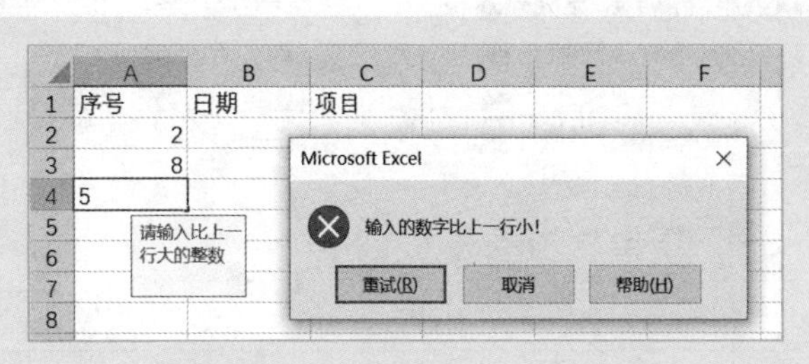

图 5-21 禁止输入比上行小的整数

快速输入数字计算表达式并计算出结果 技巧 074

使用键盘数字区的数字键可以提高输入数字的效率：直接在单元格中输入数字运算表达式，可以得到计算结果，而不必先输入等号（=），或者利用计算器计算出结果后再输入数字。具体方法有两种。方法一：输入诸如表达式“+6-2+8”，即在数字运算表达式前面先输入加号（+），就会在单元格得到公式“=6-2+8”。如果在数字运算表达式前面先输入减号（-），那么就会把第一个数字作为负数进行计算，即得到计算公式“=-6-2+8”；方法二：打开“Excel 选项”对话框，切换到“高级”分类，滚动到对话框的最底部，勾选“转换 Lotus 1-2-3 公式”复选框，如图 5-22 所示。这样就不用输入数字计算表达式前面的等号、加号或者减号了。

不过，这种设置会影响 Excel 的某些功能，还是不使用为好，或者在使用该功能输入数据后，再恢复为默认的设置。

图 5-22　勾选“转换 Lotus1-2-3 公式”复选框

技巧 075 在数字前自动填充数字 0

如果想要在输入的数字前面自动填充 0，以补足指定的位数，那么可以利用自定义数字格式的方式。

例如，要求输入的数字必须以 6 位表示，如果输入的数字不足 6 位，则在前面自动填充 0，以将数字补足为 6 位数；如果输入的数字超过了 6 位，则不再补 0。

要达到这样的目的，可以在“设置单元格格式”对话框的“数字”选项卡中，选择“自定义”，在“类型”文本框中输入 6 个零“000000”，如图 5-23 所示。图 5-24 是输入的示例数字。

但是，这种方法仅把输入的数字显示为 6 位数（左边补足了 0），实际上，并不是真正含有 0 的 6 位数字，如果要得到真正的 6 位数字，就需要使用 TEXT 函数了，如图 5-25 所示。

图 5-23 设置在数字前自动填充 0

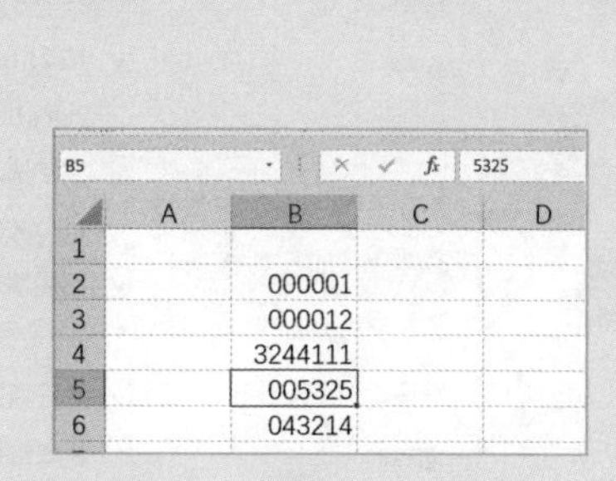

图 5-24 输入的数字自动显示为 6 位数

	A	B	C	D
1				
2		输入数字	转换为6位数	公式
3		1	000001	=TEXT(B3,"000000")
4		22	000022	=TEXT(B4,"000000")
5		235	000235	=TEXT(B5,"000000")
6		5645	005645	=TEXT(B6,"000000")
7		135657	135657	=TEXT(B7,"000000")
8		234	000234	=TEXT(B8,"000000")
9				

图 5-25 使用 TEXT 函数进行真正的转换

在数字后自动添加数字 0 技巧 076

如果要在输入的数字后面自动填充 0，例如当输入 100 时，则得到 100000，当输入 25 时，则得到 25000，也就是在输入的数字后面自动加 3 个零，可以按照下面的步骤进行操作：

Step01 选择单元格区域。

Step02 打开“Excel 选项”对话框。

Step03 切换到“高级”分类，勾选“自动插入小数点”复选框。

Step04 在“小位数”框中输入减号和零的个数（如“-3”），如图 5-26 所示。

Step05 单击“确定”按钮，关闭“Excel 选项”对话框。

图 5-26 设置在数字后自动添加 0

这样，只要在单元格输入任意数字，就会自动在该数字后面加 3 个零（即扩大 1000 倍）。

需要注意的是，这种设置将一直保留，并且对所有的工作簿都有效。因此，当输入完毕数字后，最好再在“Excel 选项”对话框中，取消选择“自动插入小数点”复选框，恢复为默认状态。

技巧 077 将数字的小数转换为上标

有时候，为了便于查看金额数据，可能要将输入数字的小数表示为上标，如图 5-27 所示。要实现这样的效果，需要先将数字设置为文本，然后再将小数部分设置为上标。但是，一个一个输入数字并进行转换设置是不现实的，可以利用 VBA 编制一个小程序，一键完成数据转换。具体方法和步骤，请参阅视频。

	A	B	C
1			
2			
3		204.^{21}	
4		204.^{88}	
5		1.^{39}	
6		0.^{33}	
7		20100.^{39}	
8		3004.^{11}	
9			

图 5-27　输入数字的小数表示为上标

该 VBA 程序代码如下：

```
Sub 转换上标 ()
  Dim rng As Range, c As Range
  Dim n As Integer, m As Integer
  Set rng = Selection
  For Each c In rng
    If IsNumeric(c.Value) Then
      n = InStr(1, c.Value, ".") + 1
      If n > 1 Then
        m = Len(c.Value)
        c.NumberFormatLocal = "@"
        c.FormulaR1C1 = Format(c.Value)
        c.Characters(Start:=n, Length:=m - n + 1).Font.Superscript = True
        c.HorizontalAlignment = xlRight
      End If
    End If
  Next
End Sub
```

技巧 078 快速输入带千分号（‰）的数字

Excel 提供了直接输入和显示百分号（%）的功能，但没有提供直接输入和显示千分号（‰）的功能，因此只能采用一些间接的办法。

例如，在单元格里输入 1，则显示为 1.00‰；输入 10.5，则显示为 10.50‰，可以采用以下方法和步骤来实现这个效果：

Step01 选择单元格区域。

Step02 打开“设置单元格格式”对话框，在“分类”列表中选择“自定义”，在“类型”文本框中输入格式代码“0.00"‰ "”，如图 5-28 所示。

这样，只要在该单元格区域内输入数字 1，则显示为 1.00‰；输入 10.5，则显示为 10.50‰；输入 0.36，则显示为 0.36‰，如图 5-29 所示。

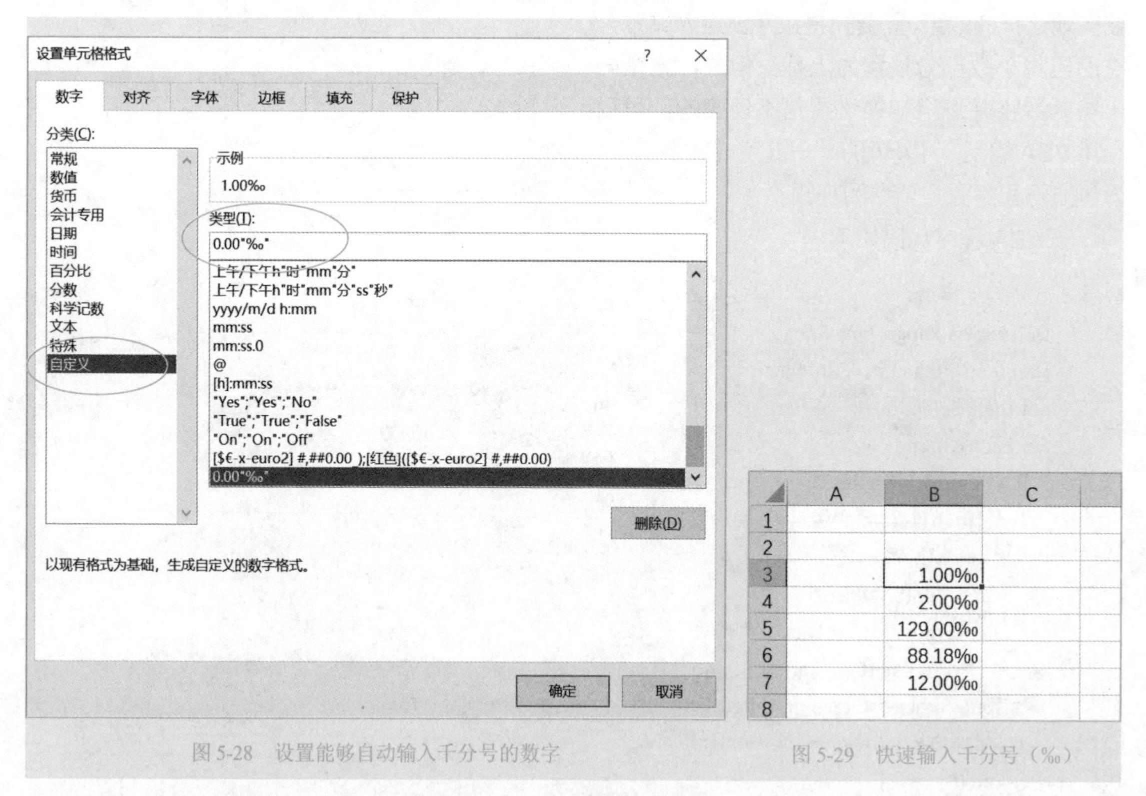

图 5-28　设置能够自动输入千分号的数字

图 5-29　快速输入千分号（‰）

说明：无法直接在“设置单元格格式”对话框中直接输入千分号（‰），可以先在工作表的某个单元格输入千分号（‰）（通过插入特殊符号得到），然后复制到对话框。

需要注意的是，这样输入的数据仍为原始输入的数据，尽管显示了千分号，但并不意味着输入的数字缩小了 1000 倍或者扩大了 1000 倍。

如果要对单元格的数字进行计算，就不要被其表面迷惑而直接引用单元格，必须将单元格数字除以 1000，才能使计算与显示统一。

输入日期和时间实用技巧

EXCEL

在实际工作中经常要处理日期。比如，要计算职工的年龄和工龄，要记录每天的收支数据，要分析应收账款和应付账款，要编制一个计划表等。因此，输入日期是一个经常性的工作。

快速输入当前日期 技巧 079

首先按 Ctrl+；组合键，然后再按 Enter 键，即可快速在单元格输入计算机的当前日期。

当按 Ctrl+；组合键输入计算机的当前日期后，光标仍停留在单元格中，因此可以迅速修改当前的日期，然后再按 Enter 键确认。

输入日期的简单方法 技巧 080

可以按照习惯采用一种简单的方法输入日期，例如，要输入日期 2020-3-5，那么下面的任何一种方法都是可行的：

- ◎ 输入 2020-3-5
- ◎ 输入 2020/3/5
- ◎ 输入 2020 年 3 月 5 日
- ◎ 输入 3-5
- ◎ 输入 3/5
- ◎ 输入 3 月 5 日
- ◎ 输入 20-3-5
- ◎ 输入 20/3/5
- ◎ 输入 5-Mar-2020
- ◎ 输入 5-Mar-20
- ◎ 输入 5-Mar
- ◎ 输入 Mar-5

以下输入日期的方式是错误的：2020.3.5，2020.03.05，20200305，200305 等。

使用函数输入当前日期 技巧 081

在单元格中输入 =TODAY()，即可得到计算机的当前日期，并且这个日期是动态的，如果是今天输入了该函数，它显示的是今天日期；明天打开该文档，则该函数就显示明天的日期。这个函数在处理动态的标题时是非常有用的。

例如，图 6-1 就是利用 TODAY 函数计算合同到期日还剩几天。单元格 C5 公式为：

```
=B5-TODAY()
```

C5 =B5-TODAY()

	A	B	C	D	E
1					
2	今天是:	2020年2月11日 星期二			
3					
4	合同	合同到期日	到期天数		
5	A001	2020-3-18	36		
6	A002	2022-8-11	912		
7	A003	2020-11-23	286		
8	A004	2020-5-18	97		
9	A005	2020-8-17	188		
10	A006	2020-2-14	3		
11					

图 6-1　利用 TODAY 函数计算合同到期天数

两个日期相减得到的结果会以日期的格式显示，此时，需要将单元格格式设置为“常规”，才能显示成一个天数的数字。

技巧 082　限制只能输入某个日期区间内的日期

要限制只能输入某个日期区间内的日期，比如在 A 列只能输入 2020 年 1 月 1 日至 2020 年 12 月 31 日之间的日期，那么可以利用数据验证进行设置，具体步骤如下：

Step01 选取 A 列数据区域（这里可以从 A2 往下选择到一定的行）。

Step02 执行“数据”→“数据验证”命令，打开“数据验证”对话框。

Step03 做如下的验证条件，如图 6-2 所示。

（1）在“允许”下拉列表中选择“日期”。

（2）在“数据”下拉列表中选择“介于”。

（3）在“开始日期”输入框中，输入“2020-1-1”。

（4）在“结束日期”输入框中，输入“2020-12-31”。

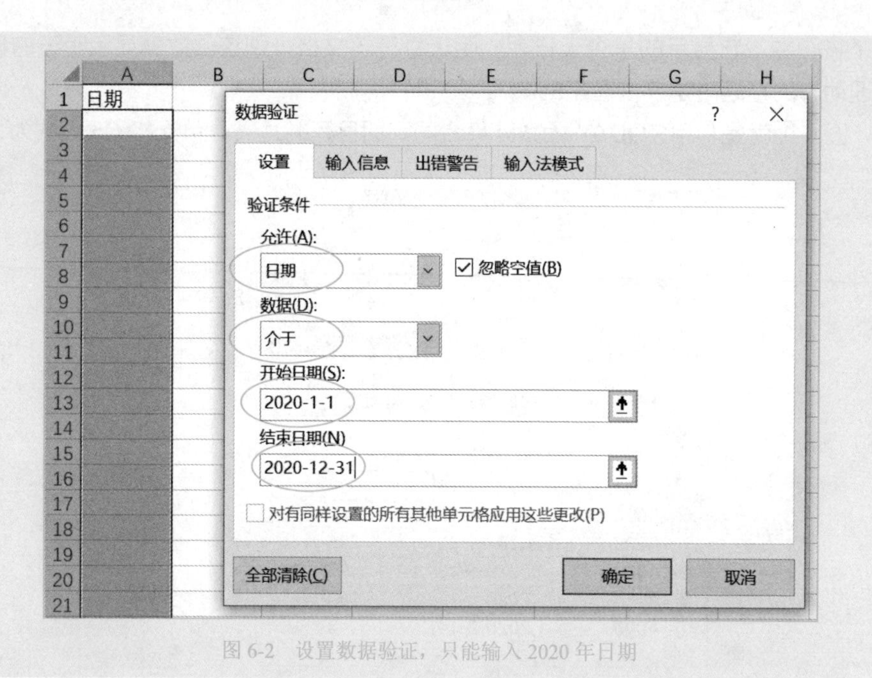

图 6-2　设置数据验证，只能输入 2020 年日期

Step04 切换到“输入信息”选项卡，输入提示信息“请输入 2020 年日期，输入格式：年 - 月 - 日”，如图 6-3 所示。

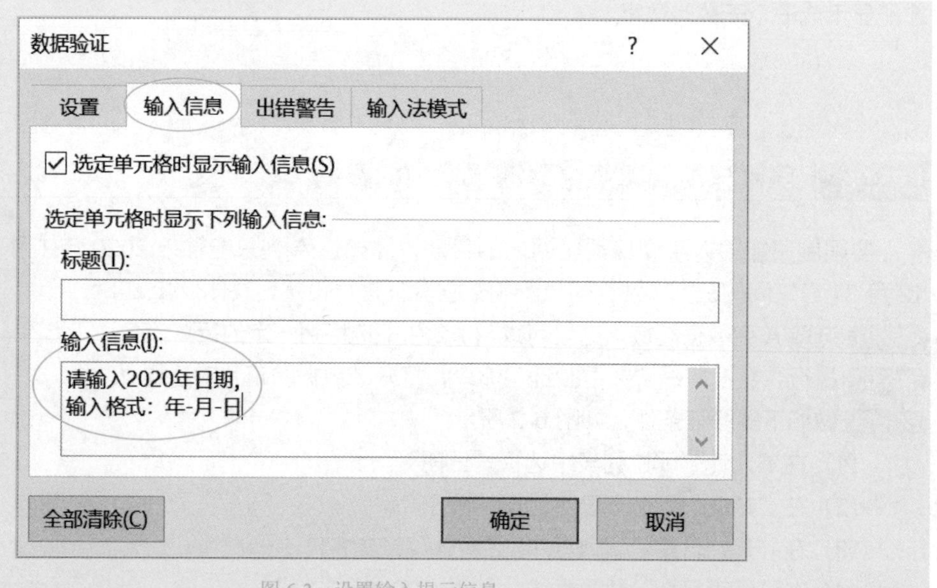

图 6-3　设置输入提示信息

Step05 切换到“出错警告”选项卡，输入出错时的警告信息“输入的不是 2020 年日期，或者格式不是 年 - 月 - 日”，如图 6-4 所示。

图 6-4　设置出错时的警告信息

Step06 单击“确定”按钮，关闭对话框。

这样，在选定的单元格里只能输入 2020 年日期，并且必须按照正确的格式输入，防止输入错误的数据，如图 6-5 所示。

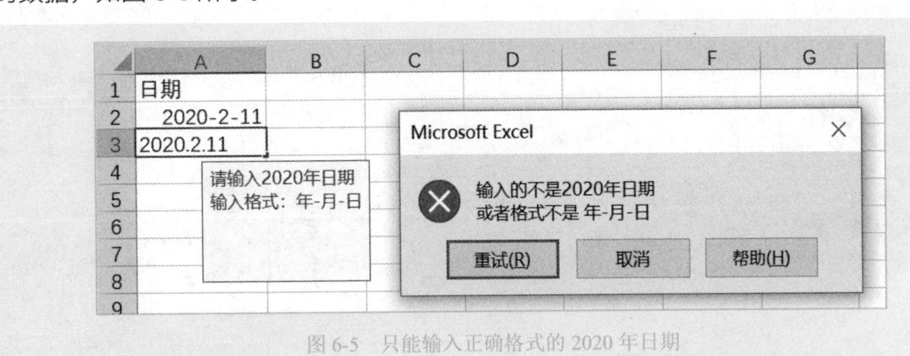

图 6-5　只能输入正确格式的 2020 年日期

限制只能输入今天的日期 技巧 083

如果在单元格中只允许输入当天的日期，又该怎么设置，以保证日期数据的正确性？此时，同样可以设置数据验证来解决，如图 6-6 所示，设置如下：

（1）在“允许”下拉列表中选择“日期”。

（2）在“数据”下拉列表中选择“等于”。

（3）在“日期”输入框中，输入公式 =TODAY()。

图 6-7 就是一个输入当天日期的示例，这里假设当天是 2020 年 2 月 11 日。

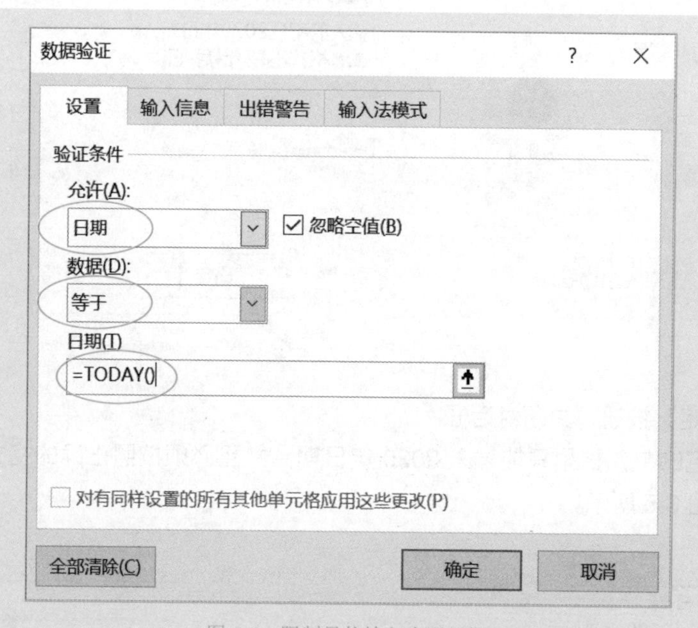

图 6-6　限制只能输入当天日期

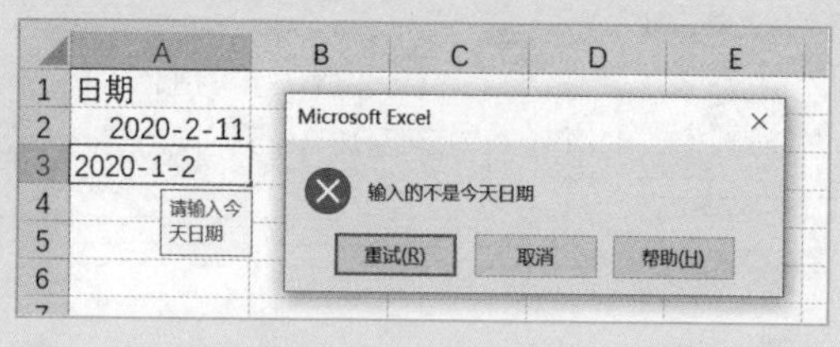

图 6-7　输入的不是当天日期，报错

技巧 084 限制只能输入今年内截止到今天的日期

使用数据验证，可以限制只能输入今年内截止到今天的日期，此时，数据验证如下，如图 6-8 所示：

（1）在“允许”下拉列表中选择“日期”。

（2）在“数据”下拉列表中选择“介于”。

（3）在“开始日期”输入框中，输入公式：=EOMONTH(TODAY(),-MONTH(TODAY()))+1。

（4）在“结束日期”输入框中，输入公式：=TODAY()。

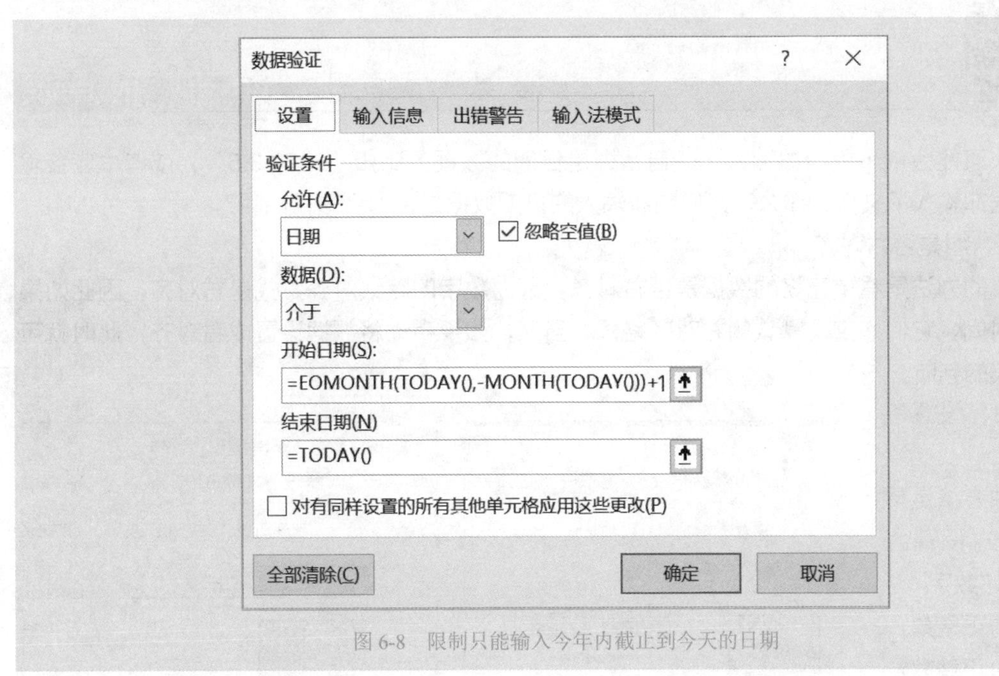

图 6-8 限制只能输入今年内截止到今天的日期

这样，只能输入今年内截止到今天（假设今天是 2020-2-11）的任意日期，否则就会出现错误警告，禁止输入，如图 6-9 和图 6-10 所示。

第一个公式解释如下：

MONTH(TODAY())) 是获取本月的月份数，假如今天是 2020-2-11，那么 MONTH(TODAY())) 的结果就是 2；

EOMONTH(TODAY(),-MONTH(TODAY())) 就是计算上年的年底日期；

EOMONTH(TODAY(),-MONTH(TODAY()))+1 就得到今年的年初日期。

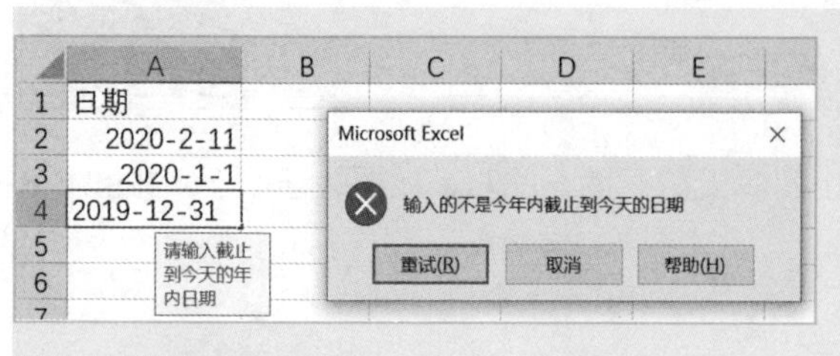

图 6-9　输入了去年日期，报错

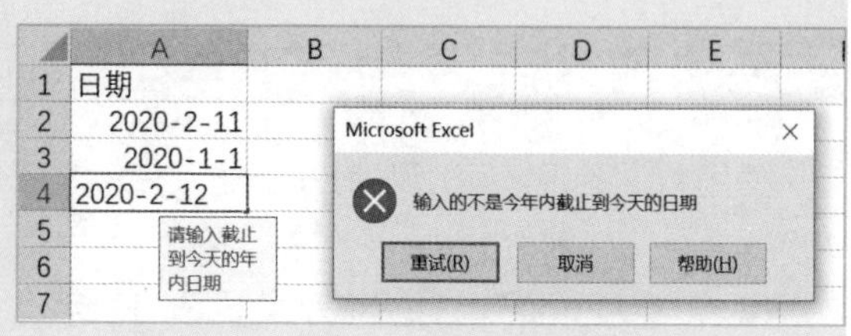

图 6-10　输入了明天的日期，报错

技巧 085　判断输入的日期是否为合法日期

有些人可能会依个人习惯输入一些自认为是日期的数据，比如“2020.3.5”，或者本应该输入日期数据却输入了文本。那么，如何判断输入的日期数据是否为合法日期呢?

方法 1：看是否右对齐

最简单的办法是看单元格的数据是否右对齐。因为数字的默认对齐方式是右对齐，因此如果是日期和时间，它们必定是默认的右对齐格式。当然，如果手动将数据设置成右对齐，此时就可能出现错误的判断。

方法 2：设置单元格格式

第二种方法是将单元格格式设置为“常规”或“数字”，看是否变为正整数，如果显示为正整数，表明是真正的日期；如果没有变动，表明是文本，不是日期，如图 6-11 和图 6-12 所示。

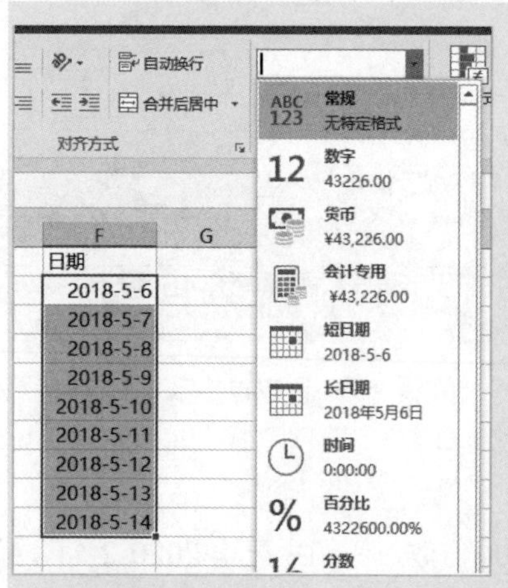

图 6-11　将单元格格式设置为常规（日期如显示为正整数，表明是真正的日期）

图 6-12　将单元格格式设置为数值（日期还是显示为原来的样子，表示是非法日期）

为什么日期是正整数？因为 Excel 把日期处理为正整数，1 代表 1900-1-1，2 代表 1900-1-2，以此类推，日期 2020-3-5 就是 43895。

技巧 086 圈释非法日期技巧

想快速从一堆日期数据中把那些非法日期找出来，可以联合使用“数据验证”工具和“圈释无效数据”工具来完成。具体方法如下：

Step01 对日期数据区域设置数据验证，根据具体情况设置不同的验证条件，如图 6-13 所示。这里，B 列日期均为 2020 年日期，因此数据验证条件是 2020 年日期条件。

Step02 执行“数据”→“数据验证”→“圈释无效数据”命令，如图 6-14 所示。

此时，选定区域对非法日期单元格进行了圈释，如图 6-15 所示。

这样，就可以快速修改这些单元格的非法日期，当修改为正确日期后，红圈自动消失，如图 6-16 所示。

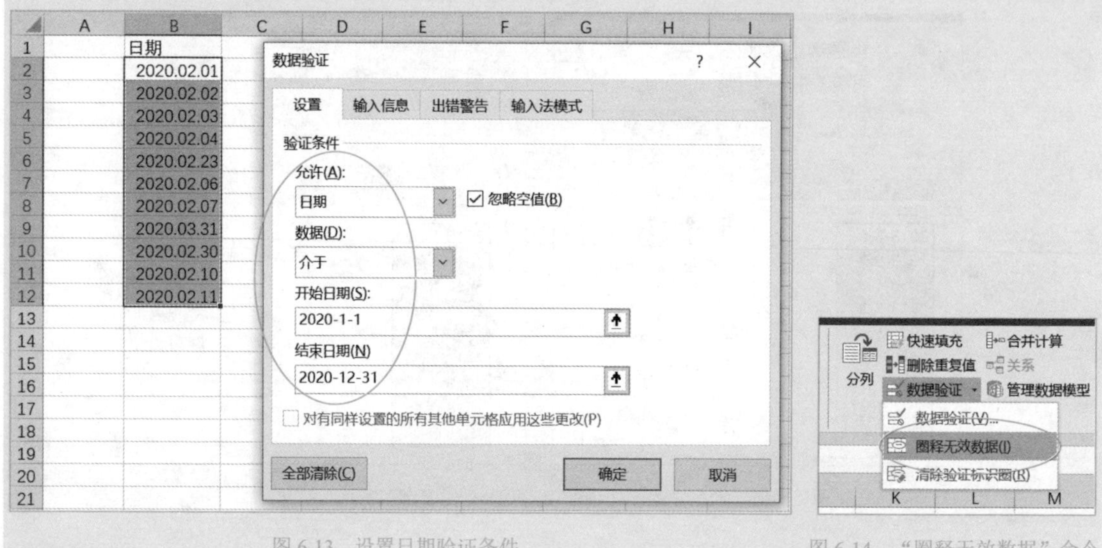

图 6-13 设置日期验证条件

图 6-14 “圈释无效数据”命令

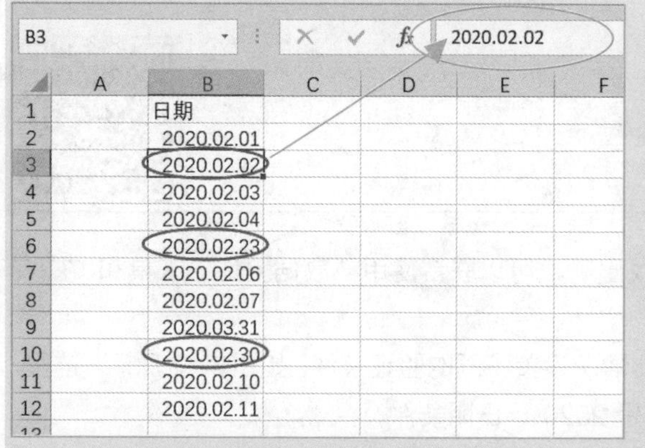

图 6-15 圈释出的无效数据（非法日期）

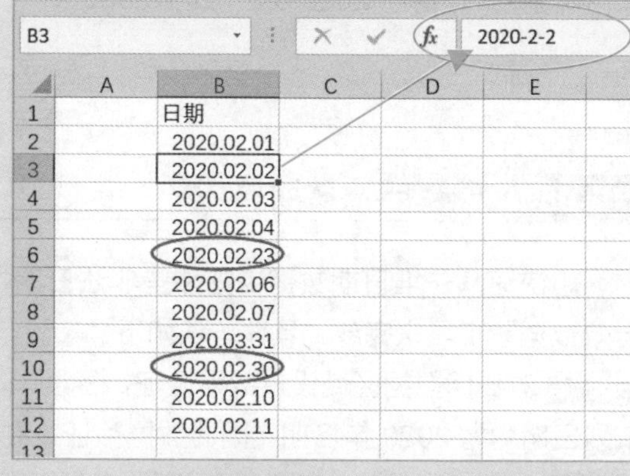

图 6-16 修改正确后，红圈自动消失

设置日期显示格式技巧 技巧 087

日期是数字，是特殊的数字，可以对日期自定义格式，令其显示成不同的样子，以满足不同报表的要求。例如，可以设计动态的考勤表表头，自动显示星期几。

在自定义日期格式时，必须了解日期的自定义格式代码及其含义。表 6-1 是自定义日期和时间代码、含义、示例。

表 6-1　自定义日期和时间代码、含义、示例

自定义格式代码	原始数字	原始日期和时间	显示为
yy	只显示两位数的年份	2020-2-8	20
yyyy	只显示四位数的年份	2020-2-8	2020
m	只显示原始的月份数字	2020-2-8	2
mm	只显示两位月份数	2020-2-8	02
d	只显示原始的日数字	2020-2-8	8
dd	只显示两位的日数字	2020-2-8	08
yyyy-mm-dd	显示完整的日期	2020-2-8	2020-02-08
yyyymmdd	显示完整的日期	2020-2-8	20200208
yyyy.mm.dd	显示完整的日期	2020-2-8	2020.02.08
yyyy 年 m 月 d 日	显示中文日期	2020-2-8	2020 年 2 月 8 日
d-mmm-yyyy	显示英文日期	2020-2-8	8-Feb-2020
m 月	只显示中文月份	2020-2-8	2 月
mmm	只显示英文月份	2020-2-8	Feb
aaa	只显示中文星期简称	2020-2-8	六
aaaa	只显示中文星期全称	2020-2-8	星期六
ddd	只显示英文星期简称	2020-2-8	Sat
dddd	只显示英文星期全称	2020-2-8	Saturday

技巧 088 快速输入当前时间

在单元格中按 Ctrl+Shift+；组合键，可快速输入计算机的当前时间。

需要特别注意的是，这种方式输入的时间是一个“纯”时间，它没有日期的限制，而是默认为 1900 年 1 月 0 日的时间，并且这个时间没有秒数（秒数为 0）。

如果要同时输入当前日期和当前时间，就需要先按 Ctrl+；组合键，把日期先输进去，空一格后，再按 Ctrl+Shift+；组合键，这样，输入的时间即为诸如“2020-2-11 16:51”这样的日期和时间组合模式。

说明：Excel 在处理日期和时间时，基本单位是 1 天，因此，时间在 Excel 中是被处理成小数的，1 小时是 1/24 天，也就是 0.0416666666666667；12 小时就是半天，也就是 0.5。

输入时间的基本方法 技巧 089

输入时间的格式一般为时 : 分 : 秒。

例如，要输入时间“14 点 20 分 30 秒”，可以输入“14:20:30”，或“2:20:30 PM”。注意，在 2:20:30 和 PM 之间必须有一个空格。

有些人在输入时间时，错误地使用了据点，例如，要输入 14 点 22 分，就输成了“14.22”的格式，这是大错特错的。

使用函数输入当前时间 技巧 090

在单元格输入 =NOW()，即可得到计算机的当前日期和当前时间，并且这个日期和时间是动态的。不断按 F9 键，重新计算工作表，就可以看到单元格的时间是不断变化的。而且这个时间是具有日期、小时、分钟和秒的数据。

NOW 函数和 TODAY 函数有什么区别呢？NOW 函数不仅包含当天日期，还包含当时的时间，而 TODAY 函数仅仅是当天时间。换句话来说，TODAY 函数是一个代表天的正整数，而 NOW 不仅包含这个正整数，还包含一个代表时间的小数。

假如现在是 2020 年 2 月 11 日 17 点 7 分 52 秒，那么 TODAY 函数的结果是 2020-2-11，NOW 函数的结果就是 2020-2-11 17:07:52，将其显示为数值，TODAY 函数的结果是正整数 43872，而 NOW 函数的结果 43872.7137949074。

如何输入没有小时，只有分和秒的时间 技巧 091

当输入没有小时而只有分钟和秒的时间时，比如要输入 5 分 45 秒这样的数据，不能输入“5:45”，这样的输入方法会把该时间识别为 5 小时 45 分。

必须在小时部分输入一个 0，以表示小时数为 0，即输入“0:5:45”。

技巧 092 限制只能输入某个时间区间内的时间

要限制只能输入某个时间区间内的时间，比如在 A 列只能输入上午 8 点至下午 5 点之间的时间，那么可以利用数据验证进行设置，如图 6-17 所示。具体步骤如下：

Step01 选取 A 列区域。

Step02 打开“数据验证”对话框。

Step03 在“允许”下拉列表中选择“时间”。

Step04 在“数据”下拉列表中选择“介于”。

Step05 在“开始时间”输入框中输入时间“8:00”。

Step06 在“结束时间”输入框中输入时间“17:00”。

Step07 单击“确定”按钮，关闭“数据验证”对话框。

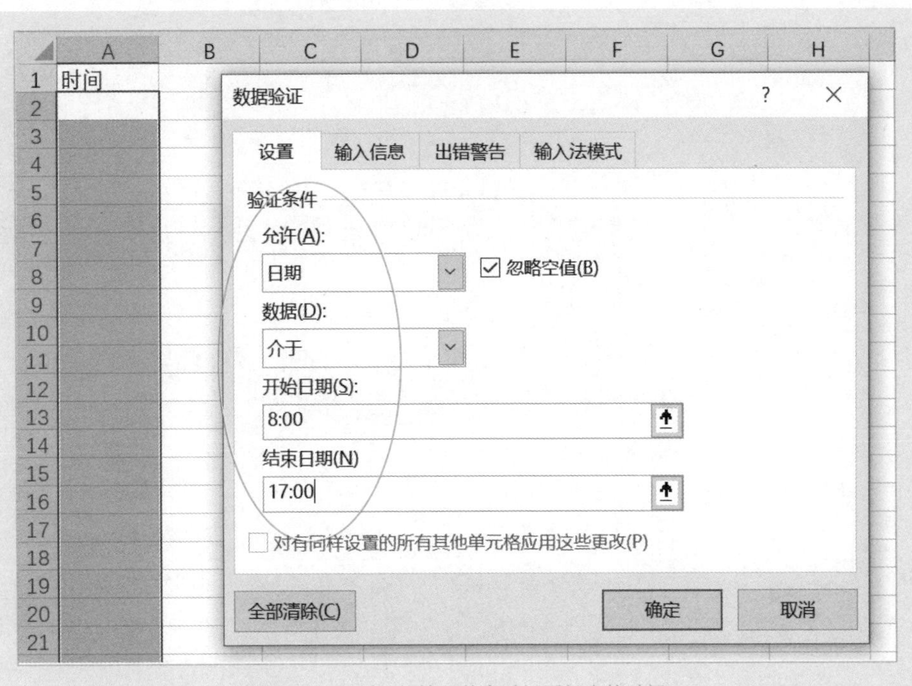

图 6-17 限制只能输入某个时间区间内的时间

输入时间应注意的问题 技巧 093

在输入时间时，要注意是采用 12 小时制还是采用 24 小时制。如果采用 12 小时制，时间数据与 AM 或 PM 之间应留有一个空格。

此外，为了便于对时间进行计算（比如计算跨午夜的上网时间或加班时间），输入的时间最好有具体的日期限制。

比如，加班开始时间是“2020-2-9 19:15”，结束时间是“2020-2-10 4:26”，那么就可以直接将这两个时间相减而得到具体的加班时间为 9 小时 11 分。否则，如果输入的加班开始时间是“19:15”，结束时间是“4:26”，那么就不能将这两个时间直接相减来计算加班时间。

第7章

数据规范输入高级技巧

EXCEL

为了规范数据的输入，从源头上控制错误的数据，可以使用“数据验证”工具，这个工具，前面已经做过多次介绍和应用了。所以，本章主要介绍几个利用数据验证控制输入数据的高级应用技巧。

在单元格制作下拉菜单，快速选择输入数据 技巧 094

利用数据验证，可以对单元格限制输入规定的序列数据，也就是从一个下拉列表中快速选择输入数据，或者只能输入下拉列表中存在的数据。这样，对于输入某些长字符名称是非常有用的。具体方法和步骤如下：

Step01 选取要设计下拉菜单的单元格区域。

Step02 单击“数据”→“数据验证”按钮，打开“数据验证”对话框。

Step03 在“允许”下拉列表中选择“序列”，在“来源”栏中输入序列数据，如图 7-1 所示。要特别注意，序列数据项之间必须用英文逗号隔开。

Step04 根据需要设置其他选项。

Step05 单击“确定”按钮，关闭“数据验证”对话框。

这样，单击该单元格区域的某个单元格，在该单元格右边出现一个下拉箭头，单击此箭头，出现一个下拉列表，可以从这个列表中选择输入数据，如图 7-2 所示。

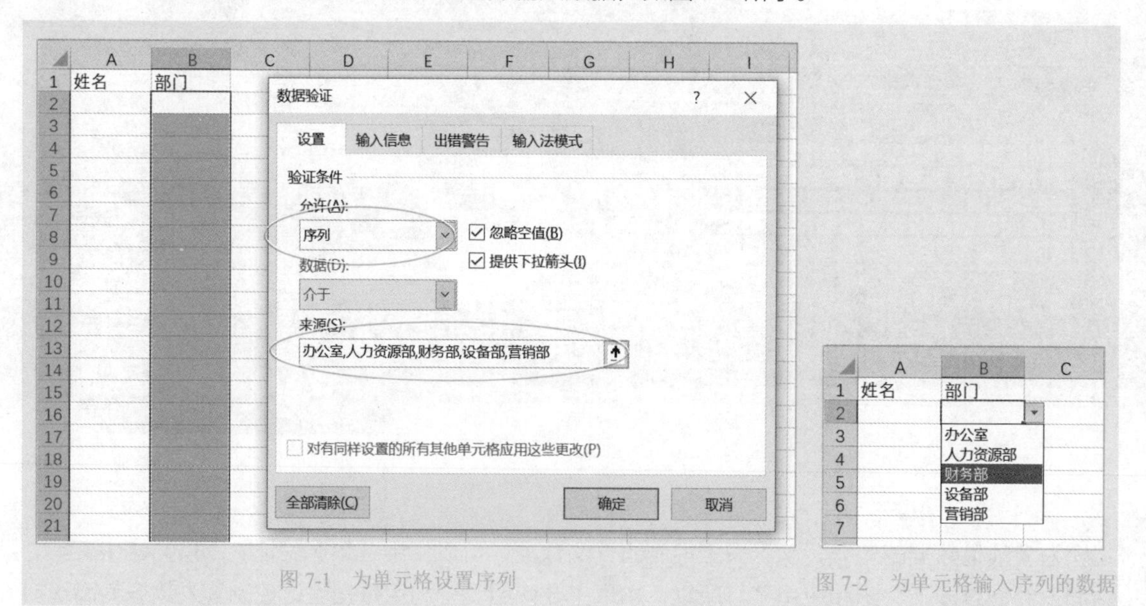

图 7-1 为单元格设置序列

图 7-2 为单元格输入序列的数据

如果序列项数目较多，名称也很长，这样手动输入对话框中不是一个好办法，可以先将这些序列项输入到工作表中（最好是另外一个工作表，不建议在当前工作表另起一列输入这些序列项），那么就可以直接将这些序列项区域引用到对话框，如图 7-3 所示。

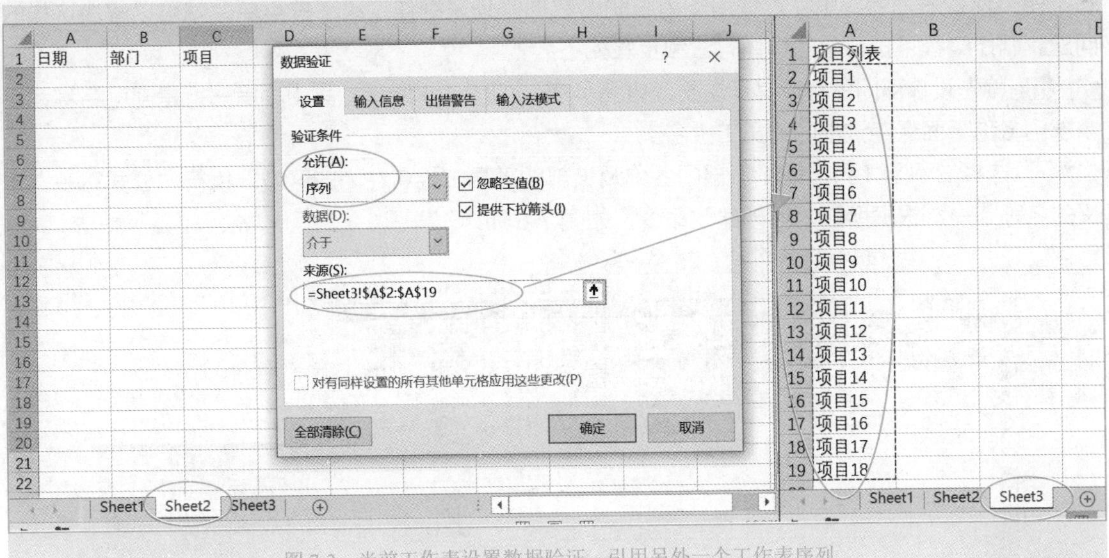

图 7-3　当前工作表设置数据验证，引用另外一个工作表序列

技巧 095　在单元格制作二级下拉菜单，防止张冠李戴

在设计诸如员工信息管理表格时，会经常遇到这样的问题，比如要输入企业各个部门名称及其下属的员工姓名，如果将所有的员工姓名放在一个列表中，并利用此列表数据设置数据验证，那么很难判断某个员工是属于哪个部门的，容易造成张冠李戴的错误，如图 7-4 所示。

	A	B	C	D	E	F	G	H
1	部门	姓名						AAA1
2	财务部							AAA2
3		AAA1						AAA3
4		AAA2						AAA4
5		AAA3						BBB1
6		AAA4						BBB2
7		BBB1						BBB3
8		BBB2						BBB4
9		BBB3						BBB5
10		BBB4						BBB6
11								CCC1
12								CCC2
13								CCC3
14								CCC4
15								CCC5
16								CCC6
17								CCC7
18								CCC8

图 7-4　无法确定某个职工是哪个部门的

能不能在 A 列输入部门名称后，在 B 列只能选择输入该部门下的员工姓名，其他部门员工姓名不能出现在序列列表中呢？使用多重限制的数据验证来制作二级下拉菜单，就可以解决这样的问题。制作二级下拉菜单的具体方法和步骤如下：

Step01 首先设计部门名称及其下属员工姓名列表，如图 7-5 所示。其中，第一行是部门名称，每个部门名称下面保存该部门的员工姓名。

Step02 选择 B 列至 I 列含第 1 行部门名称及该部门下员工姓名在内的区域，执行“公式”→“定义的名称”→“根据所选内容创建”命令，如图 7-6 所示。

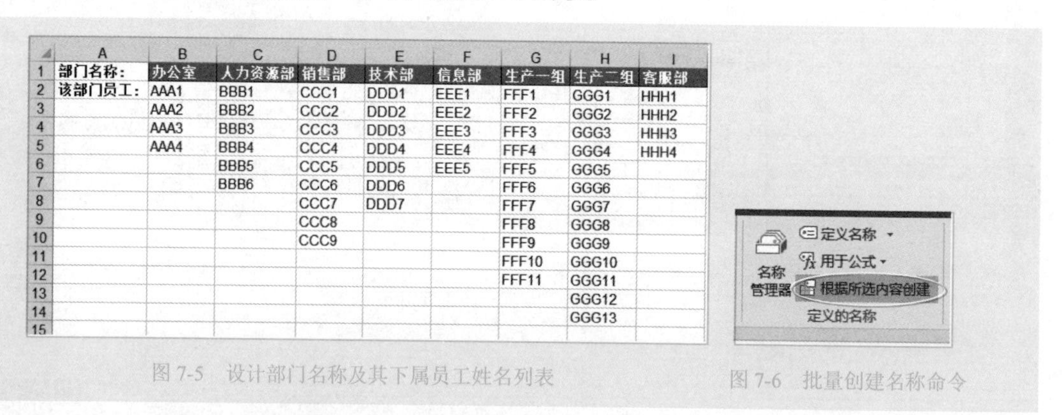

	A	B	C	D	E	F	G	H	I
1	部门名称：	办公室	人力资源部	销售部	技术部	信息部	生产一组	生产二组	客服部
2	该部门员工：	AAA1	BBB1	CCC1	DDD1	EEE1	FFF1	GGG1	HHH1
3		AAA2	BBB2	CCC2	DDD2	EEE2	FFF2	GGG2	HHH2
4		AAA3	BBB3	CCC3	DDD3	EEE3	FFF3	GGG3	HHH3
5		AAA4	BBB4	CCC4	DDD4	EEE4	FFF4	GGG4	HHH4
6			BBB5	CCC5	DDD5	EEE5	FFF5	GGG5	
7			BBB6	CCC6	DDD6		FFF6	GGG6	
8				CCC7	DDD7		FFF7	GGG7	
9				CCC8			FFF8	GGG8	
10				CCC9			FFF9	GGG9	
11							FFF10	GGG10	
12							FFF11	GGG11	
13								GGG12	
14								GGG13	
15									

图 7-5　设计部门名称及其下属员工姓名列表　　图 7-6　批量创建名称命令

Step03 打开“根据所选内容创建名称”对话框，选择“首行”，然后单击“确定”按钮，将 B 列至 I 列的第 2 行开始往下的各列员工姓名区域分别定义名称，如图 7-7 所示。

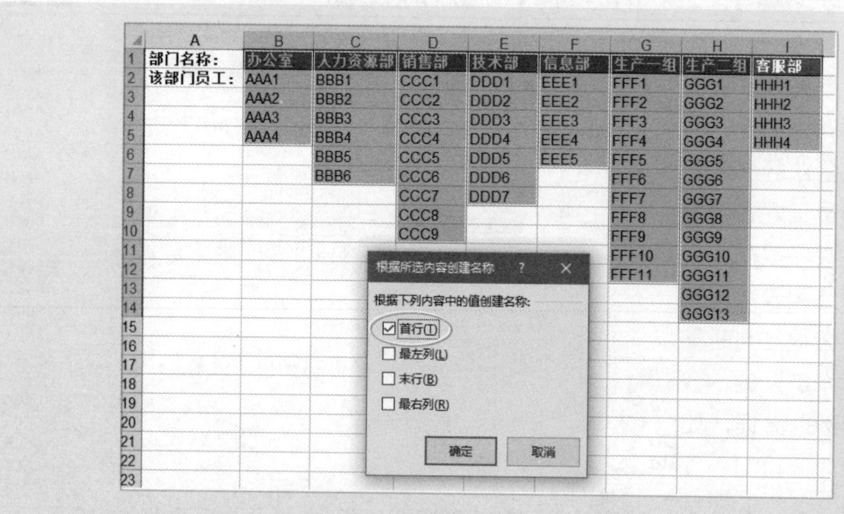

	A	B	C	D	E	F	G	H	I
1	部门名称：	办公室	人力资源部	销售部	技术部	信息部	生产一组	生产二组	客服部
2	该部门员工：	AAA1	BBB1	CCC1	DDD1	EEE1	FFF1	GGG1	HHH1
3		AAA2	BBB2	CCC2	DDD2	EEE2	FFF2	GGG2	HHH2
4		AAA3	BBB3	CCC3	DDD3	EEE3	FFF3	GGG3	HHH3
5		AAA4	BBB4	CCC4	DDD4	EEE4	FFF4	GGG4	HHH4
6			BBB5	CCC5	DDD5	EEE5	FFF5	GGG5	
7			BBB6	CCC6	DDD6		FFF6	GGG6	
8				CCC7	DDD7		FFF7	GGG7	
9				CCC8			FFF8	GGG8	
10				CCC9			FFF9	GGG9	
11							FFF10	GGG10	
12							FFF11	GGG11	
13								GGG12	
14								GGG13	

图 7-7　先选取区域，再批量定义名称

Step04 选择单元格区域 B1:I1，单击名称框，输入名称“部门名称”，然后按 Enter 键，将这个区域定义为“部门名称”，如图 7-8 所示。

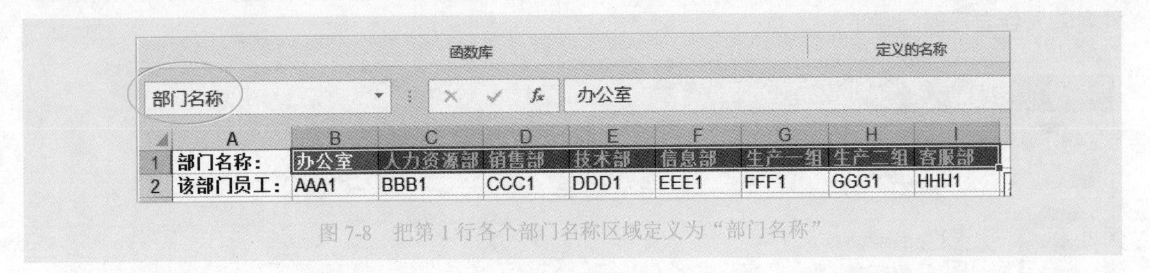

图 7-8 把第 1 行各个部门名称区域定义为“部门名称”

执行“公式”→“定义的名称”→“名称管理器”命令，打开“名称管理器”对话框，可以看到我们定义了很多名称，其中各个部门员工姓名区域的名称就是第 1 行的部门名称，如图 7-9 所示。

Step05 选取 A 列单元格区域，打开“数据验证”，做如下设置，如图 7-10 所示。

（1）在“允许”下拉列表中选择“序列”。

（2）在“来源”栏中输入公式“= 部门名称”。

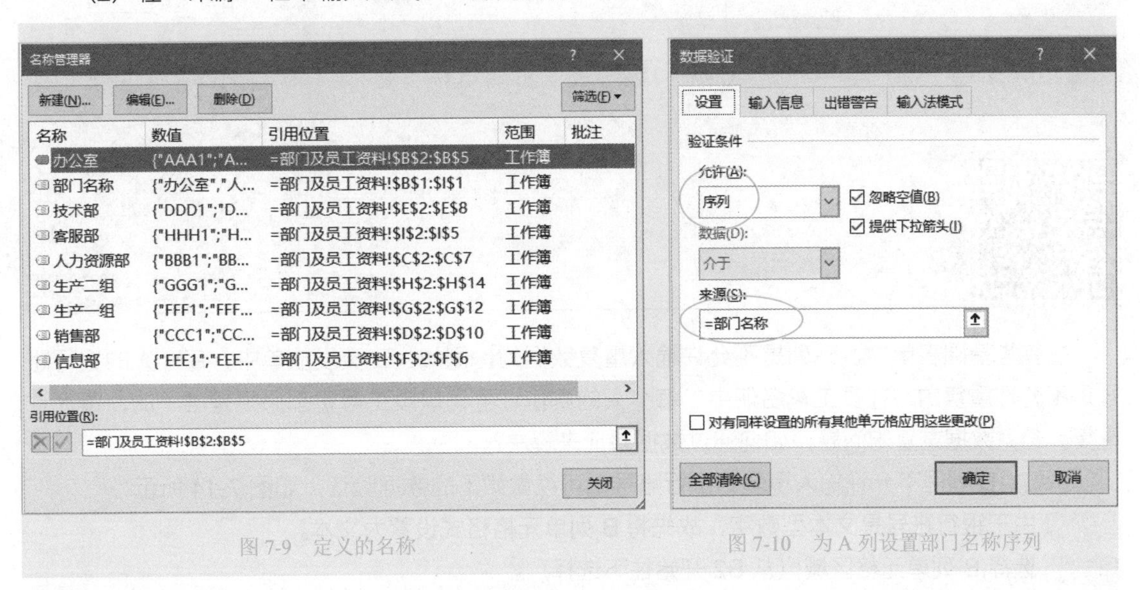

图 7-9 定义的名称　　图 7-10 为 A 列设置部门名称序列

Step06 选取单元格区域 B2:B1000（或者到需要的行数），打开“数据验证”对话框，做如下设置，如图 7-11 所示：

（1）在“允许”下拉列表中选择“序列”。

（2）在“来源”栏中输入公式 =INDIRECT(A2)。

这样，在 A 列的某个单元格选择输入部门名称，那么就在 B 列的该行单元格内只能选择输入该部门所属的员工姓名，如图 7-12 和图 7-13 所示。这样，就避免了张冠李戴，把其他部门员工姓名输入到自己部门名下。

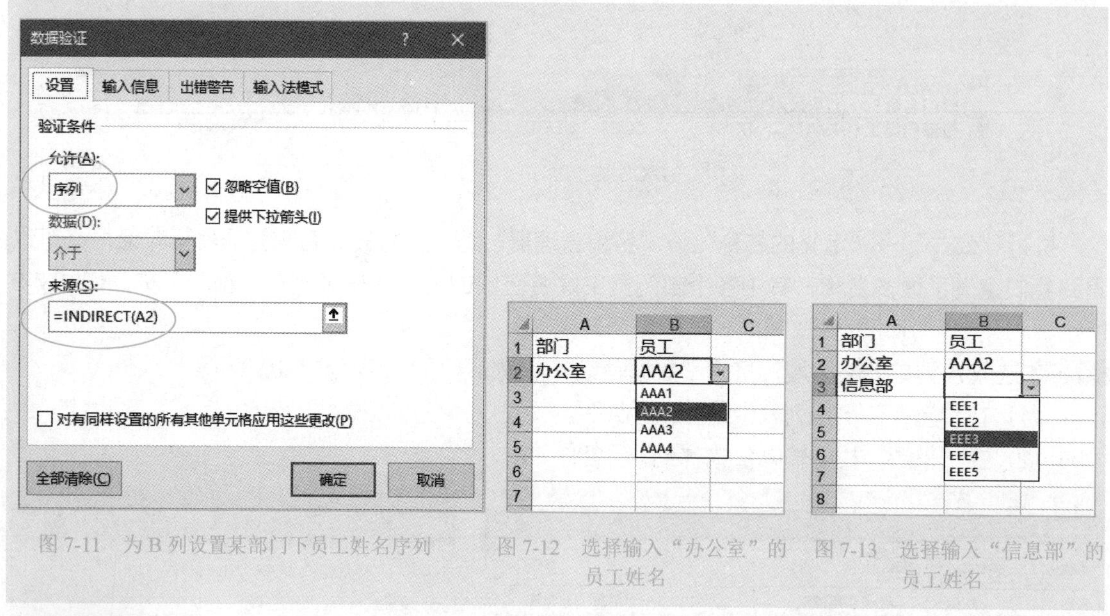

图 7-11　为 B 列设置某部门下员工姓名序列　　图 7-12　选择输入“办公室”的员工姓名　　图 7-13　选择输入“信息部”的员工姓名

禁止输入重复数据　技巧 096

在有些基础表单中，某列是不允许输入重复数据的，例如，工资发放单中，每个人的银行账号是不允许重复的。在员工花名册中，每个人的身份证号码以及工号也都必须是唯一的，不允许重复。避免数据重复的问题，如何通过数据验证来解决？

例如，B 列里不允许输入重复的银行账号，可以做如下的数据验证，如图 7-14 所示：

Step01 由于银行账号是文本型数字，故先将 B 列单元格格式设置为文本。

Step02 选择 B 列单元格区域（从 B2 开始往下选择）。

Step03 打开“数据验证”对话框。

Step04 从“允许”下拉列表中选择“自定义”。

Step05 在“公式”输入框中，输入数据验证条件规则公式：

```
=COUNTIF($B$2:B2,B2)=1
```

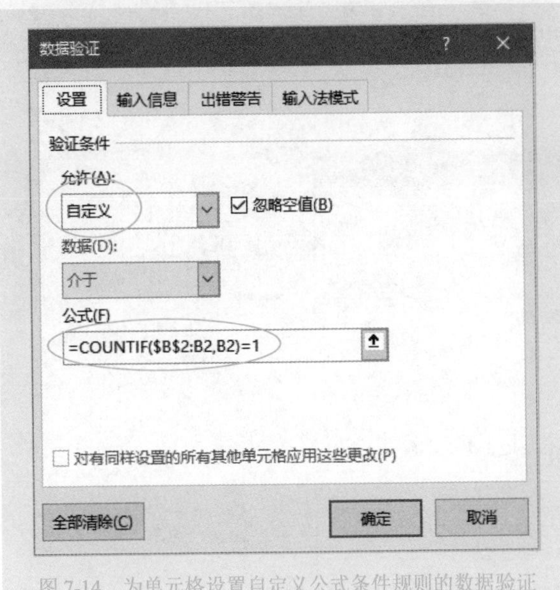

图 7-14 为单元格设置自定义公式条件规则的数据验证

上述公式的含义为当输入数据时，函数 COUNTIF 立即统计截止当前单元格的数据区域内，刚要输入的数据个数，如果函数结果是 1，表示是新数据，以前没有输入过，可以输入单元格。如果函数结果不是 1，表示这个数据以前输入过，重复了，不允许输入。

这样，只能在 B 列输入不重复的银行账号了。如果输入了重复的银行账号，即弹出警告信息，如图 7-15 所示。

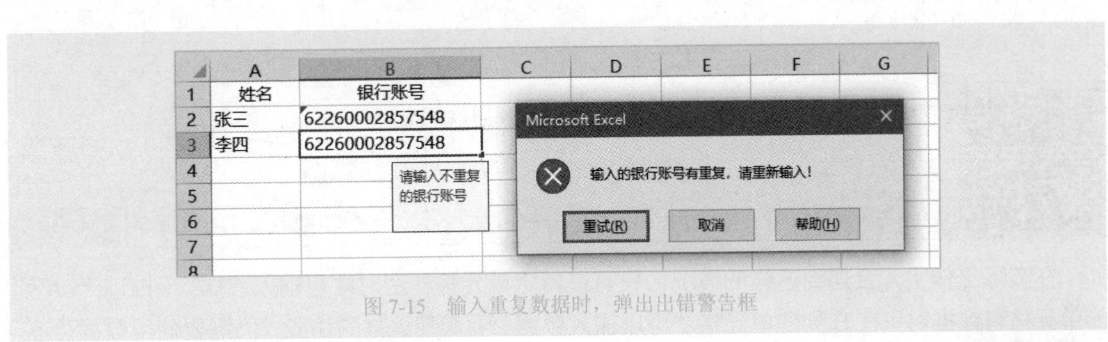

图 7-15 输入重复数据时，弹出出错警告框

技巧 097 只能输入指定位数且不重复数据

上述示例尽管限制了输入重复数据，但没有控制输入数据的位数。假若还要控制数据位数呢？此时，就需要利用更复杂的判断公式了。

以技巧 096 中的示例为例，不仅不允许输入重复的银行账号，而且银行账号必须是 19 位，此时的数据验证条件规则公式如下：

=AND(LEN(B2)=19,COUNTIF($B$2:B2,B2)=1)

具体操作如图 7-16 所示。

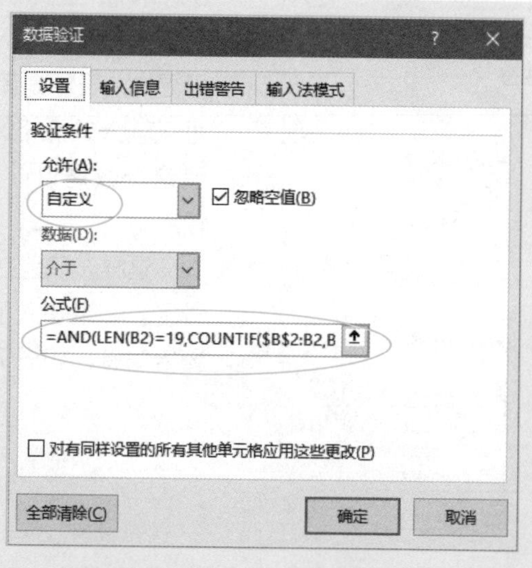

图 7-16 只允许输入 19 位不重复的银行账号

当特定单元格非空时才可输入数据 技巧 098

在实际工作中，会遇到这样的情况：只有在特定单元格非空时才可输入数据。例如，当 A 列的单元格有数据时，在 B 列的单元格才可以输入数据。要实现这样的功能，仍需要使用数据验证。具体步骤如下，如图 7-17 所示：

Step01 选择 B 列区域（假如从 B2 选择）。

Step02 打开“数据验证”对话框。

Step03 在“允许”下拉列表中选择“自定义”。

Step04 在“公式”输入栏中，输入公式（其含义为判断 A 列是否有数据）：

=COUNTA(A2)=1

Step05 根据需要，设置输入信息和出错警告。

Step06 单击“确定”按钮，关闭“数据验证”对话框。

这样，如果A列单元格没有数据，那么在B列对应的单元格中是不允许输入数据的，如图7-18所示。

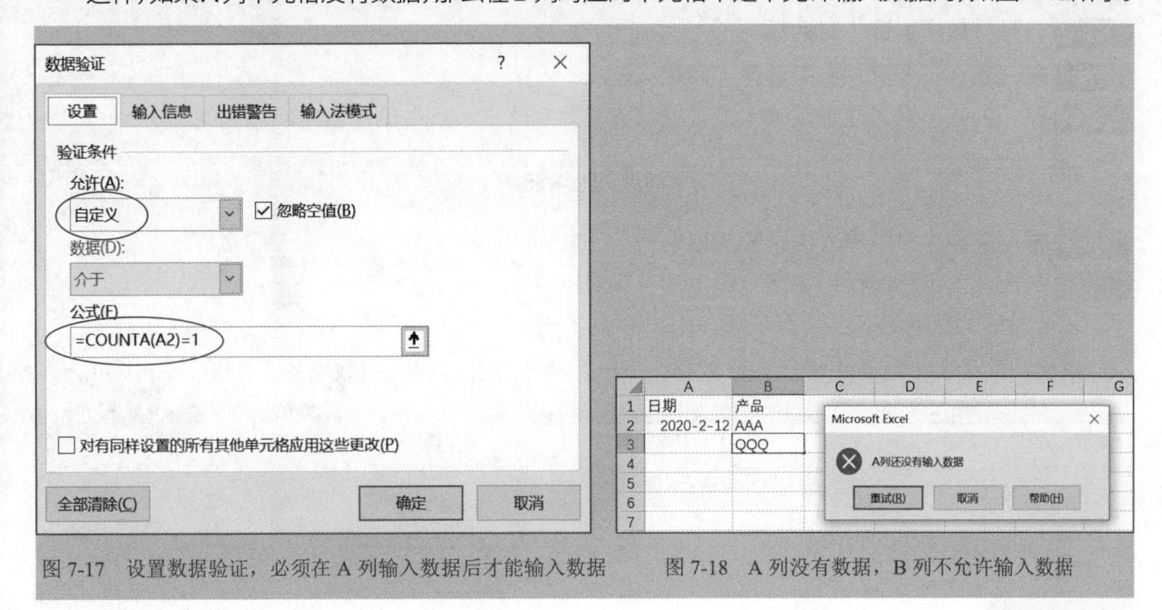

图 7-17　设置数据验证，必须在 A 列输入数据后才能输入数据

图 7-18　A 列没有数据，B 列不允许输入数据

技巧099 只有上一行数据输入完成后才能在下一行输入新数据

很多情况下，不允许在数据区域出现空行或空单元格，必须保证每行数据的完整性，以免影响数据分析。

为了杜绝在数据区域出现空行或空单元格，保证数据完整性，必须从输入数据的源头上进行把关，也就是说，如果某行没有输入数据，或者缺失数据，那么在该行下面的一行就不允许输入数据。为了达到这个目的，同样可以使用数据验证。

图 7-19 是一个示例数据，有 5 列数据，每行数据都不允许有空，那么保证每行数据完整性的操作步骤如下：

	A	B	C	D	E
1	日期	产品	客户	销量	销售额
2					
3					
4					

图 7-19　简单示例：有 5 列数据

Step01 从第 2 行选择数据区域，比如选择 A2:E1000。

Step02 打开“数据验证”对话框。

Step03 在“允许”下拉列表中选择“自定义”。

Step04 在“公式”输入栏中，输入公式（其含义为判断上一行数据是否全部输入完毕）：

```
=COUNTA($A1:$E1)=5
```

Step05 根据需要，设置输入信息和出错警告。

Step06 单击“确定”按钮，关闭“数据验证”对话框。

设置这样的数据验证的主要步骤，如图 7-20 所示。

这样，只要上一行某个单元格缺数据，下一行是不被允许输入新数据的，如图 7-21 所示。

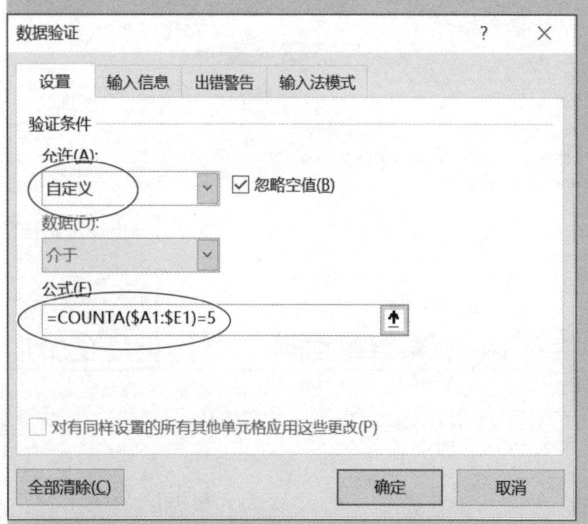

图 7-20　设置自定义数据验证，必须保证上一行数据已经全部输入

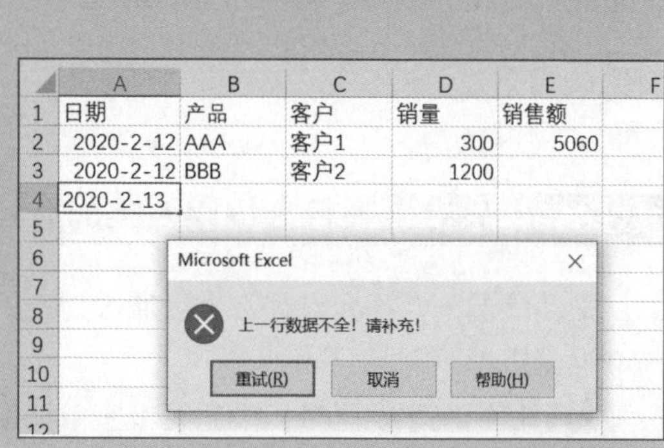

图 7-21　第 3 行的 E3 没有数据时第 4 行不允许输入数据

输入每个项目金额，不允许超出各自限定值　技巧 100

在某些数据管理中，可能要对数据有一定的限制。例如，某个产品的价格不能超过规定的下限值和上限值。

图 7-22 是一个基础表单，输入每个产品的销售数据，包括产品价格，但产品价格必须是各自的限定范围，如图 7-23 所示。

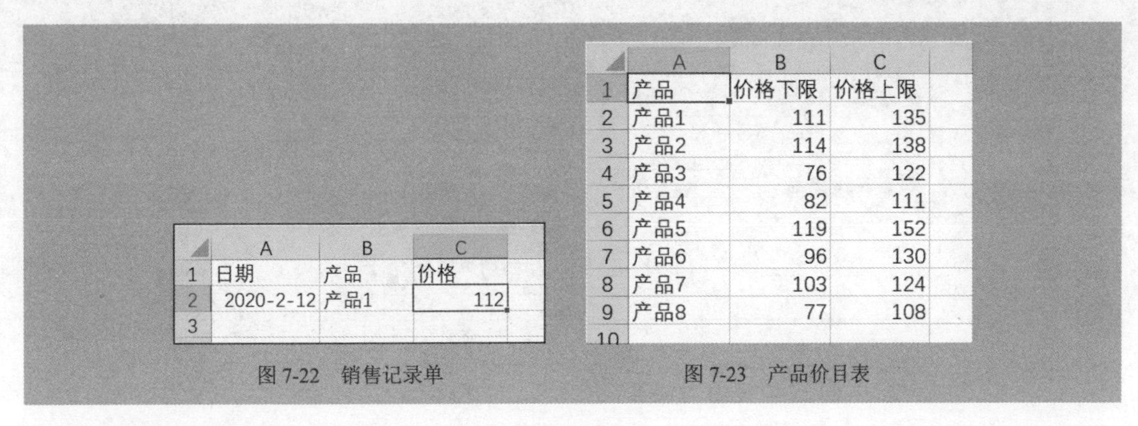

	A	B	C
1	日期	产品	价格
2	2020-2-12	产品1	112
3			

图 7-22　销售记录单

	A	B	C
1	产品	价格下限	价格上限
2	产品1	111	135
3	产品2	114	138
4	产品3	76	122
5	产品4	82	111
6	产品5	119	152
7	产品6	96	130
8	产品7	103	124
9	产品8	77	108
10			

图 7-23　产品价目表

在基础表单的C列输入价格，这个价格必须是在该产品价格区间之内，超过价格范围就是非法，那么，数据验证设置操作步骤如下：

Step01 选择 C 列单元格区域（从 C2 开始往下选择）。

Step02 打开“数据验证”对话框。

Step03 在“允许”下拉列表中选择“自定义”。

Step04 在“公式”输入栏中，输入公式：

```
=AND(C2>=VLOOKUP(B2, 产品资料 !$A$2:$C$9,2,0),
C2<=VLOOKUP(B2, 产品资料 !$A$2:$C$9,3,0))
```

这个公式的含义就是：使用 VLOOKUP 函数分别查询出该产品的价格下限和价格上限，然后判断刚输入的价格是否在上限值和下限值之间；

Step05 根据需要，设置输入信息和出错警告。

Step06 单击“确定”按钮，关闭“数据验证”对话框。

设置自定义数据验证，如图 7-24 所示。

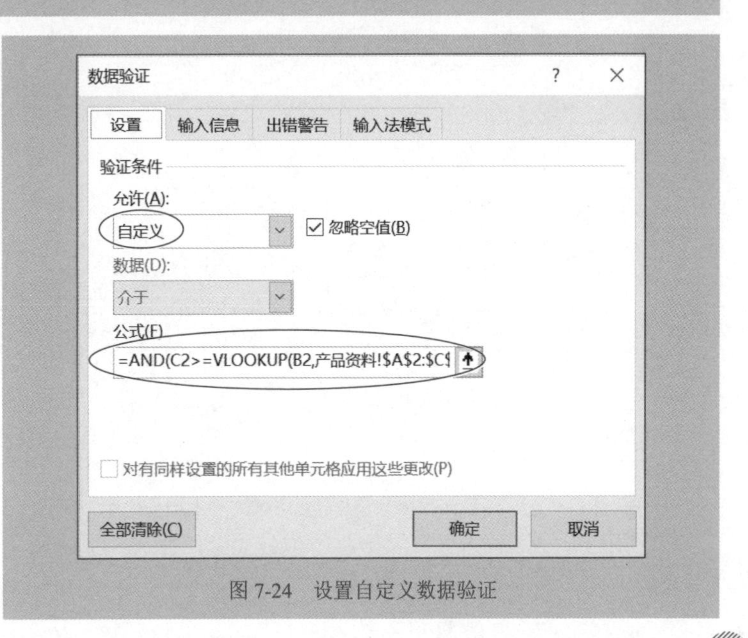

图 7-24　设置自定义数据验证

这样，只要输入的某个产品的价格超出了规定的范围，则禁止输入，如图 7-25 所示。

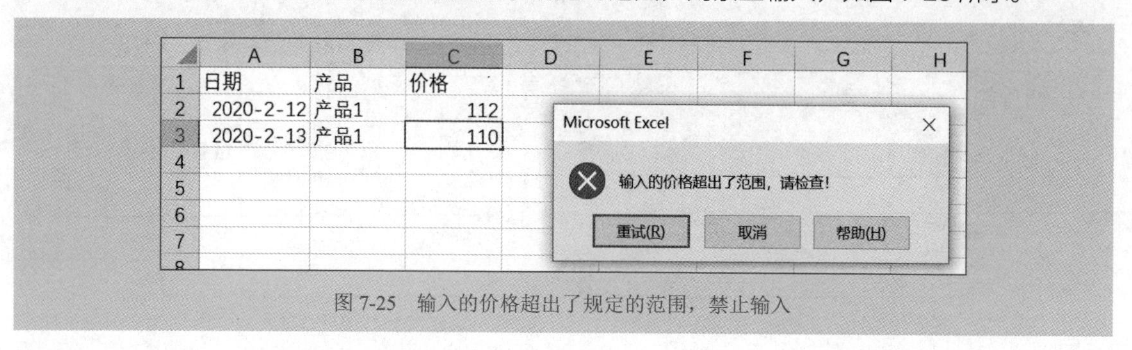

图 7-25 输入的价格超出了规定的范围，禁止输入

第8章

利用函数输入数据实用技巧

EXCEL

利用相关函数快速输入数据的技巧可以解决许多实际问题。

例如，只要输入产品编码，那么该产品的单价便会自动输入单价一列的有关单元格中；只要输入身份证号码，便会自动输入出生日期、年龄、性别，这类问题实际上就是利用函数提取并输入相关数据的问题。

根据身份证号码自动输入出生日期、年龄和性别 技巧 101

对于从事人力资源工作的人来说，在设计员工基本信息表单时需要根据输入的身份证号码，自动提取并输入出生日期、年龄和性别等信息。可以使用相关函数完成该操作。

从身份证号码提取并输入出生日期、年龄和性别，需要使用几个文本函数和日期函数。图 8-1 是一个示例数据，各个单元格格式分别如下：

```
单元格 D2，性别：=IF(ISEVEN(MID(C2,17,1)),"女","男")
单元格 E2，出生日期：=1*TEXT(MID(C2,7,8),"0000-00-00")
单元格 F2，年龄：=DATEDIF(E2,TODAY(),"y")
```

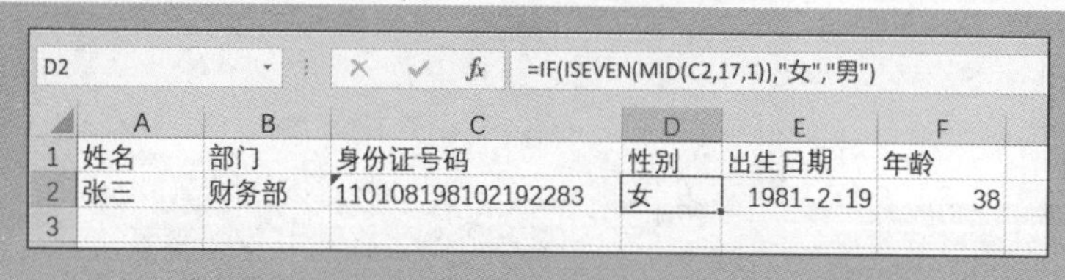

图 8-1　从身份证号码提取并输入出生日期、年龄和性别

为了彻底掌握以上函数的应用，下面简单介绍以上函数的基本原理和使用规则。

1. MID 函数

MID 函数用于从字符串指定的位置开始，截取指定个数的字符，其用法如下：

```
=MID( 字符串，从左边开始截取的位置，截取的字符个数 )
```

例如，上面的例子，MID(C2,7,8) 的结果就是从第 7 位开始取 8 个数，为 19810219。

2. EVEN 函数

ISEVEN 函数用于判断一个数字是否为偶数，如果是偶数，结果就是 TRUE，否则就是 FALSE，其用法如下：

```
=EVEN( 数值或单元格引用 )
```

例如，EVEN(8) 的结果就是 TRUE。

3. TEXT 函数

TEXT 函数的功能是把一个数字（日期和时间也是数字）转换为指定格式的文字，其用法如下：

=TEXT(数值或单元格引用，格式代码)

在使用 TEXT 函数时，牢记以下两点：

（1）转换的对象必须是数字（文字是无效的）。

（2）转换的结果是文字（已经不是数字了）。

例如，日期“2017-10-3”，将其转换为英文星期，公式为：

=TEXT("2017-10-13","dddd")，结果是 Friday

在上面的例子中，由于使用 MID 函数提取出的是 8 位数字，不是日期，因此使用 TEXT 函数转换日期格式。又因为 TEXT 函数的结果是文本，所以乘以 1 把这个文本型日期转换为真正的数值型日期。

4. DATEDIF 函数

DATEDIF 函数用于计算在指定的类型下，两个日期之间的期限，该函数的使用方法为

=DATEDIF(开始日期 , 截止日期 , 格式代码)

函数中的格式代码含义见表 8-1（字母不区分大小写）。

表 8-1　函数中的格式代码含义

格式代码	结果
"Y"	时间段中的总年数
"M"	时间段中的总月数
"D"	时间段中的总天数
"MD"	两日期中天数的差，忽略日期数据中的年和月
"YM"	两日期中月数的差，忽略日期数据中的年和日
"YD"	两日期中天数的差，忽略日期数据中的年

例如，某职员入职时间为 2001 年 3 月 20 日，离职时间为 2020 年 3 月 28 日，那么他在公司工作了多少年、零多少月和零多少天?

整数年：=DATEDIF("2001-3-20","2020-10-28","Y")，结果是 19

零几个月：=DATEDIF("2001-3-20","2020-10-28","YM")，结果是 7

零几天：=DATEDIF("2001-3-20","2020-10-28","MD")，结果是 8

这个函数的英文为 Date difference。这个函数是隐藏函数，在插入函数对话框中是找不到的，需要自己在单元格中手动输入。

根据零件代号自动输入产品名称和规格型号 技巧 102

如果有一个含有各个零件规格型号的基本资料表，那么在产品销售流水表中，就没有必要手动输入每个零件型号规格了，使用 VLOOKUP 函数可以自动查询输入。

例如，图 8-2 是一个零件入库明细表，要求在 B 列输入零件代号（可以使用数据验证快速选择输入）后，自动在 C 列和 D 列输入该零件的名称和规格型号，零件的基本资料如图 8-3 所示。

这样的日常数据输入和维护，手动输入容易出错。此时，选择查找函数来快速匹配和输入，是首选的方法。

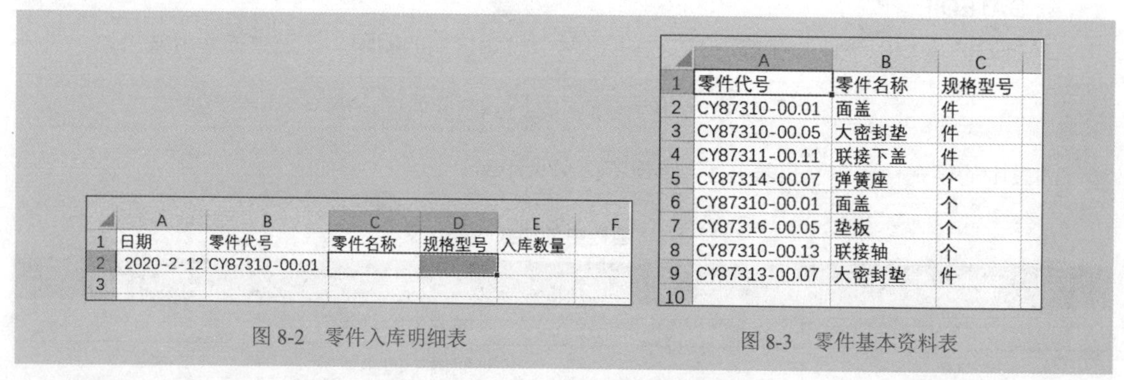

	A	B	C	D	E	F
1	日期	零件代号	零件名称	规格型号	入库数量	
2	2020-2-12	CY87310-00.01				
3						

图 8-2　零件入库明细表

	A	B	C
1	零件代号	零件名称	规格型号
2	CY87310-00.01	面盖	件
3	CY87310-00.05	大密封垫	件
4	CY87311-00.11	联接下盖	件
5	CY87314-00.07	弹簧座	个
6	CY87310-00.01	面盖	个
7	CY87316-00.05	垫板	个
8	CY87310-00.13	联接轴	个
9	CY87313-00.07	大密封垫	件
10			

图 8-3　零件基本资料表

使用如下的查找公式来根据零件代号匹配零件名称和规格型号。由于每天都要输入数据，可以将格式下拉到一定的行，并在格式中加入判断，只有 B 列输入零件代号后，才查找匹配数据，否则单元格留空。

单元格 C2，零件名称：

```
=IF(B2="","",VLOOKUP(B2, 产品资料 !$A:$C,2,v0))
```

单元格 D2，规格型号：

```
=IF(B2="","",VLOOKUP(B2, 产品资料 !$A:$C,3,0))
```

这个示例，使用了最常用的一个函数：VLOOKUP 函数。下面就介绍该函数的基本用法和注意事项。

1. 基本原理

VLOOKUP 函数是根据指定的一个条件，在指定的数据列表或区域内，在第一列里匹配是否满足指定的条件，然后从右边某列取出该项目的数据，使用方法如下：

=VLOOKUP(匹配条件，查找列表或区域，取数的列号，匹配模式)

该函数的四个参数说明如下：

◎ 匹配条件：就是指定的查找条件。

◎ 查找列表或区域：是一个至少包含一列数据的列表或单元格区域，并且该区域的第一列必须含有要匹配的数据，也就是说谁是匹配值，就把谁选为区域的第一列。

◎ 取数的列号：是指定从单元格区域的哪一列取数。

◎ 匹配模式：是指做精确定位单元格查找和模糊定位单元格查找（当为 TRUE 或者 1 或者忽略时做模糊定位单元格查找，当为 FALSE 或者 0 时做精确定位单元格查找）。

2. 适用场合

VLOOKUP 函数的应用是有条件的，并不是任何查询问题都可以使用 VLOOKUP 函数。要使用 VLOOKUP 函数，必须满足五个条件：

◎ 查询区域必须是列结构的，也就是数据必须按列保存（这就是为什么该函数的第一个字母是 V 的原因了，V 就是英文单词 Vertical 的第一个字母）。

◎ 匹配条件必须是单条件的。

◎ 查询方向是从左往右的，也就是说，匹配条件在数据区域的左边某列，要取的数在匹配条件的右边某列。

◎ 在查询区域中，匹配条件不允许有重复数据。

◎ 匹配条件不区分大小写。

把 VLOOKUP 函数的第一个参数设置为具体的值，从查询表中数出要取数的列号，并且第四个参数设置为 FALSE 或者 0，这是最常见的用法。

3. 基本应用示例

图 8-4 所示的例子，要从工资表中，根据姓名查找该员工的实发合计。那么，VLOOKUP 的查找数据的逻辑描述如下：

（1）姓名“马超”是条件，是查找的依据（匹配条件），因此 VLOOKUP 的第 1 个参数是 A2 指定的具体姓名。

（2）搜索的方法是从“工资清单”表格的 B 列里从上往下依次匹配哪个单元格是“马超”，如果是，就不再往下搜索，转而往右到 G 列里取出马超的实发合计，因此 VLOOKUP 函数的第 2 个参数从“工资清单”表格的 B 列开始，到 G 列结束的区域。

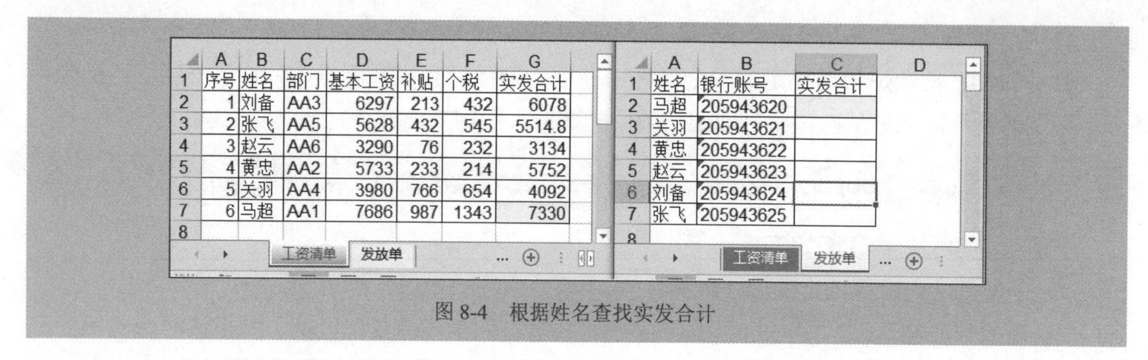

	A	B	C	D	E	F	G
1	序号	姓名	部门	基本工资	补贴	个税	实发合计
2	1	刘备	AA3	6297	213	432	6078
3	2	张飞	AA5	5628	432	545	5514.8
4	3	赵云	AA6	3290	76	232	3134
5	4	黄忠	AA2	5733	233	214	5752
6	5	关羽	AA4	3980	766	654	4092
7	6	马超	AA1	7686	987	1343	7330
8							

工资清单　发放单

	A	B	C	D
1	姓名	银行账号	实发合计	
2	马超	205943620		
3	关羽	205943621		
4	黄忠	205943622		
5	赵云	205943623		
6	刘备	205943624		
7	张飞	205943625		
8				

工资清单　发放单

图 8-4　根据姓名查找实发合计

（3）取“实发合计”这列的数，从姓名这列算起，往右数到第 6 列是要提取的数据，因此 VLOOKUP 函数的第 3 个参数是 6。

（4）因为是要在“工资清单”的 B 列里精确定位到有“马超”姓名的单元格，所以 VLOOKUP 函数的第 4 个参数要输入 FALSE 或者 0。

这样，“发放单”工作表 C2 单元格的查找公式如下：

```
=VLOOKUP(A2, 工资清单 !B:G,6,0)
```

了解了 VLOOKUP 函数的基本用法，就可以在很多表格中使用该函数快速准确地查找满足条件的数据了。

根据指定的关键词快速输入匹配数据 技巧 103

在某些情况下，需要根据指定的关键词，快速匹配输入满足条件的数据，此时，也可以使用 VLOOKUP 函数来解决。

VLOOKUP 函数的第 1 个参数是匹配的条件，这个条件可以是精确的完全匹配，也可以是模糊的大致匹配。如果条件值是文本，就可以使用通配符（*）来匹配关键词。

图 8-5 所示的例子，希望在 D 列输入某个目的地后，E 列自动从价目表里匹配出价格来。

但是，价目表里的地址并不是一个单元格就只保存一个省份名称，而是把价格相同的省份保存在了同一个单元格中，此时，查找的条件就是从某个单元格里查找是否含有指定的省份名称了。这种情况下，在查找条件里使用通配符即可。

单元格 E2 的公式如下：

```
=VLOOKUP("*"&D2&"*", 各地价目表 !$A$2:$B$8,2,0)
```

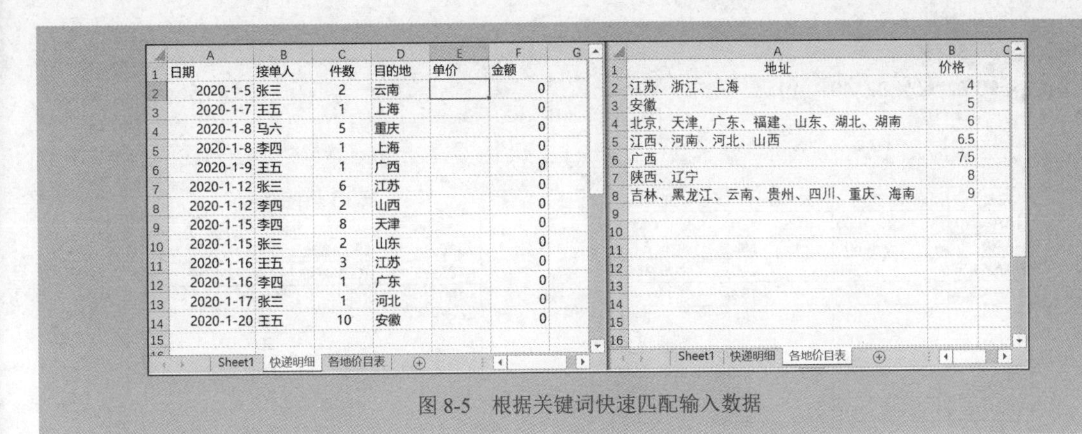

日期	接单人	件数	目的地	单价	金额
2020-1-5	张三	2	云南		0
2020-1-7	王五	1	上海		0
2020-1-8	马六	5	重庆		0
2020-1-8	李四	1	上海		0
2020-1-9	王五	1	广西		0
2020-1-12	张三	6	江苏		0
2020-1-12	李四	2	山西		0
2020-1-15	李四	8	天津		0
2020-1-15	张三	2	山东		0
2020-1-16	王五	3	江苏		0
2020-1-16	李四	1	广东		0
2020-1-17	张三	1	河北		0
2020-1-20	王五	10	安徽		0

地址	价格
江苏、浙江、上海	4
安徽	5
北京、天津、广东、福建、山东、湖北、湖南	6
江西、河南、河北、山西	6.5
广西	7.5
陕西、辽宁	8
吉林、黑龙江、云南、贵州、四川、重庆、海南	9

图 8-5　根据关键词快速匹配输入数据

通配符有两个，一个是星号（*），表示任意的字符；一个是问号（?），表示字符的个数。在工作中，常用的是星号（*）。

星号（*）构建关键词匹配有以下几种情况（假如关键词是“北京”）：

◎ 以“北京”开头：北京 *。

◎ 以“北京”结尾：* 北京。

◎ 包含“北京”：* 北京 *。

◎ 不包含“北京”：<>* 北京 *。

技巧 104 根据多个条件依次判断快速输入匹配数据

前面介绍的是根据一个指定的条件来输入数据，此时，使用一个简单的 VLOOKUP 函数就可以了。但在实际工作中，往往还会遇到要根据多个指定条件，并依次判断来输入数据，此时，就需要根据具体情况，选用相应的函数了。

图 8-6 是一个根据考核成绩分数，来计算输入每个人的考核工资的例子。

根据考核成绩分数有不同的考核工资计算标准。具体计算标准分为 6 种情况，因此需要使用 5 个 IF 函数串联嵌套。

在单元格输入如下的计算公式，即可计算输入每个人的实发考核工资：

```
=IF(C2>=110,B2+200,
 IF(C2>=105,B2+100,
 IF(C2>=100,B2,
```

```
IF(C2>=95,B2*80%,
IF(C2>=90,B2*60%,B2*40%)))))
```

	A	B	C	D
1	姓名	目标考核工资	考核成绩分数	实发考核工资
2	AAA1	1200	120	1400
3	AAA2	800	98	640
4	AAA4	900	110	1100
5	AAA5	600	102	600
6	AAA6	850	100	850
7	AAA7	788	98	630.4
8	AAA8	309	118	509
9	AAA9	950	65	380
10	AAA10	602	90	361.2

考核工资计算标准

成绩	考核工资比例
≥110分	100%基础上，再额外奖励200元
≥105分	100%基础上，再额外奖励100元
≥100分	100%
≥95分	80%
≥90分	60%
不合格<90分	40%

图 8-6　计算输入每个人的考核工资

第9章 输入数据实用小技巧

EXCEL

Excel 有很多输入数据的小窍门。本章主要介绍几个很有用的快速输入数据的方法和技巧。

快速填充数字序列 技巧 105

如果要往某列输入连续的序列号，最简单的方法是先在一个单元格里输入 1，然后往下拉就可以了。这种输入方法，是数字填充。另一种方法是在往下拉时，充分利用填充选项，如图 9-1 所示，可以填充输入各种需要的数字序列。

单击填充柄的下拉列表，可以看到有几个选项，根据需要，选择相应的选项。

如果要将某个单元格数据往下拉进行复制，就是默认状态，或者选择第一个选项“复制单元格”。

如果要把某个单元格数据往下拉进行填充，选择第二个选项“填充序列”，即可输入连续的序列。

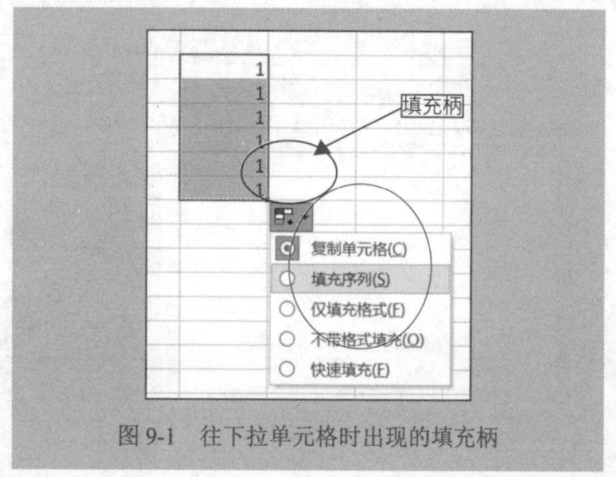

图 9-1　往下拉单元格时出现的填充柄

快速填充日期序列 技巧 106

日期是特殊的数字，因此可以按照各种需求来快速填充日期，例如，按照自然日、工作日、月份、年份等填充，这些都是在填充柄里选择相应的项目即可，如图 9-2 所示。

默认情况下，是按照自然日填充的，得到的是一个连续的日期。

如果要以工作日填充，也就是只输入周一到周五的日期，不要周六、日的日期，那么就在填充选项中选择“填充工作日”，如图 9-3 所示。为了检验，图 9-4 是把日期设置为星期的格式。

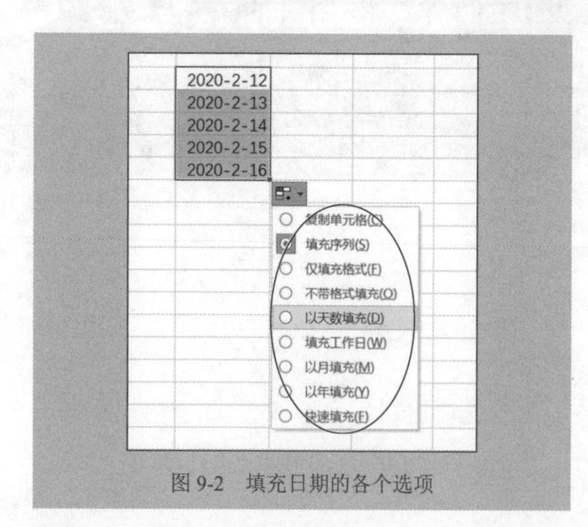

图 9-2　填充日期的各个选项

如果要得到每个月的 1 号日期，则可以先在第一个单元格输入 1 月 1 日，然后往下拉，填充选项中选择“以月填充”，如图 9-5 所示。

	A	B	C
1			
2		2020-2-12	
3		2020-2-13	
4		2020-2-14	
5		2020-2-17	
6		2020-2-18	
7		2020-2-19	
8		2020-2-20	
9		2020-2-21	
10		2020-2-24	
11		2020-2-25	
12		2020-2-26	
13		2020-2-27	
14		2020-2-28	
15			

图 9-3　填充的工作日日期

	A	B	C
1			
2		2020年2月12日 星期三	
3		2020年2月13日 星期四	
4		2020年2月14日 星期五	
5		2020年2月17日 星期一	
6		2020年2月18日 星期二	
7		2020年2月19日 星期三	
8		2020年2月20日 星期四	
9		2020年2月21日 星期五	
10		2020年2月24日 星期一	
11		2020年2月25日 星期二	
12		2020年2月26日 星期三	
13		2020年2月27日 星期四	
14		2020年2月28日 星期五	
15			

图 9-4　设置显示星期的格式

	A	B	C
1			
2		2020-1-1	
3		2020-2-1	
4		2020-3-1	
5		2020-4-1	
6		2020-5-1	
7		2020-6-1	
8		2020-7-1	
9		2020-8-1	
10		2020-9-1	
11		2020-10-1	
12		2020-11-1	
13		2020-12-1	
14			
15			

图 9-5　以月填充日期

技巧 107　快速填充动态日期序列：制作动态考勤表

还可以使用公式快速填充日期，这实际上是公式计算结果。例如，要设计一个含有动态表头的考勤表，如图 9-6 所示。

	A	B	C	D	E	F	G	H	I	J	K	L	M	N	O	P	Q	R	S	T	U	V	W	X	Y	Z	AA	AB	AC	AD	AE	AF
1	2020年3月 考勤表																															
2	姓名	1	2	3	4	5	6	7	8	9	10	11	12	13	14	15	16	17	18	19	20	21	22	23	24	25	26	27	28	29	30	31
3		日	一	二	三	四	五	六	日	一	二	三	四	五	六	日	一	二	三	四	五	六	日	一	二	三	四	五	六	日	一	二
4																																
5																																
6																																
7																																
8																																
9																																
10																																
11																																

图 9-6　动态考勤表

只要将单元格 A1 的日期改为某个月的 1 号，即自动得到该月的日期表头，同时显示日期和对应的星期，如图 9-7 所示。

图 9-7　自动生成新的月份考勤表表头

这个考勤表制作并不复杂，联合使用了公式和自定义日期格式。主要制作步骤如下：

Step01 在单元格 A1 输入某个月的 1 号日期，例如输入 2020-3-1。

Step02 合并单元格 A1:AF1，并调整 B 列至 AF 列的列宽，如图 9-8 所示。

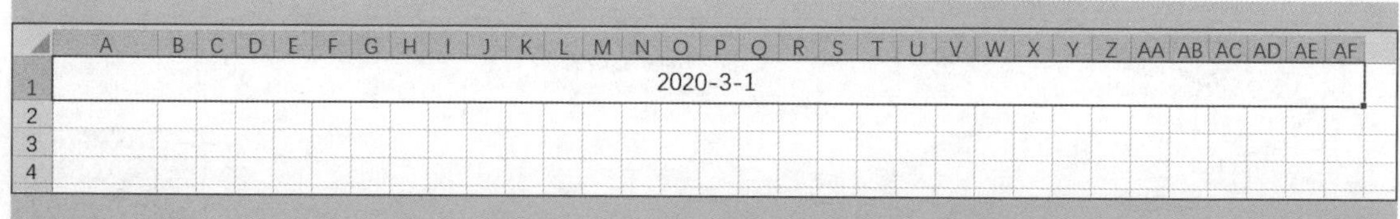

图 9-8　合并单元格 A1:AF1，调整 B 列至 AF 列的列宽

Step03 对单元格 A1:AF1 设置自定义日期格式，格式代码为：“yyyy 年 m 月　考勤表”，如图 9-9 所示。

这样，大标题就显示为图 9-10 所示的情形。

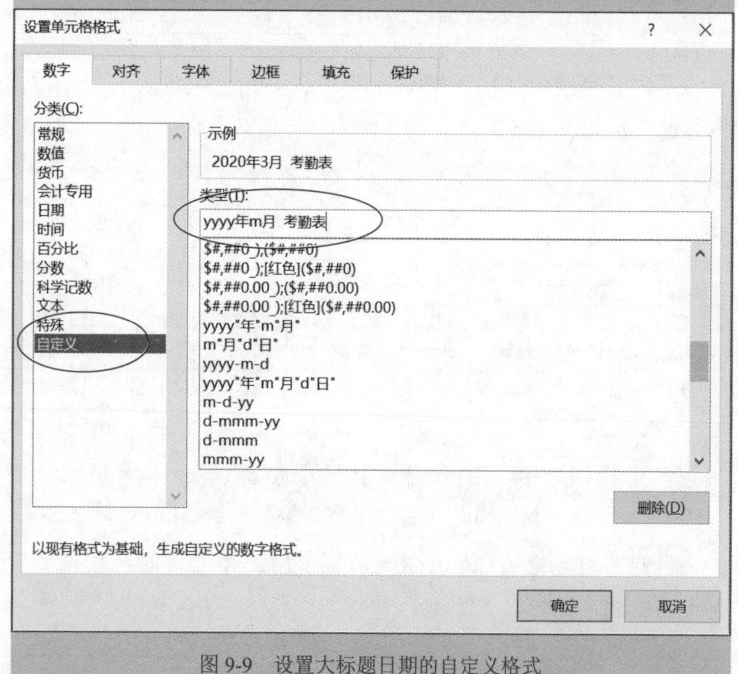

图 9-9　设置大标题日期的自定义格式

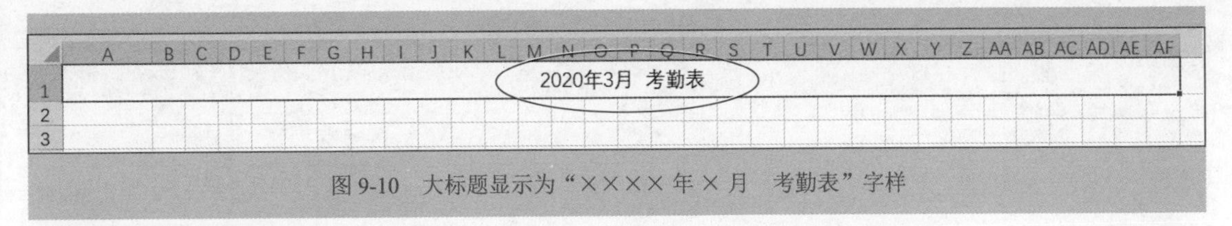

图 9-10 大标题显示为“×××× 年 × 月 考勤表”字样

Step04 分别在单元格 B2 和 B3 输入公式 =A1，引用某个月第一天日期。

Step05 在单元格 C2 输入填充日期格式“=B2+1”，在单元格 C3 输入填充日期格式 =B3+1，然后选择单元格 C2 和 C3，往右复制到 AF 列，就得到了该月各天的日期数字。

注意，由于调整了列宽，日期数据较长，显示不下，会显示为 ##，如图 9-11 所示。

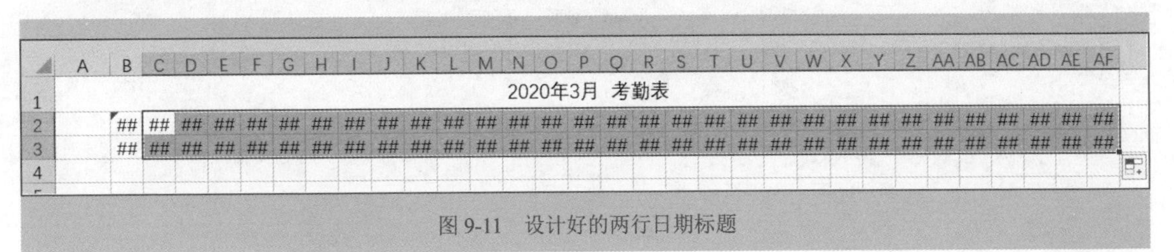

图 9-11 设计好的两行日期标题

Step06 选择单元格区域 C2:AF2，将单元格格式设置为自定义格式 d，表示仅仅显示日数字，如图 9-12 所示。

Step07 选择单元格区域 C3:AF3，将单元格格式设置为自定义格式 aaa，表示仅仅显示中文星期简称文字，如图 9-13 所示。

这样，就得到了两个日期标题，一个是日，一个是星期，如图 9-14 所示。

图 9-12 设置第 2 行日期的格式为 d

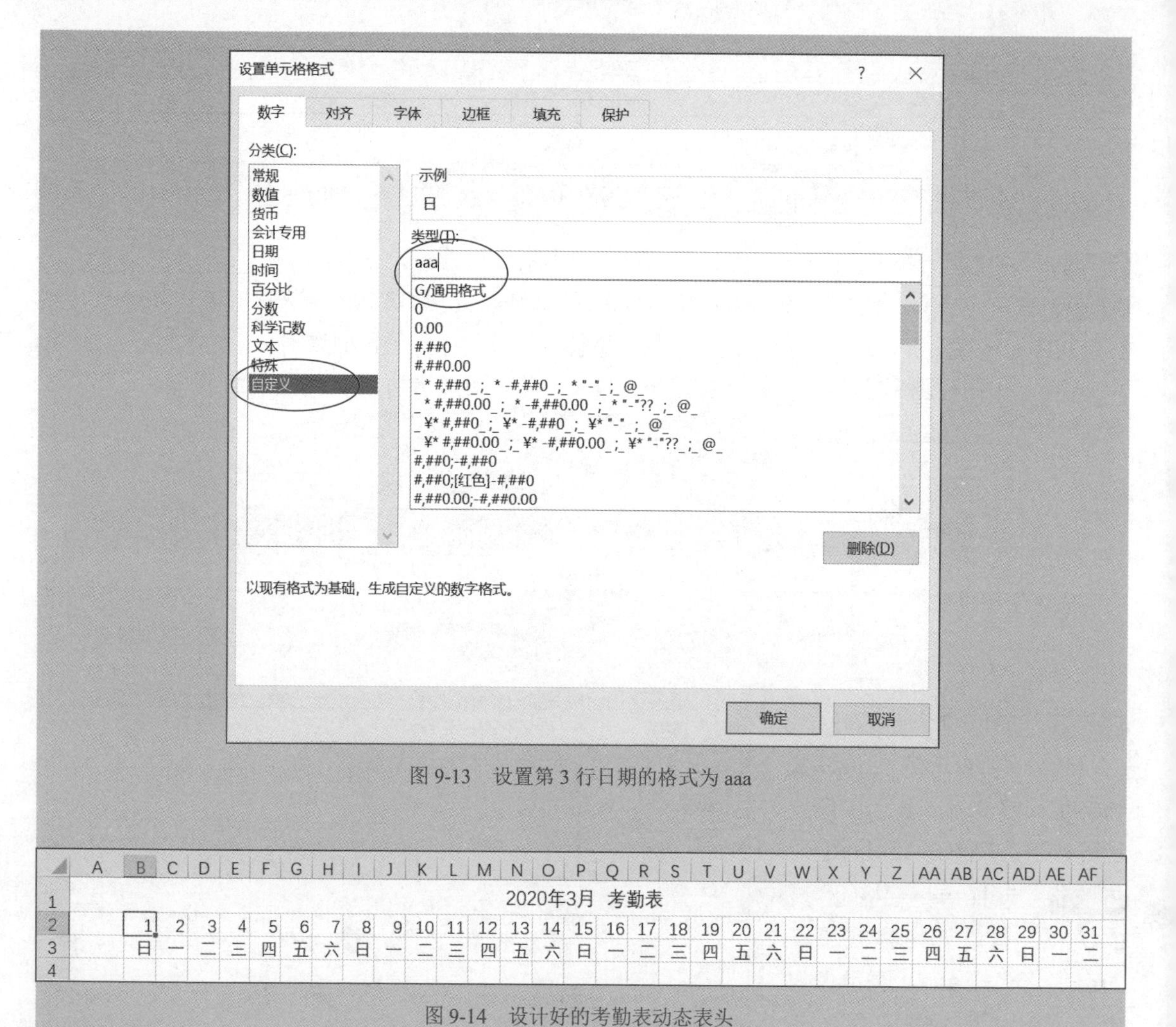

图 9-13　设置第 3 行日期的格式为 aaa

图 9-14　设计好的考勤表动态表头

Step08 将单元格 A2 和 A3 合并，输入标题“姓名”，大功告成。

快速摘取并填充某列的关键数据 技巧 108

在 Excel 2016 以上的版本中，有一个非常智能化的填充工具“快速填充”，如图 9-15 所示，这个命令还可以通过按 Ctrl+E 组合键来执行，它可以实现某些有规律数据的快速提取与填充。

例如，对于图 9-16 所示的 A 列数据，现在需要将科目编码和科目名称拆分成两列，分别保存到 B 列和 C 列。

一般的做法是使用如下的公式（注意，这个数据的特征是：左边的科目编码是数字，是半角字符，右边的科目名称是汉字，是全角字符）：

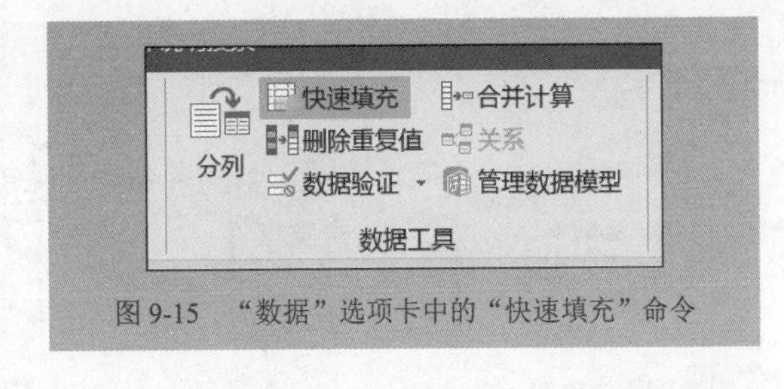

图 9-15 “数据”选项卡中的“快速填充”命令

```
科目编码：=LEFT(A2,2*LEN(A2)-LENB(A2))
科目名称：=RIGHT(A2,LENB(A2)-LEN(A2))
```

	A	B	C
1	科目	科目编码	科目名称
2	1001现金		
3	1002银行存款		
4	100201银行存款—中国银行		
5	100202银行存款—工商银行		
6	217101应交增值税		
7	21710101应交增值税—进项税额		
8	21710102应交增值税—销项税额		
9	21710103应交增值税—已交税金		
10	21710104应交增值税—转出未交增值税		
11	21710105应交增值税—减免税款		
12	21710106应交增值税—出口退税		
13	21710107应交增值税—进项税额转出		
14	21710108应交增值税—转出多交增值税		
15			

图 9-16 需要从科目中，提取科目编码和科目名称

如果使用 Excel 2016 以上的版本，那就可以利用“快速填充”工具迅速得到需要的结果。

先看科目编码的提取填充：

在单元格 B2 中输入文本数字“'1001”（注意科目编码是文本型数字，因此要在数字前面输入一个单引号，也可以先把 B 列的单元格格式设置为文本），然后选择包含 B2 在内的单元格区域，如图 9-17 所示。

然后按 Ctrl+E 组合键，或者执行“数据”→“快速填充”命令，即迅速得到科目编码，如图 9-18 所示。

再看科目名称的提取填充：

在单元格 C2 中输入“现金”，然后选择包含 C2 在内的单元格区域，如图 9-19 所示。

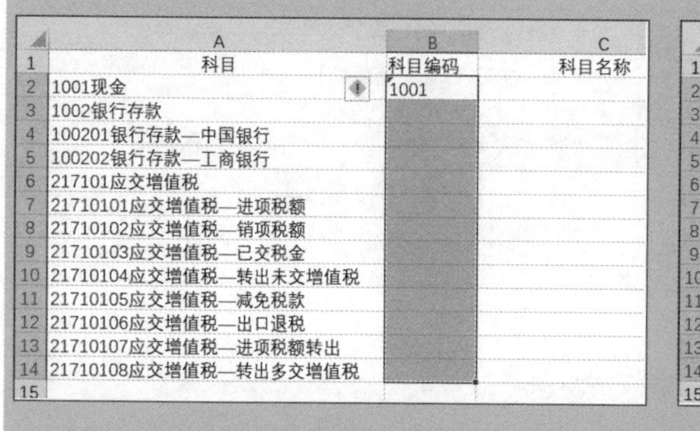

	A	B	C
1	科目	科目编码	科目名称
2	1001现金	1001	
3	1002银行存款		
4	100201银行存款—中国银行		
5	100202银行存款—工商银行		
6	217101应交增值税		
7	21710101应交增值税—进项税额		
8	21710102应交增值税—销项税额		
9	21710103应交增值税—已交税金		
10	21710104应交增值税—转出未交增值税		
11	21710105应交增值税—减免税款		
12	21710106应交增值税—出口退税		
13	21710107应交增值税—进项税额转出		
14	21710108应交增值税—转出多交增值税		
15			

图 9-17　在单元格 B2 输入文本数字“'1001”后再选择包含 B2 在内的单元格区域

	A	B	C
1	科目	科目编码	科目名称
2	1001现金	1001	
3	1002银行存款	1002	
4	100201银行存款—中国银行	100201	
5	100202银行存款—工商银行	100202	
6	217101应交增值税	217101	
7	21710101应交增值税—进项税额	21710101	
8	21710102应交增值税—销项税额	21710102	
9	21710103应交增值税—已交税金	21710103	
10	21710104应交增值税—转出未交增值税	21710104	
11	21710105应交增值税—减免税款	21710105	
12	21710106应交增值税—出口退税	21710106	
13	21710107应交增值税—进项税额转出	21710107	
14	21710108应交增值税—转出多交增值税	21710108	
15			

图 9-18　快速完成科目编码的提取与填充

	A	B	C
1	科目	科目编码	科目名称
2	1001现金	1001	现金
3	1002银行存款	1002	
4	100201银行存款—中国银行	100201	
5	100202银行存款—工商银行	100202	
6	217101应交增值税	217101	
7	21710101应交增值税—进项税额	21710101	
8	21710102应交增值税—销项税额	21710102	
9	21710103应交增值税—已交税金	21710103	
10	21710104应交增值税—转出未交增值税	21710104	
11	21710105应交增值税—减免税款	21710105	
12	21710106应交增值税—出口退税	21710106	
13	21710107应交增值税—进项税额转出	21710107	
14	21710108应交增值税—转出多交增值税	21710108	
15			

图 9-19　在单元格 C2 输入“现金”后再选择包含 C2 在内的单元格区域

然后按 Ctrl+E 组合键，或者执行“数据”→“快速填充”命令，即迅速得到科目名称，如图 9-20 所示。

	A	B	C
1	科目	科目编码	科目名称
2	1001现金	1001	现金
3	1002银行存款	1002	银行存款
4	100201银行存款—中国银行	100201	银行存款—中国银行
5	100202银行存款—工商银行	100202	银行存款—工商银行
6	217101应交增值税	217101	应交增值税
7	21710101应交增值税—进项税额	21710101	应交增值税—进项税额
8	21710102应交增值税—销项税额	21710102	应交增值税—销项税额
9	21710103应交增值税—已交税金	21710103	应交增值税—已交税金
10	21710104应交增值税—转出未交增值税	21710104	应交增值税—转出未交增值税
11	21710105应交增值税—减免税款	21710105	应交增值税—减免税款
12	21710106应交增值税—出口退税	21710106	应交增值税—出口退税
13	21710107应交增值税—进项税额转出	21710107	应交增值税—进项税额转出
14	21710108应交增值税—转出多交增值税	21710108	应交增值税—转出多交增值税
15			

图 9-20　快速完成科目名称的提取与填充

技巧 109 快速输入上一个单元格的数据

当在一个单元格输入数据后，如果希望在该单元格的下面一个单元格内输入同样的数据，可以单击下面一个单元格，然后按 Ctrl+D 组合键，即可快速输入上一个单元格的数据。这种快捷方式就是把上一个单元格的数据以及所有格式原封不动地复制下来。

这里，字母“D”就是 Down，也就是往下的意思。

技巧 110 快速输入左边一个单元格的数据

当在一个单元格输入数据后，如果希望在该单元格的右边一个单元格内输入同样的数据，可以单击右面一个单元格，然后按 Ctrl+R 组合键，就可以快速输入左边一个单元格的数据。这种快捷方式是把左边单元格的数据以及所有格式原封不动地复制下来。

如果想要把某行数据完成填充到下一列，也可以使用 Ctrl+R 组合键。先选择要填充数据的下一列区域，然后按 Ctrl+R 组合键。

这里，字母“R”就是 Right，也就是往右的意思。

技巧 111 在不同的单元格输入相同的数据

如果要在指定的单元格区域内输入相同的数据，就先选择这个单元格区域，输入数据，然后按 Ctrl+Enter 组合键。

如果想要在当前工作表的不同单元格区域内输入相同的数据，就先选取这些单元格区域，在输入数据后按 Ctrl+Enter 组合键即可。

如果想要在几个工作表的相同单元格区域内输入相同的数据，就先选取该工作表，再在任何一个工作表内选择单元格区域（不论是连续的单元格区域，还是不连续的单元格区域），在输入数据后按 Ctrl+Enter 组合键即可。

在单元格区域快速输入模拟数据 技巧 112

在培训教学中，经常需要临时模拟数据进行练习，此时，在单元格中一个一个地输入数据是很累的。

可以使用随机数 RANDBETWEEN 函数，它用来产生一个介于两个数之间的随机整数，用法如下：

```
=RANDBETWEEN( 最小数 , 最大数 )
```

例如，要产生一个 100 和 1000 之间的随机数，公式为

```
=RANDBETWEEN(100,1000)
```

在单元格区域快速输入模拟日期数据 技巧 113

如果要在某列输入模拟的日期数据，例如，要输入 2020 年各月的日期，日期可以重复，那么如何快速完成？此时，可以联合使用 DATE 函数和 RANDBETWEEN 函数，基本公式如下；

```
=DATE(2020,RANDBETWEEN(1,12),RANDBETWEEN(1,28))
```

这里需要注意，由于2月不会有30日和31日（闰年才有29日），因此为了防止产生错误的日期，DATE 函数的第三个参数不能是大于 28 的数字。

DATE 函数用于把年、月、日三个数字，组合成一个真正的日期，其用法是：

```
=DATE( 年数字 , 月数字 , 日数字 )
```

例如，公式 =DATE(2020,3,15) 的结果就是日期 2020-3-15。

第10章

输入数据高级应用案例

EXCEL

学习并掌握输入数据的一些实用技能和技巧，有助于提高数据输入效率，减少错误的发生。本章主要介绍一些输入数据的高级应用案例，这些案例非常具有实用性和趣味性。

边输入数据边排序 技巧 114

该技巧是指一边在工作表的某列输入数据，一边在工作表的另外一列对输入的数据进行排序（降序或升序），当所有数据输入完毕后，排序也随之完成。

要完成这样的工作，有很多种方法，利用名称和有关函数是较好的方法，下面进行详细介绍。

这里假设在 A 列的 A2 单元格中开始输入数据，同时在 D 列的 D2 单元格中开始对 A 列输入的数据进行降序排序。

Step01 定义名称 data，如图 10-1 所示。这里假设在工作表“示例”中进行练习。其引用位置为

```
=OFFSET( 示例 !$A$2,,,COUNTA( 示例 !$A$2:$A$1000),1)
```

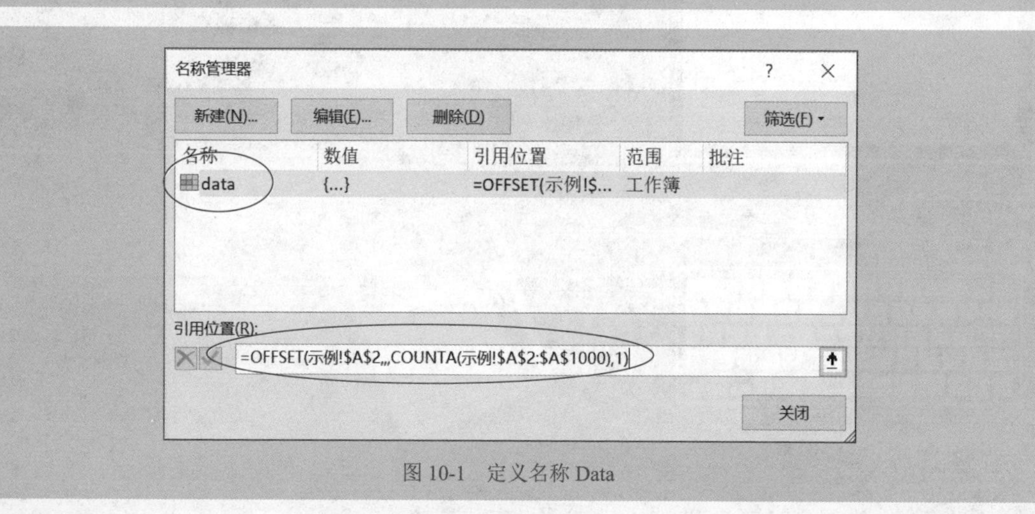

图 10-1　定义名称 Data

Step02 在单元格 D2 中输入下面的公式，并往下复制到一定的行，即对 A 列输入的数据进行实时排序，如图 10-2 所示。

```
=IFERROR(LARGE(data,ROW(A1)),"")
```

如果要进行升序排序，就把上述公式中的 LARGE 换成 SMALL。

LARGE 是把一组数按照降序（从大到小）进行排序，语法如下：

```
=LARGE( 一组数字或单元格引用，k 值 )
```

D2 =IFERROR(LARGE(data,ROW(A1)),"")

	A	B	C	D	E	F	G	H
1	原始数据			降序排序				
2	324			12455				
3	43			6546				
4	1345			1345				
5	6546			999				
6	133			577				
7	333			333				
8	12455			324				
9	577			133				
10	999			43				
11								

图 10-2　边输入数据边排序

SMALL 是把一组数按照升序（从小到大）进行排序，语法如下：

=SMALL(一组数字或单元格引用，*k* 值)

这里需要注意以下几点：

（1）要排序的数据必须是数字，忽略单元格的文本和逻辑值，不允许有错误值单元格。

（2）要排序的数字必须是一维数组，或一列或一行区域。

（3）*k* 值是一个自然数，从 1 开始。

（4）降序排序时，1 表示第 1 个最大，2 表示第 2 个最大，以此类推。

（5）升序排序时，1 表示第 1 个最小，2 表示第 2 个最小，以此类推。

技巧 115　输入数据时，自动输入当天日期

建立一个材料出库记录表，令其能在某列输入出库材料名称后，自动在另外一列输入当天的日期。

例如，2020 年 2 月 12 日出库了材料 A，就在出库时间一列中，自动输入出库当天的日期 2020-2-12，而不需要手动输入。

这个问题，可以巧妙使用循环引用和设置迭代次数来解决。

图 10-3 所示是一个简单的出库表，现在要求，当在 A 列输入材料名称时，自动在 C 列输入当天的日期。

C2 =IF(A2="","",IF(C2="",TODAY(),C2))

	A	B	C	D	E
1	材料名称	出库数量	出库时间		
2	AAA	3434	2020-2-12		
3	qqq	432	2020-2-14		
4					

图 10-3　自动输入材料出库时的当天日期

在单元格 C2 输入以下的公式，往下复制到一定的行：

```
=IF(A2="","",IF(C2="",TODAY(),C2))
```

然后“打开 Excel 选项”对话框，切换到“公式”分类，勾选“启用迭代次数”复选框，并将“最多迭代次数”设置为 1，如图 10-4 所示。

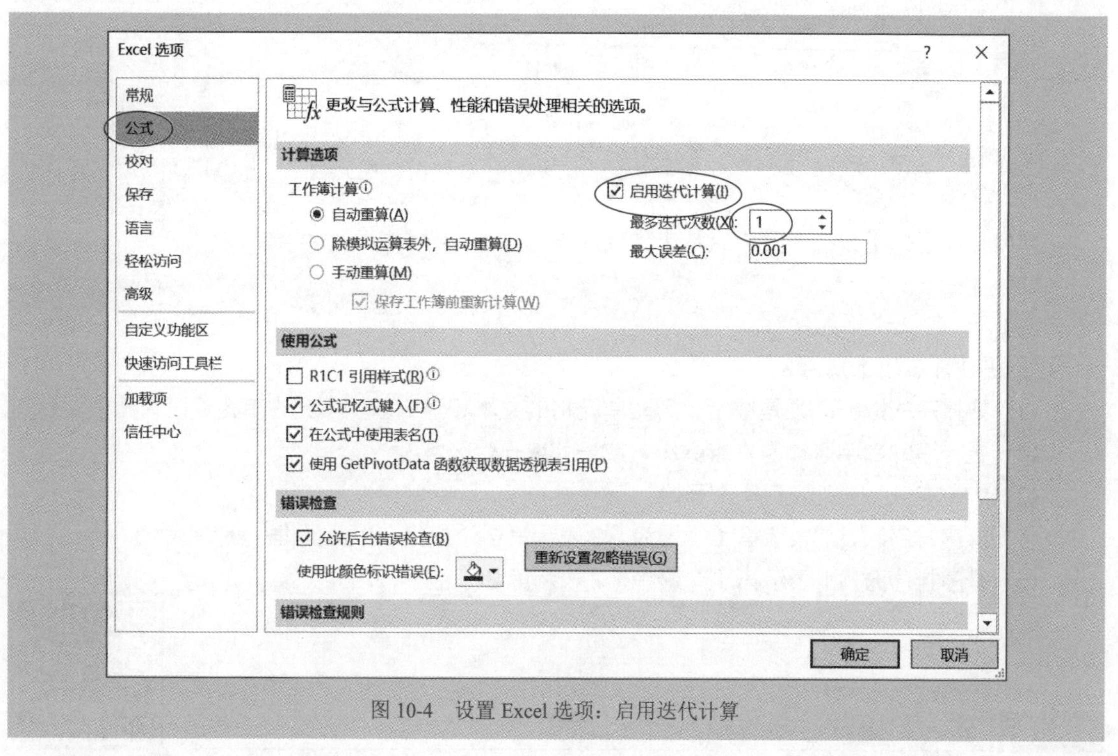

图 10-4　设置 Excel 选项：启用迭代计算

这样，当在 A 列输入数据时，会自动在 C 列输入当天日期，而以前已经输入的日期不会发生变化。

输入金额后，每个数字自动填写到各列　技巧 116

设计一个记账凭证时，在某个单元格输入金额数字后，将该数字的各位数字分别填入万、千、百、十、元各个单元格中，如图 10-5 所示，这里仅仅说明一种方法，假设没有小数，最大数字是 5 位数 99999。

单元格 D4 的公式如下，往右往下辅助，即得到每个金额的自动填写效果：

```
=MID(REPT(" ",5-LEN($C4))&$C4,COLUMN(A1),1)
```

这个公式的含义就是：先把不足5位数字的左边用空格补足，然后使用 MID 函数分别取出各位数字，再填写到各列中。

D4 =MID(REPT(" ",5-LEN($C4))&$C4,COLUMN(A1),1)

	A	B	C	D	E	F	G	H	I	J
1										
2										
3		项目	金额	万	千	百	十	元		
4		项目1	69,384	6	9	3	8	4		
5		项目2	1,293		1	2	9	3		
6		项目3	207			2	0	7		
7										

图 10-5　把金额数字自动填写到各列单元格

技巧 117　只能在没有公式的单元格中输入数据

当工作表中输入了很多计算公式后需要将公式保护起来，以免意外被破坏或删除。但是，仍留有那些没有计算公式的单元格可以正常输入数据。这就是工作表局部区域的保护问题。

以图 10-6 所示的数据为例，为了能够仅仅保护工作表的计算公式，而其他没有公式的单元格可以正常输入或编辑数据，保护公式要按照以下步骤进行：

	A	B	C	D	E	F	G	H	I	J	K	L	M	N	O
1	产品	客户	1月	2月	3月	4月	5月	6月	7月	8月	9月	10月	11月	12月	年度合计
2		GGG	1,816	433	7,275	65	5,756	10,863	16,618						42,826
3	产品A	PQR	16,685	6,601	4,485	7,369	8,526	5,118	7,663						56,447
4		小计	18,501	7,034	11,760	7,434	14,282	15,981	24,281	0	0	0	0	0	99,273
5		BBB	9,284	14,630	2,711	8,039	2,720	7,914	4,229						49,527
6	产品B	PQR	19,226	14,541	10,594	18,887	8,567	767	132						72,714
7		小计	28,510	29,171	13,305	26,926	11,287	8,681	4,361	0	0	0	0	0	122,241
8		BBB	4,322	2,321	3,214	5,432	4,324	543	321						20,477
9		GGG	17,184	13,285	13,608	767	19,607	17,940	13,683	321	321				96,716
10	产品C	RJFD	654	23	654	2,976	1,334	7,213	1,568	321					14,743
11		PQR	543	654	4,343	543	0	0	434	3,213					9,730
12		小计	22,703	16,283	21,819	9,718	25,265	25,696	16,006	3,855	321	0	0	0	141,666
13		DPCA	1,920	1,152	768	1,152	1,152	667	1,523						8,335
14	产品E	GGG	2,300	2,304	1,152	2,304	2,304		1,828						12,192
15		小计	4,220	3,456	1,920	3,456	3,456	667	3,351	0	0	0	0	0	20,527
16		DPCA	768	65	76	54	192	158	765						2,078
17	产品F	GGG	48	543	192	987	192	432	305						2,699
18		小计	816	608	268	1,041	384	590	1,070	0	0	0	0	0	4,777
19		GGG	80	654	2,592	645	2,160	1,780	2,056						9,967
20	产品H	PQR	452	1,792	1,792	654,324	1,792	876	432						661,460
21		小计	532	2,446	4,384	654,969	3,952	2,656	2,488	0	0	0	0	0	671,427
22		RWQQ	123	0	0	0	0	0	0						123
23	产品R	PQR	876	769	543	76	645	645	432						3,986
24		小计	999	769	543	76	645	645	432	0	0	0	0	0	4,109
25	总计		76,281	59,767	53,999	703,620	59,271	54,917	51,989	3,855	321	0	0	0	1,064,020

图 10-6　示例数据

Step01 选择要特殊保护的数据区域。

Step02 打开“设置单元格格式”对话框，切换到“保护”选项卡，取消勾选“锁定”复选框，如图 10-7 所示。

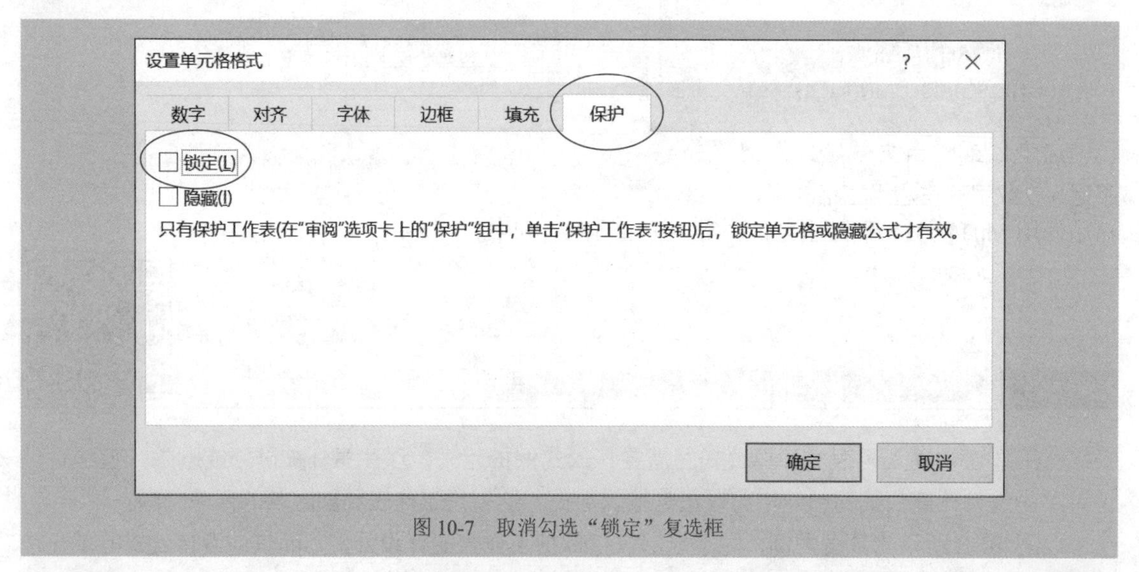

图 10-7　取消勾选“锁定”复选框

Step03 按 Ctrl+G 组合键，打开“定位”对话框，再单击该对话框上的“定位条件”按钮，打开“定位条件”对话框，选中“公式”单选按钮，如图 10-8 所示。

Step04 单击“确定”按钮，将数据区域所有的公式单元格选中，如图 10-9 所示。

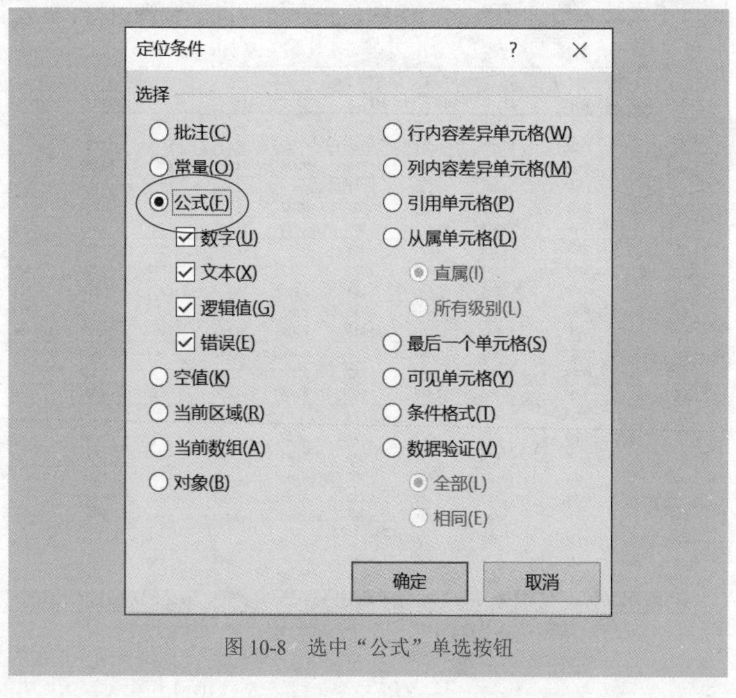

图 10-8　选中“公式”单选按钮

	A	B	C	D	E	F	G	H	I	J	K	L	M	N	O
1	产品	客户	1月	2月	3月	4月	5月	6月	7月	8月	9月	10月	11月	12月	年度合计
2		GGG	1,816	433	7,275	65	5,756	10,863	16,618						42,826
3	产品A	PQR	16,685	6,601	4,485	7,369	8,526	5,118	7,663						56,447
4		小计	18,501	7,034	11,760	7,434	14,282	15,981	24,281	0	0	0	0	0	99,273
5		BBB	9,284	14,630	2,711	8,039	2,720	7,914	4,229						49,527
6	产品B	PQR	19,226	14,541	10,594	18,887	8,567	767	132						72,714
7		小计	28,510	29,171	13,305	26,926	11,287	8,681	4,361	0	0	0	0	0	122,241
8		BBB	4,322	2,321	3,214	5,432	4,324	543	321						20,477
9		GGG	17,184	13,285	13,608	767	19,607	17,940	13,683	321	321				96,716
10	产品C	RJFD	654	23	654	2,976	1,334	7,213	1,568	321					14,743
11		PQR	543	654	4,343	543	0	0	434	3,213					9,730
12		小计	22,703	16,283	21,819	9,718	25,265	25,696	16,006	3,855	321	0	0	0	141,666
13		DPCA	1,920	1,152	768	1,152	1,152	667	1,523						8,335
14	产品E	GGG	2,300	2,304	1,152	2,304	2,304		1,828						12,192
15		小计	4,220	3,456	1,920	3,456	3,456	667	3,351	0	0	0	0	0	20,527
16		DPCA	768	65	76	54	192	158	765						2,078
17	产品F	GGG	48	543	192	987	192	432	305						2,699
18		小计	816	608	268	1,041	384	590	1,070	0	0	0	0	0	4,777
19		GGG	80	654	2,592	645	2,160	1,780	2,056						9,967
20	产品H	PQR	452	1,792	1,792	654,324	1,792	876	432						661,460
21		小计	532	2,446	4,384	654,969	3,952	2,656	2,488	0	0	0	0	0	671,427
22		RWQQ	123	0	0	0	0	0	0						123
23	产品R	PQR	876	769	543	76	645	645	432						3,986
24		小计	999	769	543	76	645	645	432	0	0	0	0	0	4,109
25	总计		76,281	59,767	53,999	703,620	59,271	54,917	51,989	3,855	321	0	0	0	1,064,020

图 10-9　选中所有的公式单元格

Step05 按住 Ctrl 键，然后选择标题区域，如图 10-10 所示。

	A	B	C	D	E	F	G	H	I	J	K	L	M	N	O
1	产品	客户	1月	2月	3月	4月	5月	6月	7月	8月	9月	10月	11月	12月	年度合计
2		GGG	1,816	433	7,275	65	5,756	10,863	16,618						42,826
3	产品A	PQR	16,685	6,601	4,485	7,369	8,526	5,118	7,663						56,447
4		小计	18,501	7,034	11,760	7,434	14,282	15,981	24,281	0	0	0	0	0	99,273
5		BBB	9,284	14,630	2,711	8,039	2,720	7,914	4,229						49,527
6	产品B	PQR	19,226	14,541	10,594	18,887	8,567	767	132						72,714
7		小计	28,510	29,171	13,305	26,926	11,287	8,681	4,361	0	0	0	0	0	122,241
8		BBB	4,322	2,321	3,214	5,432	4,324	543	321						20,477
9		GGG	17,184	13,285	13,608	767	19,607	17,940	13,683	321	321				96,716
10	产品C	RJFD	654	23	654	2,976	1,334	7,213	1,568	321					14,743
11		PQR	543	654	4,343	543	0	0	434	3,213					9,730
12		小计	22,703	16,283	21,819	9,718	25,265	25,696	16,006	3,855	321	0	0	0	141,666
13		DPCA	1,920	1,152	768	1,152	1,152	667	1,523						8,335
14	产品E	GGG	2,300	2,304	1,152	2,304	2,304		1,828						12,192
15		小计	4,220	3,456	1,920	3,456	3,456	667	3,351	0	0	0	0	0	20,527
16		DPCA	768	65	76	54	192	158	765						2,078
17	产品F	GGG	48	543	192	987	192	432	305						2,699
18		小计	816	608	268	1,041	384	590	1,070	0	0	0	0	0	4,777
19		GGG	80	654	2,592	645	2,160	1,780	2,056						9,967
20	产品H	PQR	452	1,792	1,792	654,324	1,792	876	432						661,460
21		小计	532	2,446	4,384	654,969	3,952	2,656	2,488	0	0	0	0	0	671,427
22		RWQQ	123	0	0	0	0	0	0						123
23	产品R	PQR	876	769	543	76	645	645	432						3,986
24		小计	999	769	543	76	645	645	432	0	0	0	0	0	4,109
25	总计		76,281	59,767	53,999	703,620	59,271	54,917	51,989	3,855	321	0	0	0	1,064,020

图 10-10　选择全部公式单元格和标题区域

Step06 打开“设置单元格格式”对话框，切换到“保护”选项卡，勾选“锁定”复选框，如图 10-11 所示。

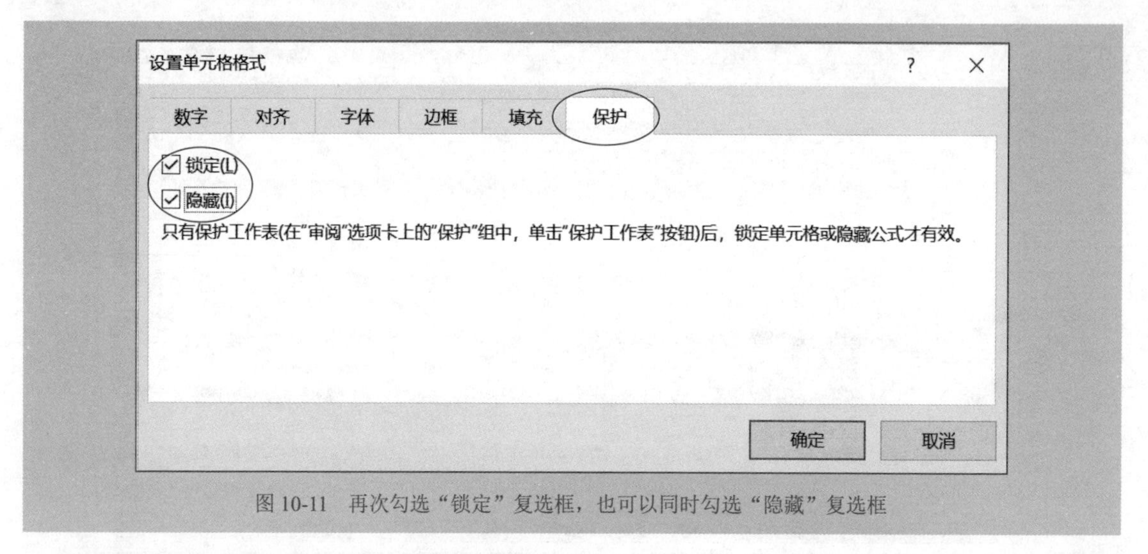

图 10-11　再次勾选“锁定”复选框，也可以同时勾选“隐藏”复选框

如果保护后，不希望其他人看到单元格的公式，可以再勾选“隐藏”复选框，这个功能是指在保护工作表后，单元格的公式被隐藏起来。

Step07 单击“确定”按钮，将选中的单元格进行重新锁定，并将公式单元格的公式设置隐藏。

Step08 执行“审阅”→“保护工作表”命令，如图 10-12 所示。打开“保护工作表”对话框，输入密码，如图 10-13 所示。

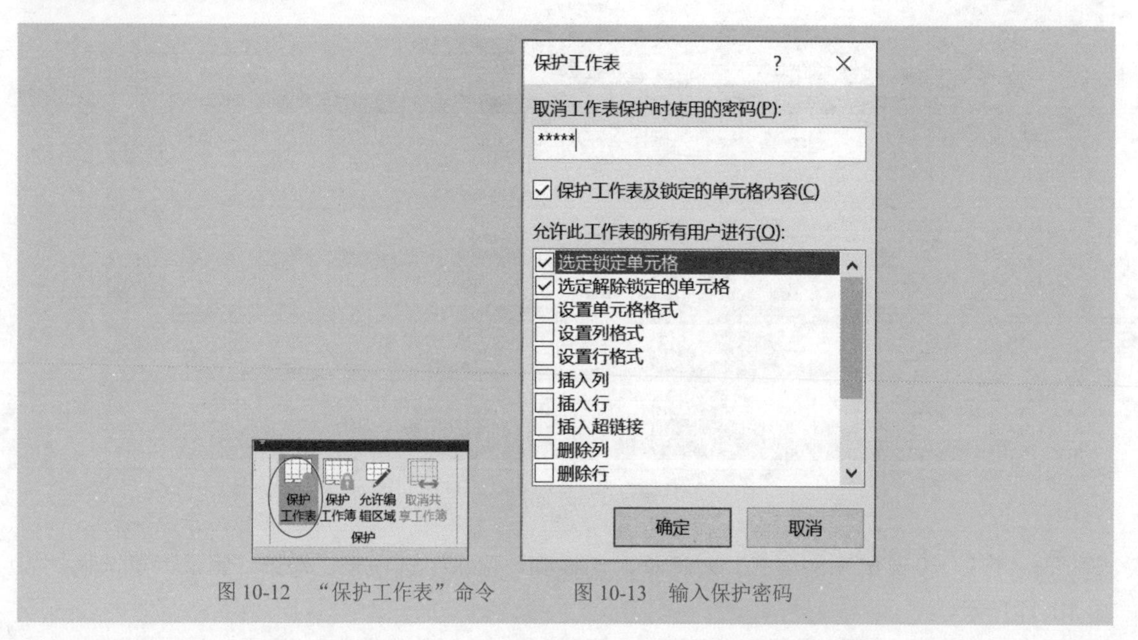

图 10-12　“保护工作表”命令　　　图 10-13　输入保护密码

Step09 单击“确定”按钮，确认一遍密码，这样就完成了对数据区域的特殊保护。

如此就只能在没有公式的单元格中输入或编辑数据，而公式单元格是不能编辑修改的，同时，表格的标题也不允许修改。

技巧 118 通过“记录单”窗体输入和编辑数据

当工作表的数据区域为一个数据表单时，可以利用“记录单”窗体添加新的记录。数据表单的第一行是标题，并且至少有一行数据。

要使用“记录单”窗体，需要把这个命令添加到功能区的快速访问工具栏，具体方法是：对准快速访问工具栏，右击，执行“自定义快速访问工具栏”命令，如图 10-14 所示。

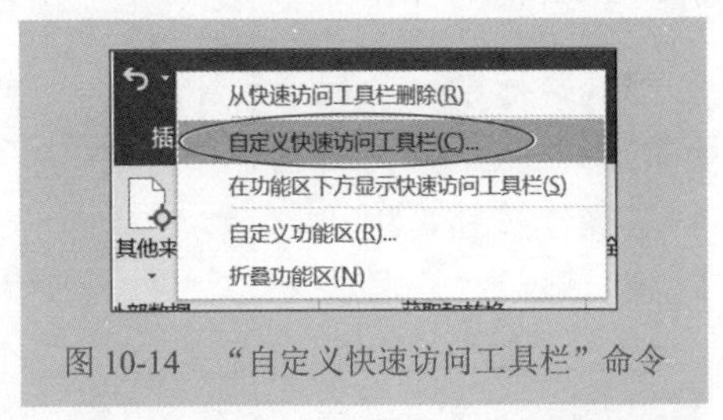

图 10-14 “自定义快速访问工具栏”命令

打开“Excel 选项”对话框，在“从下列位置选择命令”下拉列表中选择“所有命令”，找到“记录单”项目，单击“添加”按钮，将其添加到自定义快速访问工具栏中，如图 10-15 所示。

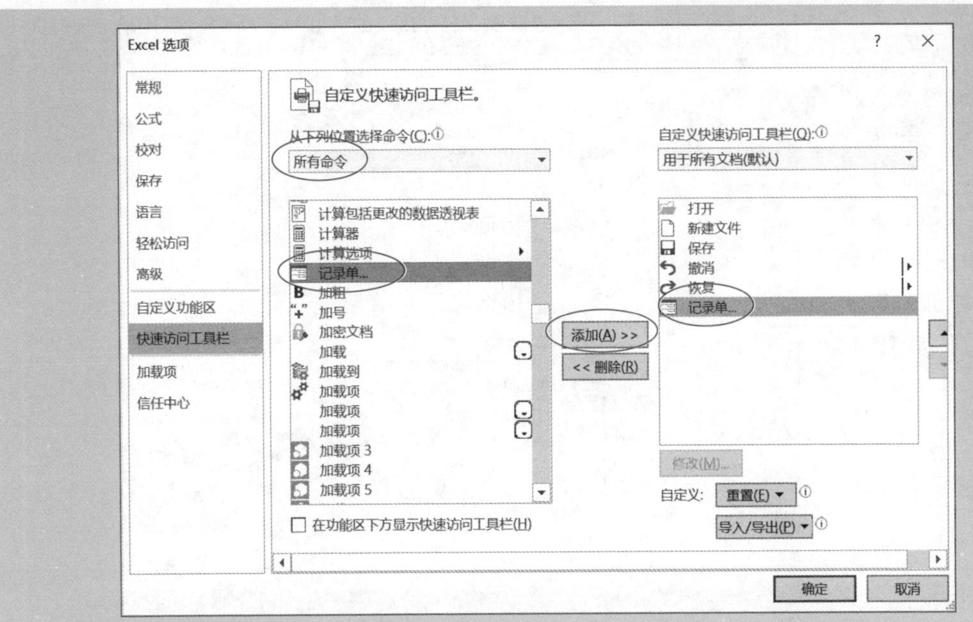

图 10-15 将“记录单”命令添加到自定义快速访问工具栏

单击数据区域内任一单元格，再单击自定义快速访问工具栏上的“记录单”命令按钮，就打开了记录单窗体，如图 10-16 所示。

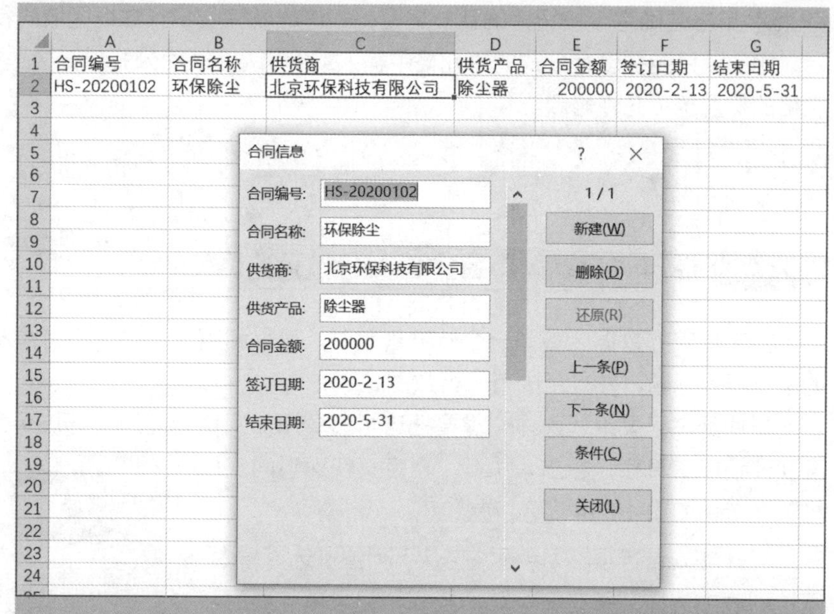

图 10-16　打开的“记录单”窗体

记录单窗体的标题是当前数据表单所在的工作表名称，窗体左侧是表单的字段名称（即标题）及显示的第一条记录，右侧是操作按钮，用于新建、删除、还原、显示上一条记录、显示下一条记录，设置条件查询数据等。

如果要输入新数据，就单击“新建”按钮，在各个字段输入框中输入数据，然后按 Enter 键，将输入的数据添加到数据表单中，如图 10-17 所示。

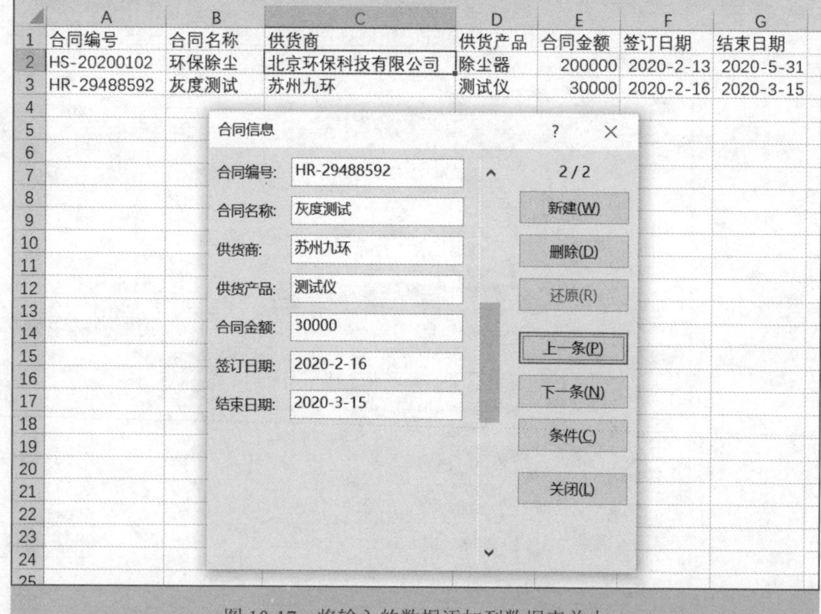

图 10-17　将输入的数据添加到数据表单中

如果要查找数据，可以单击“条件”按钮，输入条件，例如，要找2020-2-13签订的合同，在“签订日期”输入框里输入2020-2-13，如图10-18所示，然后按Enter键，把满足条件的记录查找出来。在对话框的右上角，还显示当前表单的总记录数，以及查询结果记录是哪条记录，如图10-19所示。

单击“上一条”和“下一条”按钮，即可浏览查询出的各条记录。

如果想要删除某条记录，就找到该记录，单击“删除”按钮即可。

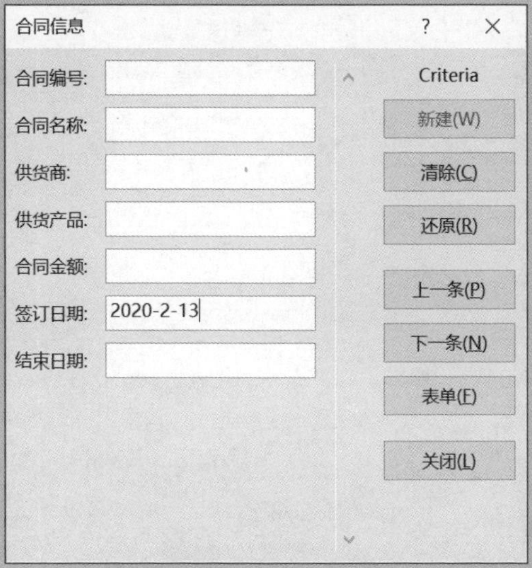

图 10-18 设置查询条件

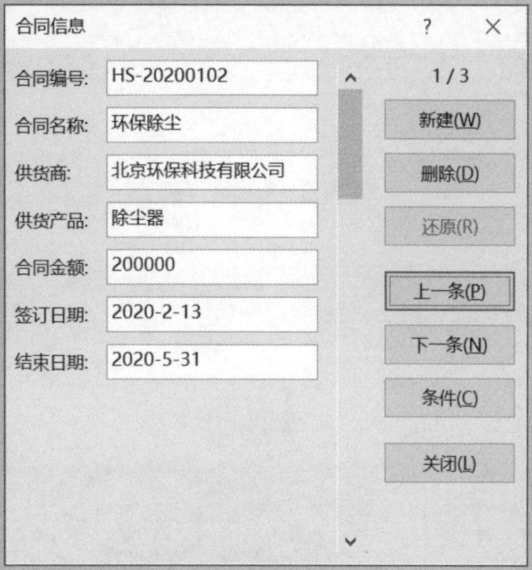

图 10-19 显示查询结果

第11章 编辑数据实用技巧

EXCEL

在数据输入完毕后，还需要对数据进行检查，以修改错误数据。另外，还可能要对数据进行必要的处理，例如复制、移动数据，删除不必要的数据，将数据区域进行必要的调整等。本章主要介绍编辑数据的一些基本方法和实用技巧。

编辑修改数据的基本方法技巧 技巧 119

编辑修改数据有以下两个基本方法。

方法一：通过编辑栏修改数据。选中单元格后，单击编辑栏，然后在编辑栏内修改数据。

方法二：在单元格内修改数据。双击单元格，或者按 F2 键，将光标移到单元格，在单元格内对数据进行修改。

按 F2 键，将单元格设置为编辑状态，同时光标出现在单元格数据的末尾，这样可以方便修改单元格数据的最后一个或几个字符。

查找和替换数据：精确条件 技巧 120

查找和替换工具是每个人都很熟悉的工具之一。按 Ctrl+F 组合键，或者按 Ctrl+H 组合键，就打开了“查找和替换”对话框，如图 11-1 和图 11-2 所示。

两个命令都可以打开该对话框，不同的是，按 Ctrl+F 组合键，是对话框的“查找”选项卡界面；按 Ctrl+H 组合键，是对话框的“替换”选项卡界面。

尽管这个工具比较常用，不过也需要注意以下问题：

（1）如果要查找单元格必须是严格指定字符的数据，那么就需要在单击“查找和替换”对话框中的“选项”按钮，展开对话框，勾选“单元格匹配”复选框，如图 11-3 所示。

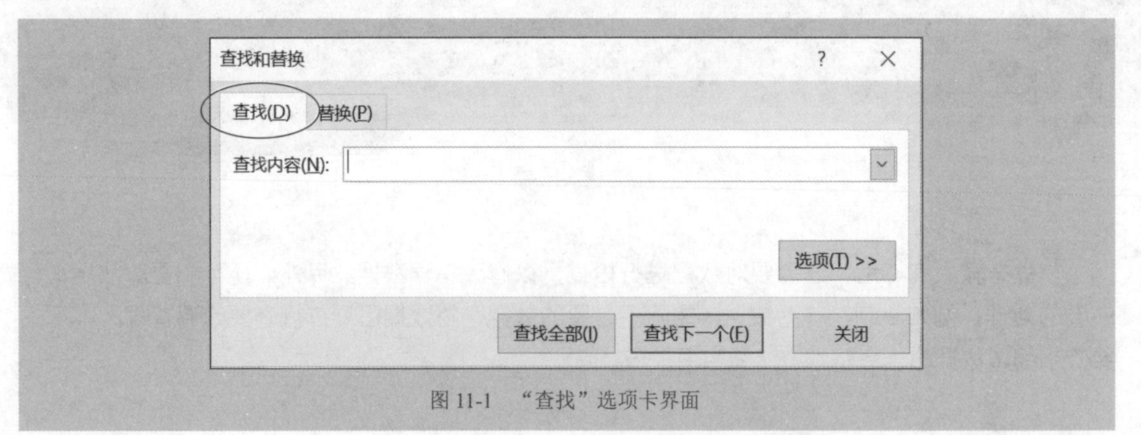

图 11-1 “查找”选项卡界面

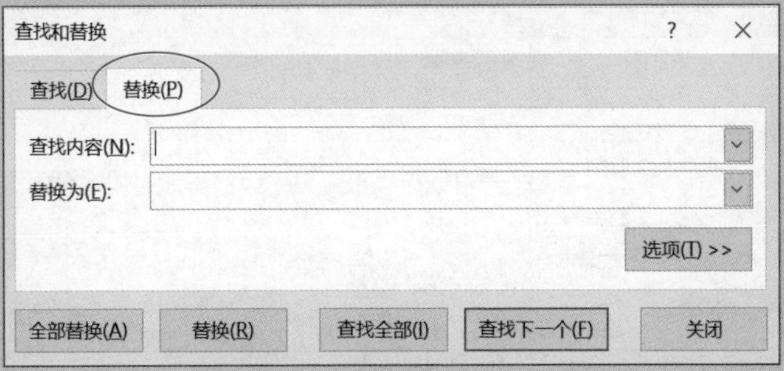

查找和替换 ? ×

查找(D) 替换(P)

查找内容(N):

替换为(E):

选项(T) >>

全部替换(A) 替换(R) 查找全部(I) 查找下一个(F) 关闭

图 11-2 “替换”选项卡界面

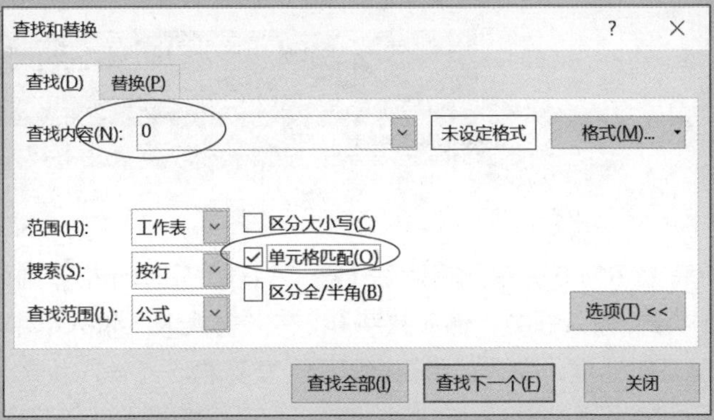

查找和替换 ? ×

查找(D) 替换(P)

查找内容(N): 0 未设定格式 格式(M)...

范围(H): 工作表 □区分大小写(C)

搜索(S): 按行 ☑单元格匹配(O)

查找范围(L): 公式 □区分全/半角(B)

选项(T) <<

查找全部(I) 查找下一个(F) 关闭

图 11-3 勾选“单元格匹配”复选框

（2）如果不勾选这个复选框，那么就会将所有含有指定数据的单元格也找出来，区别如图 11-4 和图 11-5 所示。

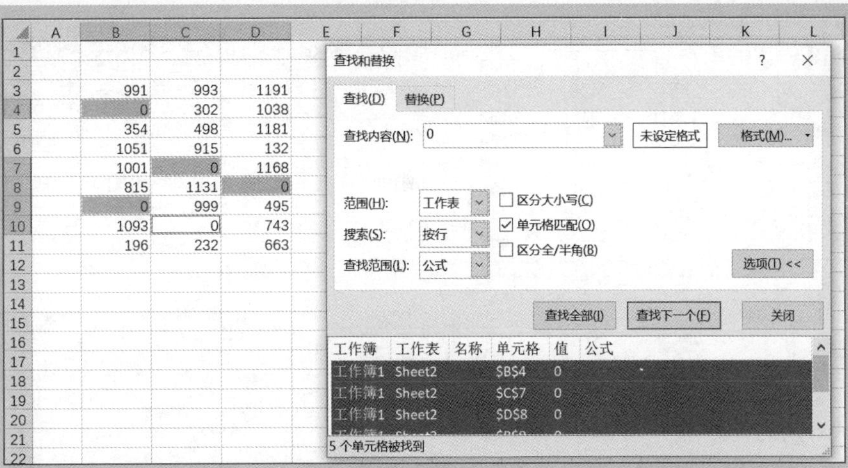

	A	B	C	D
1				
2				
3		991	993	1191
4		0	302	1038
5		354	498	1181
6		1051	915	132
7		1001	0	1168
8		815	1131	0
9		0	999	495
10		1093	0	743
11		196	232	663

查找和替换 ? ×

查找(D) 替换(P)

查找内容(N): 0 未设定格式 格式(M)...

范围(H): 工作表 □区分大小写(C)

搜索(S): 按行 ☑单元格匹配(O)

查找范围(L): 公式 □区分全/半角(B)

选项(T) <<

查找全部(I) 查找下一个(F) 关闭

工作簿	工作表	名称	单元格	值	公式
工作簿1	Sheet2		$B$4	0	
工作簿1	Sheet2		$C$7	0	
工作簿1	Sheet2		$D$8	0	

5 个单元格被找到

图 11-4 查找仅为数字 0 的单元格，找出了 5 个单元格

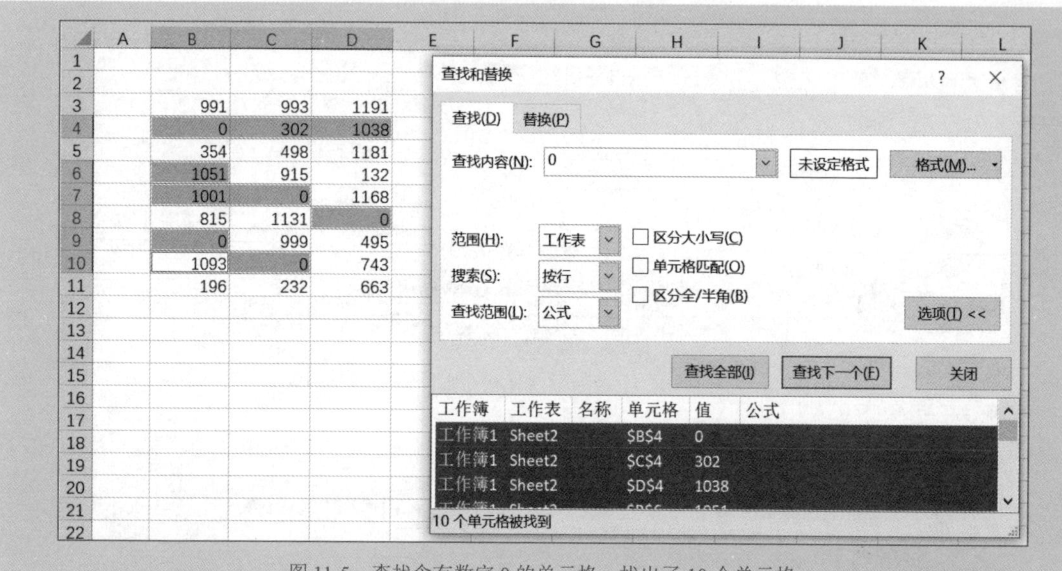

图 11-5　查找含有数字 0 的单元格，找出了 10 个单元格

（3）如果要把所有数字为 0 的单元格清除干净，处理为空单元格，则可以进行图 11-6 所示的设置，即在“查找内容”输入框中，输入数字 0，在“替换为”输入框中，什么也不输入，并单击“选项”按钮，展开对话框，勾选“单元格匹配”复选框。

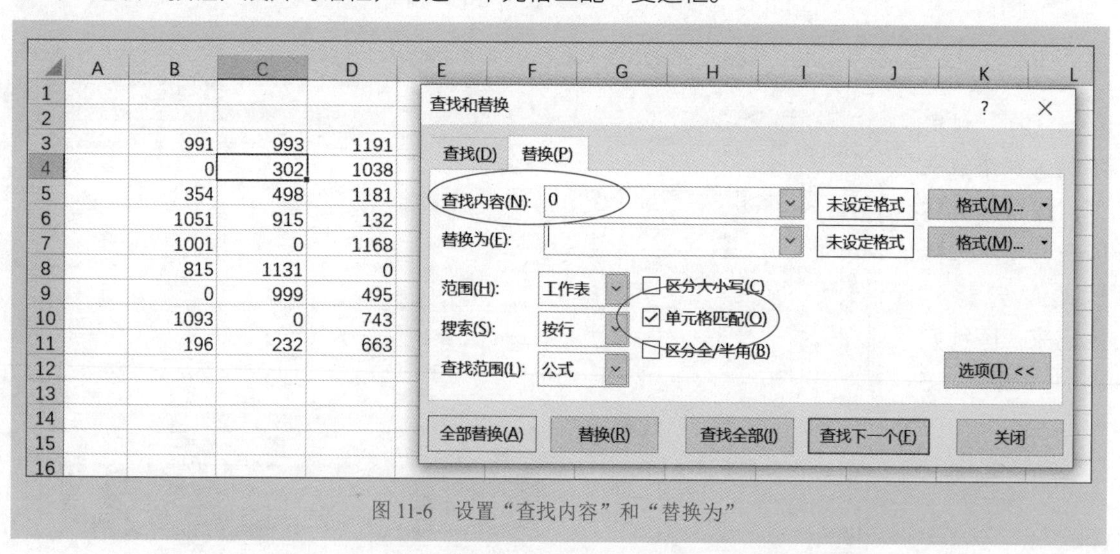

图 11-6　设置“查找内容”和“替换为”

单击“全部替换”按钮，即将所有数字为 0 的单元格清空，如图 11-7 所示。

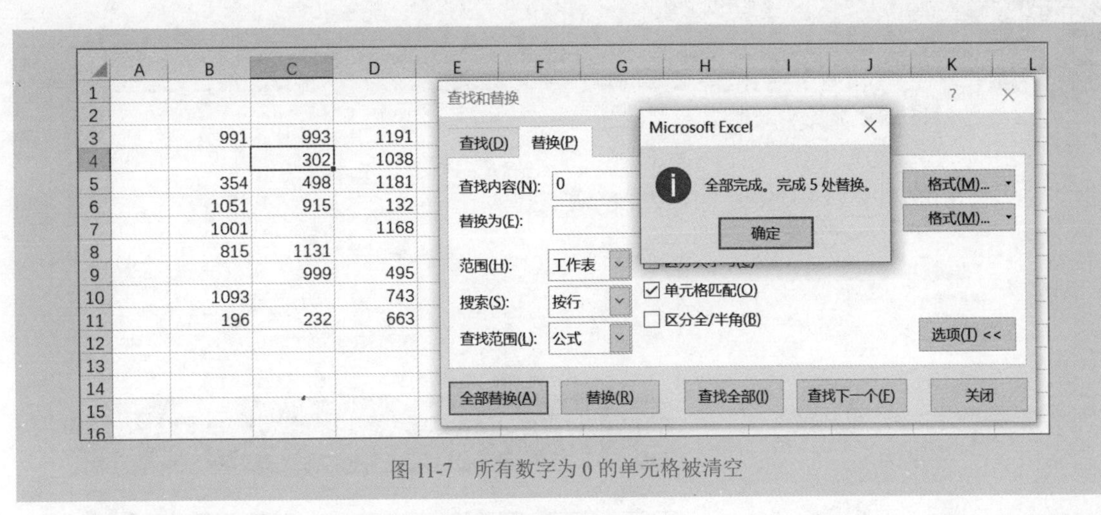

图 11-7　所有数字为 0 的单元格被清空

（4）如果仅仅是把指定数据的单元格选择出来，可以在“查找和替换”对话框中，按 Ctrl+A 组合键，然后关闭对话框。

技巧 121　查找和替换数据：模糊条件

如果要根据关键词来查找或者替换数据，可以使用通配符问号（?）和星号（*）。

问号（?）表示查找与问号所在的位置相同的单一字符。

例如，“北京 ? 环保”表示查找前后两个字符分别是“北京”和“环保”的 5 个字符长度的字符串，如“北京大环保”“北京抓环保”等。

例如，“??”是指查找搜索有 2 位的字符。

星号（*）表示任何字符数。

例如，“北京 *”表示查找最前面 2 个字符是“北京”的字符串（以北京开头），如“北京市海淀区”“北京八达岭长城”等。

例如，“* 北京 *”表示查找含有“北京”2 个字符的数据，如“中国北京八达岭长城”“云课堂（北京）科技”等。

说明：如果输入的查找条件不使用星号（*），并且也不勾选“单元格匹配”复选框，那么实际上就是查找含有指定条件的所有单元格。

图 11-8 就是一个例子，查找所有含有北京的数据单元格。

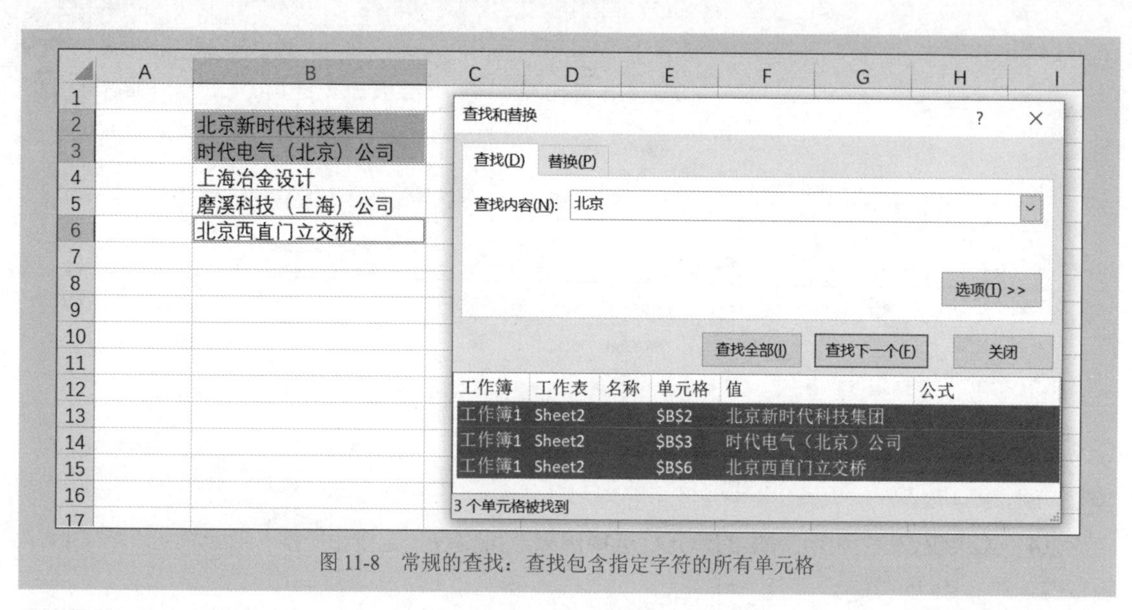

图 11-8　常规的查找：查找包含指定字符的所有单元格

图 11-9 是查找以“北京”开头的单元格，此时，需要使用通配符（*），并勾选“单元格匹配”复选框，如图 11-9 所示。

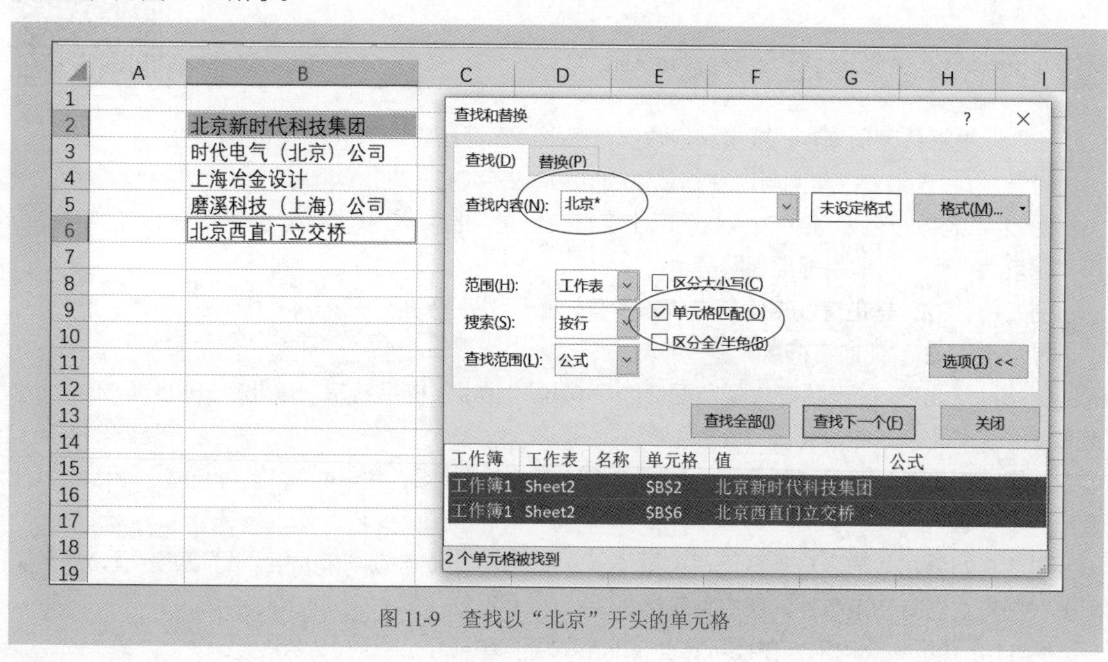

图 11-9　查找以“北京”开头的单元格

技巧 122 复制移动数据

复制数据的最简单办法是利用 Ctrl+C 组合键和 Ctrl+V 组合键。但需要注意的是，如果仅仅是复制单元格的部分信息（如公式、数字、格式、有效性、批注、超链接等），应当使用“选择性粘贴”，而不是使用 Ctrl+V 组合键。

如果单元格有公式，在复制单元格时，就要特别注意单元格的引用方式了，以免出现意想不到的结果。

移动数据最简单的办法是利用 Ctrl+X 组合键和 Ctrl+V 组合键，即先用 Ctrl+X 组合键将需要移动的单元格区域剪切掉，再用 Ctrl+V 组合键将其粘贴到其他位置。

可以使用鼠标移动数据，方法是：先选取要移动的单元格或单元格区域，再将鼠标指针放在选定区域的边框上，按住左键，拖动鼠标到目的单元格区域的左上角单元格。

需要注意的是，无论是复制数据还是移动数据，均不能复制或移动多个不连续的单元格区域。

技巧 123 复制可见单元格数据

很多情况下，只需复制部分单元格的数据，因此常常将不需要的行或列隐藏起来。但是，如果采用普通的方法复制数据，得到的数据可能包含隐藏的数据。

此时，可以先定位可见单元格，然后再复制、粘贴。

定位可见单元格有两个方法：一个方法是使用“定位条件”对话框，选中“可见单元格”单选按钮，如图 11-10 所示，另一种方法是直接按 Alt+；组合键。

当选择了可见单元格后，按 Ctrl+C 组合键，复制可见单元格的数据，然后再单击要存放数据的起始单元格，按 Ctrl+V 组合键。

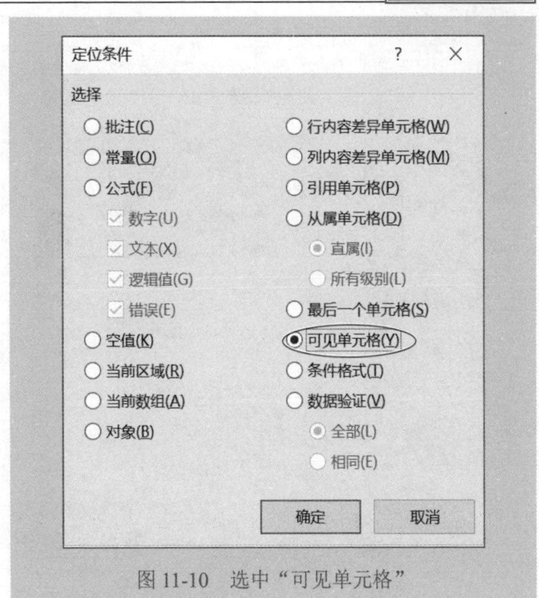

图 11-10 选中“可见单元格”

对单元格区域数据进行相同的运算修改 技巧 124

可以对选定的单元格区域里所有数据进行相同的加、减、乘、除运算。要实现这样的操作，可以利用“选择性粘贴”对话框。

1. 对连续的单元格区域数据进行相同的运算修改

比如，要在图 11-11 所示的单元格区域 A3:D10 数据的基础上加 1000，则具体步骤如下：

Step01 在某个空白单元格内输入数字“1000”。

Step02 选择该单元格，按 Ctrl+C 组合键。

Step03 选择要统一修改计算的单元格区域 A3:D10。

Step04 右击，执行“选择性粘贴”命令，打开“选择性粘贴”对话框。

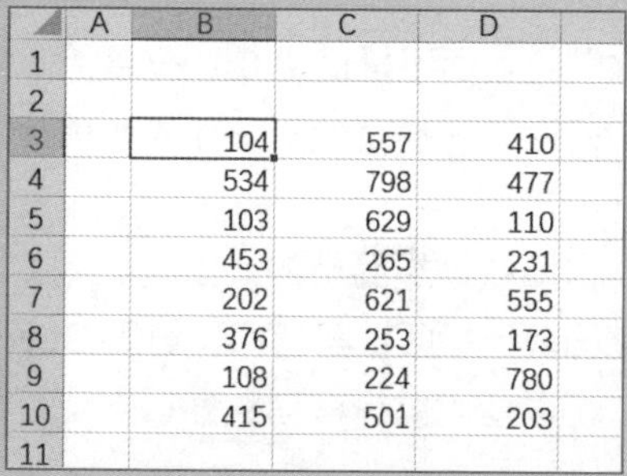

	A	B	C	D
1				
2				
3		104	557	410
4		534	798	477
5		103	629	110
6		453	265	231
7		202	621	555
8		376	253	173
9		108	224	780
10		415	501	203
11				

图 11-11 原始数据

Step05 在“粘贴”选项组中选中“数值”单选按钮（这是为了不破坏数据区域已设定的格式），在“运算”选项组中选中“加”单选按钮，如图 11-12 所示。

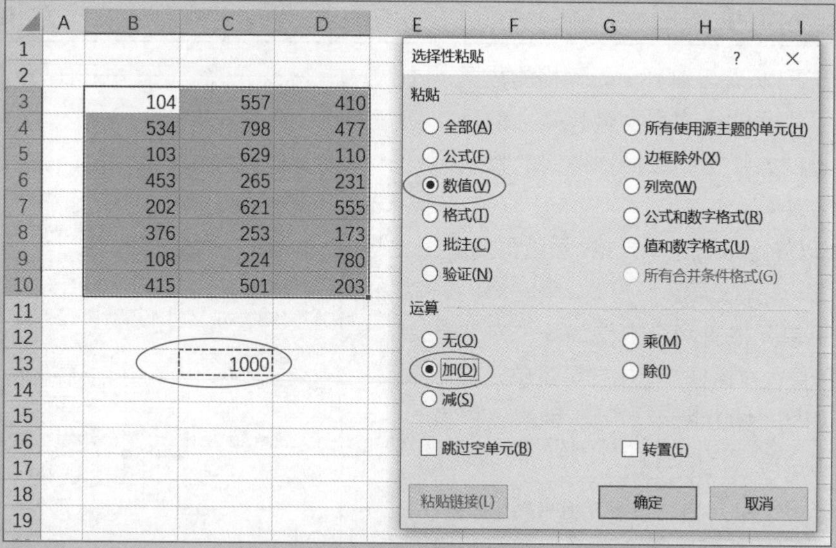

图 11-12 设置“选择性粘贴”选项

Step06 单击“确定”按钮，就将单元格区域 A3:D10 的所有数字都加上了 1000，如图 11-13 所示。

Step07 删除数字 1000 的单元格，或清除该单元格的 1000。

2. 对不连续的单元格区域数据进行相同的运算修改

可以利用选择性粘贴工具，对不连续的单元格区域内数字进行统一的修改计算，其方法是一样的，只不过是选择指定的不连续单元格区域而已，如图 11-14 和图 11-15 所示，将选择的数据统一加 1000。

	A	B	C	D
1				
2				
3		1104	1557	1410
4		1534	1798	1477
5		1103	1629	1110
6		1453	1265	1231
7		1202	1621	1555
8		1376	1253	1173
9		1108	1224	1780
10		1415	1501	1203
11				

图 11-13　单元格区域 A3:D10 的所有数字都加上了 1000

	A	B	C	D	E
1					
2					
3		104	557	410	
4		534	798	477	
5		103	629	110	
6		453	265	231	
7		202	621	555	
8		376	253	173	
9		108	224	780	
10		415	501	203	
11					

图 11-14　选择要统一修改的不连续单元格区域

	A	B	C	D
1				
2				
3		104	557	410
4		534	1798	1477
5		1103	629	110
6		1453	265	231
7		202	621	1555
8		376	253	1173
9		108	224	1780
10		415	501	1203
11				

图 11-15　该单元格区域数据都被加上了 1000

3. 注意事项

如果在指定单元格区域内对数据进行统一修改后，还要保留原单元格区域的格式（比如单元格颜色、字体等），那么在“选择性粘贴”对话框的“粘贴”选项组中应该选中“数值”选项按钮。如果选择了默认的“全部”选项按钮，就会丢失原单元格区域的格式。

技巧 125 清除单元格内容

如果要清除单元格数据，可以按 Delete 键，这样可以直接清除（删除）单元格数据，或者删除公式，但这个操作不能删除格式、批注、超链接等。

如果要对单元格有选择性地进行清除，需要执行“开始”→“清除”命令，如图 11-16 所示。

这些选项的说明如下：

◎ 全部清除：清除单元格的数据及格式。

◎ 清除格式：仅清除单元格的格式，而保留数据。

◎ 清除内容：仅清除单元格的数据，保留格式，这也是默认 Delete 键的功能。

◎ 清除批注：仅清除单元格的批注。

◎ 清除超链接（不含格式）：仅清除单元格的超链接，保留格式。

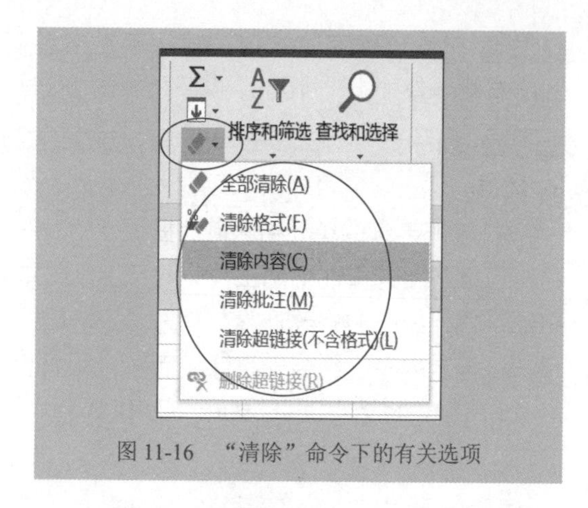

图 11-16 “清除”命令下的有关选项

将行列数据转置 技巧 126

有时候，需要改变某些数据区域的位置，例如，将行数据变为列数据，将列数据变为行数据，此时，可以使用选择性粘贴来实现，具体步骤如下：

Step01 选取要转换的数据区域，按 Ctrl+C 组合键。

Step02 单击目的区域的左上角单元格，注意，这个目标区域不能是原数据区域。

Step03 右击“选择性粘贴”命令，打开“选择性粘贴”对话框。

Step04 勾选“转置”复选框，如图 11-17 所示。

Step05 单击“确定”按钮，就将该区域从行变为列，或者从列变为行，如图 11-18 所示。

Step06 删除原来的数据。

行列转置，也可以不使用“选择性粘贴”对话框，直接使用快捷菜单的“转置”命令更加方便，如图 11-19 所示。

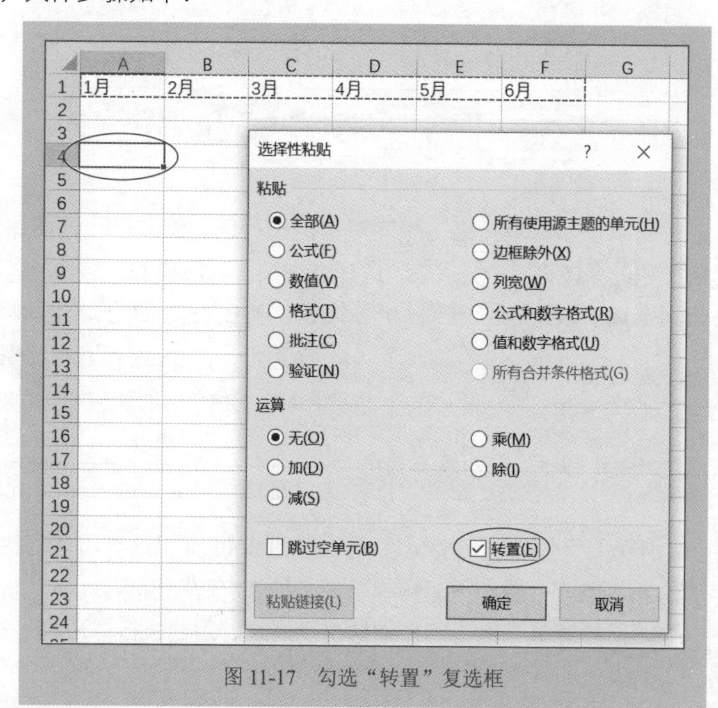

图 11-17 勾选“转置”复选框

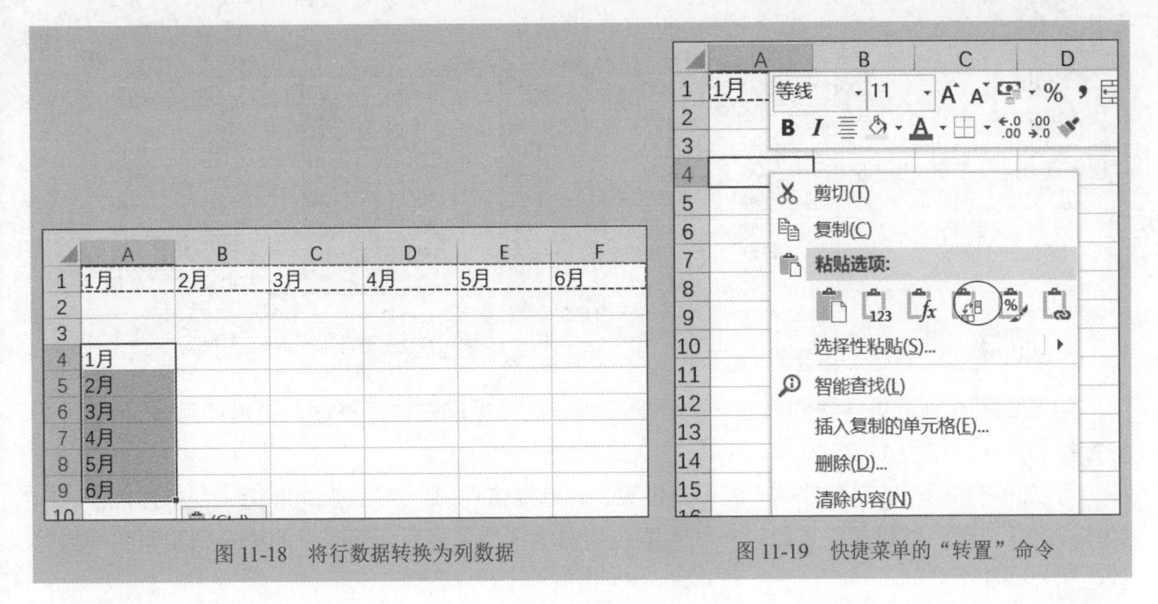

图 11-18　将行数据转换为列数据

图 11-19　快捷菜单的“转置”命令

需要注意的是，这种行列转换并不改变原始数据的位置，行列转换的实质就是将原始数据按照另外的一个方向复制了一份。因此，在行列转换后，仍会保留原始数据，其位置也不会发生改变。

技巧 127　将两个单元格区域数据互换位置

可以将两个单元格区域的数据互换位置，具体方法和步骤如下：

Step01 选取要互换位置的某个单元格区域。

Step02 按住 Shift 键不放。

Step03 拖动该单元格区域至另外一个单元格区域的最左边、最下边、最右边或最上边。

Step04 松开鼠标。

说明：如果在第 3 步中拖动该单元格区域至另外一个单元格区域的最左边或最右边，即为水平互换位置；如果在第 3 步中拖动该单元格区域至另外一个单元格区域的最下边或最上边，即为垂直互换位置。

例如，对于图 11-20 所示的数据，现在要把 A 列与 B 列互换位置，就采用上述的方法，得到的结果如图 11-21 所示。

	A	B	C	D
1	100	200	300	400
2	100	200	300	400
3	100	200	300	400
4	100	200	300	400
5	100	200	300	400
6	100	200	300	400
7	100	200	300	400
8	100	200	300	400
9				

图 11-20　原始数据区域

	A	B	C	D
1	200	100	300	400
2	200	100	300	400
3	200	100	300	400
4	200	100	300	400
5	200	100	300	400
6	200	100	300	400
7	200	100	300	400
8	200	100	300	400
9				

图 11-21　A 列和 B 列数据互换

如果要把 A 列数据调整到最后一列，第二列以后数据向左顺序移动，也是使用 Shift 键 + 鼠标拖拉的方法，如图 11-22 所示。

可以同时将相邻的多列数据一起调整位置：先选择这几列，然后按 Shift 键 + 鼠标拖拉即可，如图 11-23 所示，就是将原来的第一列和第二列数据调整到最后，而原来的第三列和第四列数据变为第一列和第二列。

	A	B	C	D
1	200	300	400	100
2	200	300	400	100
3	200	300	400	100
4	200	300	400	100
5	200	300	400	100
6	200	300	400	100
7	200	300	400	100
8	200	300	400	100
9				

图 11-22　将第一列数据调整到最后，其他各列依次向左顺移

	A	B	C	D
1	300	400	100	200
2	300	400	100	200
3	300	400	100	200
4	300	400	100	200
5	300	400	100	200
6	300	400	100	200
7	300	400	100	200
8	300	400	100	200
9				

图 11-23　同时把相邻的几列调整到指定位置

用同样的方法，也可以迅速调整各行的位置。

使用朗读工具核对数据　技巧 128

“朗读单元格”是 Excel 的一个非常有用的工具，可以帮助人们对大量的数据进行核对。当使用朗读工具核对数据时，计算机会将每个单元格的数据朗读出来，这样就可以边听朗读边在屏幕上核对数据。

在默认情况下，朗读单元格工具没有在功能区显示出来，因此需要先把这个工具添加到快速访问工具栏。在快速访问工具栏右击，执行快捷菜单中的“自定义快速访问工具栏”命令，打开“Excel 选项”对话框，在“从下列位置选择命令”列表中选择“所有命令”，然后从“所有命令”列表中分别选择“朗读单元格”和“朗读单元格 – 停止朗读单元格”，单击“添加”按钮，将这两个命令添加到快速访问工具栏中，如图 11-24 所示。

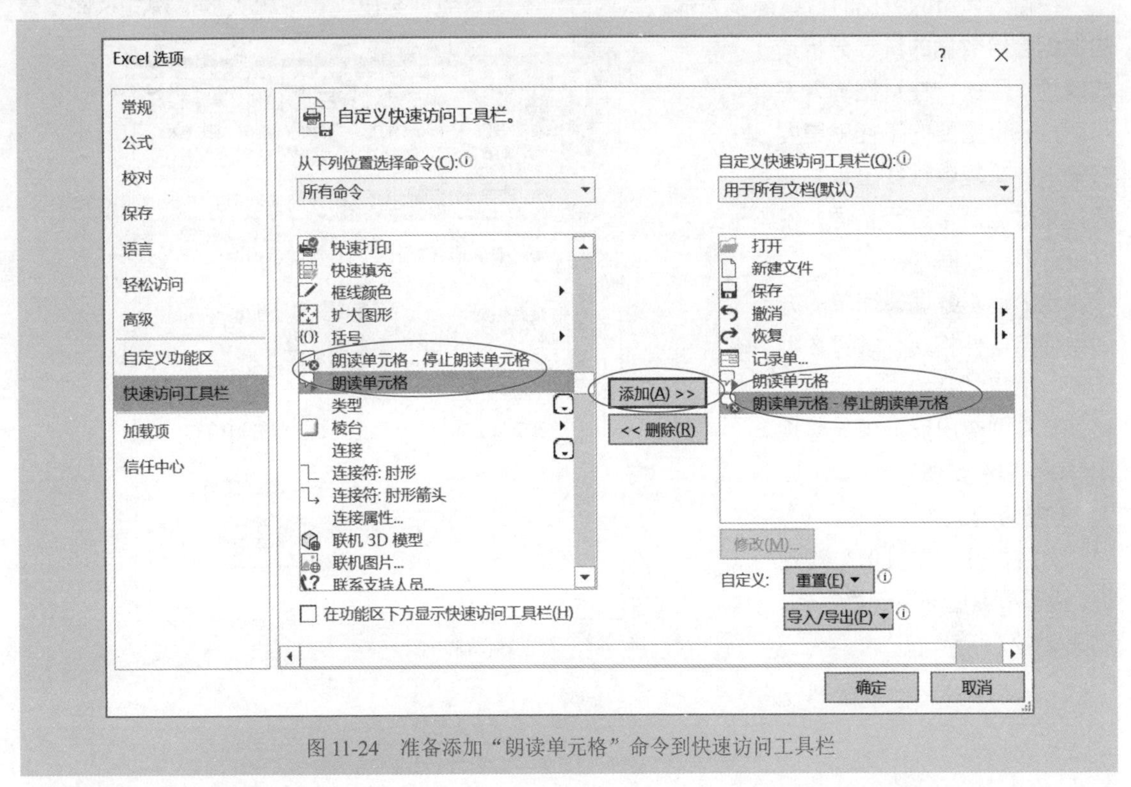

图 11-24　准备添加“朗读单元格”命令到快速访问工具栏

单击“确定”按钮，关闭对话框，就可以看到在快速访问工具栏中添加了“朗读单元格”和“停止朗读单元格”按钮，如图 11-25 所示。

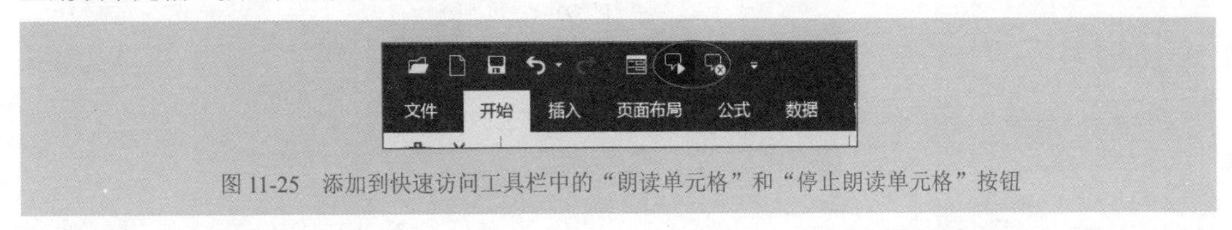

图 11-25　添加到快速访问工具栏中的“朗读单元格”和“停止朗读单元格”按钮

单击某列要开始朗读的第一个单元格，再单击快速访问工具栏上的“朗读单元格”按钮，Excel 就从上往下依次朗读每个单元格的内容。当某列朗读完毕后，即转入下一列开始朗读。

快速找出重复数据 技巧 129

在输入大量的数据时，或是多人输入数据时，不可避免地会出现重复输入的情况。这些重复的数据会给数据的统计分析造成麻烦。因此，在数据输入完毕后，一个重要的工作就是要将输入的重复数据找出来并删除，将数据清单进行整理，使之没有重复数据。

找出重复数据最简单的方法是使用条件格式：选择数据区域，执行“开始”→“条件格式”→“突出显示单元格规则”→“重复值”命令，如图 11-26 所示。

然后打开“重复值”对话框，设置重复值的单元格格式，如图 11-27 所示。

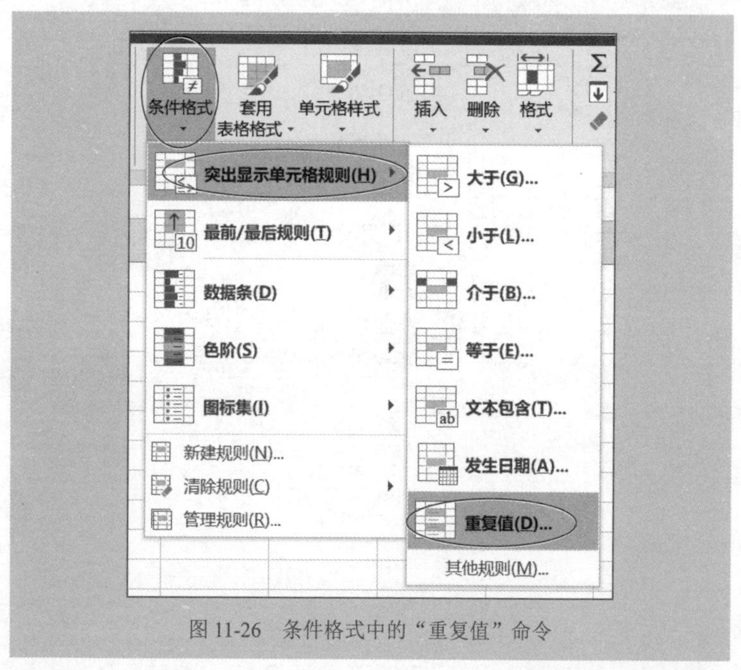

图 11-26　条件格式中的“重复值”命令

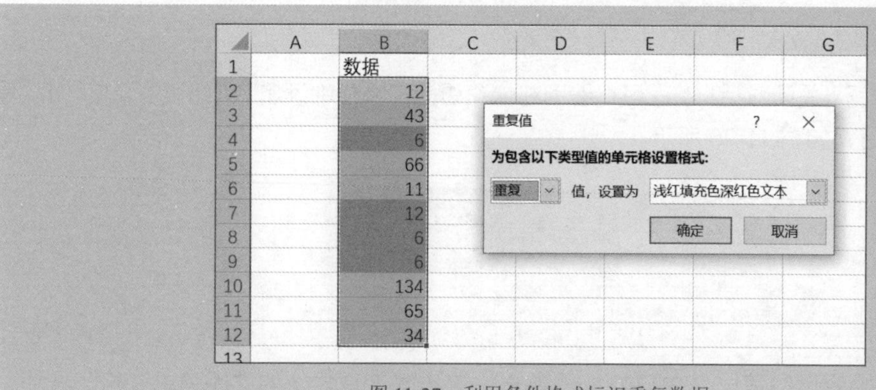

图 11-27　利用条件格式标识重复数据

但这种方法仅仅是标识出所有重复数据。如果要了解每个数据是否重复，重复了多少次，就需要使用 COUNTIF 函数了。如图 11-28 所示，在单元格 C2 输入下面的公式，并往下复制，就可以了解每个数据是否重复，重复了多少次，数字 1 表示第一次出现，数字 2 表示第二次出现，以此类推。

```
=COUNTIF($B$2:B2,B2)
```

C2 =COUNTIF($B$2:B2,B2)

	A	B	C	D	E
1		数据			
2		12	1		
3		43	1		
4		6	1		
5		66	1		
6		11	1		
7		12	2		
8		6	2		
9		6	3		
10		134	1		
11		65	1		
12		34	1		

图 11-28　使用 COUNTIF 函数统计每个数据重复的次数

技巧 130 从重复数据中整理出不重复数据清单

上述的操作只是在单元格里标识出重复数据。假若要求得到一个没有重复数据的新数据清单，也就是每个数据都是单一的，没有重复，应该怎么做呢？使用“删除重复值”命令就可以了，如图 11-29 所示。

方法很简单，选择数据区域，执行“删除重复值”命令，打开“删除重复值”对话框，根据需要进行简单设置（如没有数据是否包含标题），或保持默认，如图 11-30 所示，单击“确定”按钮，就会将重复数据删除，保留唯一数据，并弹出一个提示信息框，如图 11-31 所示。

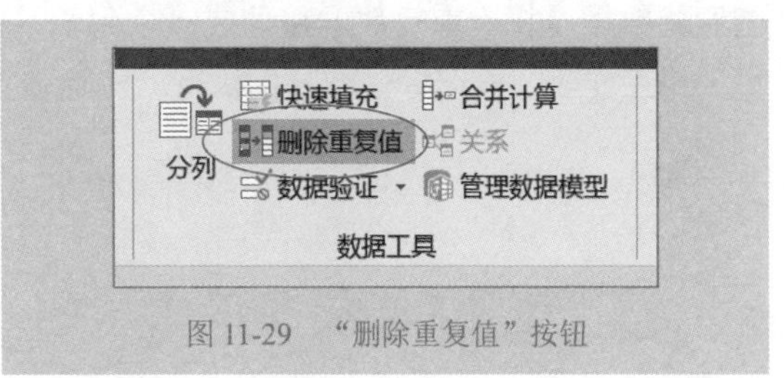

图 11-29　“删除重复值”按钮

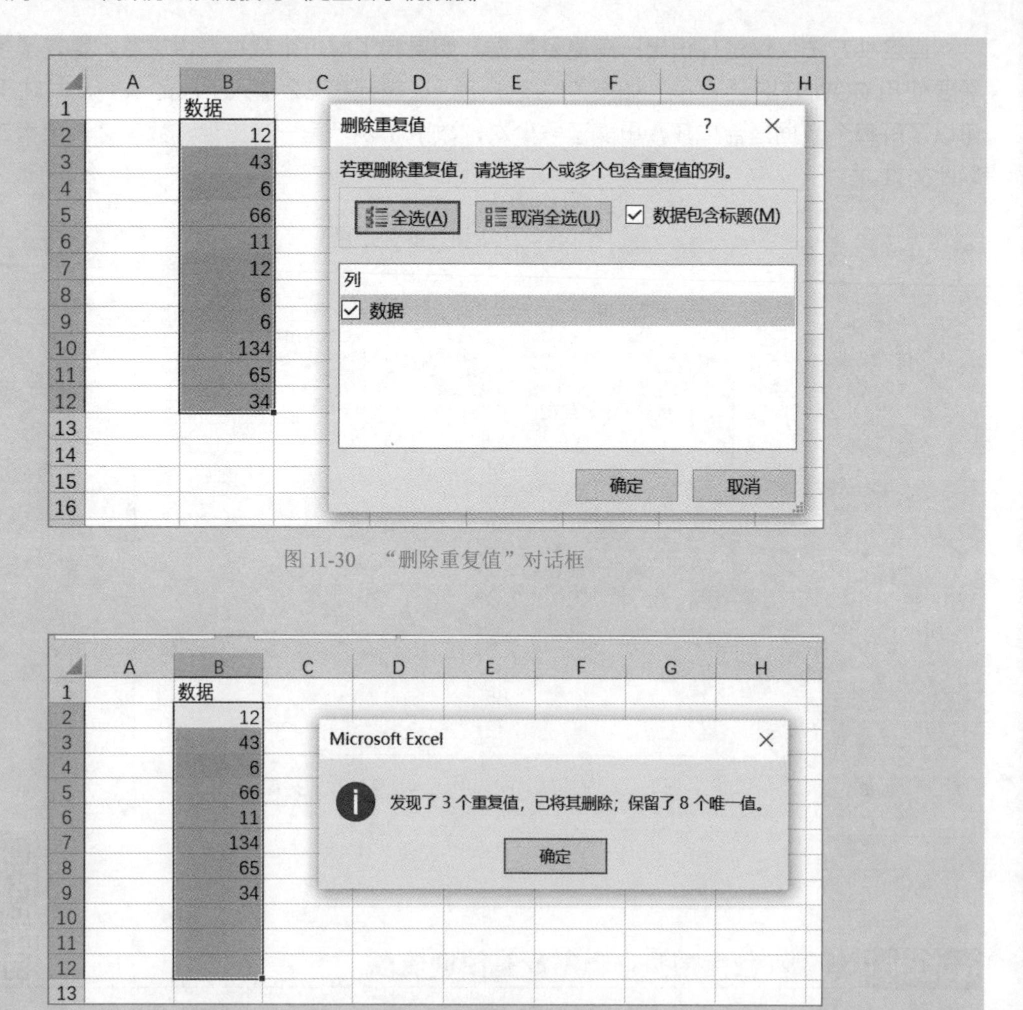

图 11-30 “删除重复值”对话框

图 11-31 重复数据被删除，保留唯一数据

上述方法是在原始数据区域上处理重复值，结果是将原始数据整理为不重复数据。如果要保留原始数据，将不重复数据整理成一个列表，保存到另外一个工作表，可以先将这列数据复制到另一个工作表，再选择这列数据执行“删除重复值”命令即可。

第12章

自定义数字显示格式技巧

EXCEL

对于单元格的数字而言，可以自定义其显示格式，让数字的阅读性更好，让分析报告更加清晰，让人能够一眼看出有问题的数字。

比如，可以让数字只显示百位数字、千位数字、万位数字、十万位数字、百万位数字等，或者将正数显示为负数，将负数显示为正数，为数字添加说明文本等。但需要注意的是，无论将数字显示格式设置成什么样，其本质是不变的，仍然为原来的数字，进行计算也不会出错。

自定义数字格式的基本方法 技巧 131

自定义数字格式需要使用“设置单元格格式”对话框，主要步骤如下：

Step01 选取设置数字的自定义显示格式的单元格区域。

Step02 打开“设置单元格格式”对话框。

Step03 在“分类”列表中选择“自定义”，在“类型”文本框中输入自定义数字格式代码，如图 12-1 所示。

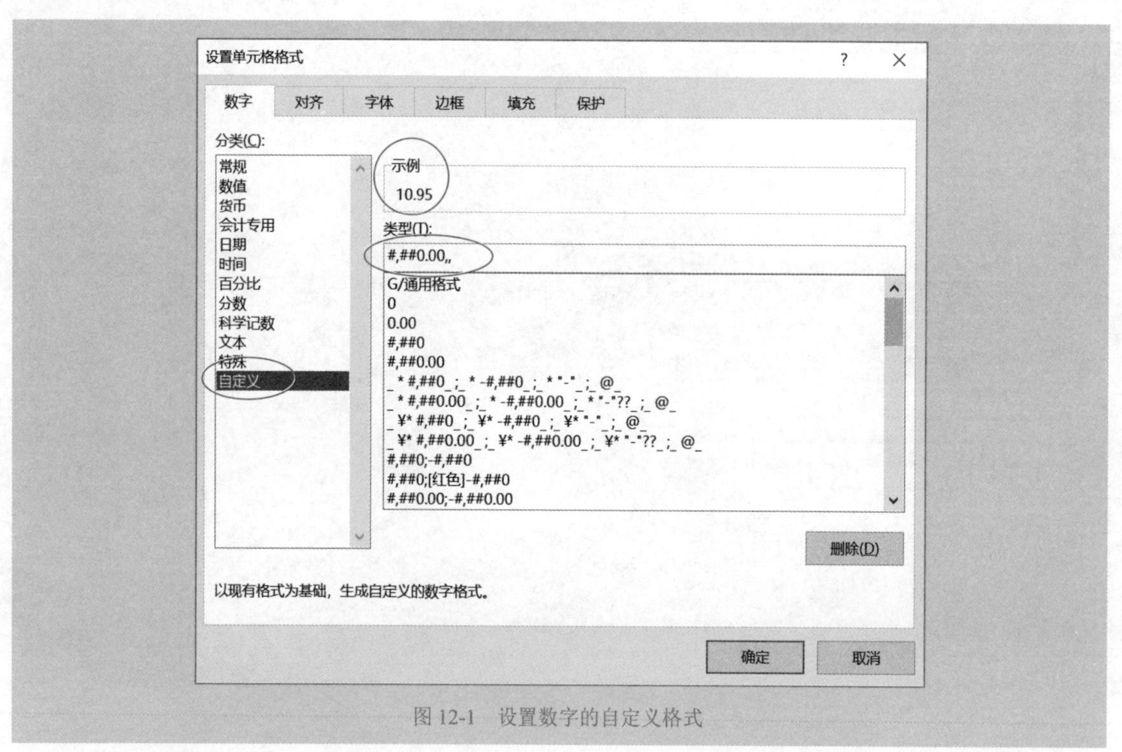

图 12-1　设置数字的自定义格式

如果输入的自定义数字格式代码正确，就会在上面的“示例”框架内显示出正确的显示样式；如果输入的自定义数字格式代码错误，就不会在上面的“示例”框架内显示出任何样式。因此，通过“示例”框架，可以判断输入的自定义数字格式代码是否正确。

设置数字的自定义格式，需要了解数字的自定义格式代码结构。

数字的自定义格式代码最多为四部分：第一部分为正数；第二部分为负数；第三部分为零；

第四部分为文本，各个部分之间用分号隔开，即：

```
正数；负数；零；文本
```

如果在格式代码中只指定两节，则第一部分用于表示正数和零，第二部分用于表示负数。

如果在格式代码中只指定了一节，那么所有数字都会使用该格式。

如果在格式代码中要跳过某一节，则对该节仅使用分号即可。

自定义格式代码中，可以使用千分位符（#,##），可以添加字符。

例如，把正数、负数都缩小 1000 倍，并且显示两位小数点，零值还显示为 0，以千分位符分隔，那么自定义数字格式代码为：

```
#,##0.00,; #,##-0.00,;0
```

技巧 132 将数字以百位显示

假若希望输入的数字以百位显示，并保留两位小数。例如，输入数字“494920.71”后显示为“4949.21”，那么就可设置如下的自定义数字格式，自定义格式代码为 "0"."00"，如图 12-2 所示。

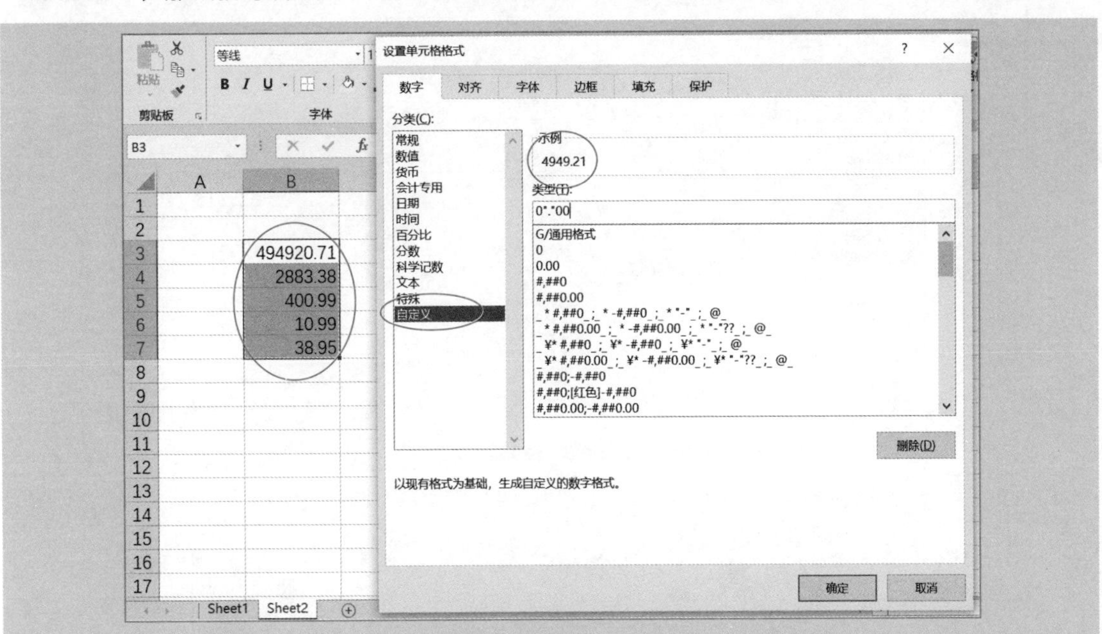

图 12-2　以百位显示数字

那么，原始数据就显示为图 12-3 所示的情形。

	A	B	C	D	E	F
1						
2		缩小100倍显示		原始数据		
3		4949.21		494920.71		
4		28.83		2883.38		
5		4.01		400.99		
6		0.11		10.99		
7		0.39		38.95		
8						

图 12-3　数字缩小 100 倍显示对比

将数字以千位显示 技巧 133

如果将输入的数字以千位显示，也就是缩小 1000 倍显示，并保留两位小数，前面显示美元符号“$”，显示千分位符，那么自定义数字格式代码为“$#,##0.00,”。

图 12-4 是一个示例数据，图 12-5 是设置格式前后对比。

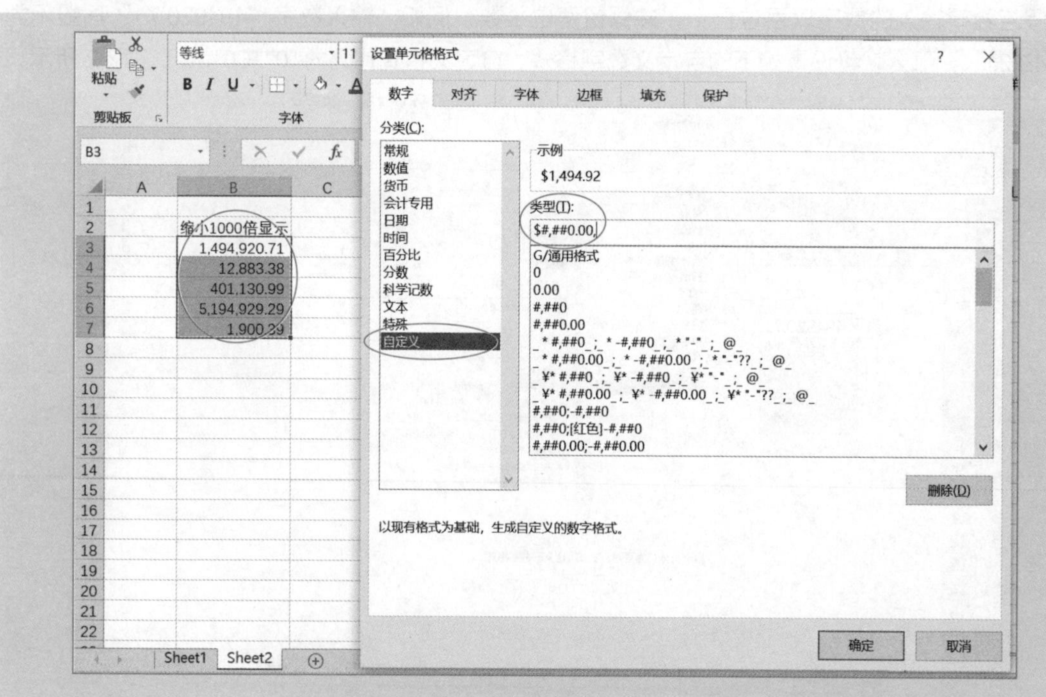

图 12-4　以千位显示数字

输入自定义格式代码“0.0,”，表示只显示带一位小数的千位以上数字；

输入自定义格式代码“0,”，表示只显示不带小数的千位以上数字；

输入自定义格式代码“¥0.00,”，表示只显示带两位小数的千位以上数字，并且数字前面有人民币符号；

	A	B	C	D	E
1					
2		缩小1000倍显示		原始数据	
3		$1,494.92		1,494,920.71	
4		$12.88		12,883.38	
5		$401.13		401,130.99	
6		$5,194.93		5,194,929.29	
7		$1.90		1,900.39	
8					

图 12-5　数字缩小 1000 倍显示对比

输入自定义格式代码“¥#,##0.00,”，表示只显示带两位小数的千位以上数字，数字前面有人民币符号，数字有千分位符。

因此，可以对格式代码中逗号“,”前面的数字格式任意设置，以满足不同的需要。

说明：格式代码后面的一个逗号“,”表示将数字缩小 1000 倍显示。

技巧 134　将数字以万位显示

以万位显示数字的格式代码是“0!.0,”，这个代码比较特殊，首先不能保留两位小数点，另外也不能显示千分位符。图 12-6 就是设置以万位显示的情况，图 12-7 是设置前后的对比。

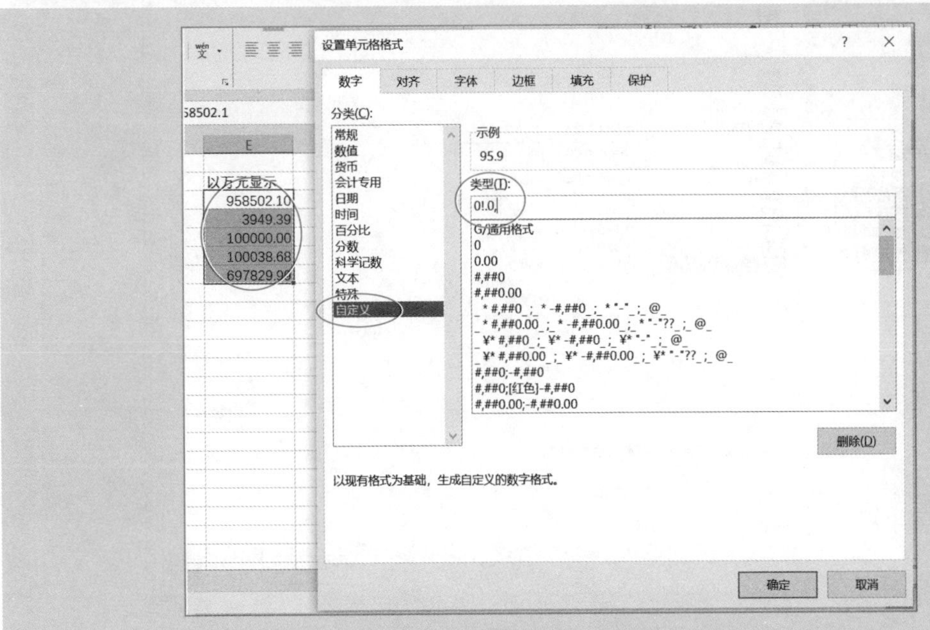

图 12-6　只显示带一位小数的万位以上数字

	A	B	C	D	E
1					
2		原始数据			以万元显示
3		958502.10			95.9
4		3949.39			0.4
5		100000.00			10.0
6		100038.68			10.0
7		697829.99			69.8

图 12-7　以万为单位显示数字前后对比

将数字以百万位显示　技巧 135

数字以百万位显示的核心代码是两个逗号（,,），而数字本身可以设置为需要的表达形式。例如，把数字显示为：缩小 100 万倍，显示两位小数点，显示千分位符，显示人民币符号，那么自定义数字格式为“¥#,##0.00,,”，如图 12-8 所示，设置前后对比如图 12-9 所示。

图 12-8　将数字缩小 100 万倍显示

输入自定义格式代码“0.0,,”，表示只显示带一位小数的百万位以上数字；

输入自定义格式代码“0,,”，表示只显示不带小数的百万位以上数字；

输入自定义格式代码“¥0.00,,”，表示只显示带两位小数的百万位以上数字，并且数字前面有人民币符号；

	A	B	C	D	E	F
1						
2		原始数据			以百万元显示	
3		9,538,502.10			¥9.54	
4		123,949.39			¥0.12	
5		10,000,000.00			¥10.00	
6		1,009,038.68			¥1.01	
7		5,697,829.99			¥5.70	
8						

图 12-9　以百万为单位显示数字前后对比

输入自定义格式代码“¥#,##0.00,,”，表示只显示带两位小数的百万位以上数字，数字前面有人民币符号，数字有千分位符。

说明：格式代码后面的两个逗号“,,”表示将数字缩小百万倍显示。

技巧 136　将负数显示为正数

在数据分析中，有时为了得到一个对比强烈的分析图表，有必要将数字分成正负来绘图，但显示标签时，又必须将负数以正数显示，例如分析两年的财务指标，分析员工的入职人数和离职人数，分析各月资金流入流出等。

图 12-10 是一个各月现金流入流出的分析图表，这个图表的特点是，现金流入画在正轴上，现金流出画在负轴上。那么为什么现金流出画在了负轴上？因为肯定是负数。为什么单元格里现金流出和图表上的标签数字都看起来是正数？因为肯定是设置了自定义数字格式，把负数显示为正数。

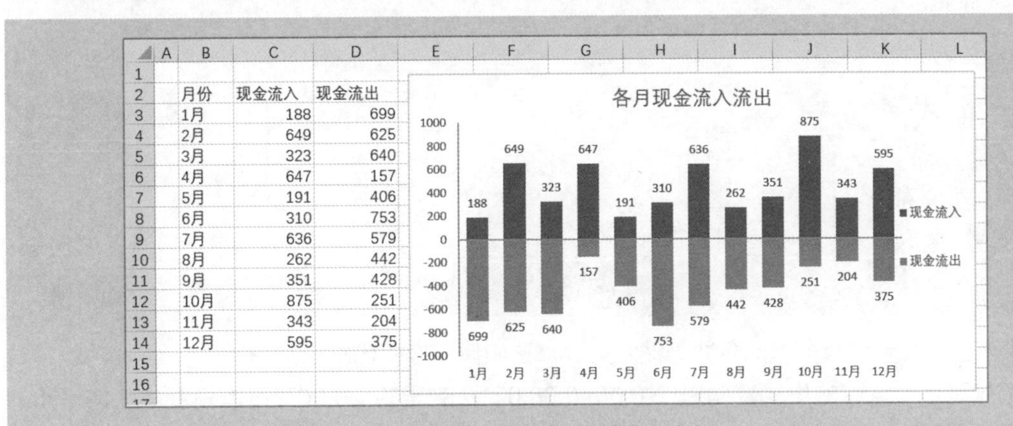

月份	现金流入	现金流出
1月	188	699
2月	649	625
3月	323	640
4月	647	157
5月	191	406
6月	310	753
7月	636	579
8月	262	442
9月	351	428
10月	875	251
11月	343	204
12月	595	375

图 12-10　分析各月现金流入流出

将负数显示为正数时，要严格按照数字的格式代码结构来写，因为数字有正数、负数和零，因此格式代码必须写完整，必须是如“0.00;0.00;0”这样的形式，这里的“0.00”可以设置成任何已知的数字格式或自定义格式。

图 12-11 和图 12-12 分别是设置方法和对比。

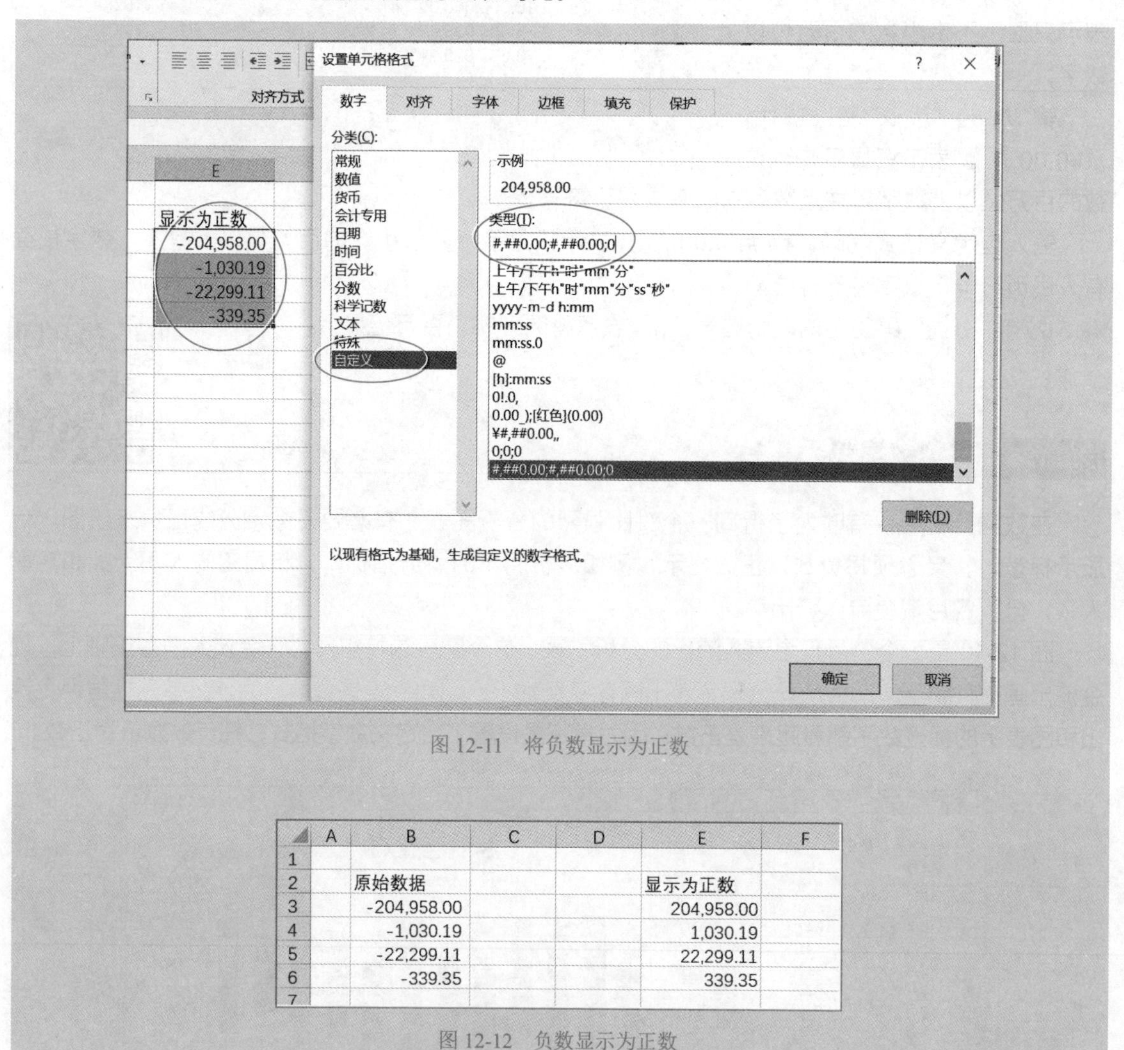

图 12-11　将负数显示为正数

	A	B	C	D	E	F
1						
2		原始数据			显示为正数	
3		-204,958.00			204,958.00	
4		-1,030.19			1,030.19	
5		-22,299.11			22,299.11	
6		-339.35			339.35	
7						

图 12-12　负数显示为正数

如果将正数显示为负数，而负数仍然为负数，该如何写格式代码呢？

将正数显示为负数的格式代码是“-0.00;-0.00;0”，这里的“0.00”可以设置成任何已知的数字格式或自定义格式。

说明：这种格式设置仅仅将正数显示为负数。如果是负数，则仍显示为负数。并且单元格的零值和文本数据也能够正常显示。

技巧 137 为输入数字自动添加标识字符

可以为输入数字自动添加标识字符。

例如，在金额前面和后面添加货币名称和单位，以使数字说明更加清楚；在增量数字（正数）前面显示上箭头，在减量数字（负数）前面显示下箭头等。

例如，当将货币数字千位显示后，在数字后面添加“千元”字样，在数字前面添加“人民币”字样。

例如，在数字前面添加“人民币（千元）”字样，并只显示千位数字，如图 12-13 所示。

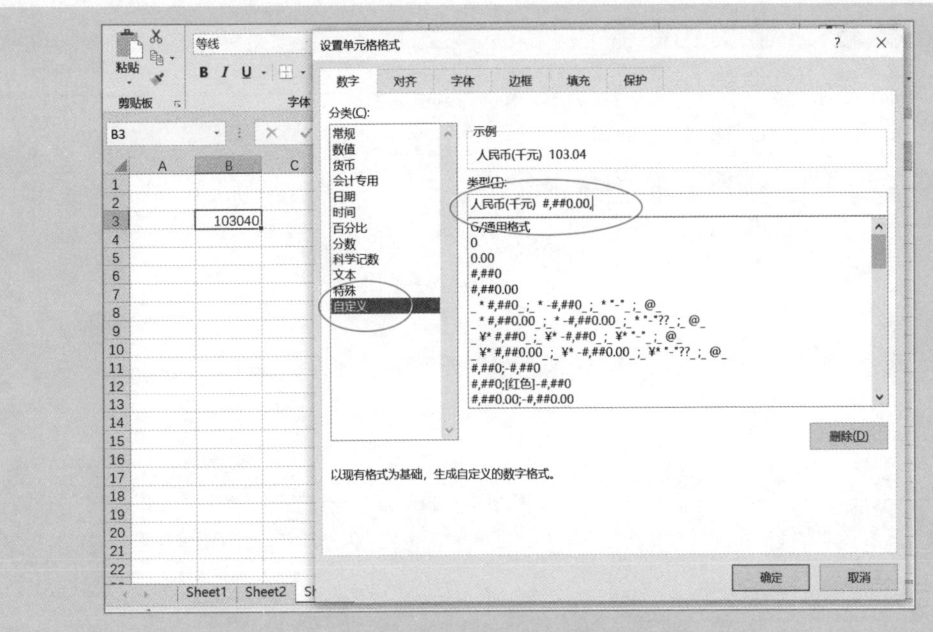

图 12-13 为输入数字自动添加单位说明

图 12-14 和图 12-15 是对两年增长率进行自定义格式设置。正的增长率前面添加上箭头；负的增长率前面添加下箭头，不再显示负号；零显示为“-”；增长率都以两位小数点的百分数显示，那么，自定义数字格式为：

```
▲ 0.00%; ▼ 0.00%;-
```

	A	B	C	D	E
1					
2		产品	去年	今年	增长率
3		产品1	486	404	-16.87%
4		产品2	1133	1069	-5.65%
5		产品3	532	757	42.29%
6		产品4	1047	662	-36.77%
7		产品5	601	927	54.24%
8		产品6	531	476	-10.36%

图 12-14　原始数据（1）

	A	B	C	D	E
1					
2		产品	去年	今年	增长率
3		产品1	486	404	▼16.87%
4		产品2	1133	1069	▼5.65%
5		产品3	532	757	▲42.29%
6		产品4	1047	662	▼36.77%
7		产品5	601	927	▲54.24%
8		产品6	531	476	▼10.36%

图 12-15　百分比数字前面显示上下箭头

自定义数字格式的设置如图 12-16 所示。

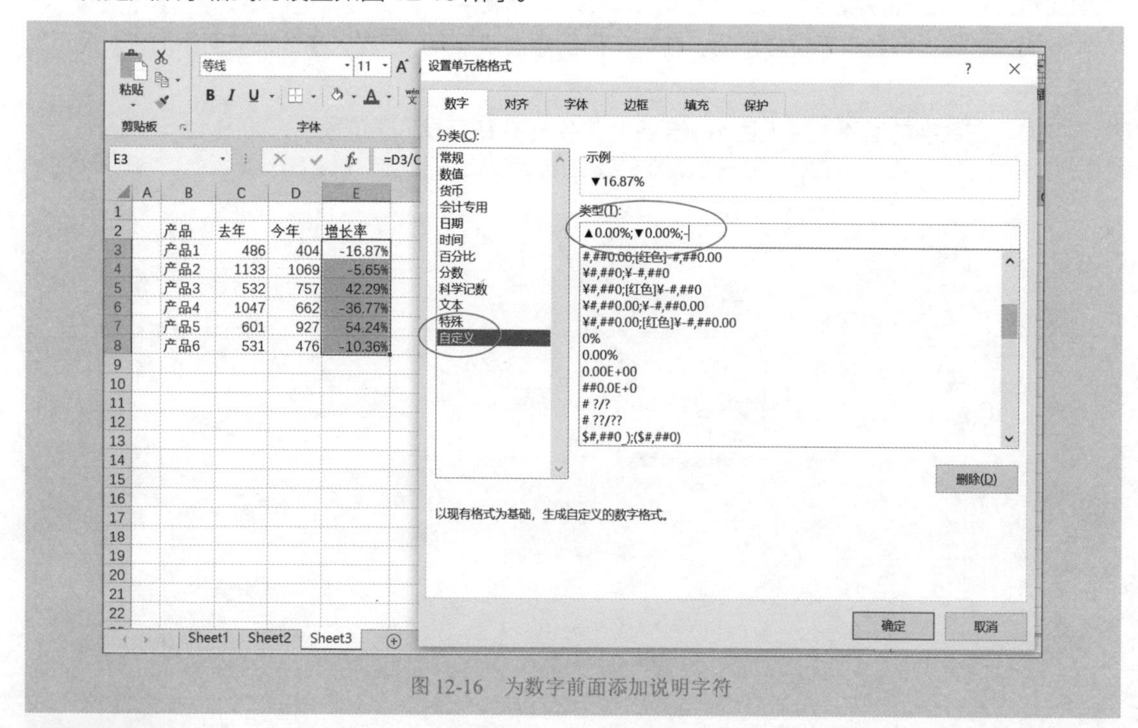

图 12-16　为数字前面添加说明字符

将正负数分别显示为不同颜色　技巧 138

在技巧 137 中把正负百分比数字分别添加了上下箭头，这种设置在某种程度上，方便观察数据，但是还不够清晰。能否把正数显示为一种颜色，负数显示为另外一种颜色呢？

可以在自定义数字格式中使用颜色。要设置格式中某一部分的颜色，只要在该部分对应位置用方括号键输入颜色名称或颜色编号即可。

Excel 中可以使用的颜色名称有 [黑色]、[蓝色]、[青色]、[绿色]、[洋红]、[红色]、[白色]、[黄色] 八种不同的颜色。

此外 Excel 还可以使用 [颜色 X] 的方式来设置颜色，其中 X 为 1~56 的数字，代表了 56 种不同的颜色。

例如，对图 12-17 所示的两年同比分析报表，要显示为图 12-18 所示情况。显然，这种自定义显示，使分析结果更加清晰，阅读性更强。

这里，同比增减数字的自定义格式代码为：

▲ [蓝色]0; ▼ [红色]0;0

增长率百分比数字的自定义格式代码为：

[蓝色] ▲ 0.00%;
[红色] ▼ 0.00%;0

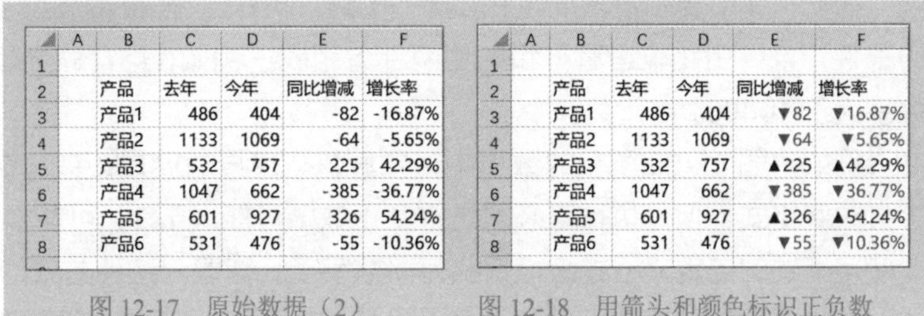

	A	B	C	D	E	F
1						
2		产品	去年	今年	同比增减	增长率
3		产品1	486	404	-82	-16.87%
4		产品2	1133	1069	-64	-5.65%
5		产品3	532	757	225	42.29%
6		产品4	1047	662	-385	-36.77%
7		产品5	601	927	326	54.24%
8		产品6	531	476	-55	-10.36%

图 12-17　原始数据（2）

	A	B	C	D	E	F
1						
2		产品	去年	今年	同比增减	增长率
3		产品1	486	404	▼82	▼16.87%
4		产品2	1133	1069	▼64	▼5.65%
5		产品3	532	757	▲225	▲42.29%
6		产品4	1047	662	▼385	▼36.77%
7		产品5	601	927	▲326	▲54.24%
8		产品6	531	476	▼55	▼10.36%

图 12-18　用箭头和颜色标识正负数

图 12-19 是自定义数字格式的设置情况。用于显示字符，设置颜色。

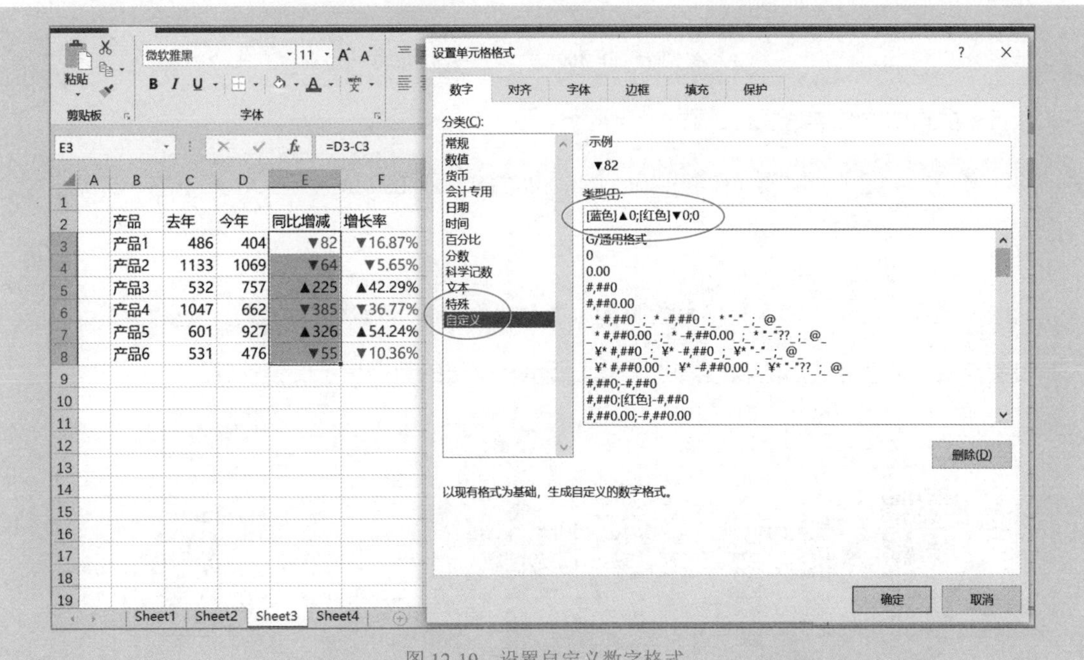

图 12-19　设置自定义数字格式

根据数值的大小来设置数字格式 技巧 139

在 Excel 自定义数字格式中，可以根据数字的大小进行判断，设置不同的格式。

Excel 自定义数字格式中可以使用以下六种标准的比较运算符：等于 (=)、大于 (>)、小于 (<)、大于等于（>=）、小于等于（<=）、不等于（<>）。

在 Excel 中要想设置满足指定条件数字的格式，在自定义数字格式代码中必须加入带中括号的条件，条件由比较运算符和数值两部分组成。例如，[>1] 就表示数字大于 1；[>10000] 就表示数字大于 10000。

例如，图 12-20 所示的数据中，预算执行差异值就是正数负数之分，可以使用前面介绍的自定义数字格式，但是执行率必须是一个正数，可能大于 1，可能小于 1，也可能等于 1，这样就不能使用上述的自定义格式来标识执行率数字了。注意，这种方式的阅读性较差。

假如要把超预算执行的标注为蓝色字体，显示上箭头，而预算内的标注为红色字体，显示下箭头，那么，差异数和执行率的自定义数字格式是不一样的，分别为：

差异数的自定义数字格式代码：

```
▲ [ 蓝色 ]#,##0; ▼ [ 红色 ]#,##0;0
```

执行率的自定义数字格式代码：

```
▲ [ 蓝色 ][>1]0.00%; ▼ [ 红色 ][<1]0.00%;0%,
```

或者

```
▲ [>1][ 蓝色 ]0.00%; ▼ [<1][ 红色 ]0.00%;0.00%
```

设置自定义数字格式后的表格如图 12-21 所示，这样的数据提示阅读性强。

	A	B	C	D	E
1	项目	预算	实际	差异	执行率
2	项目1	1096	1202	106	109.67%
3	项目2	1823	903	-920	49.53%
4	项目3	1077	681	-396	63.23%
5	项目4	989	1285	296	129.93%
6	项目5	1450	1676	226	115.59%
7	项目6	1036	419	-617	40.44%
8	项目7	1528	1989	461	130.17%
9	项目8	924	1532	608	165.80%

图 12-20　原始数据（3）

	A	B	C	D	E
1	项目	预算	实际	差异	执行率
2	项目1	1096	1202	▲106	▲109.67%
3	项目2	1823	903	▼920	▼49.53%
4	项目3	1077	681	▼396	▼63.23%
5	项目4	989	1285	▲296	▲129.93%
6	项目5	1450	1676	▲226	▲115.59%
7	项目6	1036	419	▼617	▼40.44%
8	项目7	1528	1989	▲461	▲130.17%
9	项目8	924	1532	▲608	▲165.80%

图 12-21　自定义数字格式

图 12-22 就是设置执行率数字的自定义格式，判断执行率是否大于 1 或者小于 1，而设置成不同的格式。

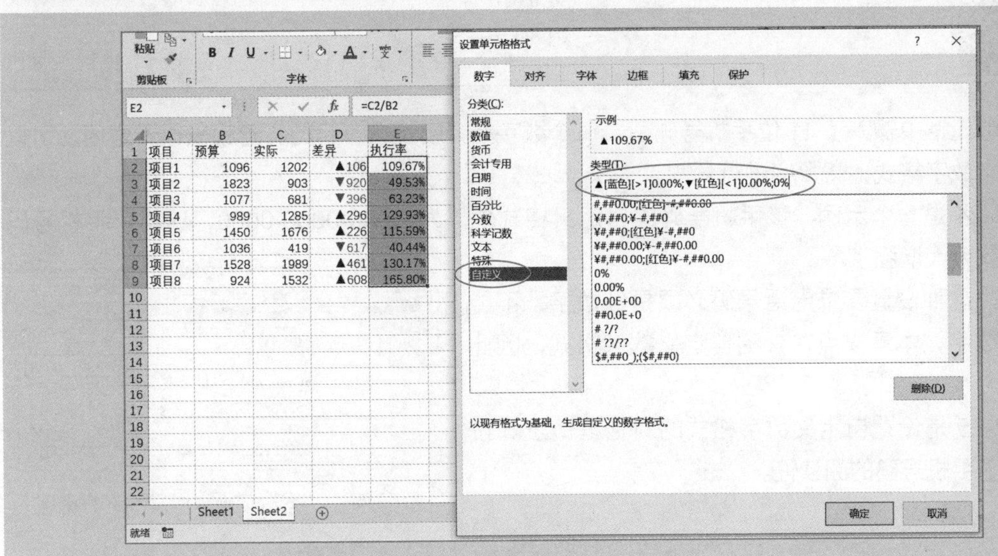

图 12-22　根据数值大小来设置格式

技巧 140 隐藏单元格的数据

根据需要隐藏单元格的数据时，只需要设置好自定义格式代码的四部分格式即可。有以下几种情况：

◎ “;;;”：不显示任何数据。

◎ “;”：不显示任何数字，但显示文本。

◎ “0;0;@”：不显示正数，但显示负数、零和文本。

◎ “0;;0;@”：不显示负数，但显示正数、零和文本。

◎ “0;-0;;@”：不显示零，但显示正数、负数和文本。

◎ “0;-0;0;”：不显文本，但显示正数、负数和零。

格式代码中的数字 0 可以设置成任何已知的数字格式或自定义格式。

图 12-23 为隐藏单元格数据的几种情况示例。

	A	B	C	D	E	F	G	H
1	原始数据		全部隐藏	只隐藏正数	只隐藏负数	只隐藏0值	隐藏任何数字	只隐藏文本
2	500				500	500		500
3	-200			-200		-200		-200
4	0			0	0			0
5	北京			北京	北京	北京	北京	
6								

图 12-23　隐藏单元格的数据的几种情况

设置手机号码的显示格式 技巧 141

当在单元格中输入了 11 位手机号码后，每个数字是紧密连在一起的，看起来很不方便。可以利用自定义数字格式，将数字进行分割。

图 12-24 是一个示例，该手机号码的自定义格式代码为：000-0000-0000，这样，手机号码的阅读性就大大增强了。

不过，这种设置要求电话号码必须是纯数字，不能是文本型数字，本章重点在介绍自定义数字格式，因此为纯数字。

图 12-25 是设置自定义数字格式的对话框情况。设置后增强了手机号码的阅读性。

D2 fx 12533270811

	A	B	C	D
1		原始电话号码		设置格式后
2		12533270811		125-3327-0811
3		12533270812		125-3327-0812
4		12533270813		125-3327-0813
5		12533270814		125-3327-0814
6		12533270815		125-3327-0815

图 12-24　设置手机号码自定义格式后的显示

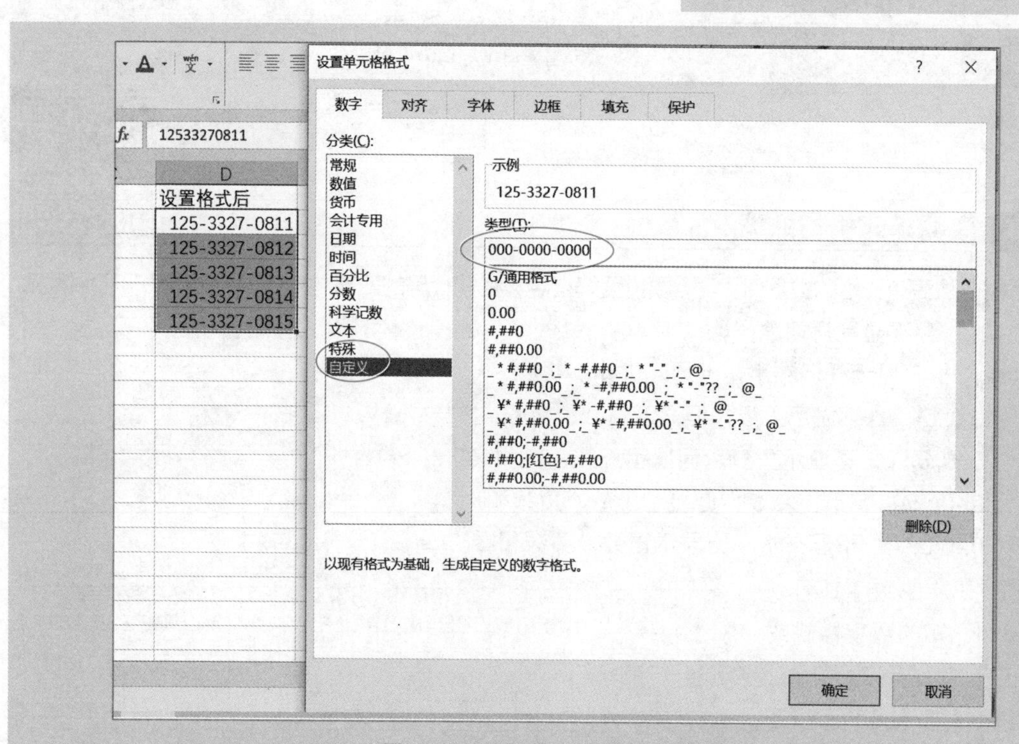

图 12-25　设置手机号码的自定义格式

第13章

利用条件格式自动标识和跟踪数据技巧

EXCEL

在实际工作中，往往需要根据单元格的数据大小、数据是否合法、单元格是否有数据、单元格是否满足指定条件，来动态设置单元格的格式，此时，可以使用条件格式来达到目的。

执行“开始”→“条件格式”命令，展开“条件格式”的命令集，如图 13-1 所示。根据实际要求，选择相应命令进行设置即可。

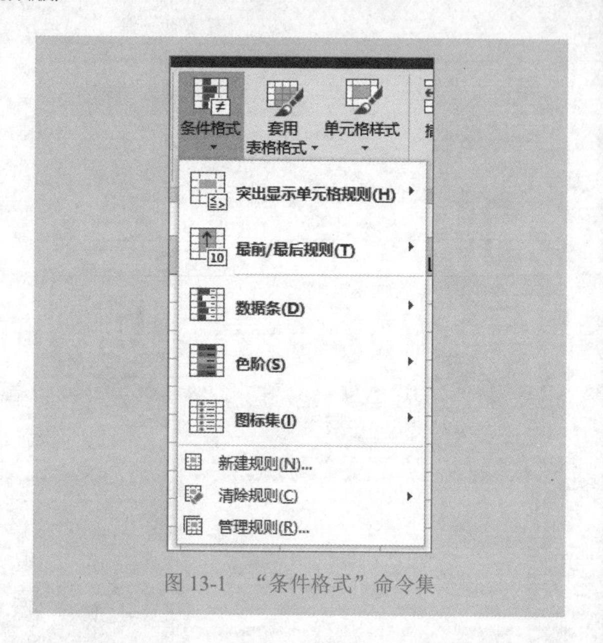

图 13-1 “条件格式”命令集

标识某一范围的数字单元格 技巧 142

标识某一范围的数字单元格，可以执行“条件格式”→“突出显示单元格规则”命令，会展开该规则下的几种常用情况，如图 13-2 所示，包括：

◎ 大于：标识大于指定数值的单元格。

◎ 小于：标识小于指定数值的单元格。

◎ 介于：标识介于指定数值之间的单元格。

◎ 等于：标识等于指定数值的单元格。

◎ 文本包含：标识包含指定文本的单元格。

◎ 发生日期：标识指定发生日期的单元格。

◎ 重复值：标识重复或不重复的单元格。

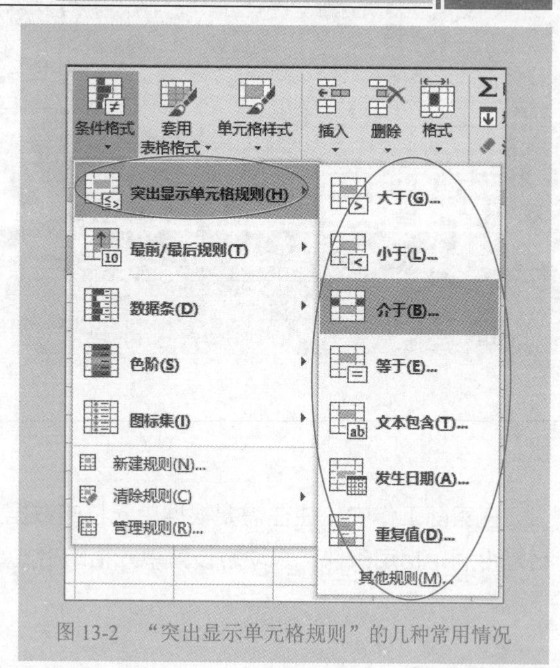

图 13-2 “突出显示单元格规则”的几种常用情况

图 13-3 是标识那些销售额大于 100 万的客户，这里使用了“大于”选项，输入条件值“1000000”，单元格格式可以根据需要来设置。

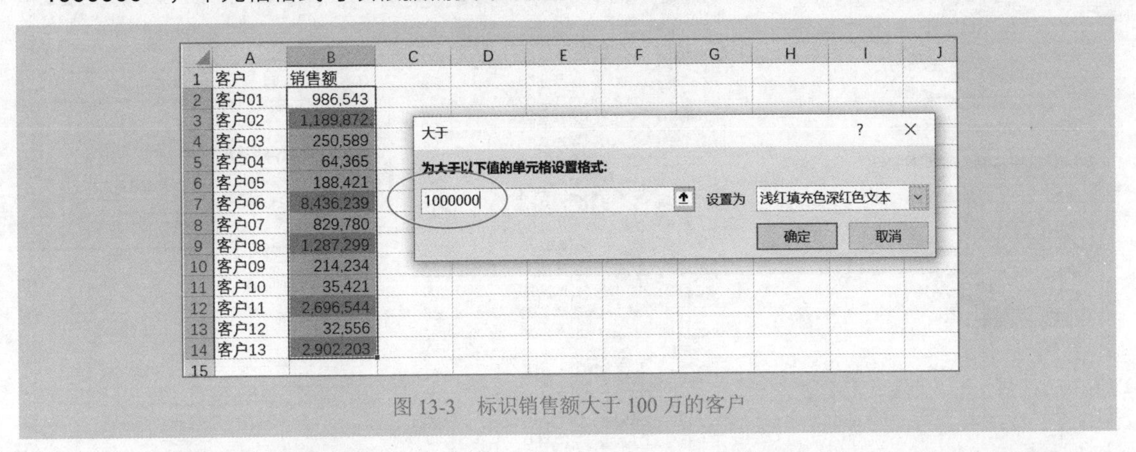

	A	B
1	客户	销售额
2	客户01	986,543
3	客户02	1,189,872
4	客户03	250,589
5	客户04	64,365
6	客户05	188,421
7	客户06	8,436,239
8	客户07	829,780
9	客户08	1,287,299
10	客户09	214,234
11	客户10	35,421
12	客户11	2,696,544
13	客户12	32,556
14	客户13	2,902,203

图 13-3 标识销售额大于 100 万的客户

图 13-4 是标识销售额低于 5 万的客户，这里使用了“小于”选项，输入条件值“50000”，单元格格式可以根据需要来设置。

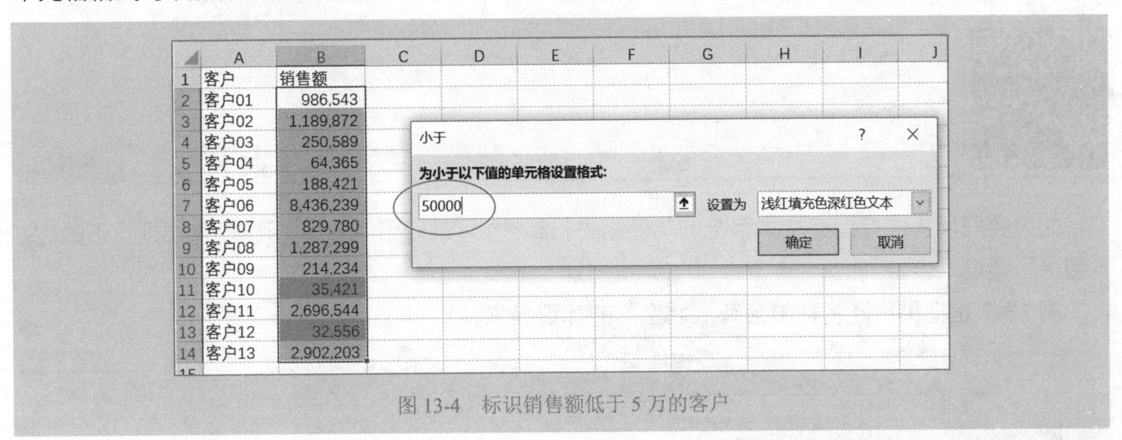

	A	B
1	客户	销售额
2	客户01	986,543
3	客户02	1,189,872
4	客户03	250,589
5	客户04	64,365
6	客户05	188,421
7	客户06	8,436,239
8	客户07	829,780
9	客户08	1,287,299
10	客户09	214,234
11	客户10	35,421
12	客户11	2,696,544
13	客户12	32,556
14	客户13	2,902,203

图 13-4 标识销售额低于 5 万的客户

技巧 143 标识指定发生日期的单元格

当要从数据中标识出在指定时间发生的数据时，可以使用“突出显示单元格规则”下的“发生日期”选项，这个选项中，有很多条件可以选择，如图 13-5 所示。这样可以对要求的时间数据进行跟踪。

例如，图 13-6 是把最近 7 天的日期数据进行标识，选择 A 列日期，使用“最近 7 天”条件。

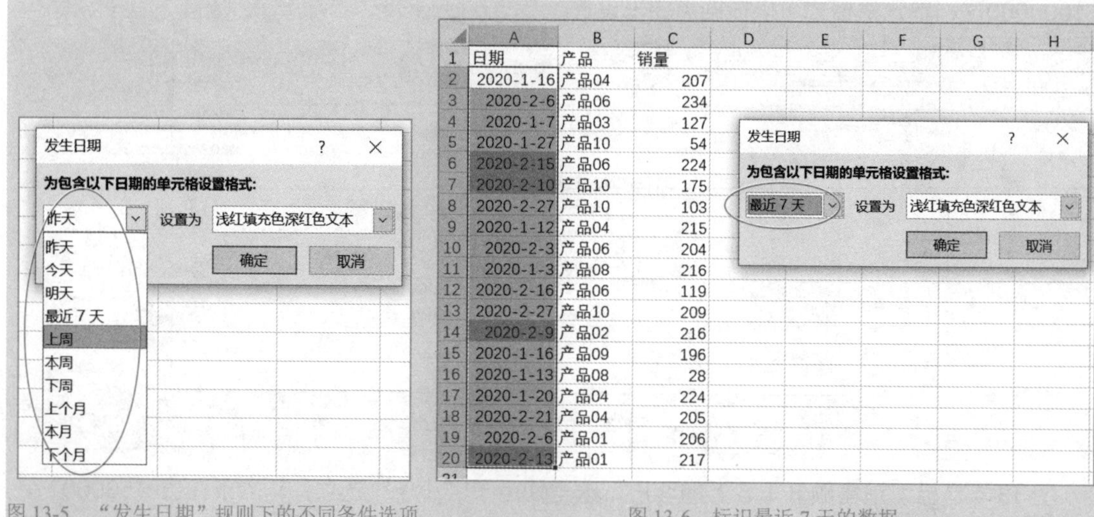

图 13-5 “发生日期”规则下的不同条件选项

图 13-6 标识最近 7 天的数据

标识包含指定文本的单元格 技巧 144

如果要把那些含有指定文本字符的单元格进行标注，可以使用“突出显示单元格规则”下的“文本包含”选项。

图 13-7 是把供货商名称中含有“北京”的标识出来。

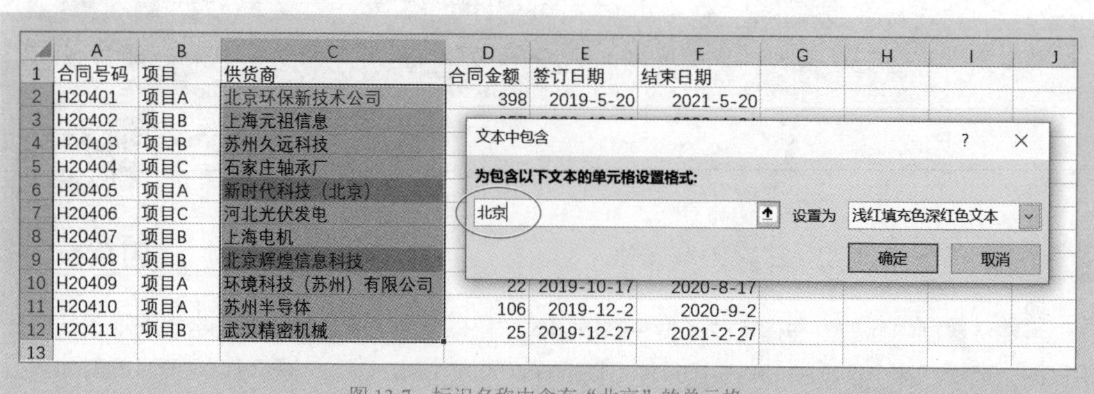

图 13-7 标识名称中含有“北京”的单元格

技巧 145 标识重复值或唯一值

在“突出显示单元格规则”中，“重复值”选项可以快速标识出重复数据单元格或者唯一值单元格。

例如，要把单元格区域内的重复数据标识出来，选择“重复值”命令，打开“重复值”对话框，然后设置格式即可，如图 13-8 所示。

在这个“重复值”对话框中，也可以选择标识唯一值，如图 13-9 所示。

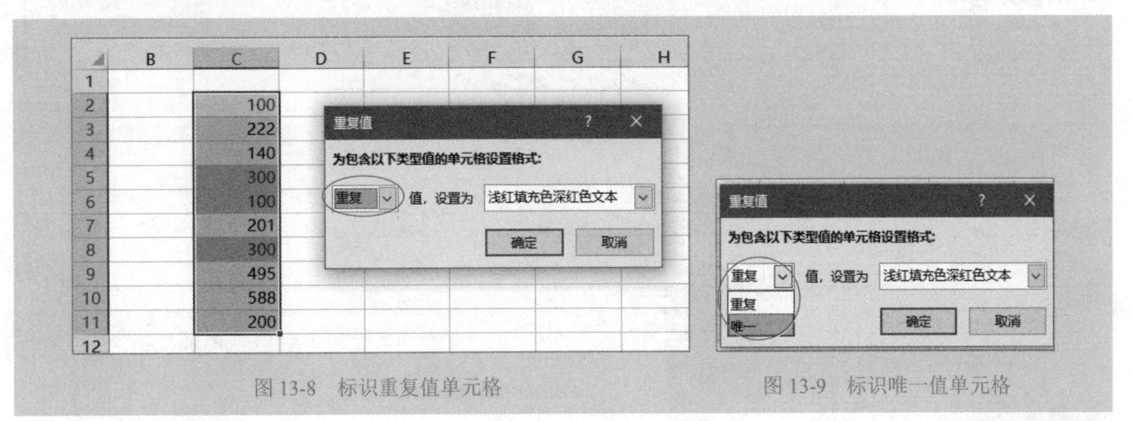

图 13-8 标识重复值单元格

图 13-9 标识唯一值单元格

技巧 146 标识最大或最小的前 *N* 个或后 *N* 个数

如果想把最好的前 5 个数字或者最差的后 5 个数字标识出来，可以使用“最前 / 最后规则”选项。单击这个命令，展开该规则下的几种情况，如图 13-10 所示。

例如，从销售额中，标出销售额最大的前 5 个客户，选择“前 10 项”，打开“前 10 项”对话框，选择项数为 5，并设置格式，如图 13-11 所示。

图 13-12 是从销售额中标出销售额最小的后 5 个客户，选择“最后 10 项”，打开“最后 10 项”对话框，选择项数为 5，并设置格式。

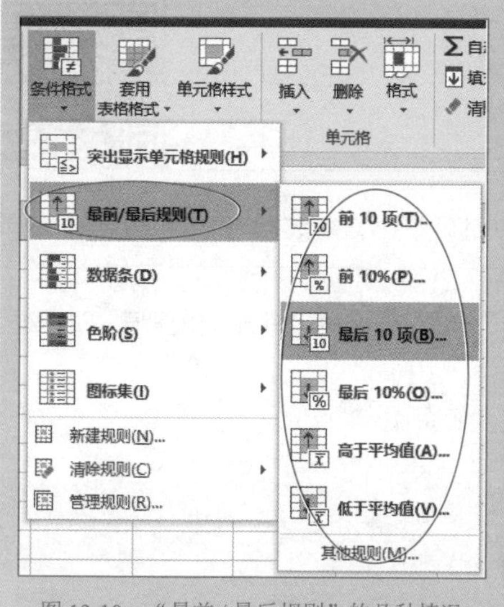

图 13-10　“最前 / 最后规则”的几种情况

	A	B
1	客户	销售额
2	客户01	25163
3	客户02	5018
4	客户03	9267
5	客户04	25494
6	客户05	7421
7	客户06	84300
8	客户07	373
9	客户08	23225
10	客户09	9421
11	客户10	22057
12	客户11	2242
13	客户12	817
14	客户13	29515
15	客户14	27498
16	客户15	9299
17	客户16	149
18	客户17	13347
19	客户18	2025
20	客户19	5027

前 10 项
为值最大的那些单元格设置格式:
5　设置为　浅红填充色深红色文本
确定　取消

图 13-11　标识销售额最大的前 5 个客户

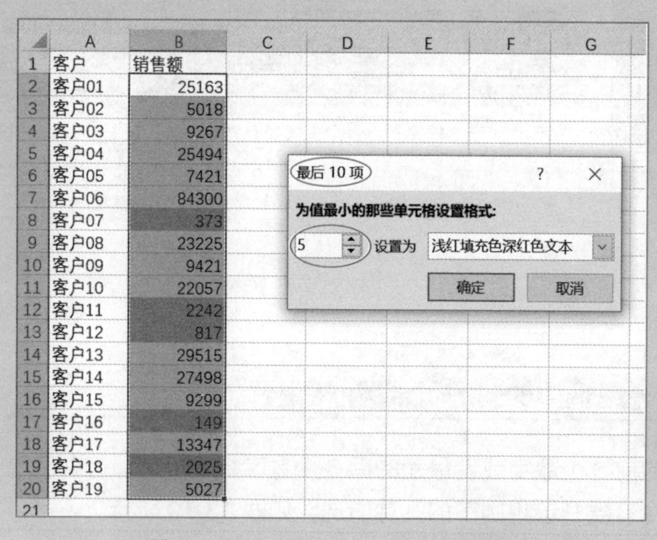

	A	B
1	客户	销售额
2	客户01	25163
3	客户02	5018
4	客户03	9267
5	客户04	25494
6	客户05	7421
7	客户06	84300
8	客户07	373
9	客户08	23225
10	客户09	9421
11	客户10	22057
12	客户11	2242
13	客户12	817
14	客户13	29515
15	客户14	27498
16	客户15	9299
17	客户16	149
18	客户17	13347
19	客户18	2025
20	客户19	5027

图 13-12　标识销售额最小的后 5 个客户

标识最大或最小的前 *N*% 个或后 *N*% 个数　技巧 147

技巧 146 介绍的是用条件格式标识最大或最小的前 *N* 个或后 *N* 个数，是按照数值的绝对值大小判断的。如果要标识出销售额最大的客户数占全部客户数的前 *N*% 个或者后 *N*% 个，可以选择“最前 / 最后规则”里的“前 10%”或“最后 10%”选项。

图 13-13 是把销售额最大的前 30% 个客户标识出来，这里是选择了“前 10%”条件规则。

说明：这里的 30%，是销售额最大的前 30% 客户数，不是销售额的 30%。例如，图 13-13 标识出了 5 个客户，它们是销售额的最大的前 5 个，占全部客户数（共 19 个客户）的 30% 以内。

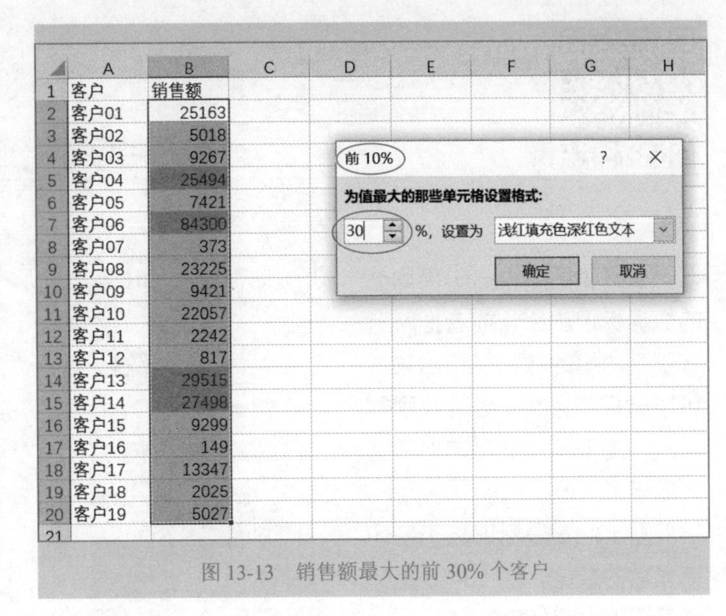

	A	B
1	客户	销售额
2	客户01	25163
3	客户02	5018
4	客户03	9267
5	客户04	25494
6	客户05	7421
7	客户06	84300
8	客户07	373
9	客户08	23225
10	客户09	9421
11	客户10	22057
12	客户11	2242
13	客户12	817
14	客户13	29515
15	客户14	27498
16	客户15	9299
17	客户16	149
18	客户17	13347
19	客户18	2025
20	客户19	5027

图 13-13　销售额最大的前 30% 个客户

图 13-14 是把销售额最小的后 30% 客户标识出来，这里是选择了“最后 10%”条件规则。可以看到，标识出了 5 个客户，它们的销售额是最小的后 5 个，占全部客户数（共 19 个客户）的 30% 以内。

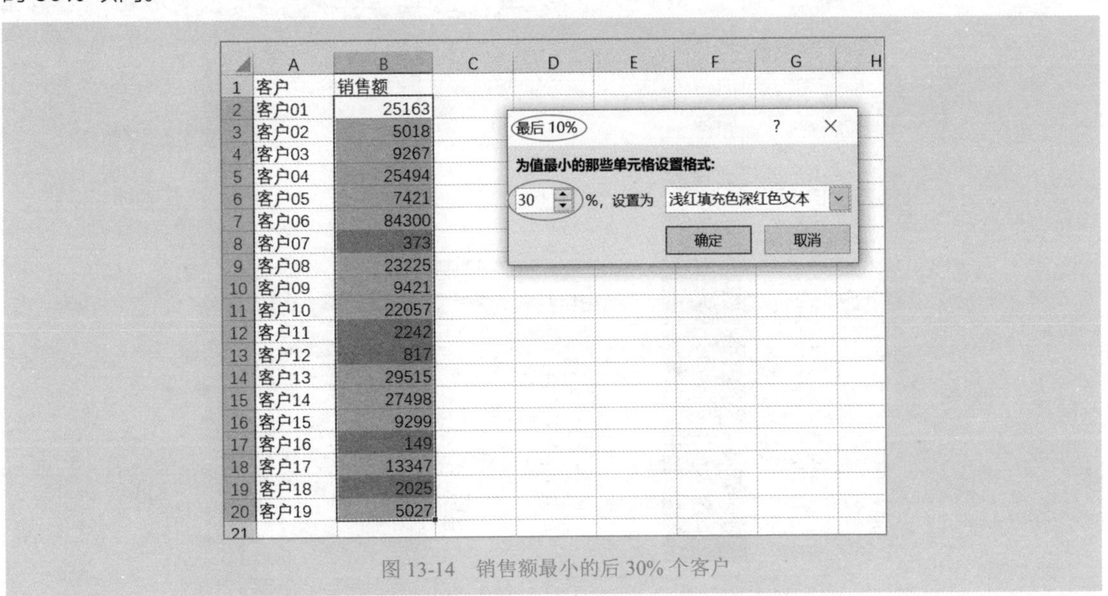

	A	B
1	客户	销售额
2	客户01	25163
3	客户02	5018
4	客户03	9267
5	客户04	25494
6	客户05	7421
7	客户06	84300
8	客户07	373
9	客户08	23225
10	客户09	9421
11	客户10	22057
12	客户11	2242
13	客户12	817
14	客户13	29515
15	客户14	27498
16	客户15	9299
17	客户16	149
18	客户17	13347
19	客户18	2025
20	客户19	5027

图 13-14　销售额最小的后 30% 个客户

标识平均值以上 / 平均值以下的数据 技巧 148

如果要把所有高于平均值的数据标识出来，或者把所有低于平均值的数据标识出来，可以选择“最前 / 最后规则”里的“高于平均值”选项或者“低于平均值”选项。

图 13-15 是标识高于平均销售额的数据，图 13-16 是标识低于平均销售额的数据。

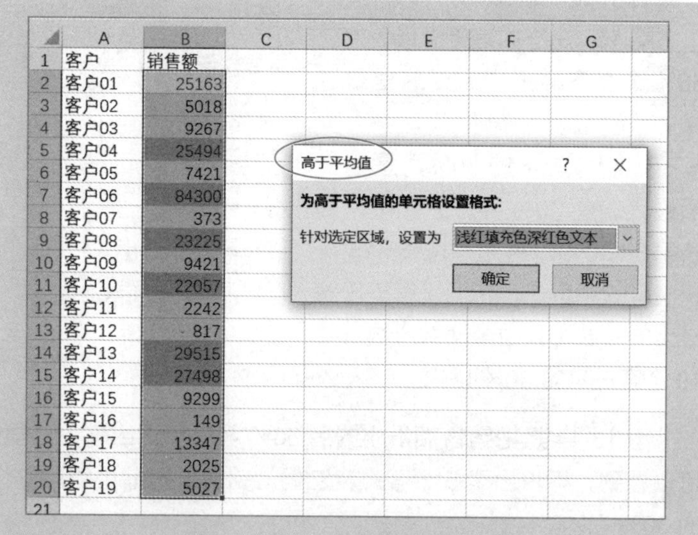

	A	B
1	客户	销售额
2	客户01	25163
3	客户02	5018
4	客户03	9267
5	客户04	25494
6	客户05	7421
7	客户06	84300
8	客户07	373
9	客户08	23225
10	客户09	9421
11	客户10	22057
12	客户11	2242
13	客户12	817
14	客户13	29515
15	客户14	27498
16	客户15	9299
17	客户16	149
18	客户17	13347
19	客户18	2025
20	客户19	5027

图 13-15　标识高于平均销售额的数据

	A	B
1	客户	销售额
2	客户01	25163
3	客户02	5018
4	客户03	9267
5	客户04	25494
6	客户05	7421
7	客户06	84300
8	客户07	373
9	客户08	23225
10	客户09	9421
11	客户10	22057
12	客户11	2242
13	客户12	817
14	客户13	29515
15	客户14	27498
16	客户15	9299
17	客户16	149
18	客户17	13347
19	客户18	2025
20	客户19	5027

低于平均值

为低于平均值的单元格设置格式:

针对选定区域，设置为 浅红填充色深红色文本

确定　取消

图 13-16　标识低于平均销售额的数据

技巧 149 使用数据条醒目标识数据大小

如果想要自动标识数据的大小，可以使用“数据条”命令。

选择区域，执行“条件格式”→“数据条”命令，展开“数据条”填充样式列表，如图 13-17 所示，选择喜欢的样式，就可以自动标注数据大小比较的效果，如图 13-18 所示。

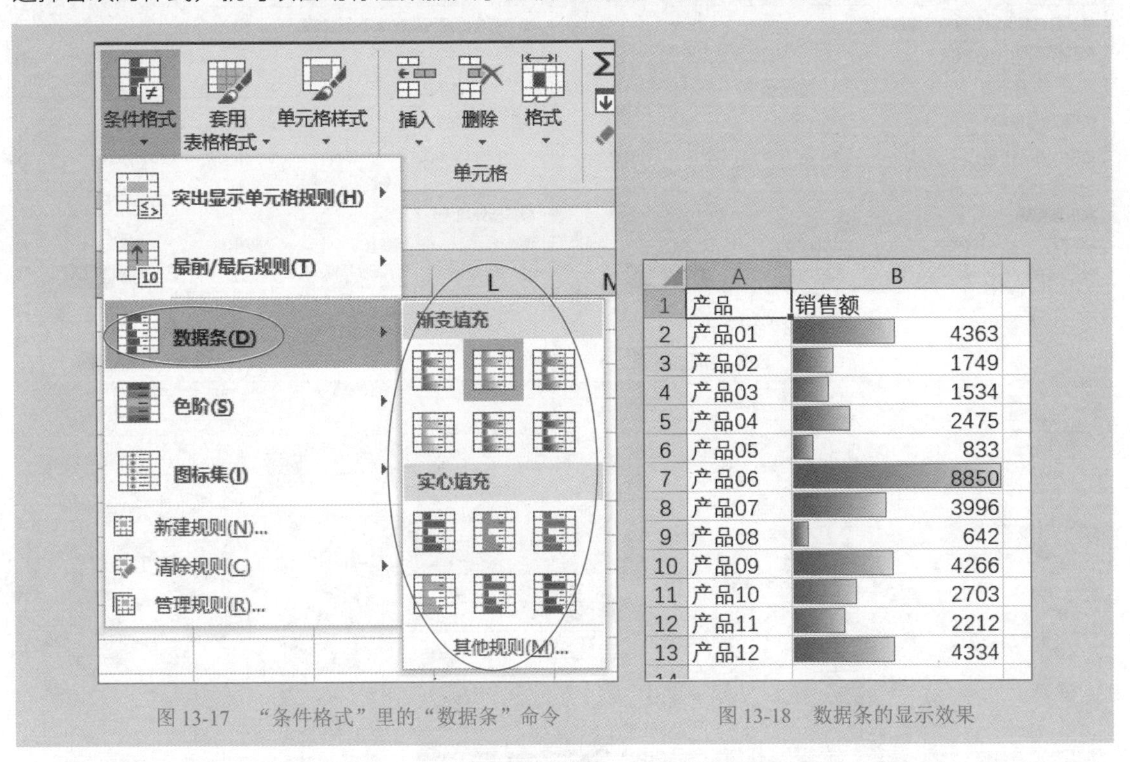

图 13-17 “条件格式”里的“数据条”命令

图 13-18 数据条的显示效果

上述是使用默认的数据条样式进行标注的示例，也可以根据不同的需求来设置个性化的数据条，执行数据条填充样式列表底部的“其他规则”命令，打开“新建格式规则”对话框，如图 13-19 所示，在该对话框中，可以根据需要进行设置，包括最小值和最大值的限定，条形图外观的设置等。

例如，数据条的最小值设置为 3000，相当于把柱形图的坐标轴最小刻度设置为 3000，这样可以更加清楚地查看 3000 以上数据的大小比较结果，如图 13-20 和图 13-21 所示。

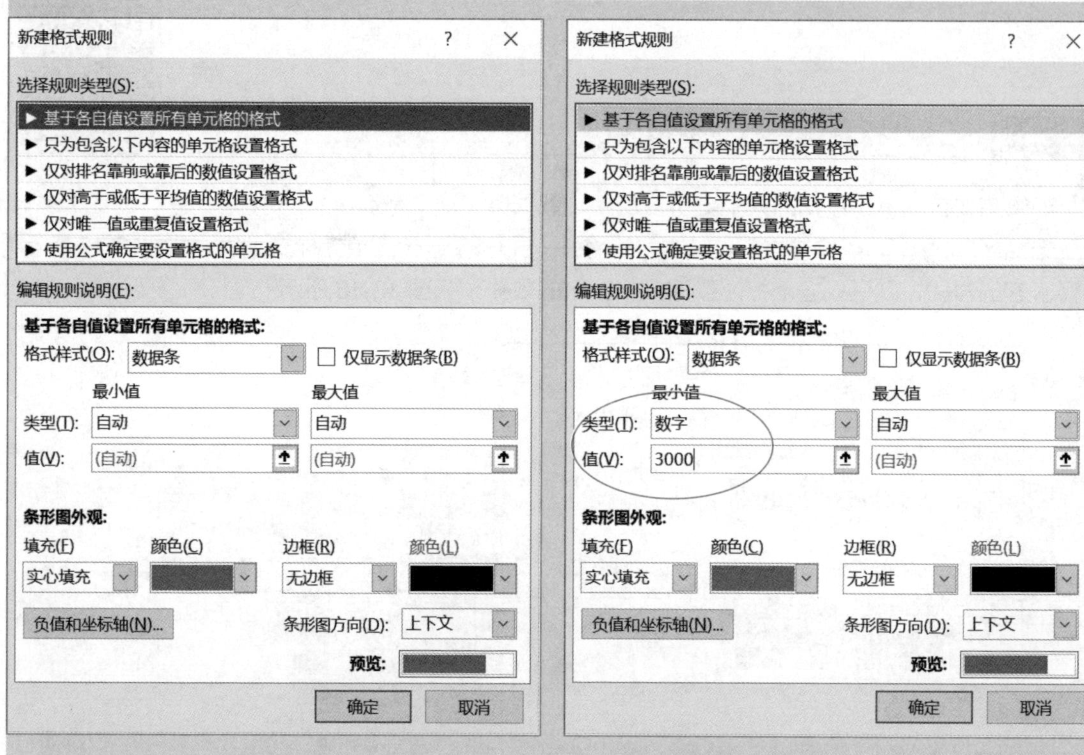

图 13-19 “新建格式规则”对话框

图 13-20 设置数据条坐标轴最小值

	A	B
1	产品	销售额
2	产品01	4363
3	产品02	1749
4	产品03	1534
5	产品04	2475
6	产品05	833
7	产品06	8850
8	产品07	3996
9	产品08	642
10	产品09	4266
11	产品10	2703
12	产品11	2212
13	产品12	4334
14		

图 13-21 重点比较最小值以上的数据

技巧 150 使用色阶标识数据大小和变化

色阶是根据单元格数值的大小，颜色由浅入深逐渐过渡，这样，可以清楚地观察各个项目、地区、产品等的数据变化情况。

在使用色阶时，最好把数据进行排序，这样可以使色阶的颜色过渡看起来更加舒服。

“条件格式”里的“色阶”选项及其显示效果如图 13-22 和图 13-23 所示。

一般来说，使用默认的色阶设置就可以了。如果要做个性化的色阶格式，可以执行“色阶”→“其他规则”命令，打开“新建格式规则”对话框，在该对话框中，可以选择“格式样式”（双色刻度或三色刻度），设置值的类型及标准颜色等，如图 13-24 和图 13-25 所示。

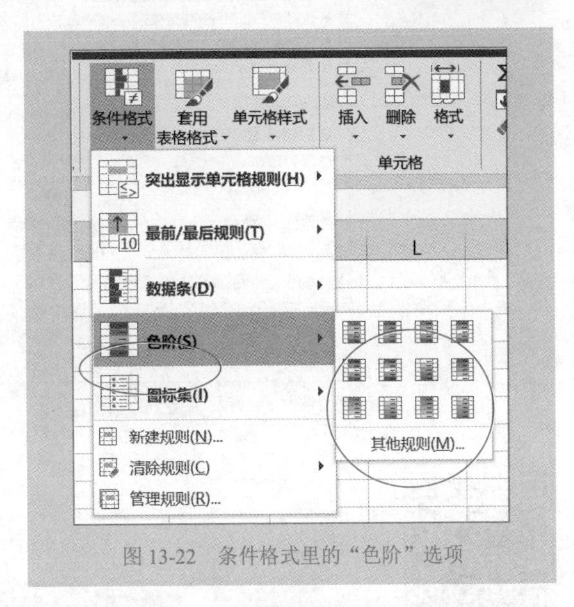

图 13-22 条件格式里的“色阶”选项

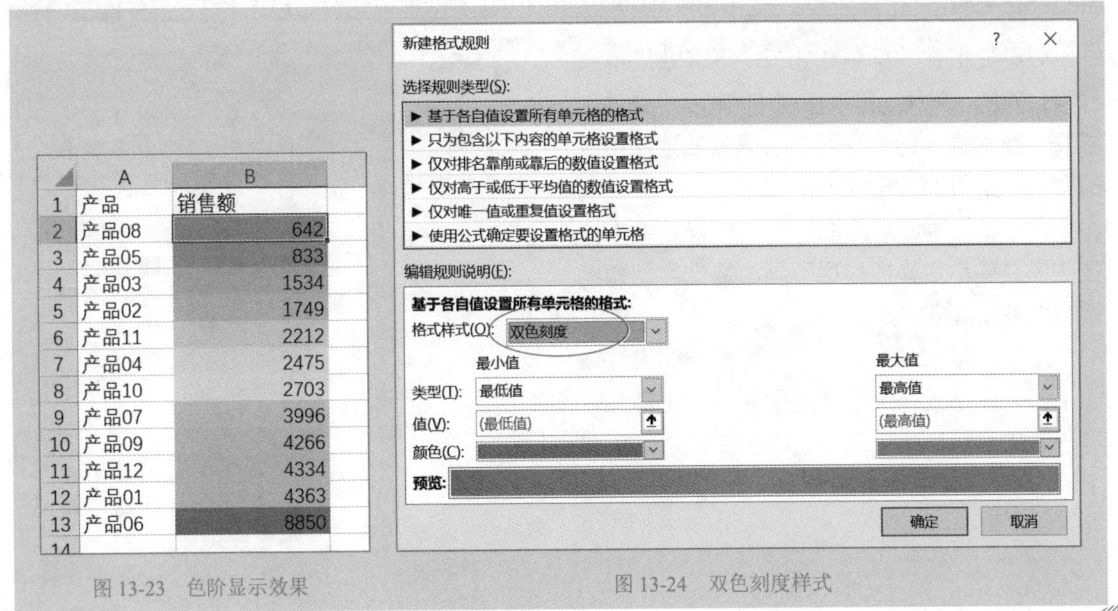

图 13-23 色阶显示效果

图 13-24 双色刻度样式

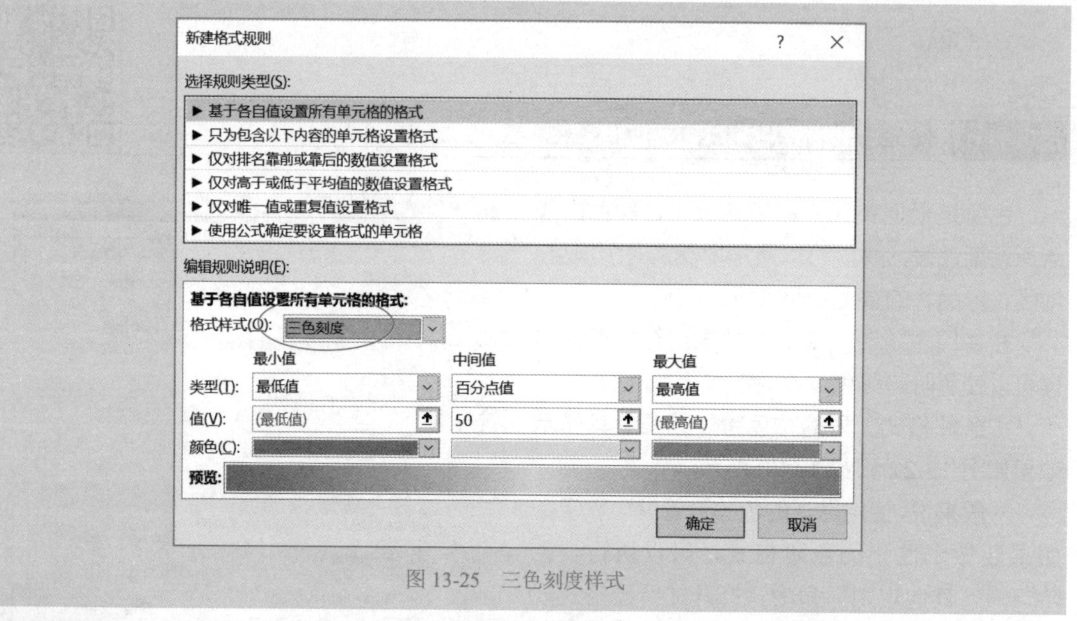

图 13-25　三色刻度样式

使用图标集标识数据上升 / 下降和警示效果　技巧 151

如果要把数据标识出上升 / 下降效果或者红绿灯的警示效果，可以使用“图标集”选项。展开“图标集”列表，可以根据需要选择相应的图标，如图 13-26 所示。

但是，这种固定的图标并不能满足要求，往往需要重新定义，根据不同的数据类型和判断标准来设置格式。

例如，图 13-27 中，将同比增长率设置成如下的条件格式：大于 0 的是绿色向上箭头，等于 0 的是黄色水平箭头，小于 0 的是红色向下箭头，效果如图 13-28 所示。

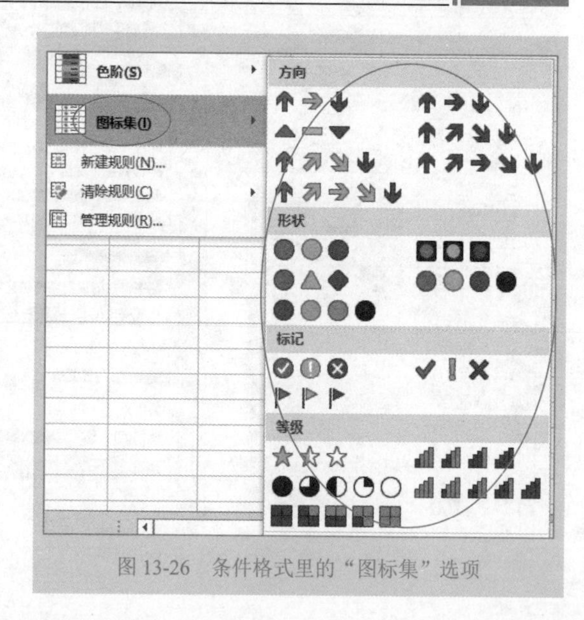

图 13-26　条件格式里的“图标集”选项

	A	B	C	D
1				
2		地区	销售额	
3		华北	2191	
4		东北	2125	
5		西北	249	
6		西南	1945	
7		华东	2109	
8		华中	2579	
9		华南	1409	
10				

图 13-27　图标集显示效果

	B	C	D	E	F
1					
2		产品	去年	今年	同比增长率
3		产品1	446	563	26.23%
4		产品2	420	420	0.00%
5		产品3	758	239	-68.47%
6		产品4	614	563	-8.31%
7		产品5	687	772	12.37%
8		产品6	681	749	9.99%
9		产品7	768	768	0.00%
10		产品8	768	609	-20.70%
11					

图 13-28　显示效果

那么，“图标集”的设置及效果如图 13-29 所示。这里要特别注意，由于比较的是同比增长率，它们实际上是小数，因此在规则对话框中要选择小数，而不能选择百分比。

还要注意选择正确的比较方式，是大于（>）还是大于或等于（>=），是小于（<）还是小于或等于（<=），只要一个地方没有设置好，就出不来需要的效果。

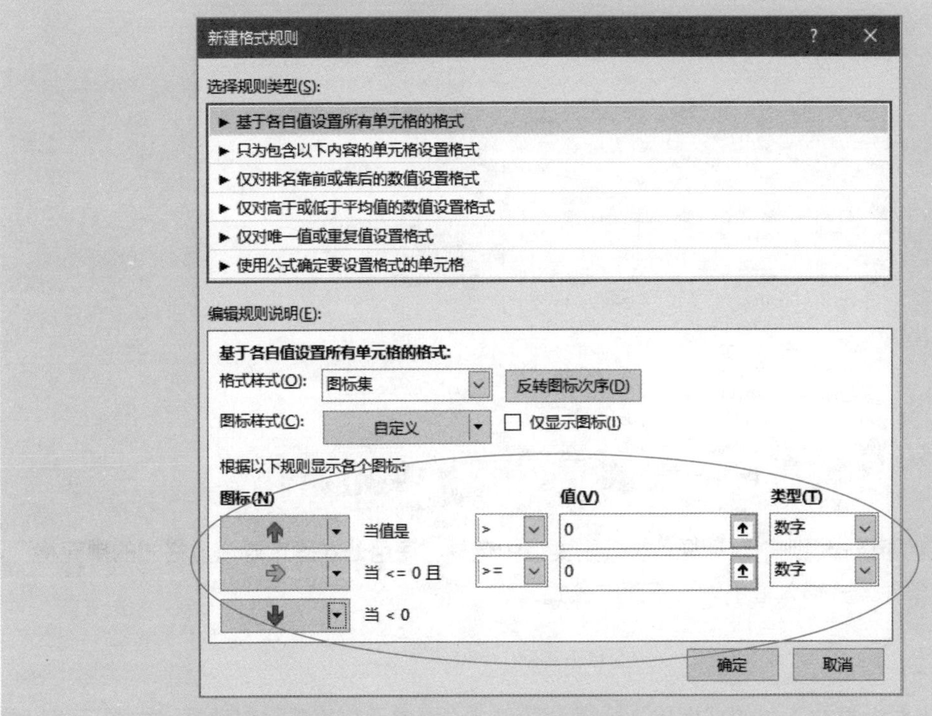

图 13-29　大于 0 的绿色向上箭头，等于 0 的黄色水平箭头，小于 0 的红色向下箭头

建立合同提前提醒模型 技巧 152

实际工作中，常常要对数据进行动态跟踪，例如合同提前提醒，生日提前提醒，应收账款提前提醒等。这些情况下的条件格式设置，给定的条件是比较复杂的，超出了条件格式已有的规则类型，需要使用条件公式来判断并设置格式，此时，就需要执行条件格式下的“新建规则”命令。

图 13-30 是一个合同数据表单，现在要把那些 30 天内即将到期的合同用颜色标识出来。这里假设合同没有过期的。

所谓提醒 30 天内到期，就是把 D 列的到期日与今天相比较，两者的差值小于或等于 30。这样，就可以进行如下的条件格式设置：

Step01 选择从第 4 行开始的数据区域 A4:D9，注意从 A4 单元格往右往下选择区域。

Step02 执行条件格式下的“新建规则”命令，如图 13-31 所示。

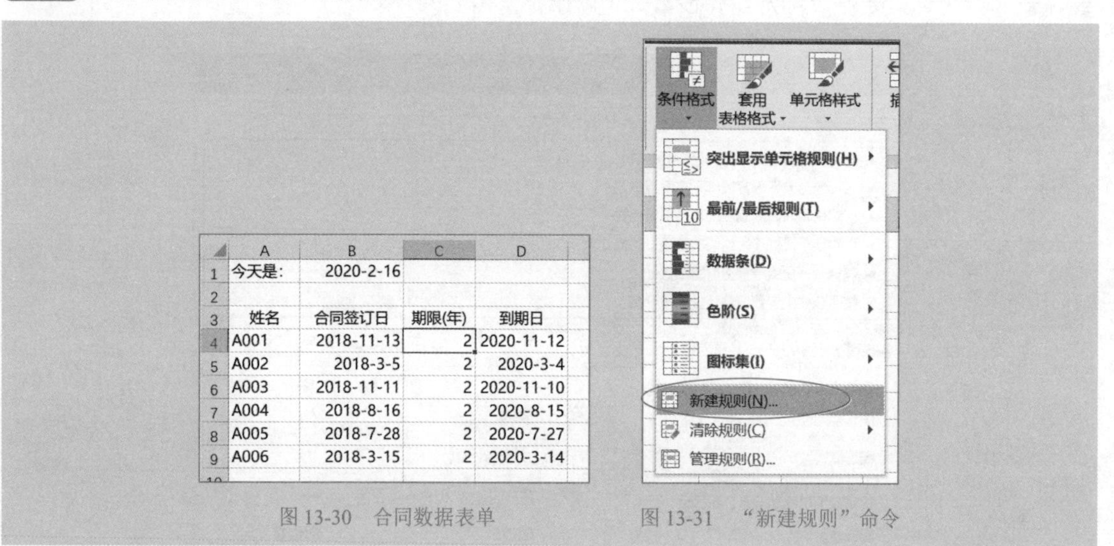

	A	B	C	D
1	今天是:	2020-2-16		
2				
3	姓名	合同签订日	期限(年)	到期日
4	A001	2018-11-13	2	2020-11-12
5	A002	2018-3-5	2	2020-3-4
6	A003	2018-11-11	2	2020-11-10
7	A004	2018-8-16	2	2020-8-15
8	A005	2018-7-28	2	2020-7-27
9	A006	2018-3-15	2	2020-3-14

图 13-30　合同数据表单　　图 13-31　“新建规则”命令

Step03 打开“新建格式规则”对话框，在规则类型中选择“使用公式确定要设置格式的单元格”。

Step04 首先在条件公式输入框中输入下面的公式：

```
=$D4-TODAY()<=30
```

然后再单击对话框右下角的“格式”按钮，打开“设置单元格格式”对话框，为单元格设置相应的格式。

设置好的条件格式对话框如图 13-32 所示。

Step05 单击“确定”按钮，关闭对话框，得到需要的结果，如图 13-33 所示。

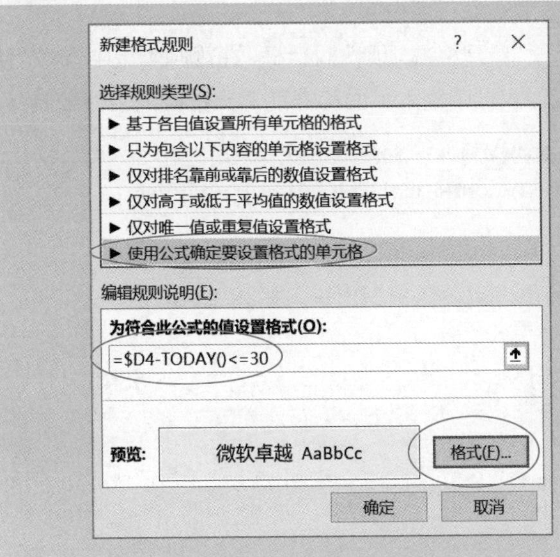

图 13-32 设置条件公式和格式

	A	B	C	D
1	今天是:	2020-2-16		
2				
3	姓名	合同签订日	期限(年)	到期日
4	A001	2018-11-13	2	2020-11-12
5	A002	2018-3-5	2	2020-3-4
6	A003	2018-11-11	2	2020-11-10
7	A004	2018-8-16	2	2020-8-15
8	A005	2018-7-28	2	2020-7-27
9	A006	2018-3-15	2	2020-3-14
10				

图 13-33 30 天内到期的合同被自动标注出来

技巧 153 建立生日提前提醒模型

生日提醒是人力资源部门和工会要做的工作之一，建立一个提前 7 天的生日提醒，提前给员工准备生日礼物，并在生日当天也提醒，此时，可以建立生日提前提醒模型。

不过，这样的提醒模型，不能采用之前介绍的两个日期相减的方法，因为出生日期和 TODAY 是两个相差几十年的日期。需要把 TODAY 转换为出生年份的 TODAY，并判断出生月份是否是 12 月进行调整，才能进行比较。

图 13-34 是一个示例数据，现在要求：

（1）7 天内过生日的，用黄色标识。

（2）当天过生日的，用红色标识。

	A	B	C	D
1	今天日期	2020-12-26		
2				
3	姓名	部门	性别	出生日期
4	A001	财务部	女	2006-2-19
5	A002	人事部	男	2003-12-31
6	A003	销售部	女	1990-2-16
7	A004	财务部	男	2020-12-26
8	A005	人事部	女	1999-2-23
9	A006	销售部	男	2003-12-20
10	A007	财务部	女	1991-1-2
11	A008	人事部	男	1989-6-25

图 13-34 员工基本信息

这样的判断条件是比较复杂的，因此建议先在工作表上设置单元格，把条件公式先做出来，然后再复制到条件格式对话框中。下面是具体的步骤：

Step01 选择单元格区域 A4:D11。

Step02 执行“条件格式”→“新建规则”命令，打开“新建格式规则”对话框，在规则类型中选择“使用公式确定要设置格式的单元格”，在条件公式输入框中输入下面的提前 7 天提醒的条件公式：

```
=AND($D4-DATE(YEAR($D4)-(MONTH($D4)=1),MONTH($B$1),DAY($B$1))>=1,
$D4-DATE(YEAR($D4)-(MONTH($D4)=1),MONTH($B$1),DAY($B$1))<=7)
```

然后设置格式，如图 13-35 所示。

Step03 单击“确定”按钮，将一周内要过生日的员工用黄色标识出来，如图 13-36 所示。

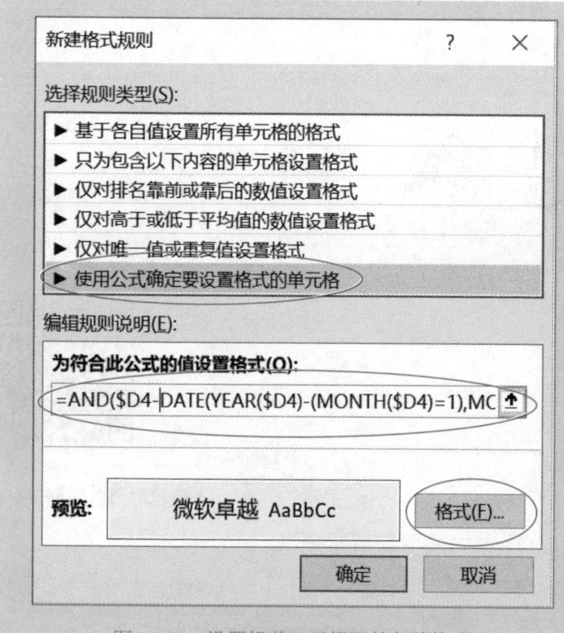

图 13-35 设置提前 7 天提醒的条件格式

	A	B	C	D
1	今天日期	2020-12-26		
2				
3	姓名	部门	性别	出生日期
4	A001	财务部	女	1993-2-19
5	A002	人事部	男	2003-12-31
6	A003	销售部	女	1990-2-16
7	A004	财务部	男	1992-12-26
8	A005	人事部	女	1999-2-23
9	A006	销售部	男	2003-12-20
10	A007	财务部	女	1991-1-2
11	A008	人事部	男	1989-6-25

图 13-36 一周内要过生日的员工

Step04 执行“条件格式”→“新建规则”命令，打开“新建格式规则”对话框，在规则类型中选择“使用公式确定要设置格式的单元格”，在条件公式输入框中输入下面的当天提醒的条件公式：

```
=$D4=DATE(YEAR($D4),MONTH(TODAY()),DAY(TODAY()))
```

然后设置格式，如图 13-37 所示。

Step05 单击“确定”按钮，将当天过生日的员工用红色标识出来，如图 13-38 所示。

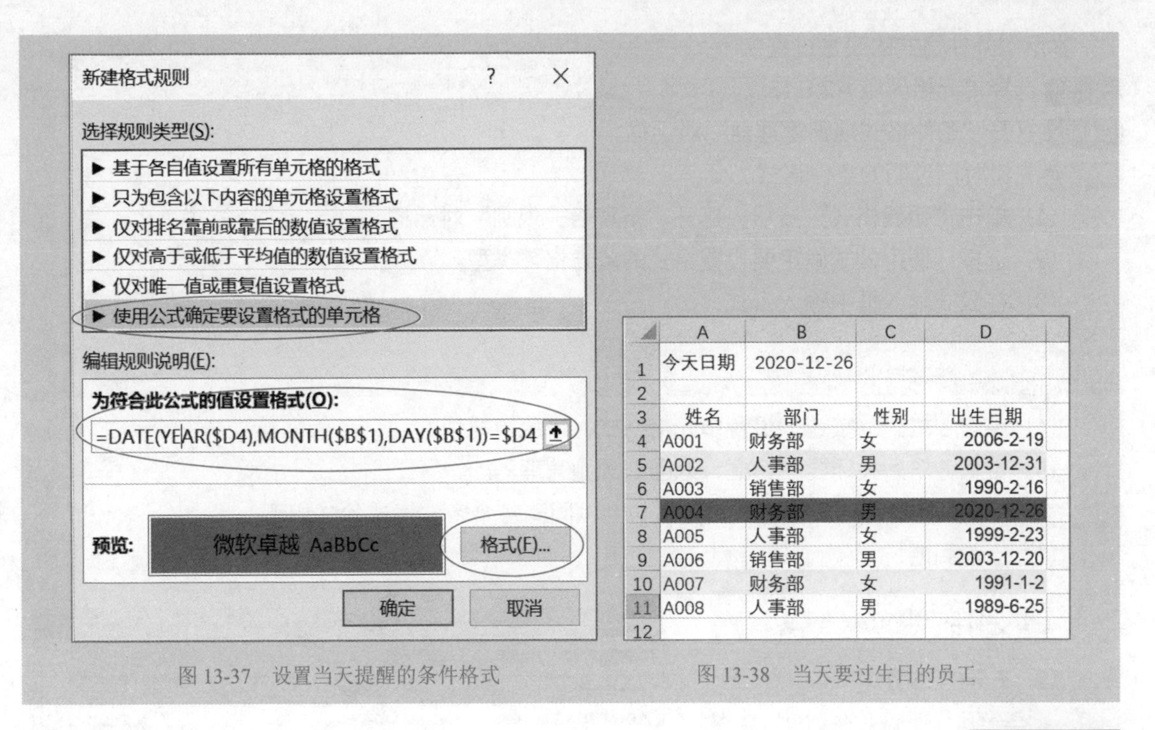

	A	B	C	D
1	今天日期	2020-12-26		
2				
3	姓名	部门	性别	出生日期
4	A001	财务部	女	2006-2-19
5	A002	人事部	男	2003-12-31
6	A003	销售部	女	1990-2-16
7	A004	财务部	男	2020-12-26
8	A005	人事部	女	1999-2-23
9	A006	销售部	男	2003-12-20
10	A007	财务部	女	1991-1-2
11	A008	人事部	男	1989-6-25
12				

图 13-37　设置当天提醒的条件格式　　图 13-38　当天要过生日的员工

技巧 154 建立应收账款提前提醒模型

图 13-39 是一个应收账款提前提醒的例子，要求根据不同的情况，设置不同的颜色。

	A	B	C	D	E	F	G	H	I	J
1	客户	发票号	合同金额	发票日期	到期日					
2	客户D	184075	77,000.00	2020-4-19	2020-5-12			今天是 2020年2月16日 星期日		
3	客户A	167731	137,458.73	2020-3-18	2020-3-30					
4	客户D	153447	49,000.00	2020-5-5	2020-2-2			颜色说明:		已过期
5	客户B	119675	85,357.58	2020-6-13	2020-8-6					当天到期
6	客户F	137983	68,331.28	2020-3-6	2020-3-16					1周内到期
7	客户A	145455	65,161.51	2020-1-25	2020-3-13					30天内到期
8	客户B	138964	150,798.80	2020-2-3	2020-2-16					
9	客户A	185076	113,885.46	2020-1-17	2020-2-7					
10	客户B	104170	68,331.28	2020-5-25	2020-7-17					
11	客户B	171656	68,331.28	2020-3-3	2020-3-18					
12	客户A	119894	77,802.89	2020-1-15	2020-3-5					
13	客户C	168175	77,724.00	2020-1-22	2020-2-22					

图 13-39　应收账款提前提醒

本示例条件格式的设置过程如下：

Step01 选择单元格区域 A2:E13。

Step02 打开“条件格式规则管理器”对话框。

Step03 先设置已过期的条件格式。

（1）单击“新建格式”按钮，打开“新建格式规则”对话框。

（2）选择“使用公式确定要设置格式的单元格”类型。

（3）在公式输入框中输入公式：

```
=$E2<TODAY()。
```

（4）单击“格式”按钮，设置单元格格式为灰色填充色。

（5）设置完毕后关闭此对话框，返回到规则管理器。

Step04 再设置其他情况的条件格式，方法与上相同。各个条件格式公式如下：

（1）当前到期：

```
=$E2=TODAY()。
```

（2）7 天内到期：

```
=AND($E2>TODAY(),$E2<TODAY()+7)。
```

（3）30 天内到期：

```
=AND($E2>=TODAY()+7,$E2<TODAY()+30)。
```

最后的规则管理器就变为图 13-40 所示的情形。

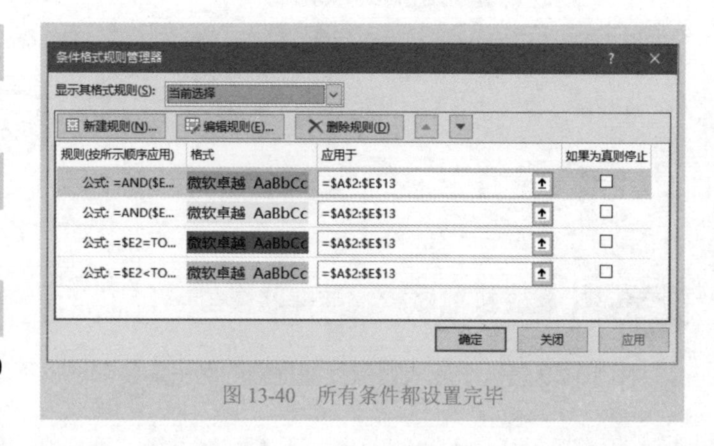

图 13-40 所有条件都设置完毕

自动美化表格 技巧 155

利用条件格式动态设置边框，可以使表格更加整洁，数据管理更加方便。这种设置经常在设计动态的明细表中用到，例如根据查询出来的数据，自动为有数据的单元格区域添加边框。

设计这样一个表格，只有在 A 列有数据时，A 列至 H 列的单元格才有框线，否则，单元格没有框线，其效果如图 13-41 所示。这种设置使得工作表非常简洁和美观。

Step01 首先取消显示工作表的网格线。

Step02 选取 A2:H100（或者到一定的行）。

Step03 打开“新建格式规则”对话框，进行如图 13-42 所示的设置，公式为“=$A1<>""”。

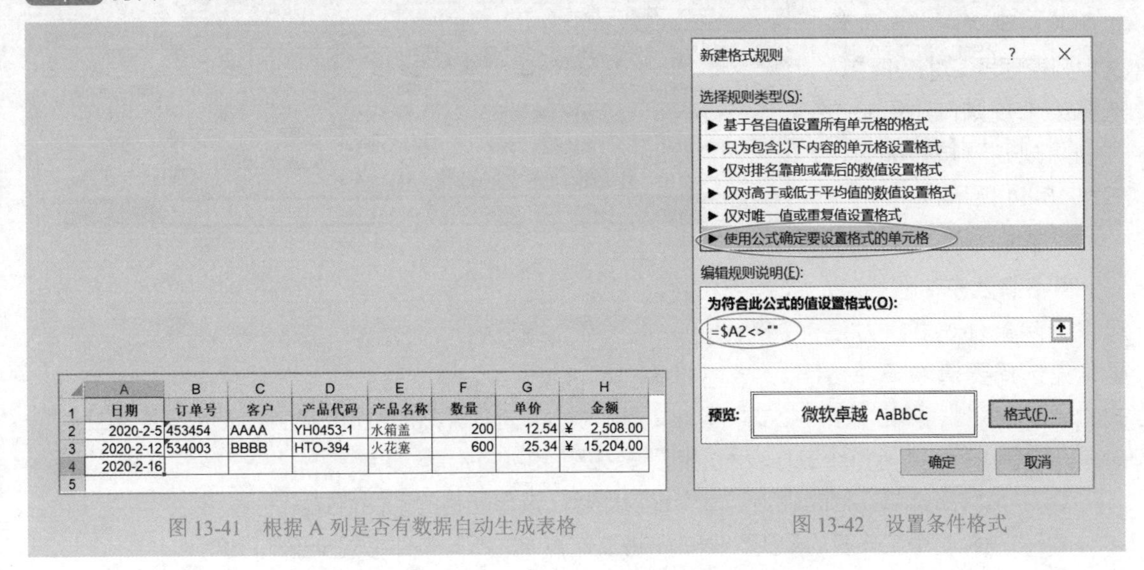

图 13-41　根据 A 列是否有数据自动生成表格　　图 13-42　设置条件格式

这样，只要在 A 列某单元格输入数据，则该单元格所在行的 A 列至 H 列就自动出现边框。而若删除 A 列某单元格的数据，该单元格所在行的 A 列至 H 列边框就自动消失。

技巧 156 编辑和删除条件格式

1. 修改条件格式

如果要修改某个条件规则，可以在“条件格式规则管理器”对话框中，选择某个规则，然后单击“编辑规则”按钮，如图 13-43 所示，打开“编辑格式规则”，进行编辑即可。

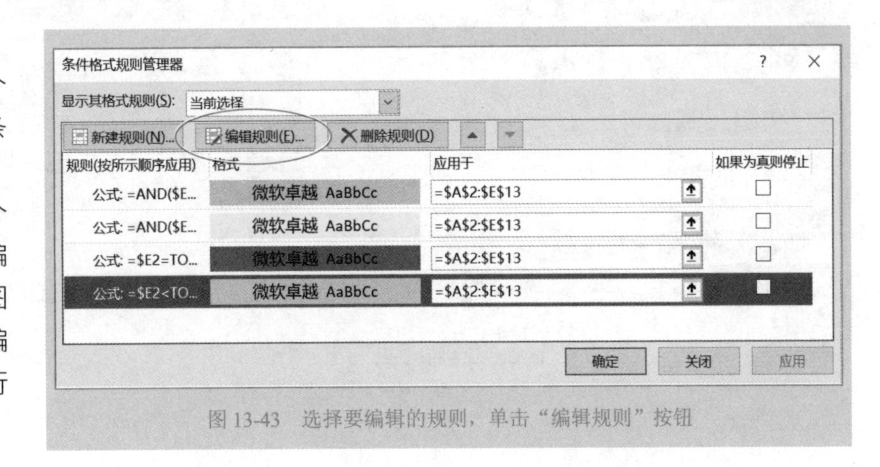

图 13-43　选择要编辑的规则，单击“编辑规则”按钮

2. 删除部分条件格式

如果要把某个条件格式删除，可以在“条件格式规则管理器”对话框中，选择某个规则，然后单击“删除规则”按钮即可，如图 13-44 所示。

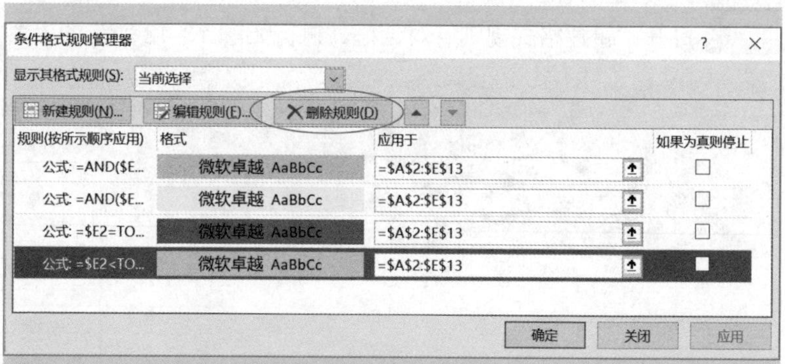

图 13-44　选择要删除的规则，单击“删除规则”按钮

3. 删除全部条件格式

当不需要条件格式时，可以清除条件格式。方法是：先选择要清除条件格式的单元格区域，单击“条件格式”下的“清除规则”选项，然后执行“清除所选单元格的规则”命令，或者执行“清除整个工作表的规则”，如图 13-45 所示。

◎ “清除所选单元格的规则”命令是仅删除所选单元格的条件格式。

◎ “清除整个工作表的规则”命令是将工作表中的所有条件格式全部删除。

有时候，可能忘记了哪些单元格设置有条件格式，此时可以使用 F5 键，通过“定位条件”对话框，来快速定位选择设置有条件格式的单元格，如图 13-46 所示。

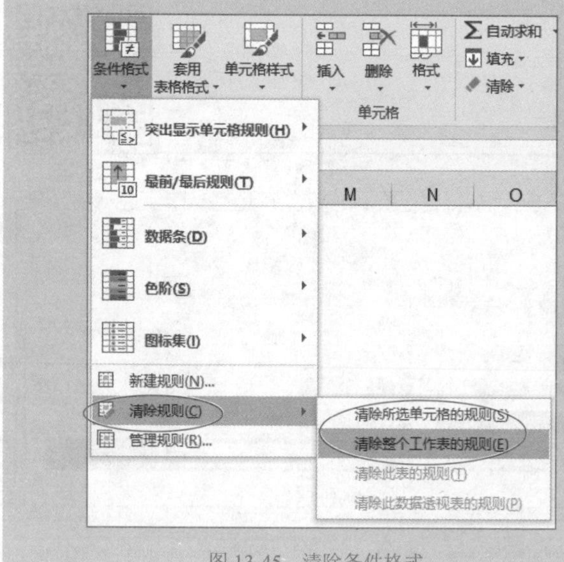

图 13-45　清除条件格式

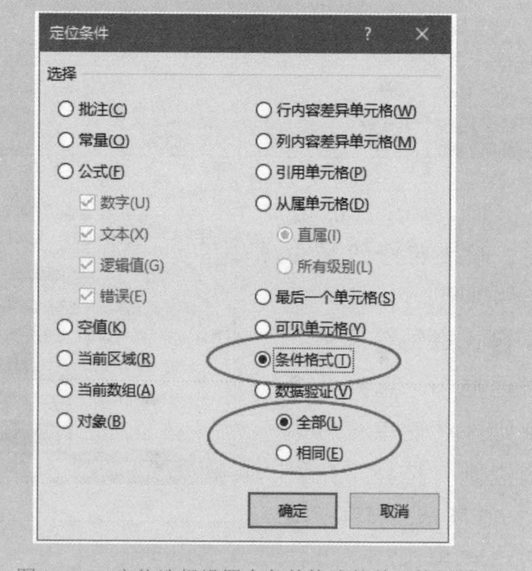

图 13-46　定位选择设置有条件格式的单元格区域

第14章

公式、函数和名称基本技巧

EXCEL

公式和函数是 Excel 的核心，不能熟练使用公式和函数，就不能说已经了解并掌握了 Excel。在前面的各章中，陆陆续续地使用了各种各样的格式和函数。本章主要介绍公式、函数和名称的一些基本概念，以及如何提高公式和函数使用效率的一些方法和技巧。关于各类函数的具体使用方法，以及如何根据实际情况创建公式，将在后面各章中结合示例进行介绍。

公式的基本概念 技巧 157

在 Excel 中，凡是在单元格中先输入等号（=），然后再输入其他数据的，Excel 会自动判为公式。例如，在单元格输入 =100，那么尽管该单元格显示出的数据为 100，但它并不是数字 100，而是一个公式。

1．公式的构成

公式就是由等号（=）开头、由运算符将多个元素连接起来的数学表达式。

元素就是在公式中用来处理的对象，它可以是常数、单元格地址、名称、函数或者数组。

运算符是将多个元素连接起来的运算符号，Excel 公式的运算符有引用运算符、算术运算符、文本运算符和比较运算符。

2．公式的运算符及其优先级

Excel 公式的运算符，按照运算符的优先顺序，分别是引用运算符、算术运算符、文本运算符和比较运算符。

引用运算符用于对单元格区域合并计算，常见的引用运算符有冒号（:）、逗号（,）和空格。冒号（:）是区域运算符，用于对两个引用单元格之间的所有单元格进行引用；逗号（,）是联合运算符，用于将多个引用合并；空格是交叉运算符，用于对两个单元格区域内的交叉单元格的引用。

算术运算符用于完成基本的算术运算，按运算的先后顺序，算术运算符有：负号（–）、百分数（%）、幂（^）、乘（*）、除（/）、加（+）、减（–）。

文本运算符用于连接文本（字符串），文本运算符主要是连字符“&”。例如，公式 =A1&A2&A3 是将单元格 A1、A2、A3 的数据连接起来组成一个新的文本。

比较运算符用于比较两个数值，并返回逻辑值 TRUE（真）或假（FLASE）。比较运算符有等于（=）、小于（<）、小于等于（<=）、大于（>）、大于等于（>=）、不等于（<>）。

公式的输入及修改技巧 技巧 158

Excel 为我们提供了多种输入公式的方法。

一般情况下，可以直接在单元格输入公式，即先选取要输入公式的单元格或单元格区域后，首先输入等号（=），然后再输入数据、单元格引用（最好用鼠标选取）、运算符等，输入完毕后按 Enter 键（对普通公式）或者 Ctrl+Shift+Enter 组合键（对数组公式）即可。

如果要在选定的单元格区域，把每个单元格输入相应的公式，可以先选取这些单元格，然后按 Ctrl+Enter 组合键即可。

修改公式有两种方法：在编辑栏内修改公式，或者在单元格内修改公式。一般多在编辑栏内修改公式。

如果是使用了复杂的嵌套函数设计的公式，那么最好通过函数参数对话框来检查修改公式。

技巧 159 单元格的引用及转换技巧

在进行数据计算时，用户既可以输入数值，也可以输入某数值所在的单元格地址，还可以输入单元格的名称，这就是引用。

例如，公式 =B5*D6+A4 的意义就是把单元格 B5 的数据与单元格 D6 的数据相乘后再加上单元格 A4 的数据，这里，公式就对单元格 B5、D6、A4 进行了引用。

在引用单元格进行计算时，如果想要复制公式，那么就必须了解公式采用的引用方式是什么，以免得到的公式不是想要的结果。

引用方式如下：

（1）相对引用：也称相对地址，用列标和行号直接表示单元格，如 A2、B5 等。当某个单元格的公式被复制到另一个单元格时，原单元格内公式中的地址在新的单元格中就要发生变化，但其引用的单元格地址之间的相对位置间距保持不变。

（2）绝对引用：也称绝对地址，在表示单元格的列标和行号前加“$”符号就称为绝对引用，其特点是在将此单元格复制到新的单元格时，公式中的单元格地址始终保持不变。

（3）半相对引用（半绝对引用）：在引用单元格时，当行不变而仅列变化（如 A$2），或当列不变而仅行变化（如 $A2）时，就构成了半相对引用（半绝对引用）。

（4）混合引用：在一个公式中，相对引用、绝对引用和半相对引用（半绝对引用）可以混合引用。

（5）三维引用：是指在一个工作簿中，从不同的工作表引用单元格地址，或从不同的工作簿引用单元格地址。当从同一工作簿的不同工作表引用单元格，要在引用工作表名称后面输入一个惊叹号（！），然后是单元格地址，例如 =Sheet2!B5；当引用其他工作簿的某个工作表单元格时，需要先用方括号将其他工作簿括起来，然后是某个工作表名称及惊叹号，最后是单元格地址，例如 =[Book2.xls]Sheet1!$B$2。

引用方式之间转换的快捷方式是按 F4 键。循环按 F4 键，就会依照相对引用→绝对引用→列相对行绝对→列绝对行相对→相对引用……这样的顺序循环下去。

合理使用引用方式，可以使我们在复制公式时事半功倍。

公式的复制与移动技巧 技巧 160

公式的复制与移动方法同单元格的复制与移动方法是一样的，但需要注意公式的引用方法，以免复制与移动公式时造成数据的计算错误。

1. 一般性复制公式（考虑引用变化）

复制公式的一般做法，是下拉或者右拉单元格公式，此时，需要注意合理设置绝对引用和相对引用。

2. 不带格式复制公式

如果已经提前设置好了单元格格式，当复制公式（拉公式）时，会破坏已经设置的单元格格式，此时，可以采用两种方法：

方法 1：拉公式时，选择“不带格式填充”选项，如图 14-1 所示。

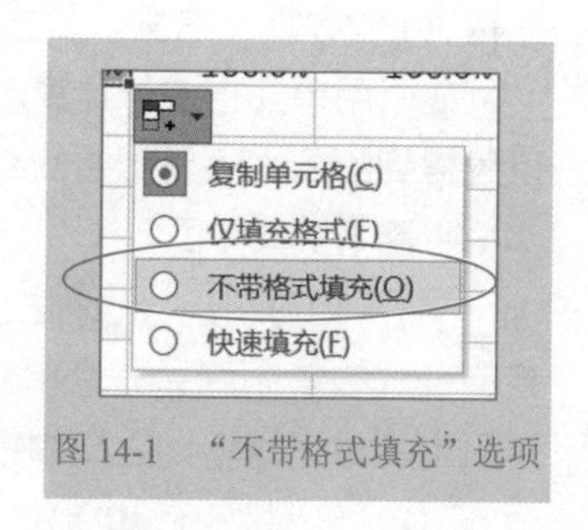

图 14-1 “不带格式填充”选项

方法 2：先选择要输入公式的单元格区域，在第一个单元格输入公式，然后按 Ctrl+Enter 组合键。

3. 复制公式字符串本身

如果仅仅是复制公式字符串本身，当把公式复制到另外一个单元格时，其引用与原始单元格完全一样，此时，可以在编辑栏或者单元格里，选择公式字符串，按 Ctrl+C 组合键，然后按 Esc 键退出编辑状态，再到新单元格里，按 Ctrl+V 组合键。

4. 复制公式字符串的一部分

如果仅仅是复制公式字符串的一部分，可以在编辑栏或者单元格里，选择要复制的字符串，按 Ctrl+C 组合键，然后按 Esc 键退出编辑状态，再根据需要，按 Ctrl+V 组合键将这个字符串复制到指定的地方。

数组公式的使用技巧 技巧 161

当需要对两组或两组以上的数据进行计算并返回一个或多个计算结果时，使用数组公式能大大简化计算，减少工作量，提高效率。

在数组公式中，可以将某一常量与数组公式进行加、减、乘、除运算，也可以对数组公式进行幂、开方等运算。

需要注意的是，数组公式中的每个数组参数必须有相同数量的行和列。

1．数组公式的输入

数组公式的输入步骤如下：

Step01 选定单元格或单元格区域。

如果数组公式返回一个结果，单击需要输入数组公式的某个单元格；如果数组公式将返回多个结果，则要选定需要输入数组公式的单元格区域。

Step02 输入数组公式。

Step03 同时按 Ctrl+Shift+Enter 组合键，则 Excel 自动在公式的两边加上大括号“{}”。

特别要注意的是，第 3 步相当重要，只有输入公式后同时按 Ctrl+Shift+Enter 组合键，系统才会把公式视为一个数组公式。否则，如果只按 Enter 键，则输入的只是一个简单的公式，也只在选中的单元格区域的第一个单元格显示出一个计算结果。

2．数组公式的修改

数组公式的特征之一就是不能单独对数组公式所涉及的单元格区域中的某一个单元格进行编辑、清除或移动等操作。若在数组公式输入完毕后发现错误，需要按下面的步骤进行修改：

Step01 在数组区域中单击任一单元格。

Step02 单击公式编辑栏，当编辑栏被激活时，大括号“{}”在数组公式中消失。

Step03 编辑修改数组公式内容。

Step04 修改完毕后，按 Ctrl+Shift+Enter 组合键，要特别注意不要忘记这一步。

3．删除数组公式

删除数组公式的方法是，首先选定存放数组公式的所有单元格，然后按 Delete 键。

如果不知道数组公式所在的所有单元格区域，可以使用“定位条件”对话框来选择数组公式单元格区域，也就是先单击数组公式的任一单元格，打开“定位条件”对话框，选中“当前数组”单选按钮，如图 14-2 所示。

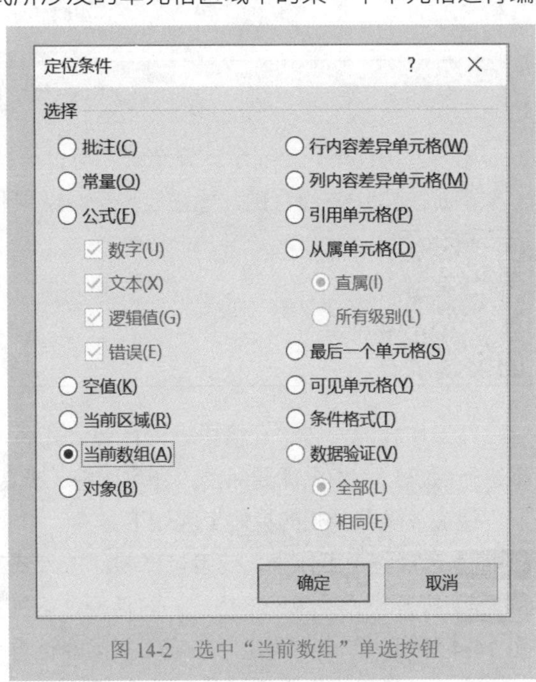

图 14-2 选中“当前数组”单选按钮

公式字符串的显示与隐藏技巧 技巧 162

在默认情况下，输入公式后，在单元格内显示的是计算结果。

若要在单元格内显示公式字符串，可以按 Ctrl+~ 组合键，那么，单元格就会显示出公式字符串，如图 14-3 所示。

	A	B	C	D	E
1	产品	单价	销量	销售额	
2	产品1	251	296	=B2*C2	=B2:B10*C2:C10
3	产品2	78	207	=B3*C3	=B2:B10*C2:C10
4	产品3	36	88	=B4*C4	=B2:B10*C2:C10
5	产品4	252	253	=B5*C5	=B2:B10*C2:C10
6	产品5	146	221	=B6*C6	=B2:B10*C2:C10
7	产品6	202	298	=B7*C7	=B2:B10*C2:C10
8	产品7	32	131	=B8*C8	=B2:B10*C2:C10
9	产品8	169	166	=B9*C9	=B2:B10*C2:C10
10	产品9	256	62	=B10*C10	=B2:B10*C2:C10
11				=SUM(D2:D10)	

图 14-3　按 Ctrl+~ 组合键，单元格显示公式字符串

如果要再让单元格显示计算结果，可以再按一次 Ctrl+~ 组合键。

不断按 Ctrl+~ 组合键，即在显示计算结果和公式字符串之间进行切换。

保护公式的技巧 技巧 163

在工作表的一些单元格里输入计算公式后，要注意将公式保护起来（其他没有公式的单元格不进行保护），如果需要保密，还可以将公式隐藏起来使任何人看不见单元格的公式。

保护并隐藏公式的具体步骤如下：

Step01 选择整个工作表，或者选择要保护公式的数据区域。

Step02 打开“设置单元格格式”对话框，切换到“保护”选项卡，取消勾选“锁定”复选框，如图 14-4 所示，单击“确定”按钮，关闭对话框。

这一步的操作是为了解除所选全部单元格的锁定。否则，当保护工作表后，就会保护全部单元格。

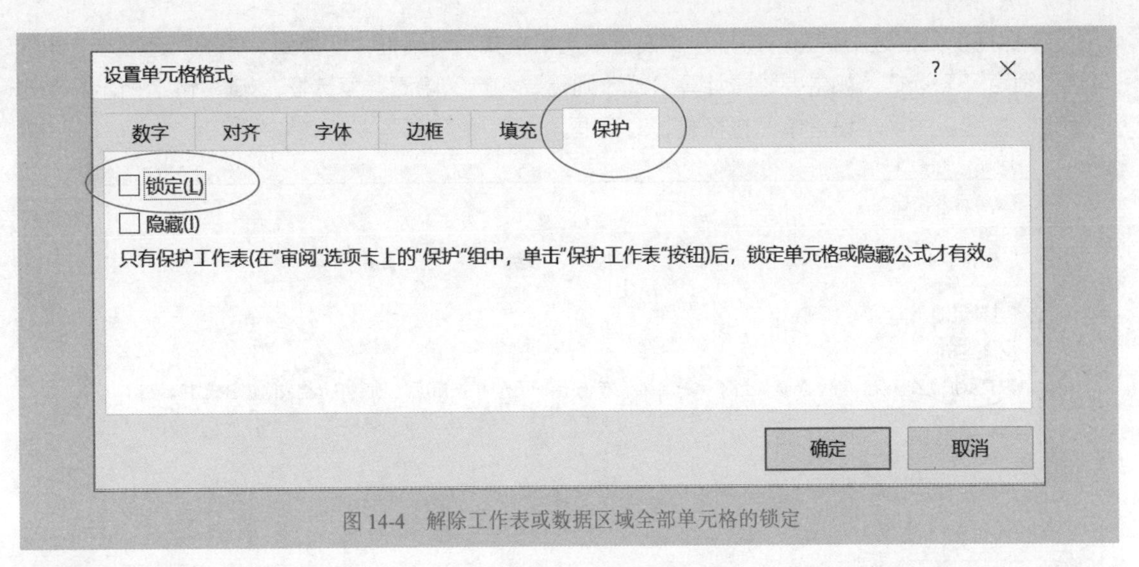

图 14-4　解除工作表或数据区域全部单元格的锁定

Step03 按 Ctrl+G 组合键，打开“定位”对话框，如图 14-5 所示，单击该对话框中的“定位条件”按钮，打开“定位条件”对话框，选中“公式”单选按钮，如图 14-6 所示。单击“确定”按钮，即将所有公式单元格选中。

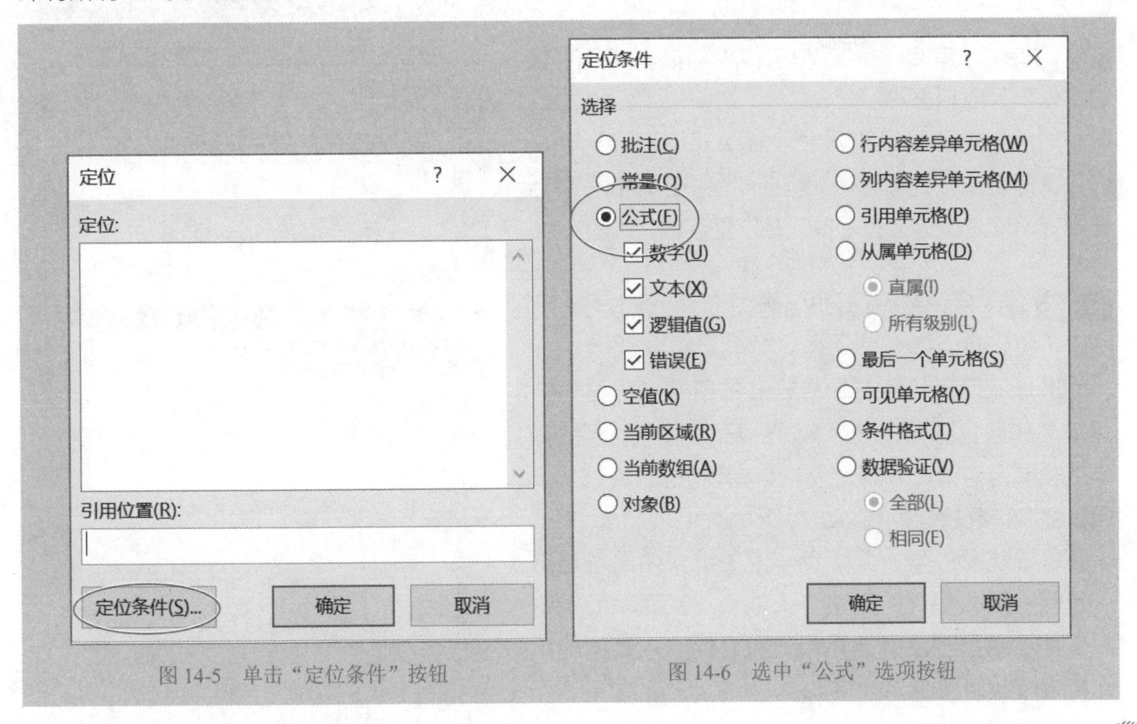

图 14-5　单击“定位条件”按钮

图 14-6　选中“公式”选项按钮

Step04 保持单元格选中状态，再打开“设置单元格格式”对话框，切换到“保护”选项卡，再次勾选“锁定”复选框。如果要隐藏计算公式，则需要勾选“隐藏”复选框，如图 14-7 所示。单击“确定”按钮，关闭“设置单元格格式”对话框。

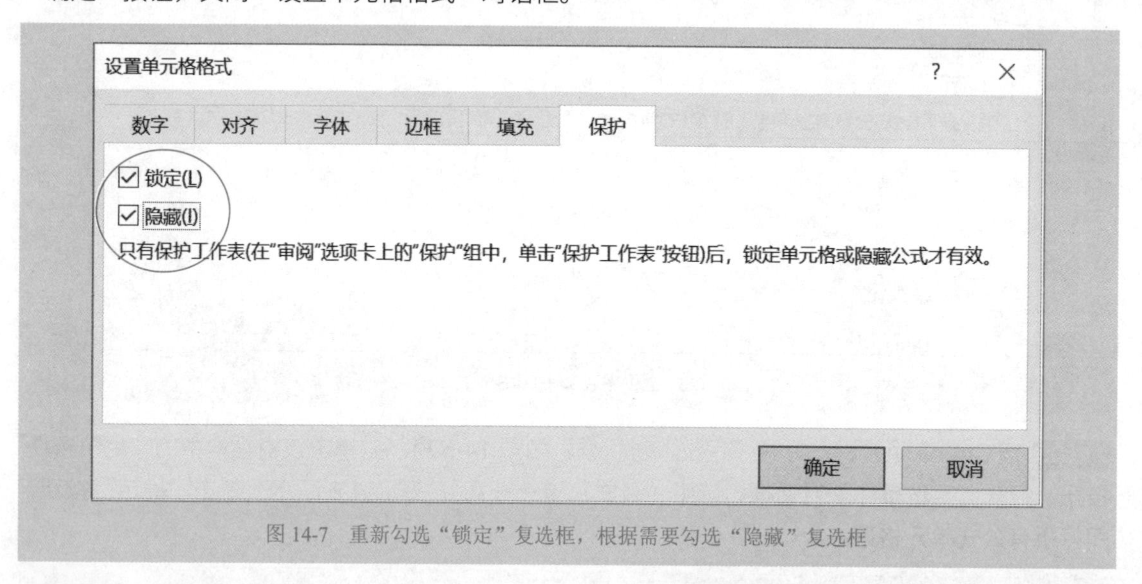

图 14-7　重新勾选“锁定”复选框，根据需要勾选“隐藏”复选框

Step05 单击“审阅”→“保护工作表”按钮，打开“保护工作表”对话框。

如果不仅要隐藏和保护公式单元格还不允许任何人选择这些公式单元格，可在“保护工作表”对话框中取消勾选“选定锁定单元格”复选框，如图 14-8 所示。

Step06 输入保护密码，并进行有关设置，单击“确定”按钮，关闭对话框。

这样就可以将含有计算公式的所有单元格进行保护，并且也隐藏了计算公式，任何用户是无法操作这些单元格的，也看不见这些单元格的计算公式。但其他的单元格还是可以进行正常操作的。

需要注意的是，第 2 步非常关键。如果忽略这个步骤，那么保护的是整个工作表，从而就会无法对工作表中那些没有计算公式而需要输入数据的单元格进行任何操作。

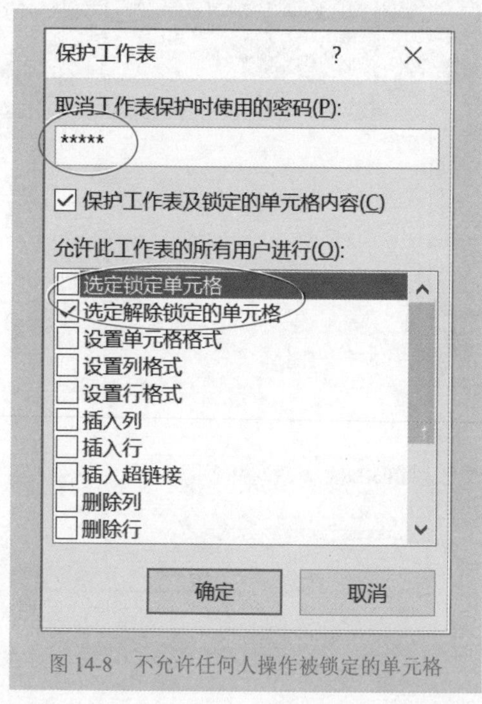

图 14-8　不允许任何人操作被锁定的单元格

技巧 164 公式中星号（*）的妙用：快速计算多个工作表

当在某些函数（如 SUM、AVERAGE、SUMPRODUCT 等）中使用星号时，可以快速引用本工作簿中除当前工作表以外的其他所有工作表。

例如，在工作表 Sheet1 的单元格输入公式 =SUM('*'!A1:A10)，按 Enter 键，就会立刻得到公式 =SUM(Sheet2:Sheet3!A1:A10)（假设当前工作簿有 3 个工作表），这个公式的含义就是对除当前工作表 Sheet1 以外的其他所有工作表的单元格区域 A1:A10 进行求和。

假设在工作表 Sheet2 的单元格输入公式 =SUM('*'!A1:A10)，按 Enter 键，就会立即得到公式 =SUM(Sheet1!A1:A10,Sheet3!A1:A10)（假设当前工作簿有 3 个工作表）。

技巧 165 使用加号（+）和乘号（*）构建条件表达式

1. 用乘号（*）构建与条件

此外，如果在公式的两个表达式之间用星号（*）连接，就表明这两个条件构成了与条件，也就是两个条件必须同时满足，它相当于函数 AND。例如，=AND(A1>=100,A1<1000),0.9,0.8)*B1 和 =IF((A1>=100)*(A1<1000), 0.9, 0.8)*B11 两个公式所得到的结果完全一致。

2. 用加号（+）构建或条件

在公式中使用加号（+），可以简化条件，增强公式的理解性。如果在公式的两个表达式之间用加号（+）连接，就表明这两个条件构成了或条件，也就是两个条件中只要有一个满足就可以了，它相当于函数 OR。例如，=IF(OR(A1=" 彩电 ",A1=" 冰箱 "), 0.9, 0.8)*B1 和 =IF((A1=" 彩电 ")+(A1=" 冰箱 "), 0.9, 0.8)*B1 两个公式所得到的结果完全一致。

3. 综合应用

图 14-9 是在 SUMPRODUCT 函数中，使用加号和乘号构建条件，计算华北地区产品 1 和产品 2 的合计数，公式如下：

```
=SUMPRODUCT(
            (A2:A19=" 华北 ")*((B2:B19=" 产品 1")+(B2:B19=" 产品 2")),
            C2:C19)
```

G6 =SUMPRODUCT((A2:A19="华北")*((B2:B19="产品1")+(B2:B19="产品2")),C2:C19)

	A	B	C	D	E	F	G
1	地区	产品	销售				
2	华中	产品3	75				
3	华北	产品5	777			地区	华北
4	华南	产品2	861			产品	产品1+产品2
5	华中	产品5	566				
6	华中	产品3	124			销售合计	2225
7	华中	产品2	240				
8	华北	产品1	543				
9	华中	产品1	703				
10	华南	产品1	870				
11	西南	产品1	834				
12	华南	产品1	98				
13	华北	产品2	871				
14	华北	产品3	566				
15	华东	产品4	67				
16	西南	产品4	310				
17	华北	产品2	811				
18	华北	产品4	182				
19	西南	产品3	118				

图 14-9　联合利用加号和乘号构建复杂条件求和

公式中减号（-）的妙用 技巧 166

当利用函数处理数据，得到文本型数字后，希望将这样的文本型数字直接转换为纯数字，以便用于计算。此时，可以在该公式的前面加两个减号（- -）。

例如，图 14-10 中，单元格 B3 为数字型文本，在单元格 D3 输入公式 = - - B3，就可以得到纯数字。

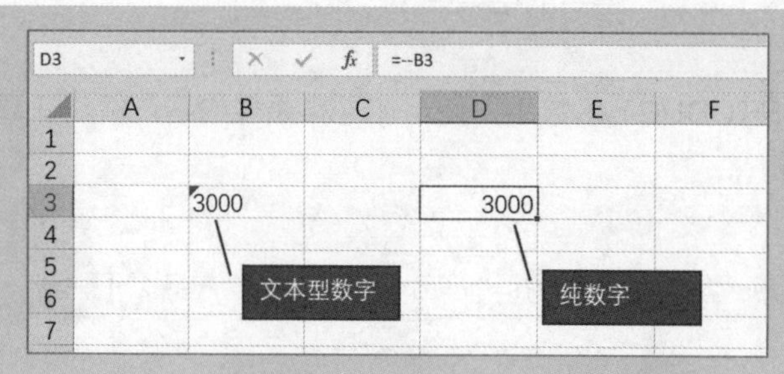

图 14-10　利用两个减号将数字型文本转换为纯数字

技巧 167 如何在公式中显示中间计算结果

利用 F9 键，可以查看公式中某部分的中间计算结果。

例如，对于图 14-11 的计算公式：

```
=SUM(A1:A10,AVERAGE(A1:A10))
```

想要查看表达式 AVERAGE(A1:A10) 的计算结果，那么具体方法和步骤如下：

Step01 在单元格或者公式编辑栏内，选择公式中的表达式 AVERAGE(A1:A10)，如图 14-11 所示。

Step02 按 F9 键，显示该表达式的计算结果，如图 14-12 所示。

图 14-11　在公式编辑栏内选择公式中的某部分表达式

图 14-12　显示计算结果

需要注意的是，当在编辑栏中显示出某部分表达式的计算结果后，如果按下 Enter 键，则会将表达式替换为结果，因此，当查看完中间计算结果后，需要按 Esc 键退出。

技巧 168 函数基本知识概述

Excel 提供了大量的内置函数可供用户使用，利用这些函数进行数据计算与分析，不仅可以大大提高工作效率，而且不容易出错。

利用名称，可以使用宏表函数，可以解决一些普通函数无法解决的问题。

1. 函数的种类

Excel 提供的函数种类有财务函数、日期函数、时间函数、查找与引用函数、数学与三角函数、统计函数、数据库管理函数、文本函数、信息类函数等类型。

除了上述几大类函数外，用户还可以编写自定义函数。此外，可以在名称中使用宏表函数，解决某些特殊计算问题。

2. 函数的基本语法

在使用函数时，必须遵循一定的规则，即函数都有自己的基本语法。函数的基本语法为：

= 函数名 (参数 1, 参数 2, …, 参数 *n*)

在使用函数时，应注意以下几个问题：

◎ 函数名与其后的括号“（ ”之间不能有空格。
◎ 参数的前后必须用括号“（ ”和“ ）”括起来。如果函数没有参数，则函数名后面必须有左右括号“ () ”。
◎ 当有多个参数时，参数之间要用逗号“,”分隔。
◎ 参数可以是数值、文本、逻辑值、单元格或单元格区域地址、名称，也可以是各种表达式或函数。
◎ 函数中的逗号“,”、引号“"”等都是半角字符，不是全角字符。
◎ 一个函数中，最多可以有 255 个参数。
◎ 如果函数的参数本身就是函数，则称为嵌套函数。

函数调用的一般方法 技巧 169

函数的调用可以采用手动输入的方法，就像在单元格中输入公式一样，首先输入等号（=），然后输入函数名、左括号“（”、各个参数、逗号以及右括号“）”，最后按 Enter 键。这种调用函数的方法比较烦琐，也非常容易出错，因此尽量不要使用这种方法。

采用插入函数的方法，可以很方便地调用函数。具体步骤如下：

Step01 选定要插入函数的单元格。

Step02 单击编辑栏中的“插入函数”按钮 *fx*，如图 14-13 所示，打开“插入函数”对话框，如图 14-14 所示。

Step03 从“或选择类别”下拉列表中选择要输入的函数类别，如图 14-15 所示，再从“选择函数”列表中选择所需的函数，如图 14-16 所示。

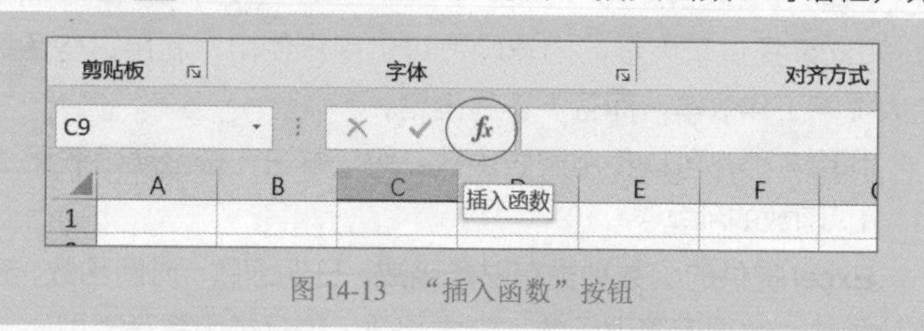

图 14-13 “插入函数”按钮

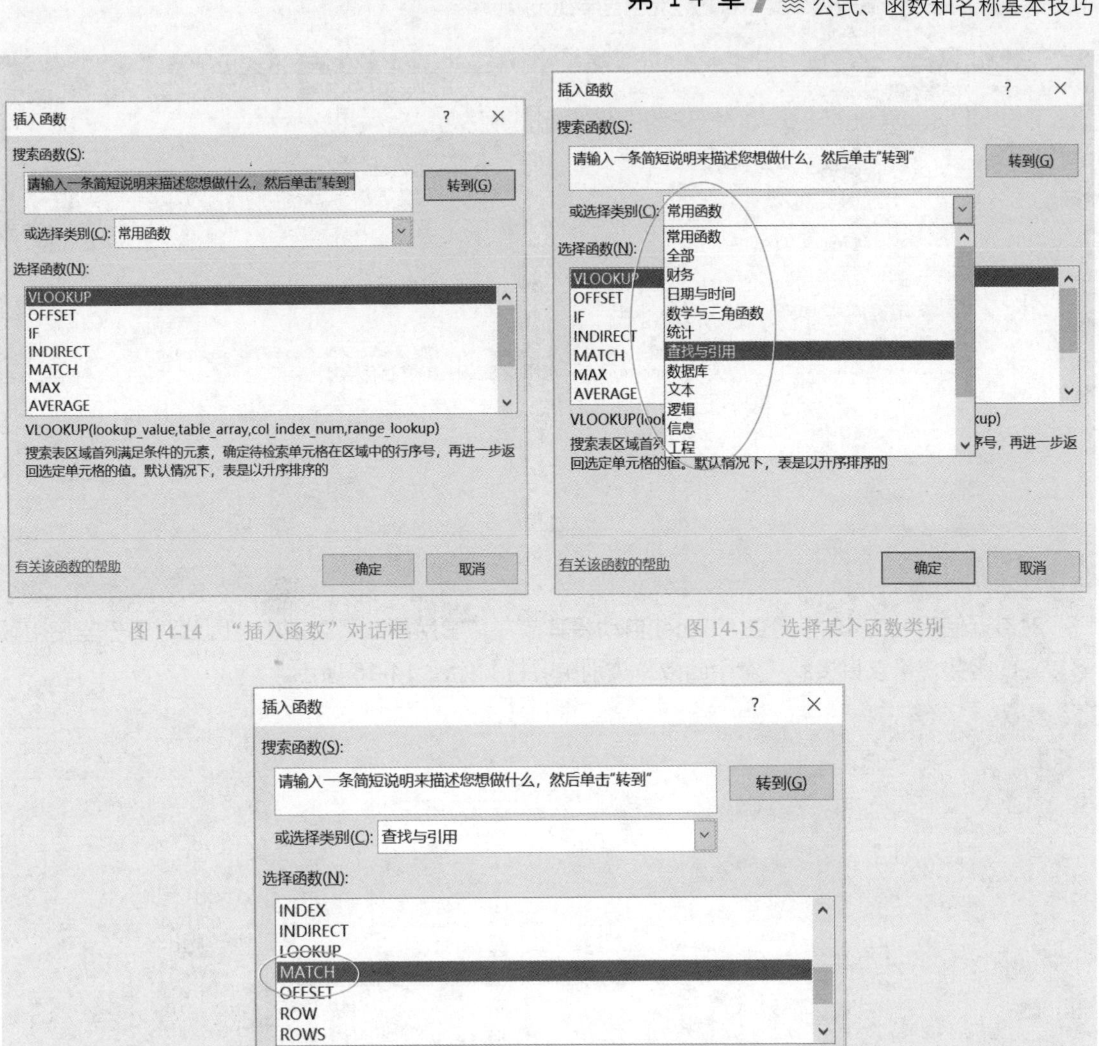

图 14-14 “插入函数”对话框　　　图 14-15 选择某个函数类别

图 14-16 选择某个函数

Step04 单击“确定”按钮，打开该函数参数的对话框，如图 14-17 所示，然后在该对话框中，输入相应参数，单击“确定”按钮，函数公式创建完毕。

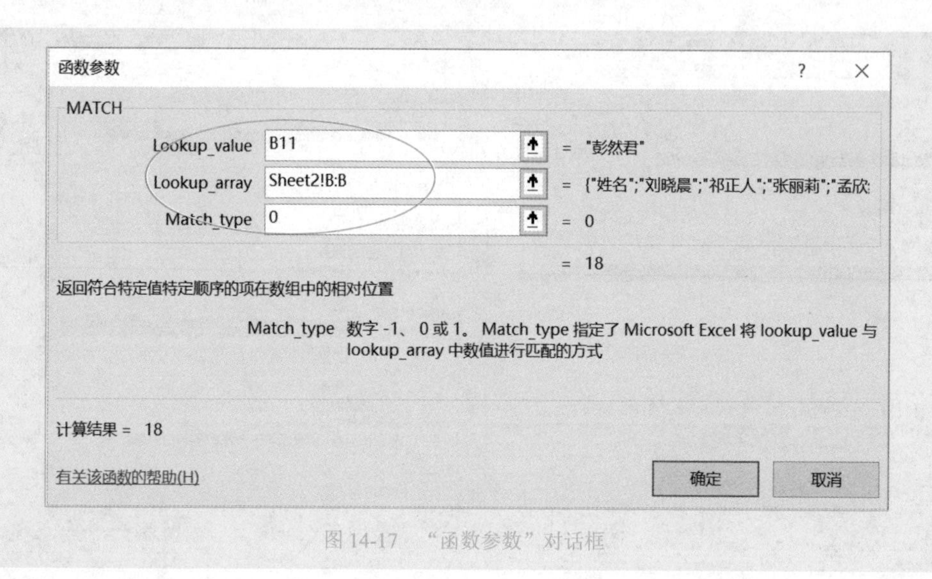

图 14-17 “函数参数”对话框

对最近使用过的 10 个函数，Excel 自动将其放在“常用函数”类别中，因此对于一些使用频率较高的函数，可以直接到“常用函数”类别中寻找，如图 14-18 所示。

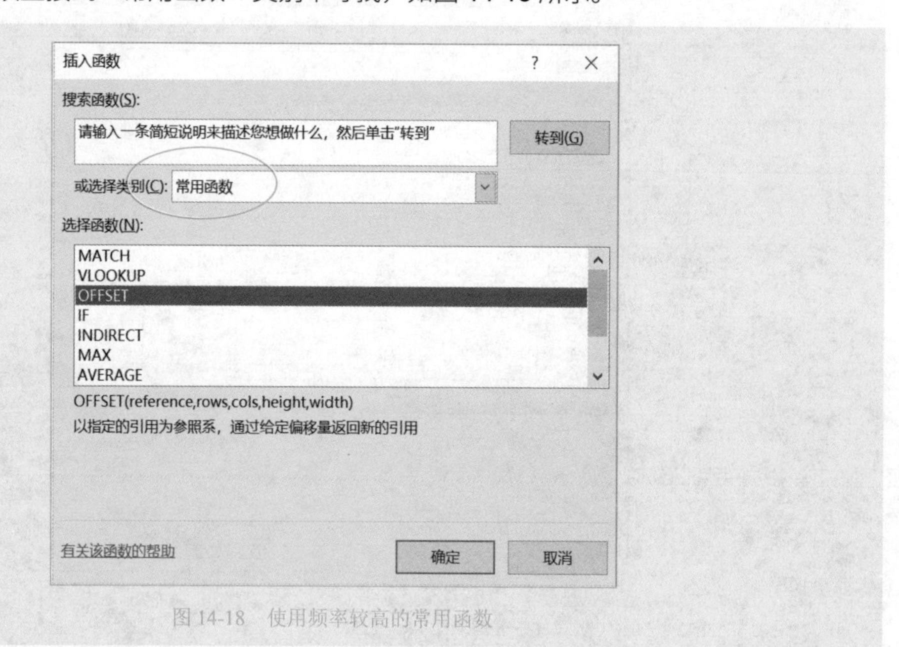

图 14-18 使用频率较高的常用函数

常用函数还可以快速从名称框中列示和选择，也就是在单元格先输入等号（=），然后名称框就变为常用函数列表，如图 14-19 所示。

上述方法是输入函数的一般性方法。也可以直接在“公式”选项卡中，展开某类函数的列表，快速选择输入函数，如图 14-20 所示。

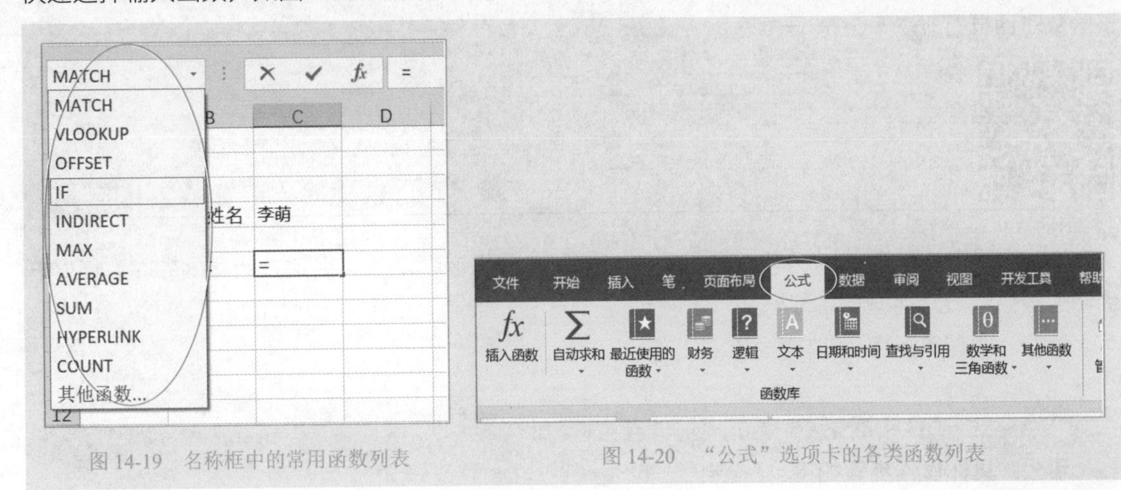

图 14-19　名称框中的常用函数列表　　图 14-20　“公式”选项卡的各类函数列表

技巧 170　快速选择输入函数，打开函数对话框

如果想快速选择输入函数，可以先在单元格中输入等号（=），然后输入某个字母，例如输入字母“s”，就列示出所有以字母“S”开头的函数，如图 14-21 所示，继续输入下一个字母，例如输入字母“su”，那么列示出所有以字母“SU”开头的函数，如图 14-22 所示，继续输入下一个字母，例如输入字母“sum”，那么列示出所有以字母“SUM”开头的函数，如图 14-23 所示。

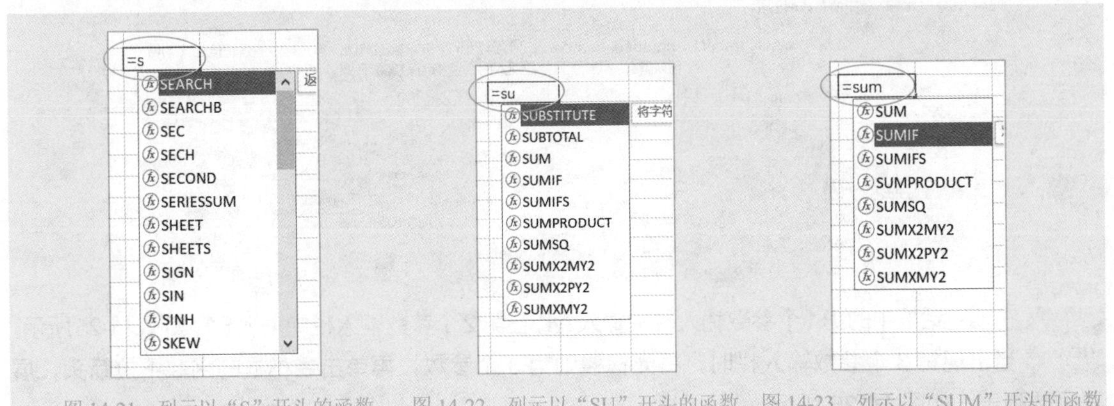

图 14-21　列示以“S”开头的函数　　图 14-22　列示以“SU”开头的函数　　图 14-23　列示以“SUM”开头的函数

这样，可选函数越来越少，就可以非常方便地选择某个函数。当从列表中选择某个函数后，按 Tab 键，即可迅速在单元格输入该函数的完整名称和左括号，此时，再按 Ctrl+A 组合键，就将该函数对话框打开。

快速输入嵌套函数 技巧 171

当一个函数中的参数为另外一个函数时，就是在使用嵌套函数。当输入嵌套函数时，最好联合使用函数参数对话框和名称框。

例如，要在单元格 A2 中输入公式：

```
=SUM(A1,B1,AVERAGE(C1:E1))
```

那么，具体操作步骤如下：

Step01 先插入 SUM 函数，打开 SUM 函数对话框，如图 14-24 所示。

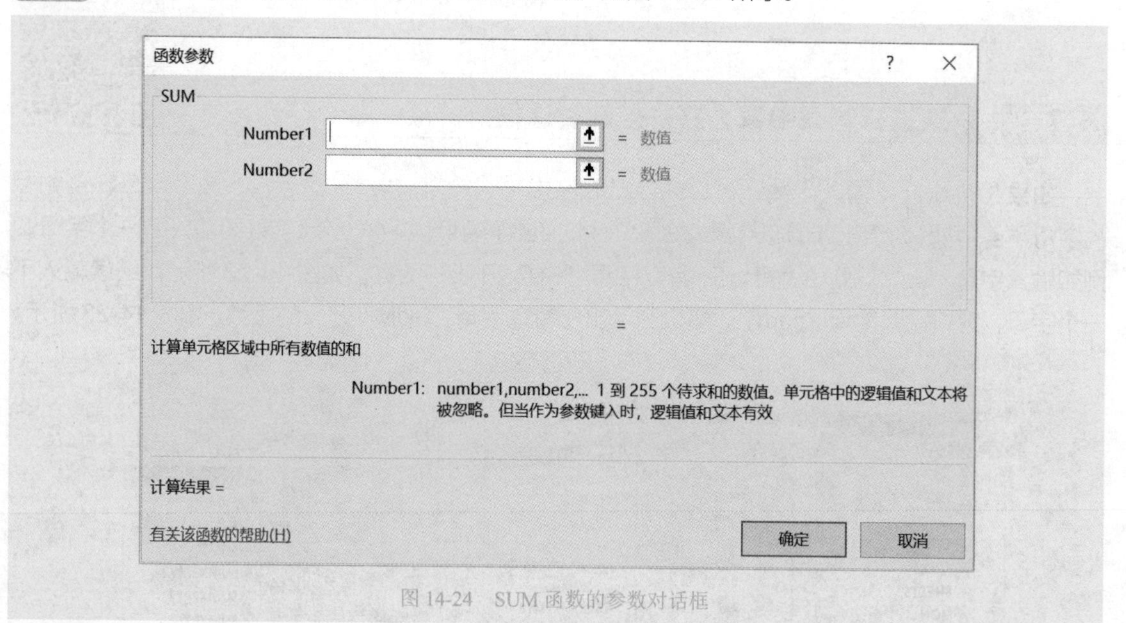

图 14-24 SUM 函数的参数对话框

Step02 在该对话框中的第 1 个参数输入栏中输入 A1，在第 2 个参数输入栏中输入 B1，如图 14-25 所示。

Step03 当出现第 3 个参数输入栏时，将光标移到第 3 个参数，再单击名称框的函数下拉箭头，展开函数列表，如图 14-26 所示。

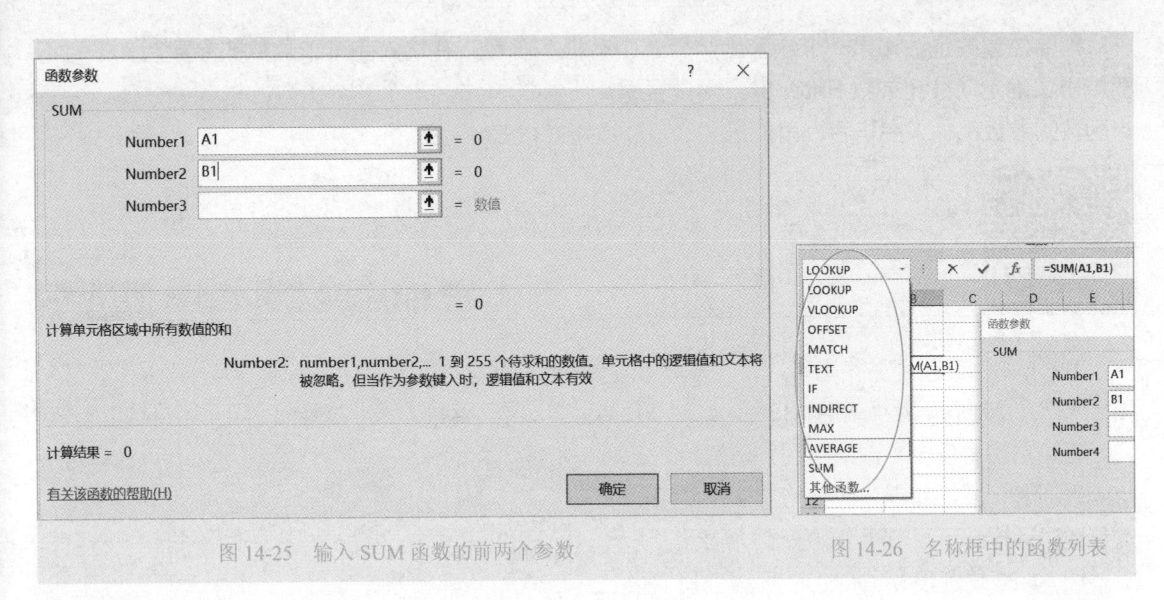

图 14-25 输入 SUM 函数的前两个参数

图 14-26 名称框中的函数列表

Step04 在函数列表中选择函数 AVERAGE，则会再次弹出函数 AVERAGE 的对话框，然后输入 AVERAGE 函数的参数 C1:E1，如图 14-27 所示。

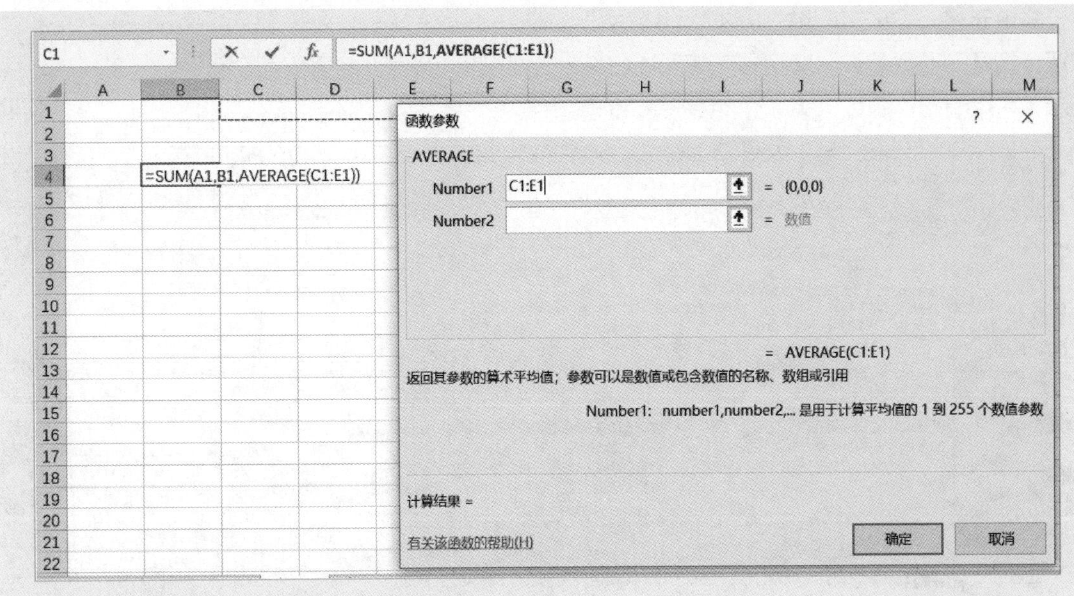

图 14-27 打开 AVERAGE 函数对话框，输入该函数的参数

Step05 单击“确定”按钮，即可完成嵌套函数的输入工作。

需要注意的是，如果一个嵌套函数公式中有很多函数，在输入完某个函数的参数后，千万不要单击“确定”按钮或按 Enter 键，而是要采用上述的方法，一个一个函数的输入参数值，待所有函数的参数都输入完毕后，再单击“确定”按钮或按 Enter 键。

快速检查错误出现在哪层函数 技巧 172

嵌套函数公式非常容易出错，当公式出现错误时，如何快速检查出是哪层函数输入错误了呢？大部分人的方法是在单元格或编辑栏中，开始数括号，数逗号，这种方法非常笨拙，还不容易检查出来。

无论是检查单个函数的错误，还是检查多个函数嵌套公式的错误，最好的方法是使用函数参数对话框。下面举两个例子予以介绍。

图 14-28 是利用 VLOOKUP 函数查找“张三”的工资，结果是错的。

那么，这个错误发生在什么地方呢？单击公式单元格，再单击编辑栏中的“插入函数”按钮，打开“函数参数”对话框，如图 14-29 所示，可以看出，函数的第 4 个参数没有设置。

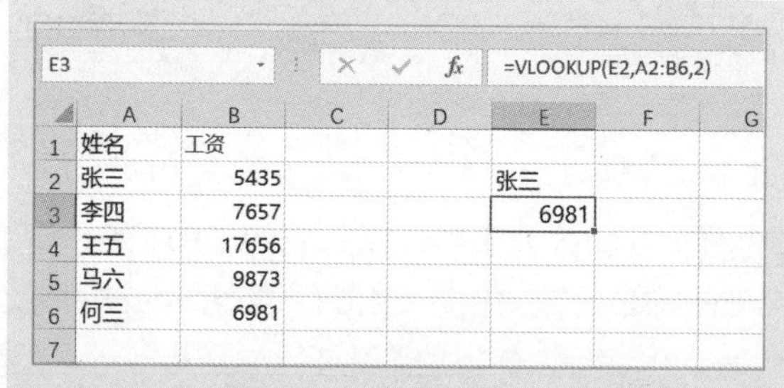

E3 =VLOOKUP(E2,A2:B6,2)

	A	B	C	D	E	F	G
1	姓名	工资					
2	张三	5435			张三		
3	李四	7657			6981		
4	王五	17656					
5	马六	9873					
6	何三	6981					
7							

图 14-28 VLOOKUP 函数结果错误

函数参数

VLOOKUP

Lookup_value E2 = "张三"

Table_array A2:B6 = {"张三",5435;"李四",7657;"王五",1765...

Col_index_num 2 = 2

Range_lookup = 逻辑值

= 6981

搜索表区域首列满足条件的元素，确定待检索单元格在区域中的行序号，再进一步返回选定单元格的值。默认情况下，表是以升序排序的

Lookup_value 需要在数据表首列进行搜索的值，可以是数值、引用或字符串

计算结果 = 6981

有关该函数的帮助(H) 确定 取消

图 14-29 打开“函数参数”对话框

既然现在是精确查找，那么第 4 个参数必须是 false 或者 0，才能得到正确结果，因此，需要在第 4 个输入栏里输入 false 或者 0，如图 14-30 所示。

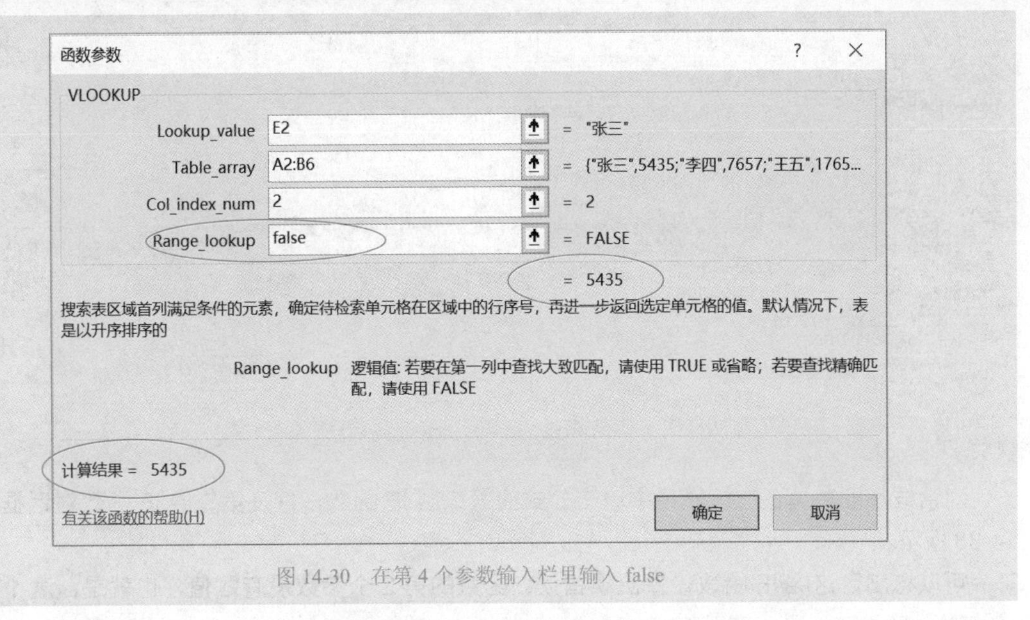

图 14-30 在第 4 个参数输入栏里输入 false

图 14-31 是一个嵌套 IF 函数公式，计算每个人年休假天数，计算规则是：工龄不满 1 年是 0 天，满 1 年不满 10 年是 5 天，满 10 年不满 20 年是 10 天，满 20 年以上是 15 天。

但是，第 2 个人的休假天数计算错误，他的工龄是 2 年，应该有 5 天假，结果是 0 天，其他几个类似的情况也是如此。为什么出现错误了？哪层 IF 函数做错了？

C2 =IF(B2<1,0,IF(B2<10,,IF(B2<20,10,15)))

	A	B	C	D	E	F	G
1	姓名	工龄	年假天数				
2	A001	13	10				
3	A002	2	0				
4	A003	8	0				
5	A004	21	15				
6	A005	0	0				
7	A006	3	0				
8							

图 14-31 计算公式有错误

单击单元格 C2，单击编辑栏中的“插入函数”按钮，打开第一层 IF 函数对话框，如图 14-32 所示。可以看出，这层 IF 函数设置正确。

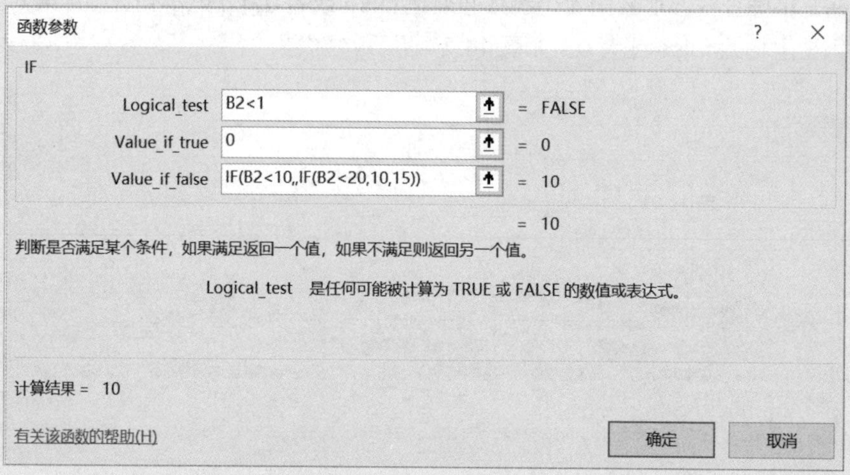

函数参数
?
IF
Logical_test
B2<1
= FALSE
Value_if_true
0
= 0
Value_if_false
IF(B2<10,,IF(B2<20,10,15))
= 10
= 10
判断是否满足某个条件，如果满足返回一个值，如果不满足则返回另一个值。
Logical_test 是任何可能被计算为 TRUE 或 FALSE 的数值或表达式。
计算结果 = 10
有关该函数的帮助(H)
确定
取消

图 14-32 第一层 IF 函数对话框

对话框不要关掉，在编辑栏中单击公式的第二层 IF 函数，打开第二层 IF 函数对话框，如图 14-33 所示。

可以看出，这层 IF 函数设置出现错误：函数的第 2 个参数没有赋值，也就是，满 1 年不满 10 年的数字为空，因此结果出错。

函数参数
?
IF
Logical_test
B2<10
= FALSE
Value_if_true
= 任意
Value_if_false
IF(B2<20,10,15)
= 10
= 10
判断是否满足某个条件，如果满足返回一个值，如果不满足则返回另一个值。
Logical_test 是任何可能被计算为 TRUE 或 FALSE 的数值或表达式。
计算结果 = 10
有关该函数的帮助(H)
确定
取消

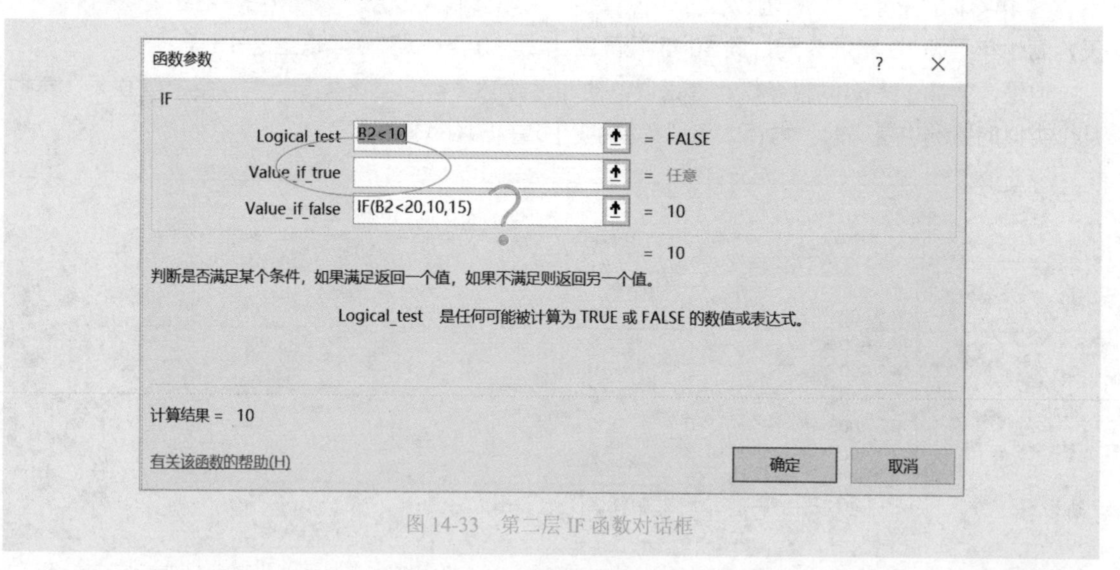

图 14-33 第二层 IF 函数对话框

在第 2 个参数输入栏中输入数字 5，再在编辑栏中单击公式的第三层 IF 函数，打开第三层 IF 函数对话框，如图 14-34 所示，继续检查第三层 IF 函数的设置。

函数参数

IF

Logical_test B2<20 = TRUE

Value_if_true 10 = 10

Value_if_false 15 = 15

= 10

判断是否满足某个条件，如果满足返回一个值，如果不满足则返回另一个值。

Value_if_true 是 Logical_test 为 TRUE 时的返回值。如果忽略，则返回 TRUE。IF 函数最多可嵌套七层。

计算结果 = 10

有关该函数的帮助(H) 确定 取消

图 14-34 继续检查第三层 IF 函数设置

按照这个步骤，一层一层检查下去，直至所有的嵌套函数全部检查修改完毕，最后再单击“确定”按钮或者按 Enter 键，完成公式的检查修改。

技巧 173 定义名称的基本技能

几乎所有的 Excel 对象（如常量、单元格、公式、图形等）都可以定义名称。

- ◎ 常量：比如可以定义一个名称“增值税”，它代表 0.17。公式“=D2* 增值税”中，这个“增值税”就是 0.17。
- ◎ 一个单元格：比如把单元格 A1 定义名称“年份”，若在公式中使用“年份”两字，就是引用单元格 A1 中指定的年份。
- ◎ 单元格区域：比如把 B 列定义名称“日期”，D 列定义名称“销售量”，那么公式“=SUMIF(日期, "2018 年 ", 销售量)”就使用了 2 个名称，就是对 B 列进行条件判断，对 D 列求和。
- ◎ 公式：可以对创建的公式定义名称，以便更好地处理分析数据。

例如，把公式 =OFFSET($A$1,,,$A:$A,$1:$1) 命名为 data，就可以利用这个动态的名称制作基于动态数据源的数据透视表，而不必每次去更改数据源。

合理使用名称，可以使数据处理和分析更加快捷和高效。

1. 定义名称的规则

定义名称要遵循一定的规则，具体如下：

◎ 名称的长度不能超过 255 个字符。

◎ 名称中不能含有空格，但可以使用下划线和句点。例如，名称不能是 Month Total，但可以是 Month_Total 或 Month.Total。

◎ 名称中不能使用除下划线和句点以外的其他符号。

◎ 名称的第一个字符必须是字母、汉字，不能使用单元格地址、阿拉伯数字。

◎ 避免使用 Excel 本身预设的一些有特殊用途的名称，如 Extract、Criteria、Print_Area、Print_Titles、Database 等。

◎ 名称中的字母不区分大小写。例如，名称 MYNAME 和 myname 或 myName 是相同的，在公式中使用哪个都是可以的。

◎ 定义的名称会以在第一次定义时所输入的名称保存。因此，如果在首次定义名称时输入的名称是 MYNAME，那么在名称列表中看不到名称 myname，只能看到名称 MYNAME。

◎ 可以为一个单元格或单元格区域定义多个名称，不过这么做没有什么意义。

2. 定义名称的基本方法

定义名称是很简单的，主要有 4 种方法：

◎ 利用名称框。

◎ 利用定义名称对话框。

◎ 利用名称管理器。

◎ 批量定义名称。

使用名称框定义名称，是一种比较简单、适用性强的方法。其基本步骤是：首先选取要定义名称的单元格区域（不论是整行、整列、连续的单元格区域，还是不连续的单元格区域），然后在名称框中输入名称，最后按 Enter 键即可，如图 14-35 所示。

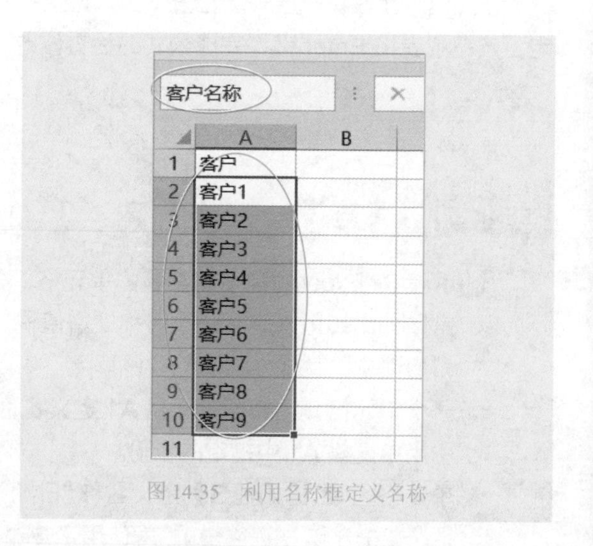

图 14-35　利用名称框定义名称

使用“定义名称”对话框来定义名称，就是执行“定义名称”命令，在打开的“新建名称”对话框中定义名称，如图 14-36 所示，步骤如下：

Step01 执行“公式”→“定义名称”命令。

Step02 打开“新建名称”对话框。

Step03 在“名称”文本框中输入要定义的名字。

Step04 在“引用位置”输入栏中选择要定义名称的单元格区域。

Step05 单击“确定”按钮。

说明：名称的“范围”可以保持默认的“工作簿”，即定义的名称适用于本工作簿的所有工作表。

如果一次要定义几个不同的名称，可以执行“公式”→“名称管理器”命令，打开“名称管理器”对话框，再单击“新建”按钮，如图 14-37 所示，打开“新建名称”对话框，定义好名称后，返回名称管理器，所有名称都定义完毕后，再关闭名称管理器。

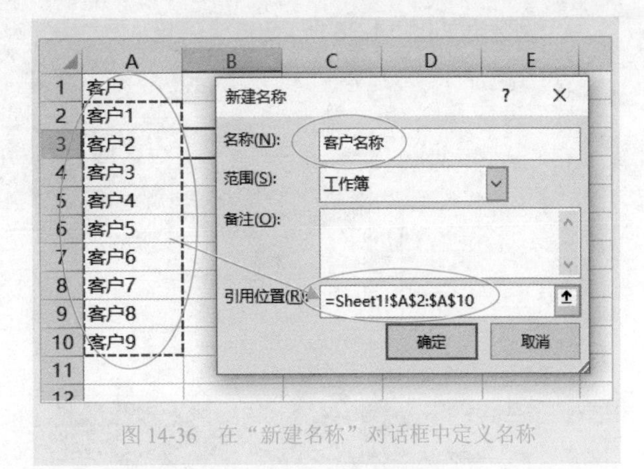

图 14-36 在“新建名称”对话框中定义名称

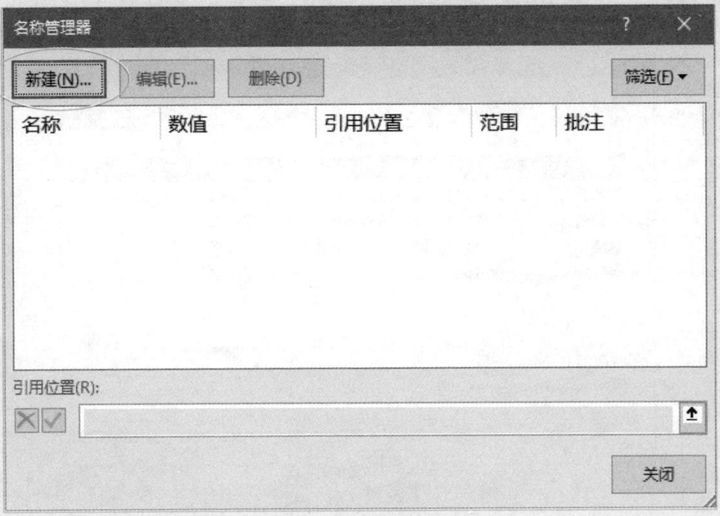

图 14-37 “名称管理器”对话框

当工作表的数据区域有行标题或列标题时，希望把这些标题名字作为名称使用，就可以利用“根据所选内容创建”命令自动快速定义多个名称。具体步骤如下：

Step01 首先选择要定义行名称或列名称的数据区域（要包含行标题或列标题）。

Step02 执行“公式”→“根据所选内容创建”命令。

Step03 打开“根据所选内容创建名称”对话框。

Step04 选择“首行”或者“最左列”等选项。

Step05 单击“确定”按钮。

示例数据如图 14-38 所示。

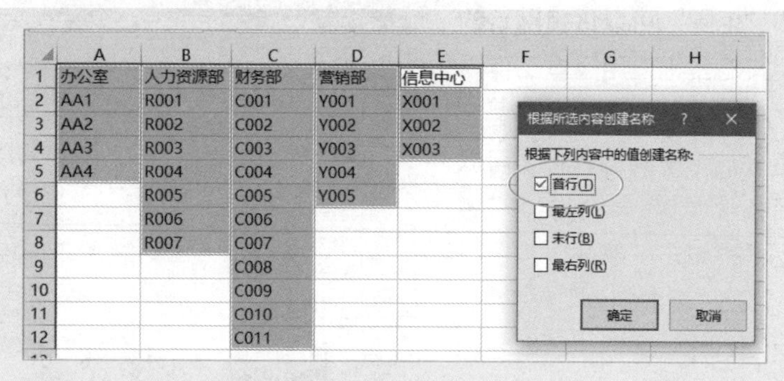

图 14-38 根据行标题或列标题定义名称

打开名称管理器，可以看到批量定义了 5 个名称，如图 14-39 所示。

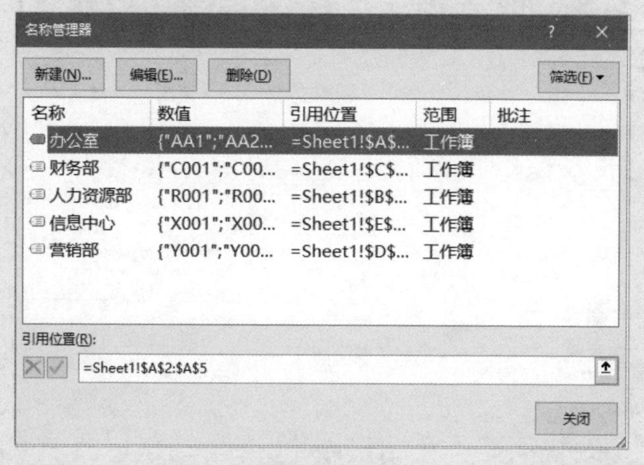

图 14-39 批量定义的 5 个名称

为可变单元格区域定义名称 技巧 174

为可变的单元格区域定义名称，经常用在制作动态图表、数据透视表等以及对数据个数不定的场合。

为可变的单元格区域定义名称，要联合使用 OFFSET 函数和 COUNTA 函数。

假若要根据 A 列的数据和第 1 行数据来确定一个动态的数据区域，其起始单元格为单元格

A1，新单元格区域高度为 A 列有数据的行数，宽度为第 1 行有数据的列数，那么就可以定义如下的动态名称（这里，假设数据在工作表 Sheet4），如图 14-40 所示，打开“新建名称”对话框，输入名称 Data，在“引用位置”输入栏中输入公式为：

```
=OFFSET(Sheet4!$A$1,,,COUNTA(Sheet4!$A:$A),COUNTA(Sheet4!$1:$1))
```

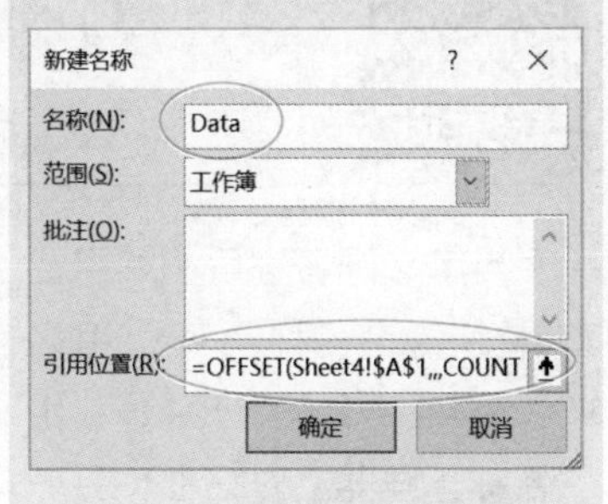

图 14-40　定义动态区域名称

这样，当 A 列和第 1 行数据增加或减少后，名称 Data 所代表的单元格区域即自动扩展或缩小，如图 14-41 和图 14-42 所示。

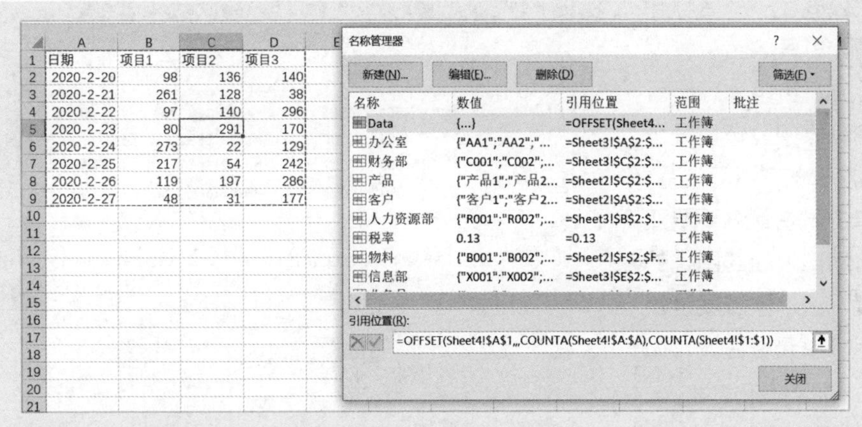

图 14-41　目前名称 Data 引用的数据区域是 A1:D9

图 14-42　行数列数增加，名称 Data 引用的数据区域自动扩展为 A1:E13

如何查看定义的名称及其引用的区域 技巧 175

当定义好名称后，如果要查看定义的名称及其引用区域，有两种方法：一种是利用“名称管理器”对话框；另一种是列示出名称及其公式。

单击“公式”→“名称管理器”按钮，打开“名称管理器”对话框，如图 14-43 所示，然后在名称列表中，选择某个名称，再在底部的“引用位置”输入栏中单击（注意，不要双击），即自动出现曲线围绕的单元格区域，这个区域就是该名称所引用的单元格区域，如图 14-44 所示。

图 14-43 本工作簿中定义的所有名称

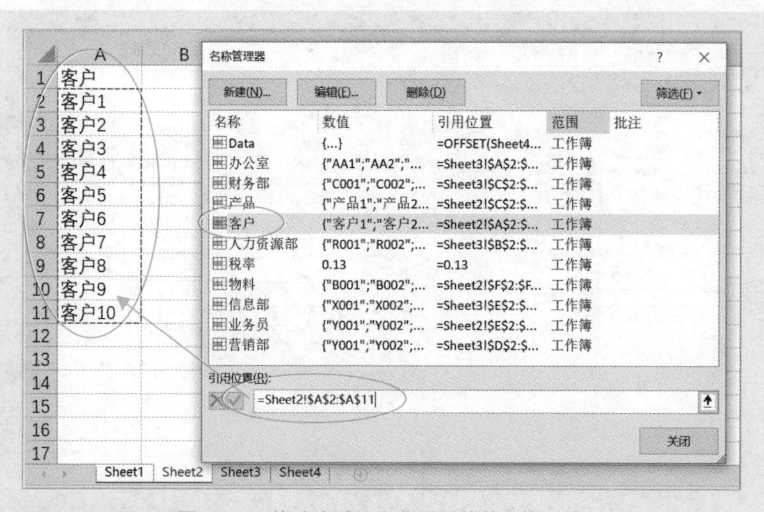

图 14-44 快速查看该名称引用的单元格区域

这种方法只能在“名称管理器”中一个一个地查看名称。另一种方法是将所有定义的名称及其引用位置公式，全部输出到工作表上，步骤是：首先新建一个工作表，或者在某个工作表的空白位置单击单元格；然后执行“用于公式”→“粘贴名称”命令，如图 14-45 所示，打开“粘贴名称”对话框，如图 14-46 所示；再单击“粘贴列表”按钮，就将所有名称及引用公式粘贴到了工作表指定位置，如图 14-47 所示。

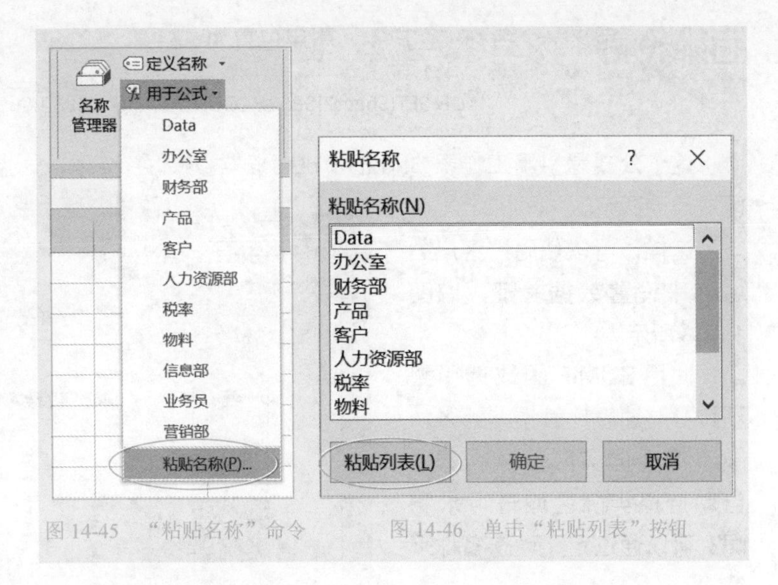

图 14-45 “粘贴名称”命令

图 14-46 单击“粘贴列表”按钮

	A	B	C
1			
2			
3		Data	=OFFSET(Sheet4!$A$1,,,COUNTA(Sheet4!$A:$A),COUNTA(Sheet4!$1:$1))
4		办公室	=Sheet3!$A$2:$A$7
5		财务部	=Sheet3!$C$2:$C$11
6		产品	=Sheet2!$C$2:$C$16
7		客户	=Sheet2!$A$2:$A$11
8		人力资源部	=Sheet3!$B$2:$B$9
9		税率	=0.13
10		物料	=Sheet2!$F$2:$F$10
11		信息部	=Sheet3!$E$2:$E$4
12		业务员	=Sheet2!$E$2:$E$11
13		营销部	=Sheet3!$D$2:$D$8

图 14-47 粘贴的所有名称及其引用公式

技巧 176 如何使用名称简化公式

当定义了名称后，可以在函数公式中使用名称，以构建高效简洁的计算公式。在公式中使用名称的好处是公式简洁易懂，可以构建高效的数据分析模板。

例如，定义一个名称“客户”，引用位置为：

```
=OFFSET(Sheet2!$B$2,,,COUNTA(Sheet2!$B$2:$B$1000),1)
```

这个公式是引用工作表 Sheet1 的 B 列“客户”名称区域，当增加或减少客户名称时，引用区域自动调整。

这样，可以使用“客户”名称来设置数据验证，如图 14-48 所示。

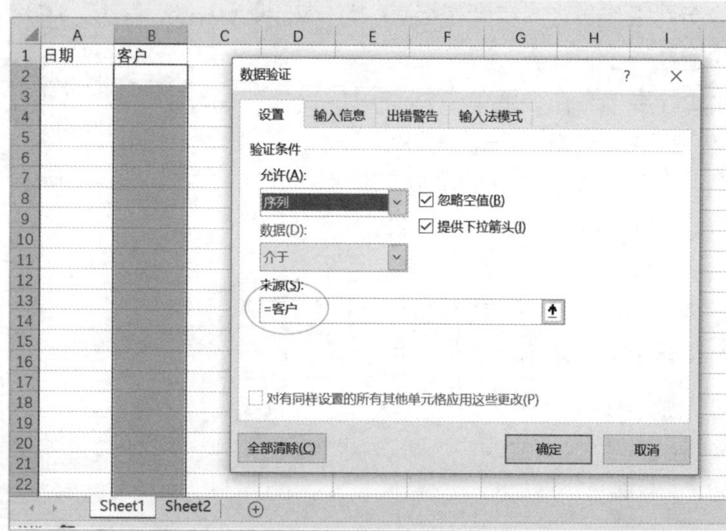

图 14-48　在“数据验证”对话框中使用动态名称

使用 SUMIF 函数选择整列计算时速度比较慢。那么，能不能根据实际数据行数，自动选择实际区域进行求和呢？可以通过定义动态名称来解决。

假设工作表 Sheet1 的 C 列是“产品”，D 列是“销量”，现在要计算每个产品销量合计数。先定义如下两个动态名称：

名称“产品”的引用位置：

```
=OFFSET(Sheet1!$C$2,,,COUNTA
(Sheet1!$C$2:$C$1000),1)
```

名称“销量”的引用位置：

```
=OFFSET(Sheet1!$D$2,,,COUNTA
(Sheet1!$C$2:$C$1000),1)
```

那么，就可以使用这两个名称进行计算，如图 14-49 和图 14-50 所示，单元格 H3 公式为：

```
=SUMIF( 产品 ,G3, 销量 )
```

H3　=SUMIF(产品,G3,销量)

	A	B	C	D	E	F	G	H
1	日期	客户	产品	销量				
2	2020-1-2	客户1	产品1	214			产品	销量
3	2020-1-3	客户2	产品2	464			产品1	1724
4	2020-1-4	客户3	产品3	155			产品2	1790
5	2020-1-5	客户4	产品4	181			产品3	583
6	2020-1-6	客户5	产品1	322			产品4	470
7	2020-1-7	客户1	产品2	311				
8	2020-1-8	客户2	产品3	235				
9	2020-1-9	客户3	产品1	416				
10	2020-1-10	客户4	产品2	482				
11	2020-1-11	客户1	产品1	210				
12	2020-1-12	客户2	产品2	310				
13	2020-1-13	客户3	产品3	193				
14	2020-1-14	客户5	产品1	109				
15	2020-1-15	客户1	产品2	223				
16	2020-1-16	客户2	产品4	289				
17	2020-1-17	客户3	产品1	453				

图 14-49　在公式中使用名称

图 14-50　参数的设置

技巧 177　如何修改、删除名称

如果要修改名称，可以使用“名称管理器”选项，也就是打开“名称管理器”对话框，如图 14-51 所示，选择要修改的名称，单击“编辑”按钮，打开“编辑名称”对话框，如图 14-52 所示，然而在该对话框中，可以重新命名，修改“引用位置”输入栏中的公式，如图 14-53 和图 14-54 所示。

说明：重新命名名称后，原来已经创建的公式会自动更新。

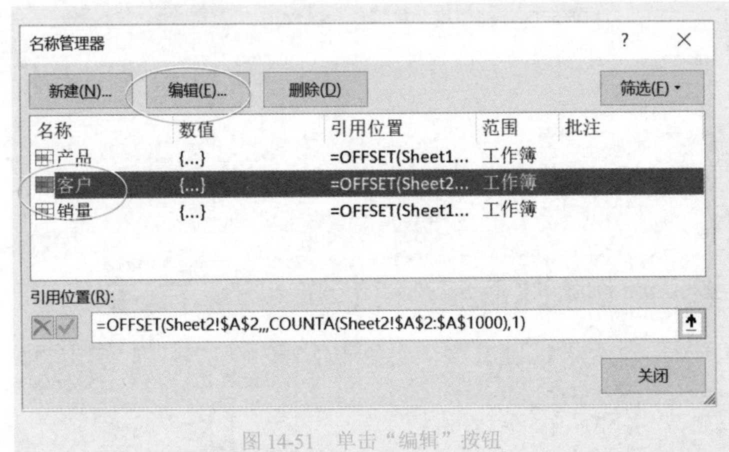

图 14-51　单击“编辑”按钮

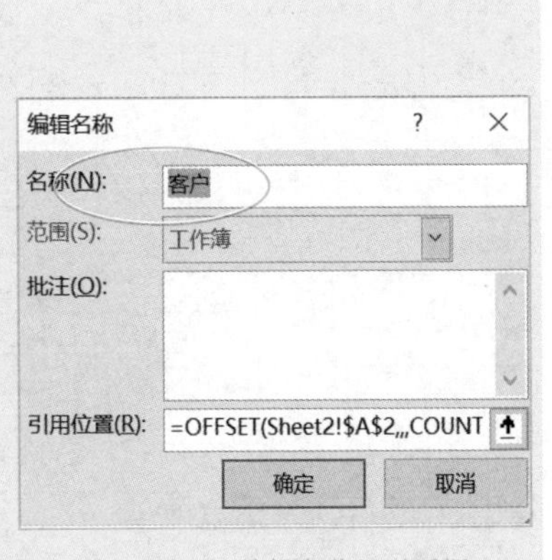

图 14-52　“编辑名称”对话框

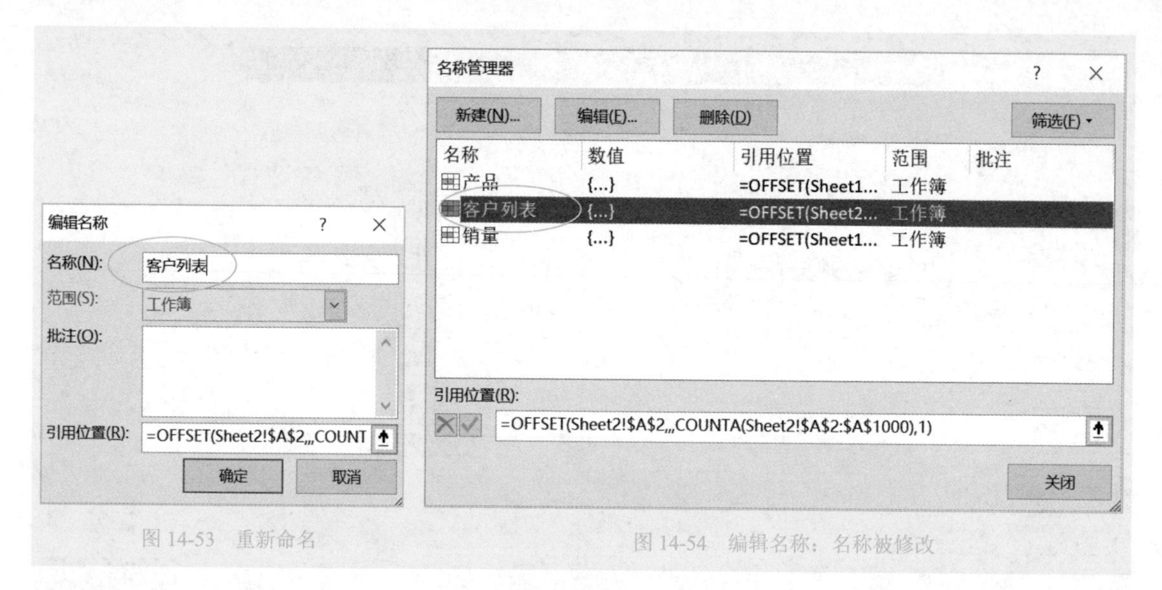

图 14-53 重新命名　　图 14-54 编辑名称：名称被修改

如果仅仅是需要把名称的引用位置进行修改，可以在“名称管理器”对话框底部的“引用位置”输入栏中对公式进行编辑修改，然后单击☑按钮即可，如图 14-55 所示，就是把统计行数的区域修改为 100000 行。

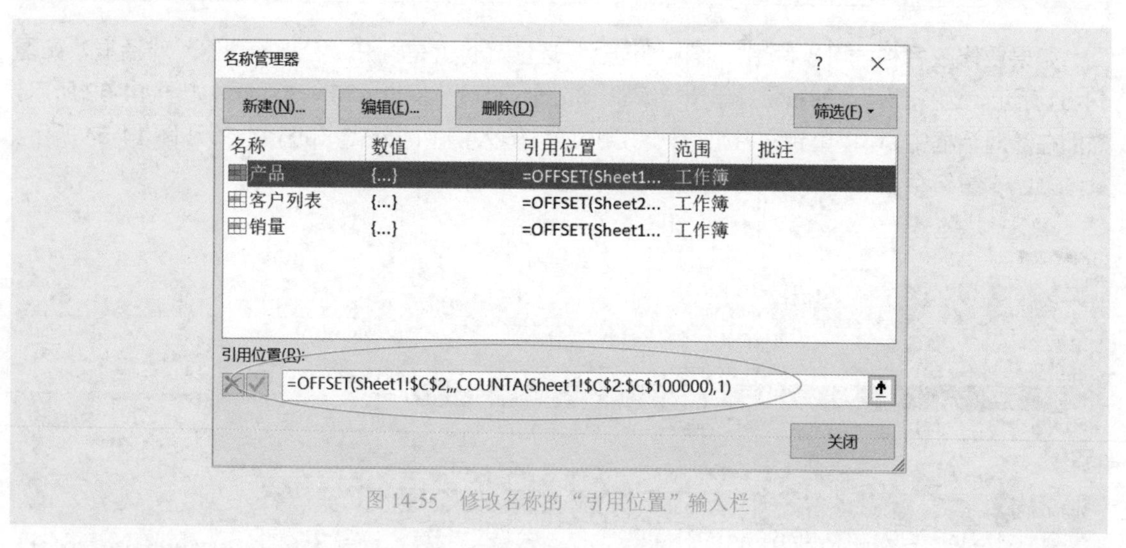

图 14-55 修改名称的“引用位置”输入栏

如果要删除名称，就在“名称管理器”对话框中，选择某个或者某几个要删除的名称，单击“删除”按钮即可。

第15章 数值计算实用技巧

EXCEL

数值计算是指数值之间的加、减、乘、除等各种数学运算。数值计算是 Excel 中使用最频繁的操作之一。本章介绍数值一般计算中常见问题的处理方法和技巧。

如何对文本型数字进行计算 技巧 178

对于某些看似是数值的文本型数字，如果采用每个单元格直接相加的方式进行数学运算，Excel 会自动将文本型数字转换为纯数字并进行计算。

但是，如果是在诸如 SUM 函数、SUMIF 函数、SUMIFS 函数、AVERAGE 函数、AVERAGEIF 函数中引用这些单元格，会把该文本型数字忽略，这样将得不到正确的结果，如图 15-1 所示。

	A	B	C	D	E	F
1						
2		原始数据		结果	公式	说明
3		100		600	=B3+B4+B5	←直接相加
4		200		0	=SUM(B3:B5)	←函数相加
5		300				
6						

图 15-1　对文本型数字进行计算

要解决这样的问题，在单元格不多的情况下，可以直接采用每个单元格直接相加、减、乘、除等的方式进行计算。

但是，当要计算的单元格很多，又想要使用函数直接进行计算时，就必须使用 VALUE 函数将文本型数字转换为纯数字，或者利用两个负号将文本型数字转换为纯数字，或者乘以数字 1 转换为纯数字，或者除以 1 转换为纯数字，或者减去 0 转换为纯数字，或者加 0 转换为纯数字。但是，输入的公式必须是数组公式，即必须按 Ctrl+Shift+Enter 组合键，如图 15-2 所示。

一般来说，使用公式直接转换并计算，可以构建自动化分析模型。但在实际工作中，常常会先对数据进行处理，也就是先利用智能标记，将文本型数字转换为纯数字，如图 15-3 所示，然后正常设计公式。

	A	B	C	D	E	F
1						
2		原始数据		结果	公式	说明
3		100		600	=B3+B4+B5	←直接相加
4		200		0	=SUM(B3:B5)	←函数相加
5		300		600	{=SUM(VALUE(B3:B5))}	←VALUE函数处理
6				600	{=SUM(--B3:B5)}	←两个负号函数处理
7				600	{=SUM(1*B3:B5)}	←乘以1
8				600	{=SUM(B3:B5/1)}	←除以1
9				600	{=SUM(B3:B5+0)}	←加0
10				600	{=SUM(B3:B5-0)}	←减0
11						

图 15-2　在公式中对文本型数字直接进行计算

100
以文本形式存储的数字
转换为数字(C)
有关此错误的帮助
忽略错误
在编辑栏中编辑(F)
错误检查选项(O)...

图 15-3　使用智能标记命令

技巧 179 超过 15 位文本型数字编码的计数与求和

Excel 在处理数字时，最长位数是 15 位，超过 15 位数字就需要处理为文本型数字了，例如身份证号码，材料编码等。

在超过 15 位长编码的情况下，可以使用查找函数来查找数据，但是不能使用 COUNTIF 函数、COUNTIFS 函数、SUMIF 函数、SUMIFS 函数进行统计汇总。

图 15-4 是一个示例，其中 B 列是超过 15 位的材料编码。当使用 COUNTIF 函数计数，使用 SUMIF 函数求和时，每个材料的结果都是一样的。公式如下：

```
单元格 G4：=COUNTIF(B:B,F4)
单元格 G5：=SUMIF(B:B,F4,C:C)
```

G4 =COUNTIF(B:B,F4)

	A	B	C	D	E	F	G	H	I
1	日期	材料编码	数量			统计报表			
2	2020-2-21	123456789012345001	10						
3	2020-2-22	123456789012345002	20			材料编码	个数	数量合计	
4	2020-2-23	123456789012345002	30			123456789012345001	7	280	
5	2020-2-24	123456789012345003	40			123456789012345002	7	280	
6	2020-2-25	123456789012345005	50			123456789012345003	7	280	
7	2020-2-26	123456789012345001	60			123456789012345005	7	280	
8	2020-2-27	123456789012345002	70						

图 15-4 超过 15 位长数字编码的统计

解决这样的问题，可以在条件值前面加一个通配符（*），让函数不要把这长串字符当成数字，如图 15-5 所示。公式修改如下：

```
单元格 G4：=COUNTIF(B:B,"*"&F4)
单元格 G5：=SUMIF(B:B,"*"&F4,C:C)
```

G4 =COUNTIF(B:B,"*"&F4)

	A	B	C	D	E	F	G	H
1	日期	材料编码	数量			统计报表		
2	2020-2-21	123456789012345001	10					
3	2020-2-22	123456789012345002	20			材料编码	个数	数量合计
4	2020-2-23	123456789012345002	30			123456789012345001	2	70
5	2020-2-24	123456789012345003	40			123456789012345002	3	120
6	2020-2-25	123456789012345005	50			123456789012345003	1	40
7	2020-2-26	123456789012345001	60			123456789012345005	1	50
8	2020-2-27	123456789012345002	70					

图 15-5 使用通配符消除数字格式

单元格有长度不为零的空字符串时的计算 技巧 180

在实际工作中，可能利用公式在某些单元格输入了零长度的字符串“""”，或者从数据库中导入的数据有一些零长度或者不为零长度的字符串，这些单元格表面看起来似乎没有任何数据，就像是一个空白单元格，但在进行算术运算时就会出现错误。

图 15-6 所示的数据，看起来似乎是空白单元格的 B 列和 C 列单元格中，其实是零长度的字符串“""”，这样在 D 列输入将 B 列和 C 列相加的公式（即诸如 =B2+C2 的公式）时，就会出现错误 #VALUE!，如图 15-6 和图 15-7 所示。

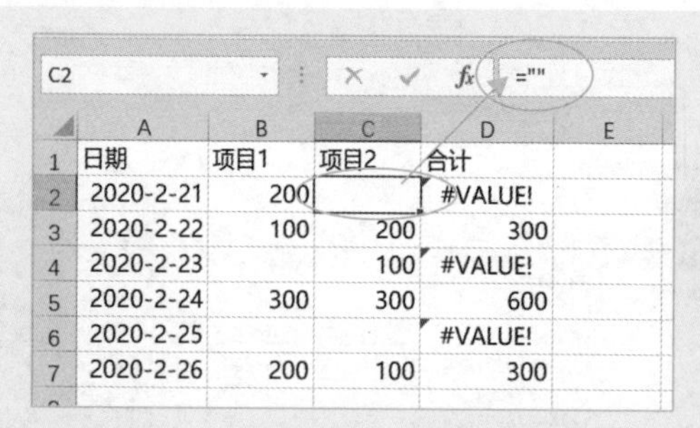

C2 =""

	A	B	C	D	E
1	日期	项目1	项目2	合计	
2	2020-2-21	200		#VALUE!	
3	2020-2-22	100	200	300	
4	2020-2-23		100	#VALUE!	
5	2020-2-24	300	300	600	
6	2020-2-25			#VALUE!	
7	2020-2-26	200	100	300	

图 15-6 单元格中是零长度字符串“""”

D2 =B2+C2

	A	B	C	D	E
1	日期	项目1	项目2	合计	
2	2020-2-21	200		#VALUE!	
3	2020-2-22	100	200	300	
4	2020-2-23		100	#VALUE!	
5	2020-2-24	300	300	600	
6	2020-2-25			#VALUE!	
7	2020-2-26	200	100	300	

图 15-7 两列相加出现错误

这种零长度字符串，是公式产生的结果（例如使用 IFERROR 函数处理错误值）。这样的零长度字符串单元格，可以使用 SUM 函数计算，但是不能进行加、减、乘、除计算。必须使用 N 函数来解决直接加、减、乘、除计算的问题，如图 15-8 所示，计算公式为：

```
=N(B2)+N(C2)
```

D2 =N(B2)+N(C2)

	A	B	C	D	E	F
1	日期	项目1	项目2	合计		
2	2020-2-21	200		200		
3	2020-2-22	100	200	300		
4	2020-2-23		100	100		
5	2020-2-24	300	300	600		
6	2020-2-25			0		
7	2020-2-26	200	100	300		

图 15-8 使用 N 函数处理

技巧 181 如何处理 Excel 的计算误差

Excel 的浮点运算会造成一些累积计算误差，有时候这种误差是非常令人恼火的。图 15-9 就是一个示例数据。

黄色区域的余额数据似乎为零，依此判断在 H 列对应单元格中的结论应该是“平”，但是，Excel 给出的结论却是“贷”，这究竟是怎么回事呢？

将单元格 I9、I12 和 I14 的数字增加小数点位数，如图 15-10 所示，可以看到，这三个单元格的数字并不是零，而是非常小的负数。尽管这个工作表的计算公式很简单，并没有进行复杂的计算，但是还是造成了浮点运算误差，导致判断错误。

H7 =IF(I6+F7-G7=0,"平",IF(I6+F7-G7<0,"贷","借"))

预付账款（其他应收款）

金额单位：人民币元（填至角分）

2020年 月	日	凭证号	摘要	对方科目	借方金额	贷方金额	方向	余额
1	1	1	付款	银行存款	1,500,000.00	0.00	借	1,500,000.00
1	3	2	来票	开发成本	0.00	2,796,086.54	贷	-1,296,086.54
2	23	3	来票	开发成本	0.00	2,110,322.22	贷	-3,406,408.76
2	26	4	付款	银行存款	3,406,408.76	0.00	贷	0.00
3	15	5	付款	银行存款	1,158,297.00		借	1,158,297.00
4	22	6	来票	开发成本		1,575,469.89	贷	-417,172.89
4	28	7	付款	银行存款	417,172.89		贷	0.00
5	6	8	来票	开发成本		643,935.79	贷	-643,935.79
5	29	9	付款	银行存款	643,935.79		贷	0.00
			累计		7,125,814.44	7,125,814.44		

图 15-9 计算结果表面看起来是矛盾的

预付账款（其他应收款）

金额单位：人民币元（填至角分）

2020年 月	日	凭证号	摘要	对方科目	借方金额	贷方金额	方向	余额
1	1	1	付款	银行存款	1,500,000.00	0.00	借	1,500,000.00
1	3	2	来票	开发成本	0.00	2,796,086.54	贷	-1,296,086.54
2	23	3	来票	开发成本	0.00	2,110,322.22	贷	-3,406,408.76
2	26	4	付款	银行存款	3,406,408.76	0.00	贷	-0.000000000465661287307739
3	15	5	付款	银行存款	1,158,297.00		借	1,158,297.00
4	22	6	来票	开发成本		1,575,469.89	贷	-417,172.89
4	28	7	付款	银行存款	417,172.89		贷	-0.000000000349245965480804
5	6	8	来票	开发成本		643,935.79	贷	-643,935.79
5	29	9	付款	银行存款	643,935.79		贷	-0.000000000349245965480804
			累计		7,125,814.44	7,125,814.44		

图 15-10 表面看起来是 0 的数字实际上不为 0，是一个很小的负数

要解决这样的问题，可以利用 ROUND 函数四舍五入到两位小数，如图 15-11 所示。

I7　=ROUND(I6+F7-G7,2)

预付账款（其他应收款）

金额单位：　人民币元（填至角分）

2020年 月	日	凭证号	摘要	对方科目	借方金额	贷方金额	方向	余额
1	1	1	付款	银行存款	1,500,000.00	0.00	借	1,500,000.00
1	3	2	来票	开发成本	0.00	2,796,086.54	贷	-1,296,086.54
2	23	3	来票	开发成本	0.00	2,110,322.22	贷	-3,406,408.76
2	26	4	付款	银行存款	3,406,408.76	0.00	平	0.00
3	15	5	付款	银行存款	1,158,297.00		借	1,158,297.00
4	22	6	来票	开发成本		1,575,469.89	贷	-417,172.89
4	28	7	付款	银行存款	417,172.89		平	0.00
5	6	8	来票	开发成本		643,935.79	贷	-643,935.79
5	29	9	付款	银行存款	643,935.79		平	0.00
			累计		7,125,814.44	7,125,814.44		

图 15-11　使用 ROUND 函数处理计算误差

如何处理明细加总与总和不相等的问题　技巧 182

当出现图 15-12 所示的明细加总与总和不符的问题时，分析原因是在计算各月的折旧时，利用 ROUND 函数进行了四舍五入，保留两位小数，导致每个月折旧相加的总额为 3764.96，不等于固定资产原值 3765，两者相差 0.04。

A	B
固定资产原值	3765
残值	0
折旧方法	直线法
折旧期限（月）	16

期次	日期	月折旧额
1	2018-10-31	235.31
2	2018-11-30	235.31
3	2018-12-31	235.31
4	2019-01-31	235.31
5	2019-02-28	235.31
6	2019-03-31	235.31
7	2019-04-30	235.31
8	2019-05-31	235.31
9	2019-06-30	235.31
10	2019-07-31	235.31
11	2019-08-31	235.31
12	2019-09-30	235.31
13	2019-10-31	235.31
14	2019-11-30	235.31
15	2019-12-31	235.31
16	2020-01-31	235.31
17	合计	3764.96

图 15-12　明细加总与总和不相等

那么，解决并处理这样的误差时，需要根据具体业务数据来分析。对于图 15-12 所示的案例，从会计制度来解决，可以把这个差值添加到最后一期折旧额上，如图 15-13 所示，最后一期折旧计算公式为：

```
=B2-SUM(F2:F16)-B3
```

F17 =B2-SUM(F2:F16)-B3

	A	B	C	D	E	F
1				期次	日期	月折旧额
2	固定资产原值	3765		1	2018-10-31	235.31
3	残值	0		2	2018-11-30	235.31
4	折旧方法	直线法		3	2018-12-31	235.31
5	折旧期限（月）	16		4	2019-01-31	235.31
6				5	2019-02-28	235.31
7				6	2019-03-31	235.31
8				7	2019-04-30	235.31
9				8	2019-05-31	235.31
10				9	2019-06-30	235.31
11				10	2019-07-31	235.31
12				11	2019-08-31	235.31
13				12	2019-09-30	235.31
14				13	2019-10-31	235.31
15				14	2019-11-30	235.31
16				15	2019-12-31	235.31
17				16	2020-01-31	235.35
18				17	合计	3765

图 15-13　误差值处理到最后一期折旧额上

技巧 183　解决单项百分比数字加总不等于 100% 的问题

在有些情况下（尽管不是经常发生），单项百分比数字合计不等于 100%，图 15-14 就是这样的一个数字表格。

	A	B	C
1	产品	销售额	比例
2	产品A	6546	19.69%
3	产品B	2356	7.09%
4	产品C	8654	26.03%
5	产品D	3677	11.06%
6	产品E	4765	14.33%
7	产品F	7245	21.79%
8	合计	33243	99.99%

图 15-14　单项百分比数字加总不等于 100%

在计算各个产品的比例时，使用了 ROUND 函数四舍五入，其中：单元格 C2 的计算公式为 =ROUND(B2/$B$8,4)，下面各个单项的百分比计算公式与此类似；单元格 C8 的公式为 =SUM(C2:C7)，其结果只有 99.99%，小于 100%，两者相差 0.01%。

解决这样问题的简单思路是将这个 0.01% 的差值调整到相差最大的那个单项上。所谓“相差最大”是指实际计算值与四舍五入后的值相差最大。调整的具体步骤如下：

Step01 在单元格 D2 中输入公式 =B2/$B$8-C2，并向下填充复制到单元格 C7，得到实际计算值与四舍五入后的值的相差数。

Step02 在单元格 E2 中输入公式 =IF(D2=MAX($D$2:$D$7),0.01%,0)，并向下填充复制到单元格 E7，判断哪个单项需要进行调整。

Step03 在单元格 F2 中输入公式 =C2+E2，并向下填充复制到单元格 F7，得到调整后的各个单项的百分比，如图 15-15 所示。

Step04 在单元格 F8 中输入公式 =SUM(F2:F7)，得到合计百分比数。可见此时解决了单项百分比数字加总不等于 100% 的问题。

E2 =IF(D2=MAX($D$2:$D$7),0.01%,0)

	A	B	C	D	E	F	G
1	产品	销售额	比例				
2	产品A	6546	19.69%	0.00136%	0.00000%	19.69%	
3	产品B	2356	7.09%	-0.00279%	0.00000%	7.09%	
4	产品C	8654	26.03%	0.00255%	0.00000%	26.03%	
5	产品D	3677	11.06%	0.00098%	0.00000%	11.06%	
6	产品E	4765	14.33%	0.00384%	0.00000%	14.33%	
7	产品F	7245	21.79%	0.00406%	0.01000%	21.80%	
8	合计	33243	99.99%			100.00%	
9							

图 15-15 调整后的单项百分比

第16章 日期时间计算实用技巧

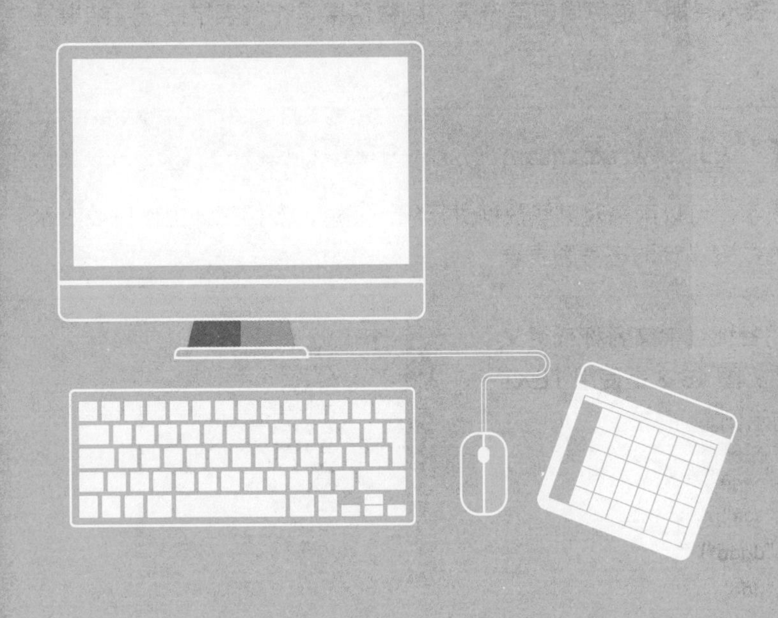

EXCEL

在实际数据处理中，需要对日期进行各种运算。对日期进行计算，主要是确定日期、计算日期间隔天数，例如，计算 3 个月后的月底日期、工程的完工时间、工龄、加班时间等，这些计算使用简单的算术计算，或者使用函数即可。

判断某天是星期几 技巧 184

判断某天是星期几，可以使用 WEEKDAY 函数，其用法是：

=WEEKDAY(日期，返回值类型数字)

如果返回值类型数字被忽略，则默认是 1，是国际标准星期制，即星期日是每周的第一天，函数结果是 1 代表星期日，结果是 2 代表星期一，以此类推。

如果返回值类型数字是 2，表示星期一是每周的第一天，函数结果是 1 代表星期一，结果是 2 代表星期二，以此类推。

图 16-1 是一个示例。公式为：

=WEEKDAY(B3,2)

WEEKDAY 函数返回值是数字，可以用来对某些数据进行统计汇总，例如统计工作日或双休日的数据等。还可以使用这个函数来设计动态考勤表表头，自动对双休日标颜色。

如果要获取日期对应的星期名称（中文名称或英文名称），则需要使用 TEXT 函数。图 16-2 是使用 TEXT 函数得出中文星期和英文星期的示例。

中文星期全称公式：=TEXT(B3,"aaaa")
中文星期简称公式：=TEXT(B3,"aaa")
英文星期全称公式：=TEXT(B3,"dddd")
英文星期简称公式：=TEXT(B3,"ddd")

D3 =WEEKDAY(B3,2)

	A	B	C	D	E
1					
2		日期		星期几	
3		2020-2-21		5	
4		2020-2-22		6	
5		2020-2-23		7	
6		2020-2-24		1	
7		2020-2-25		2	
8		2020-2-26		3	
9		2020-2-27		4	
10		2020-2-28		5	
11		2020-2-29		6	
12		2020-3-1		7	

图 16-1 使用 WEEKDAY 函数计算星期几

	A	B	C	D	E	F	G
1							
2		日期		中文星期全称	中文星期简称	英文星期全称	英文星期简称
3		2020-2-21		星期五	五	Friday	Fri
4		2020-2-22		星期六	六	Saturday	Sat
5		2020-2-23		星期日	日	Sunday	Sun
6		2020-2-24		星期一	一	Monday	Mon
7		2020-2-25		星期二	二	Tuesday	Tue
8		2020-2-26		星期三	三	Wednesday	Wed
9		2020-2-27		星期四	四	Thursday	Thu
10		2020-2-28		星期五	五	Friday	Fri
11		2020-2-29		星期六	六	Saturday	Sat
12		2020-3-1		星期日	日	Sunday	Sun

图 16-2 使用函数 TEXT 得到星期名称

技巧 185 判断某天在今年的第几周

判断某天在今年的第几周，可以使用 WEEKNUM 函数，其用法与 WEEKDAY 函数完全相同，即：

=WEEKNUM(日期 , 返回值类型数字)

如果返回值类型数字忽略或者是 1，那么是国际标准星期制，即星期日是每周的第一天，函数结果是 1 代表星期日，结果是 2 代表星期一，以此类推。

WEEKNUM 函数的结果也是代表一年内的周的数字，1 表示第一周，2 表示第二周，3 表示第三周，以此类推。

如果要把这个周次数字转换为中文周次或者英文周次，则需要使用 TEXT 函数。

图 16-3 就是对每个日期计算的周次数字。计算公式为：

周次数字：=WEEKNUM(B3,2)
中文周：=TEXT(WEEKNUM(B3,2)," 第 0 周 ")
英文周：=TEXT(WEEKNUM(B3,2),"WK00")

D3 =WEEKNUM(B3,2)

	A	B	C	D	E	F	G	H	I
1									
2		日期		周次数字		中文周		英文周	
3		2020-2-21		8		第8周		WK08	
4		2020-2-22		8		第8周		WK08	
5		2020-2-23		8		第8周		WK08	
6		2020-2-24		9		第9周		WK09	
7		2020-2-25		9		第9周		WK09	
8		2020-2-26		9		第9周		WK09	
9		2020-2-27		9		第9周		WK09	
10		2020-2-28		9		第9周		WK09	
11		2020-2-29		9		第9周		WK09	
12									

图 16-3 确定某天是今年的第几周

技巧 186 几个月以前或以后的日期是多少号

要了解指定日期往前或往后几个月的日期，可以使用 EDATE 函数，其用法为：

```
=EDATE( 日期 , 月数 )
```

例如，今天是 2020 年 2 月 21 日，那么 7 个月后的日期是 2020 年 9 月 21 日，计算公式为：

```
=EDATE("2020-2-21",7)
```

例如，今天是 2020 年 2 月 21 日，那么 7 个月前的日期是 2019 年 7 月 21 日，计算公式为：

```
=EDATE("2020-2-21",-7)
```

在做这样的计算时，不能直接在日期上加或减一个数字如 7*30=210 天，因为有的月份是 30 天，有的月份是 31 天，还有的月份是 28 天或者 29 天。

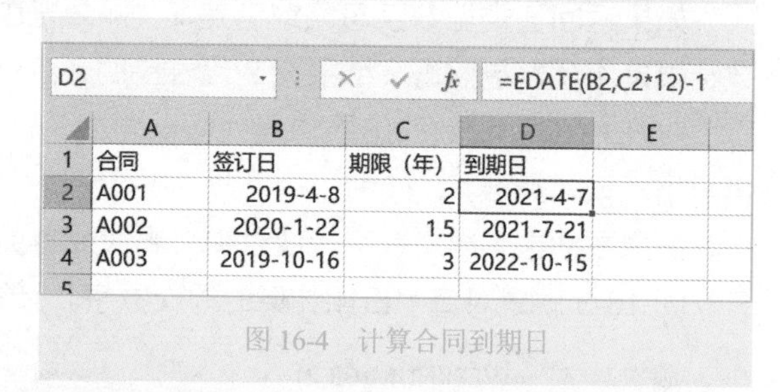

D2 =EDATE(B2,C2*12)-1

	A	B	C	D	E
1	合同	签订日	期限（年）	到期日	
2	A001	2019-4-8	2	2021-4-7	
3	A002	2020-1-22	1.5	2021-7-21	
4	A003	2019-10-16	3	2022-10-15	
5					

图 16-4　计算合同到期日

EDATE 函数多用于计算合同到期日，图 16-4 是一个示例，这里合同期限以年为单位，那么需要把年换算成月数。计算公式为：

```
=EDATE(B2,C2*12)-1
```

技巧 187　几个月以前或以后的月底日期是多少号

要了解指定日期往前或往后几个月的月底日期，可以使用 EOMONTH 函数，其用法为：

```
=EOMONTH( 日期 , 月数 )
```

例如，今天是 2020 年 2 月 21 日，那么 7 个月后的月底日期是 2020 年 9 月 30 日，计算公式为：

```
= EOMONTH("2020-2-21",7)
```

例如，今天是 2020 年 2 月 21 日，那么 7 个月前的月底日期是 2019 年 7 月 31 日，计算公式为：

```
= EOMONTH("2020-2-21",-7)
```

一个比较实际的问题：如果付款截止日是合同签订日开始 3 个月后的下一个月 10 号，那么，如何计算每个合同的付款截止日？这里先不考虑双休日和节假日顺延的情况。

解决这样的问题需要计算出 3 个月后的月底日期，再加 10 天，就是下个月的 10 号。图 16-5 是一个示例，计算公式为：

```
=EOMONTH(B2,3)+10
```

C2 =EOMONTH(B2,3)+10

	A	B	C	D	E
1	合同	签订日	付款截止日		
2	A001	2019-12-22	2020-4-10		
3	A002	2020-1-22	2020-5-10		
4	A003	2020-2-21	2020-6-10		

图 16-5　计算付款截止日

技巧 188　某个日期所在月份的月初或月底日期是多少号

如果要计算某个日期所在月份的月初日期是多少号，可以将 EOMONTH 函数的第 2 个参数设置为 -1，计算出上个月的月底日期，然后再加 1，就是该日期所在月份的 1 号了。

如果要计算某个日期所在月份的月底日期是多少号，可以将 EOMONTH 函数的第 2 个参数设置为 0，就得到该日期所在月份的月底日期是多少号了。

图 16-6 是一个示例，计算公式为：

```
月初日期：=EOMONTH(A2,-1)+1
月底日期：=EOMONTH(A2,0)
```

B2 =EOMONTH(A2,-1)+1

	A	B	C	D	E
1	日期	该月初日期	该月底日期		
2	2020-7-23	2020-7-1	2020-7-31		
3	2020-1-23	2020-1-1	2020-1-31		
4	2020-8-26	2020-8-1	2020-8-31		
5	2020-9-16	2020-9-1	2020-9-30		
6	2020-12-26	2020-12-1	2020-12-31		
7	2020-3-14	2020-3-1	2020-3-31		
8	2020-2-22	2020-2-1	2020-2-29		
9	2020-3-20	2020-3-1	2020-3-31		
10	2020-7-25	2020-7-1	2020-7-31		

图 16-6　计算某个日期所在月份的月初和月底日期

技巧 189　某个日期所在月份有多少天

如果要计算某个日期所在月份有多少天，只要先使用 EOMONTH 函数计算出该月的月底日期，然后再使用 DAY 函数取出月底天数就可以了。图 16-7 是一个示例，计算公式为：

```
=DAY(EOMONTH(A2,0))
```

B2 =DAY(EOMONTH(A2,0))

	A	B	C	D
1	日期	该月有多少天?		
2	2020-11-23	30		
3	2020-1-23	31		
4	2020-2-22	29		
5	2020-8-26	31		
6	2020-9-16	30		
7	2020-12-26	31		
8	2020-3-14	31		
9	2020-6-20	30		

图 16-7 计算某个日期所在月份有多少天

技巧 190 某个月份的工作日有多少天

有时需要知道这个月总共有多少天工作日，这里的工作日是除却双休日和节假日的实际工作日，假设不存在调休调工的情况。

计算工作日天数，可以使用 NETWORKDAYS 函数。该函数的用法是：

=NETWORKDAYS(开始日期 , 截止日期 , 节假日列表)

这个函数使用起来并不难，先设置好全年的节假日列表，给定开始日期和截止日期，就可以计算出这个时间段内的工作日天数。

图 16-8 是一个简单的示例。工作日天数计算公式为：

=NETWORKDAYS(C2,C3,G2:G13)+SUMPRODUCT((H2:H13>=C2)*(H2:H13<=C3))

在这个公式中，调休天数要使用条件判断，并加到工作日天数上。

C5 =NETWORKDAYS(C2,C3,G2:G13)+SUMPRODUCT((H2:H13>=C2)*(H2:H13<=C3))

	A	B	C	D	E	F	G	H	I	J	K
1						假日类别	节假日	调工日			
2		起始日期	2020-4-1			元旦	1月1日				
3		截止日期	2020-4-30			清明节	4月4日	4月26日			
4							4月5日				
5		工作日天数	22				4月6日				
6						五一节	5月1日	5月9日			
7							5月2日				
8							5月3日				
9							5月4日				
10							5月5日				
11						端午节	6月25日	6月28日			
12							6月26日				
13							6月27日				
14											

图 16-8 计算 2020 年 4 月的工作日天数

技巧 191 某个月份的双休日有多少天

要计算某个月双休日天数，必须先根据指定的开始日期和截止日期，构建一个该时间段内的日期数组，然后使用 WEEKDAY 函数进行判断，使用 SUMPRODUCT 函数进行求和。图 16-9 是一个简单的示例，双休日天数计算公式为：

```
=SUMPRODUCT((WEEKDAY(ROW(INDIRECT(C2&":"&C3)),2)>=6)*1)
```

C5 =SUMPRODUCT((WEEKDAY(ROW(INDIRECT(C2&":"&C3)),2)>=6)*1)

	A	B	C	D	E	F	G	H	I
1									
2		起始日期	2020-4-1						
3		截止日期	2020-4-30						
4									
5		双休日天数	8						
6									
7									

图 16-9 计算 2020 年 4 月的双休日天数

该思路是从判断某个日期是否为双休日出发的，这仅仅是一个函数练习。其实，还有更简单的计算思路：先计算这个时间段的总天数，再计算这个时间段内的工作日天数，两者相减，就是双休日天数了。

以图 16-9 所示的表格为例，计算公式如下：

```
=C3-C2+1-NETWORKDAYS(C2,C3)
```

总结：第一个思路提供了计算某个特殊日期天数的一般性解决方法，例如，计算有多少个星期三，有多少个星期日。

技巧 192 计算两个日期之间有多少年、多少月和多少日

计算两个日期之间有多少年、多少月和多少日，可以使用 DATEDIF 函数。这个函数是一个隐藏函数，在函数清单中找不到，在帮助信息中也找不到。函数用法为：

```
=DATEDIF( 开始日期 , 结束日期 , 单位 )
```

其中参数“单位”的含义如下（“单位”字母不区分大小写）：

◎ “Y”：时间段中的总年数

◎ “M”：时间段中的总月数

◎ “D”：时间段中的总天数

◎ “MD”：两日期中天数的差，忽略日期数据中的年和月

◎ “YM”：两日期中月数的差，忽略日期数据中的年和日

◎ “YD”：两日期中天数的差，忽略日期数据中的年

例如，某职员入职时间为 1995 年 3 月 20 日，离职时间为 2019 年 11 月 9 日，那么他在公司工作了多少年零多少月和零多少天？

```
工作年数：=DATEDIF("1995-3-20","2019-11-9","Y")= 24（年）
工作月数：=DATEDIF("1995-3-20","2019-11-9","YM")= 7（个月）
工作天数：=DATEDIF("1995-3-20","2019-11-9","MD")= 20（天）
```

例如，某职员入职时间为 1995 年 3 月 20 日，离职时间为 2019 年 11 月 9 日，那么他在公司总共工作了多少年？总共工作了多少个月？总共工作了多少天？

```
工作总年数：=DATEDIF("1995-3-20","2019-11-9","Y")= 24（年）
工作总月数：=DATEDIF("1995-3-20","2019-11-9","M")= 295（个月）
工作总天数：=DATEDIF("1995-3-20","2019-11-9","D")= 9000（天）
```

将三个年月日数字合并为可以计算的日期 技巧 193

有的人把日期分成年份、月份和日期三个数字，分别保存在三个单元格，这样没法对日期进行各种处理，此时还需要重新把这三个数字整合为完整日期。

很多人是使用下面的公式处理的，看起来好像是日期，实际上根本就不是日期，仅仅是一个文本字符串：

```
=A2&"-"&B2&"-"&C2
```

正确的方法是使用 DATE 函数进行处理，公式如下。结果如图 16-10 所示。

```
=DATE(A2,B2,C2)
```

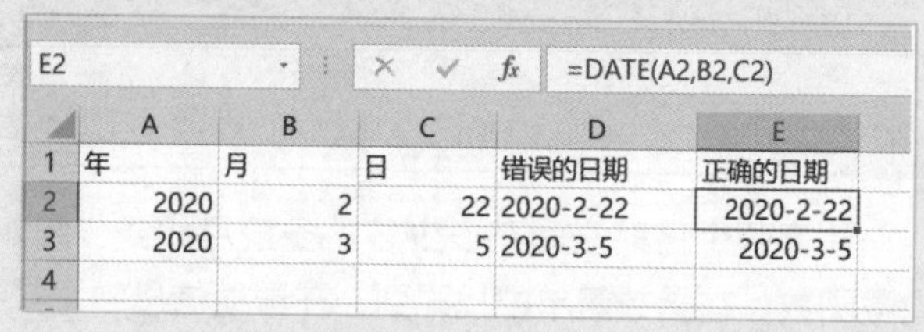

图 16-10 将三个单元格的数字合并为可以计算的日期序列

技巧 194 获取日期中的年、月和日数字

利用 YEAR 函数、MONTH 函数和 DAY 函数，可以分别获取日期中的年、月和日数字。

YEAR 函数用于获取指定日期序列号的年份数字，值为 1900 到 9999 的整数。

MONTH 函数用于获取指定日期序列号的月份数字，值为 1 到 12 的整数。

DAY 函数用于获取指定日期序列号的日数字，值为 1 到 31 的整数。

从日期中提取年、月和日，如图 16-11 所示。三个函数的使用方法分别如下：

B2 =YEAR(A2)

	A	B	C	D	E
1	日期	年	月	日	
2	2020-2-22	2020	2	22	
3	2020-3-5	2020	3	5	
4					

图 16-11　从日期中提取年、月和日

```
=YEAR( 日期 )
=MONTH( 日期 )
=DAY( 日期 )
```

如果要获取今天所在的年、月和日数字，则计算公式分别如下：

```
今天所在年数字：=YEAR(TODAY())
今天所在月数字：=MONTH(TODAY())
今天所在日数字：=DAY(TODAY())
```

技巧 195 Excel 对时间的处理规则

在 Excel 中，时间也是作为数值储存在单元格中的。因此，尽管时间的显示格式多种多样，它们实际上都是数值。

Excel 将时间存储为小数，因为时间被看作天的一部分。因此，有下面的换算关系：

1 小时 = 1/24 天 = 0.0416666666666667

1 分钟 = 1/24/60 天 =0.000694444444444444

1 秒 = 1/24/3600 天 =0.0000115740740740741

与时间联系起来，2020 年 2 月 22 日上午 10 点 28 分 35 秒就是数值 43883.4365162037。

需要注意的是，时间数字永远是小数。

计算时间时，要将时间用双引号括起来（如果有日期，日期也要如此处理）。比如，现在时间是 2022 年 2 月 21 日下午 4 点 45 分 36 秒，那么过 9 小时 32 分 28 秒后的时间是多少？计算公式如下：

```
="2020-2-22 16:45:36"+"9:32:28"
```

结果为 2020-2-23 2:18:04，即 2020 年 2 月 23 日凌晨 2 点 18 分 04 秒。

如果在两个单元格分别输入了日期和时间，那么当计算两个单元格日期时间时，结果是一个小数，此时需要将单元格的日期和时间格式设置为自定义数字格式 yyyy-m-d h:mm:ss，才能正常显示日期和时间，如图 16-12 所示。

如果两个时间相加或相减后，单元格显示为诸如 1900-1-1 2:18 的样子，这对于大多数人来说是不易理解的。因此，为了能够正确显示计算结果，需要将单元格格式设置为自定义数字格式 [h]:m:s。

	A	B	C	D	E
1	设置格式前			设置格式后	
2					
3	开始时间	2020-2-22 9:34:22		开始时间	2020-2-22 9:34:22
4	结束时间	2020-2-22 20:05:19		结束时间	2020-2-22 20:05:19
5	时间间隔	0.438159722		时间间隔	10:30:57
6					

图 16-12　时间计算结果是小数，要设置为时间格式

计算跨夜的加班时间　技巧 196

如果加班开始时间和结束时间都带有日期限制，那么将加班结束时间减去加班开始时间，就能得到加班时间，如图 16-13 所示。

D2　=C2-B2

	A	B	C	D
1	姓名	加班开始时间	加班结束时间	加班时长
2	A001	2020-2-22 18:48:23	2020-2-22 22:15:48	3:27:25
3	A002	2020-2-21 20:03:55	2020-2-21 21:35:07	1:31:12
4				

图 16-13　加班时间计算：有具体日限制

不过，有时候设计的加班表结构会比较复杂，加班日期和加班时间分开保存的，某人的加班结束时间小于加班开始时间，意味着加班是在第 2 天结束的。此时，直接相减，就可能出现错误，如图 16-14 所示。

要解决这样的问题，可以在公式中添加一个判断，公式修改如下。结果如图 16-15 所示。

```
=D2+(D2<C2)-C2
```

E3 =D3-C3

	A	B	C	D	E
1	姓名	加班日期	开始时间	结束时间	加班时长
2	A001	2020-2-22	18:49:43	22:15:48	3:26:05
3	A002	2020-2-22	21:45:19	1:29:52	##########
4					

图 16-14　加班时间计算：加班日期和加班时间分开保存

E2 =D2+(D2<C2)-C2

	A	B	C	D	E
1	姓名	加班日期	开始时间	结束时间	加班时长
2	A001	2020-2-22	18:49:43	22:15:48	3:26:05
3	A002	2020-2-22	21:45:19	1:29:52	3:44:33

图 16-15　判断加班时间大小并进行处理

技巧 197　为什么计算出的时间值显示不对

图 16-16 是一个实际案例，在计算每个零件的加工时长时，仅用两个时间相减就出现了 D2。但单元格的计算结果是正确的，D3 单元格的计算时长出错了。其实不是计算错误，而是单元格格式的问题。

	A	B	C	D
1	零件	开始时间	结束时间	加工时长
2	A001	2020-2-22 8:49	2020-2-22 22:15	13:26:05
3	A002	2020-2-22 9:45	2020-2-23 16:29	6:44:33
4				

图 16-16　计算的加工时长出错

Excel 在计算时间时，如果是 24 小时之内的时间，会正常显示。如果时间超过了 24 小时，那么就会把超过 24 小时的时间进位到天，而时间重新从零点开始显示。

因此，对于这样的问题，需要将单元格格式设置为自定义格式 [h]:m:s，如图 16-17 所示。

方括号的意思为强制小时累计，不允许进位到天。

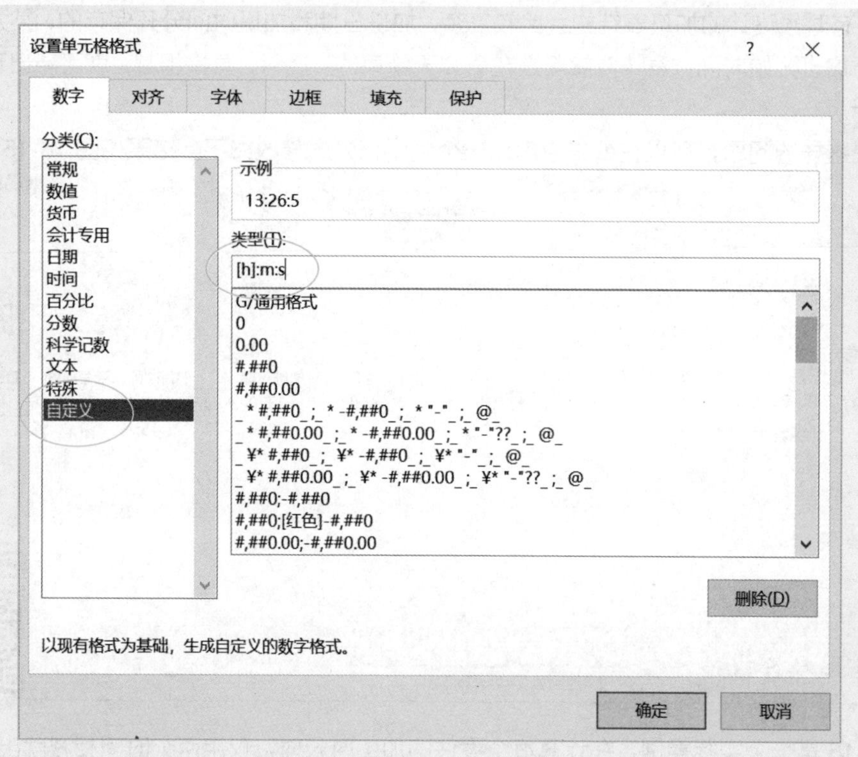

图 16-17　设置时间的自定义格式：[h]:m:s

这样，单元格就显示了正确的时间，如图 16-18 所示。

	A	B	C	D
1	零件	开始时间	结束时间	加工时长
2	A001	2020-2-22 8:49	2020-2-22 22:15	13:26:5
3	A002	2020-2-22 9:45	2020-2-23 16:29	30:44:33
4				

图 16-18　设置自定义格式后，显示了正确的时间

第17章 处理文本数据实用技巧

EXCEL

在工作表中，数字用于进行计算，文本数据用于注释说明。文本是指以由字母、汉字、数字等组成的字符串。文本在单元格中的默认对齐方式是左对齐。文本数据是工作表数据的重要组成之一。一个工作表中的数据是既有文本又有数值的，因此了解和掌握文本数据的处理方法和技巧是非常重要的。

判断单元格数据是否为文本 技巧 198

判断单元格数据是否为文本，可使用 ISTEXT 函数。其语法为：

```
=ISTEXT(value)
```

参数 value 为需要进行检验的数值，可以是空白（空白单元格）、错误值、逻辑值、文本、数字、引用值或对于以上任意参数的名称引用。

图 17-1 为利用 ISTEXT 函数判断单元格数据是否是文本的例子。返回值 TRUE 表示是文本，FALSE 表示不是文本。

	A	B	C
1	数据	是否文本	公式
2	1000	FALSE	=ISTEXT(A2)
3	1000	TRUE	=ISTEXT(A3)
4	顶级复刻	TRUE	=ISTEXT(A4)
5	北京	TRUE	=ISTEXT(A5)
6	A0001	TRUE	=ISTEXT(A6)
7	5000	FALSE	=ISTEXT(A7)
8	5000	TRUE	=ISTEXT(A8)

图 17-1　判断单元格数据是否文本

获取文本字符个数 技巧 199

获取文本字符串的字符个数需要使用 LEN 函数。其语法如下：

```
=LEN( 文本字符串 )
```

例如，=LEN("100083 北京市 ") 结果为 9

图 17-2 是一个实际案例，要把编码是 4 位的项目筛选出来。

首先在 D 列做辅助列，然后在 D2 输入下面的公式：

```
=LEN(A2)
```

计算 A 列每个编码的位数，如图 17-3 所示。

然后建立筛选，从编码中筛选数字为 4 的数据，如图 17-4 所示，将编码为 4 位的数据筛选出来后的效果如图 17-5 所示。

	A	B	C
1	编码	名称	数据
2	1001	A0001	753
3	100101	A0002	162
4	100102	A0003	339
5	100103	A0004	252
6	1002	A0005	1367
7	100201	A0006	753
8	10020101	A0007	412
9	10020102	A0008	341
10	100202	A0009	425
11	100203	A0010	189
12	1003	A0011	815
13	100301	A0012	577
14	10030101	A0013	394
15	1003010101	A0014	23
16	1003010102	A0015	371
17	10030102	A0016	183
18	100302	A0017	238

图 17-2　A 列编码位数不一

图 17-6 是筛选编码为 6 位的数据。

D2 =LEN(A2)

	A	B	C	D
1	编码	名称	数据	编码位数
2	1001	A0001	753	4
3	100101	A0002	162	6
4	100102	A0003	339	6
5	100103	A0004	252	6
6	1002	A0005	1367	4
7	100201	A0006	753	6
8	10020101	A0007	412	8
9	10020102	A0008	341	8
10	100202	A0009	425	6
11	100203	A0010	189	6
12	1003	A0011	815	4
13	100301	A0012	577	6
14	10030101	A0013	394	8
15	1003010101	A0014	23	10
16	1003010102	A0015	371	10
17	10030102	A0016	183	8
18	100302	A0017	238	6

图 17-3 在 D 列做辅助列并输入公式计算编码位数

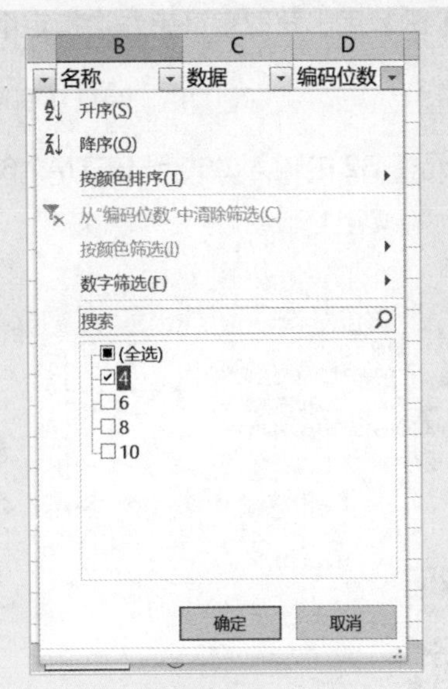

图 17-4 筛选数字为 4 的数据

	A	B	C	D
1	编码	名称	数据	编码位数
2	1001	A0001	753	4
6	1002	A0005	1367	4
12	1003	A0011	815	4
19				

图 17-5 筛选出的编码为 4 位的数据

	A	B	C	D
1	编码	名称	数据	编码位数
3	100101	A0002	162	6
4	100102	A0003	339	6
5	100103	A0004	252	6
7	100201	A0006	753	6
10	100202	A0009	425	6
11	100203	A0010	189	6
13	100301	A0012	577	6
18	100302	A0017	238	6

图 17-6 筛选出的编码为 6 位的数据

技巧 200 从字符串左边截取指定长度的字符

在实际工作中，经常要获取文本的部分数据。比如，邮政编码可能与通信地址是一行数据，此时，需要将邮政编码与通信地址分开。

对于图 17-7 所示的数据，邮政编码与详细地址是紧密连在一起的，现在要将邮政编码提取出来保存在一列中，考虑到邮政编码是固定的 6 位数字，因此可以利用 LEFT 函数。

LEFT 函数用于获取字符串左边指定个数的字符，用法如下：

=LEFT(字符串 , 要截取的字符个数)

在单元格 B2 中输入公式 =LEFT(A2,6)，往下复制，就得到了邮政编码，如图 17-8 所示：

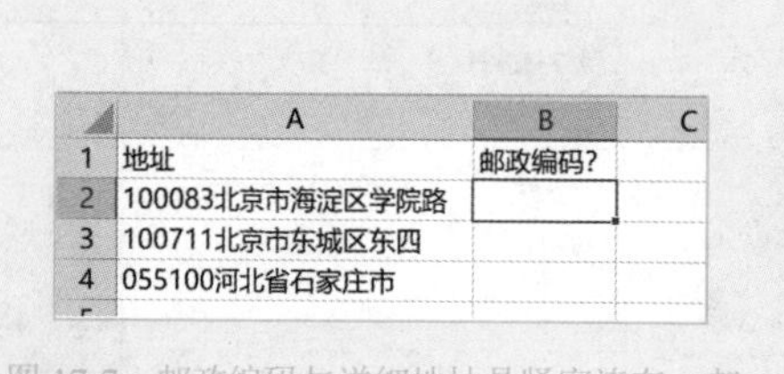

	A	B	C
1	地址	邮政编码?	
2	100083北京市海淀区学院路		
3	100711北京市东城区东四		
4	055100河北省石家庄市		

图 17-7　邮政编码与详细地址是紧密连在一起

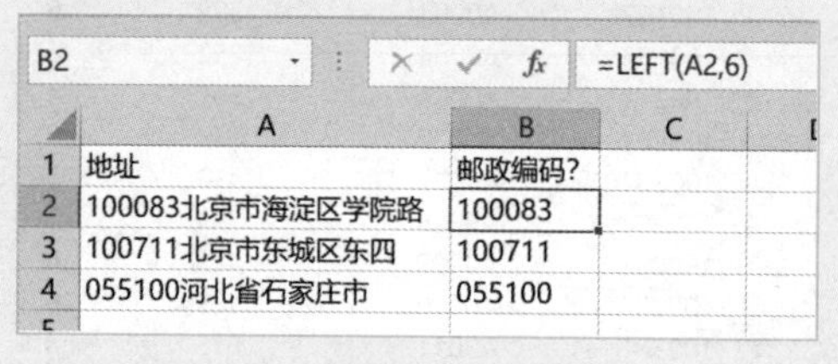

B2　=LEFT(A2,6)

	A	B	C
1	地址	邮政编码?	
2	100083北京市海淀区学院路	100083	
3	100711北京市东城区东四	100711	
4	055100河北省石家庄市	055100	

图 17-8　得到的邮政编码

从字符串右边截取指定长度的字符　技巧 201

如果要从文本字符串的右边截取指定长度的字符，可以使用 RIGHT 函数，其用法如下：

= RIGHT(字符串 , 要截取的字符个数)

例如，对于图 17-9 所示的合同数据，合同编码的右侧 8 位数字是签订日期，现在要把这个日期从合同编码中提取出来，那么在单元格 C2 输入下面的公式，效果如图 17-10 所示。

=RIGHT(A2,8)

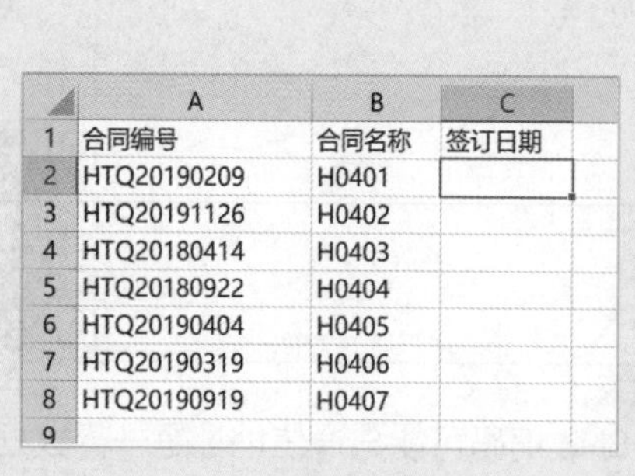

	A	B	C
1	合同编号	合同名称	签订日期
2	HTQ20190209	H0401	
3	HTQ20191126	H0402	
4	HTQ20180414	H0403	
5	HTQ20180922	H0404	
6	HTQ20190404	H0405	
7	HTQ20190319	H0406	
8	HTQ20190919	H0407	

图 17-9　要从合同编号中提取日期

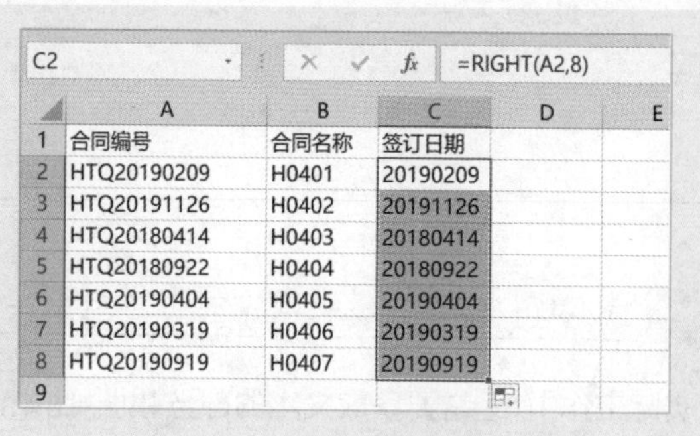

C2　=RIGHT(A2,8)

	A	B	C	D	E
1	合同编号	合同名称	签订日期		
2	HTQ20190209	H0401	20190209		
3	HTQ20191126	H0402	20191126		
4	HTQ20180414	H0403	20180414		
5	HTQ20180922	H0404	20180922		
6	HTQ20190404	H0405	20190404		
7	HTQ20190319	H0406	20190319		
8	HTQ20190919	H0407	20190919		

图 17-10　提取出的合同日期数据

技巧 202 从字符串指定位置截取指定长度的字符

如果要从文本字符串的指定位置截取指定长度的字符，需要使用 MID 函数。

MID 函数就是用于获取字符串从指定位置开始指定个数的字符，用法如下：

=MID(字符串 , 指定位置 , 字符数)

例如，对于图 17-8 所示的数据，还要将地址取出保存在一列中，就在单元格 C2 输入下面的公式，即可得到地址，效果如图 17-11 所示：

=MID(A2,7,100)

C2 =MID(A2,7,100)

	A	B	C	D
1	合同编号	邮政编码?	地址?	
2	100083北京市海淀区学院路	100083	北京市海淀区学院路	
3	100711北京市东城区东四	100711	北京市东城区东四	
4	055100河北省石家庄市	055100	河北省石家庄市	
5				

图 17-11 从文本字符串的指定位置截取指定长度的字符

注意，一定要将 MID 函数的第 3 个参数设置为 100，因为该示例需要从第 7 个字符开始截取，直到数据的末尾，而一般情况下地址字符数不会超过 100 个字符。当然，也可以不使用 100 而使用 1000，或者更大的数字。

技巧 203 从某个特定位置截取指定长度的字符

假若在字符串中有一个特定的字符，且要求以这个特定的字符为准，将原始字符串分割成两部分，那么可以先使用 FIND 函数查找出这个特定字符串的位置，然后再利用 LEFT 函数或者 MID 函数提取相应的文本。

FIND 函数用于在区分大小写的情况下，查找某字符在字符串中第一次出现的位置，用法如下：

=FIND(要找的字符串，文本字符串，[查找的起始位置])

例如，在“北京市海淀区北四环路海泰大厦”字串中，查“海”第一次出现的位置，其 FIND 函数表示为：

其计算结果是 4，即“海”第 1 次出现的位置是 4，也就是从左边第一个字符开始，第 4 个字符是“海”。

接着，设 FIND 函数为：

其计算结果是 11，也就是“海”第 2 次出现的位置是 11，即从左边第一个字符开始，第 11 个字符也是“海”。
=FIND(" 海 "," 北京市海淀区北四环路海泰大厦 ",5)

例如，在“...”查其 FIND 函数为

=FIND（…）
其计算结果是 4，…

接着，设 FIND 函数为

=FIND（…，5）其计算结果为 11，…

例如，字母“E”在字符串“财务人员 Excel 应用技能”中的位置，从左边第一个开始数，是 5，而字母“e”在该字符串的位置是 8，公式为：

=FIND("E"," 财务人员 Excel 应用技能 ")，结果是 5
=FIND("e"," 财务人员 Excel 应用技能 ")，结果是 8

如果不区分字母大小写，就需要使用 SEARCH 函数了，该函数的用法与 FIND 函数完全相同。例如，下面两个公式的结果是一样的：

=SEARCH("E"," 财务人员 Excel 应用技能 ")，结果是 5
=SEARCH("e"," 财务人员 Excel 应用技能 ")，结果是 5

图 17-12 所示的 A 列是楼信息，现在要求提取出楼号和房号，分别保存到 B 列和 C 列。

这个问题不难解决，只要找到“幢”的位置，就知道楼号数字有几个，也知道了房号从第几个开始了。楼号和房号的计算公式如下，结果如图 17-13 所示。

楼号：=LEFT(A2,FIND(" 幢 ",A2)-1)
房号：=MID(A2,FIND(" 幢 ",A2)+1,100)

	A	B	C
1	楼	楼号	房号
2	21幢808		
3	8幢202		
4	112幢1023		

图 17-12　要求提取出楼号和房号

B2　=LEFT(A2,FIND("幢",A2)-1)

	A	B	C	D	E	F
1	楼	楼号	房号			
2	21幢808	21	808			
3	8幢202	8	202			
4	112幢1023	112	1023			

图 17-13　提取出的楼号和房号

技巧 204　将几个字符合并为一行字符串

在实际工作中，经常要将多个单元格的数据合并为一个文本字符串，并保存在一个单元格中。根据实际需要的不同，合并文本有多种方法可以选择。

将不同单元格的数据合并为一行文本，最简单的方法是使用连字符“&”。此外，还可以使用 CONCATENATE 函数。

CONCATENATE 函数将几个文本字符串合并为一个文本字符串，用法如下：

```
=CONCATENATE ( 字符串 1, 字符串 2, 字符串 3, ...)
```

图 17-14 是将多个单元格数据合并为一行文本的例子，两种公式分别为：

```
公式 1：=A2&B2&" 幢 "&C2&" 号 "
公式 2：=CONCATENATE(A2,B2," 幢 ",C2," 号 ")
```

D2　=A2&B2&"幢"&C2&"号"

	A	B	C	D	E
1	小区	幢号	房号	全名	
2	太湖风情	21	808	太湖风情21幢808号	
3	荷花之夏	8	202	荷花之夏8幢202号	
4	欧情风华	112	1023	欧情风华112幢1023号	

图 17-14　将不同单元格的数据合并为一行文本

将几个字符合并为多行字符串 技巧 205

将不同字符合并为多行文本，并保存在一个单元格中，需要使用 CHAR 函数进行强制换行，并且还要设置单元格的格式。

CHAR(10) 是强制换行符，相当于按 Alt+Enter 组合键。

以图 17-14 所示的数据为例，要得到图 17-15 所示的结果。

	A	B	C	D
1	小区	幢号	房号	全名
2	太湖风情	21	808	太湖风情 21幢808号
3	荷花之夏	8	202	荷花之夏 8幢202号
4	欧情风华	112	1023	欧情风华 112幢1023号

图 17-15　将不同单元格的数据合并为多行文本

连接字符串的公式，同样也可以使用下面的两种基本公式：

公式 1：=A2&CHAR(10)&B2&" 幢 "&C2&" 号 "

公式 2：=CONCATENATE(A2, CHAR(10),B2," 幢 ",C2," 号 ")

但是，在默认的情况下，公式的结果并不是分行显示的，如图 17-16 所示，此时需要单击“开始”→“自动换行”按钮，才能正确显示分行字符效果，如图 17-17 所示。

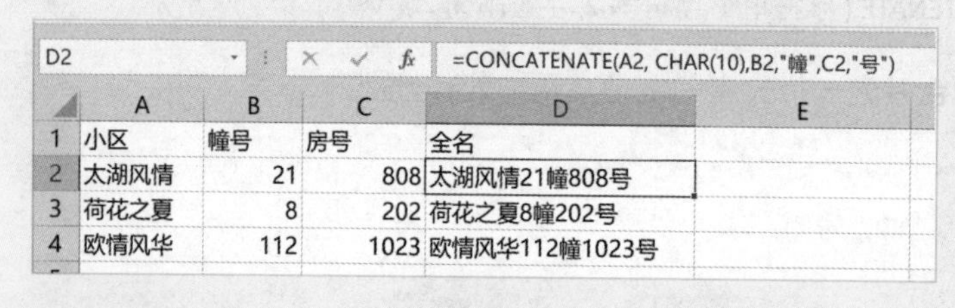

D2　=CONCATENATE(A2, CHAR(10),B2,"幢",C2,"号")

	A	B	C	D	E
1	小区	幢号	房号	全名	
2	太湖风情	21	808	太湖风情21幢808号	
3	荷花之夏	8	202	荷花之夏8幢202号	
4	欧情风华	112	1023	欧情风华112幢1023号	

图 17-16　连接组合的字符串，没有分行显示

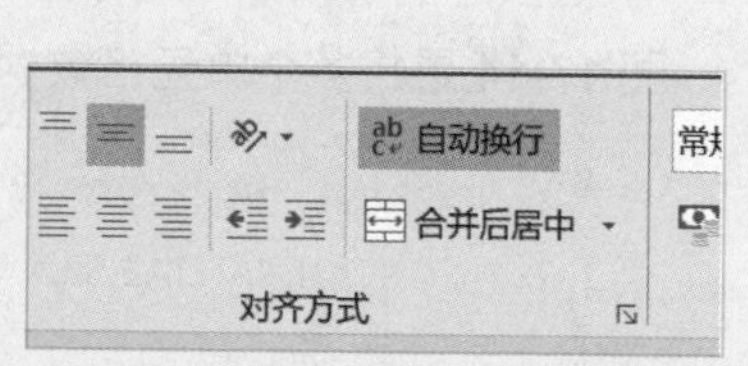

图 17-17　“自动换行”按钮

清除字符串前后空格及中间多余空格 技巧 206

如果字符串前后及中间存在空格，那么就需要将其清除。

对于汉字文本字符串来说，一般是清除所有的空格。

对于英文文本字符串来说，则需要保留每个单词之间的一个空格，这是英语语法的要求。

对于这样的问题，可以使用 TRIM 函数。

TRIM 函数的功能就是清除字符串两侧的空格，以及字符串内多余的空格。用法为：

=TRIM(文本字符串)

图 17-18 是一个简单的示例。

C2 =TRIM(A2)

	A	B	C	D
1	字符串	原始字符串长度	TRIM处理	处理后字符串长度
2	北京　河北100　A	26	北京 河北100 A	10
3	Beijing　HeBei　1000 A	33	Beijing HeBei 1000 A	20
4				

图 17-18　使用 TRIM 函数处理空格

技巧 207 清除文本中换行符

删除文本中的换行符，要使用 CLEAN 函数，用法如下：

=CLEAN(文本字符串)

利用 CLEAN 函数可以将某个单元格的各行数据（通过按 Alt+Enter 组合键强制换行）重新恢复为一行数据。

例如，对于图 17-19 所示的数据，将多行文本恢复为一行文本的公式为：

=CLEAN(A2)

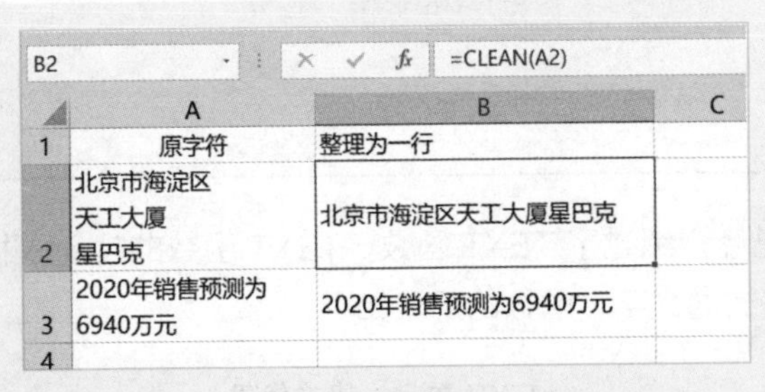

B2 =CLEAN(A2)

	A	B	C
1	原字符	整理为一行	
2	北京市海淀区 天工大厦 星巴克	北京市海淀区天工大厦星巴克	
3	2020年销售预测为 6940万元	2020年销售预测为6940万元	
4			

图 17-19　将单元格内多行文本，重新组合为一行文本

把字符串中某字符替换为指定字符 技巧 208

当要把一个字符串的某字符替换为指定字符时，可以使用 SUBSTITUTE 函数，其用法如下：

= SUBSTITUTE(字符串 , 旧字符 , 新字符)

例如，图 17-20 就是把 A 列里月份名称中的“月”替换掉，得到月份数字，公式为：

=SUBSTITUTE(A2," 月 ","")

B2 =SUBSTITUTE(A2,"月","")

	A	B	C	D	E
1	月份	月份数字			
2	1月	1			
3	2月	2			
4	3月	3			
5	4月	4			
6	5月	5			
7	6月	6			
8	7月	7			
9	8月	8			
10	9月	9			
11	10月	10			
12	11月	11			
13	12月	12			

图 17-20　替换字符串中的指定字符

将数字转换为指定格式的文本 技巧 209

前面的相关技巧中已经介绍过了 TEXT 函数。TEXT 函数的功能是把一个数字（日期和时间也是数字）转换为指定格式的文字。函数的用法如下：

=TEXT(数字，格式代码)

这里的格式代码需要自行指定。转换不同的格式文本，其代码是不同的，需要在工作中多总结、多记忆。

在使用 TEXT 函数时，牢记以下两点：①转换的对象必须是数字（文字是无效的）；②转换的结果是文字（已经不是数字了）。

例如，日期“2020-3-23”，将其转换为英文星期，公式为：

```
=TEXT("2020-3-23","dddd")，结果是 Monday
```

又如，单元格中公式 =B2/SUM(B2:B20)，假设其结果显示为了 23.87%，现在要做一个字符串文字“产品 A 占比 14.01%”，是不能直接连接单元格的，因为单元格显示的仅仅是单元格格式，单元格里的数字仍旧是小数，如图 17-21 所示。

```
错误的公式：=A2&" 占比 "&C2
正确的公式：=A2&" 占比 "&TEXT(C2,"0.00%")
```

	A	B	C	D	E
1	产品	销售额	占比	要做成的文字--错误	要做成的文字--正确
2	产品A	398	14.01%	产品A占比0.140091517071454	产品A占比14.01%
3	产品B	767	27.00%	产品B占比0.269975360788455	产品B占比27.00%
4	产品C	213	7.50%	产品C占比0.074973600844773	产品C占比7.50%
5	产品D	987	34.74%	产品D占比0.347412882787751	产品D占比34.74%
6	产品E	476	16.75%	产品E占比0.167546638507568	产品E占比16.75%
7	合计	2841	100.00%		
8					

图 17-21　连接错误，根本原因是不了解单元格规则

TEXT 函数在数据分析中，更多的是用来对日期、数字等进行转换，以便得到一个与分析报告表格标题格式匹配的数据，这样可以提高数据分析效率。

表 17-1 是列举了将日期和数字进行转换的常用的格式代码及其含义。

表 17-1　常用数字、日期的格式代码及其含义

格式代码	含义	示例	结果（文本）
"000000"	将数字转换成 6 位的文本	=TEXT(123,"000000")	000123
"0.00%"	将数字转换成百分比表示的文本	=TEXT(0.1234,"0.00%")	12.34%
"0!.0, 万元 "	将数字缩小 1 万倍，加单位万元	=TEXT(8590875.24,"0!.0, 万元 ")	859.1 万元
"0 月 "	将数字转换成 "0 月 " 格式的文本	=TEXT(9,"0 月 ")	9 月

续表

格式代码	含义	示例	结果（文本）
"yyyy-m-d"	将日期转换为 "yyyy-m-d" 格式	=TEXT("2020-3-23","yyyy-m-d")	2020-3-3
"yyyy-m"	将日期转换为 "yyyy-m" 格式	=TEXT("2020-3-23","yyyy-m")	2020-3
"yyyy 年 m 月 "	将日期转换为 "yyyy 年 m 月 " 格式	=TEXT("2020-3-23","yyyy 年 m 月 ")	2020 年 3 月
"m 月 "	将日期转换为中文月份名称	=TEXT("2020-3-23","m 月 ")	3 月
"mmm"	将日期转换为英文月份简称	=TEXT("2020-3-23","mmm")	Mar
"aaaa"	将日期转换为中文星期全称	=TEXT("2020-3-23","aaaa")	星期一
"aaa"	将日期转换为中文星期简称	=TEXT("2020-3-23","aaa")	一
"dddd"	将日期转换为英文星期全称	=TEXT("2020-3-23","dddd")	Monday
"ddd"	将日期转换为英文星期简称	=TEXT("2020-3-23","ddd")	Mon

第18章 数据统计汇总实用技巧

EXCEL

在日常工作中，经常要做的工作是对数据进行分类统计汇总和分析。例如，在人力资源数据分析中，统计员工人数，计算人均成本；在财务分析中，汇总计算销售量、销售额和毛利，分析预算执行情况，分析同比增长情况；在销售分析中，对客户进行排名，对业务员进行排名等。

在实际数据处理中，常见的统计汇总包括两类：计数与求和。

计数统计汇总，就是在单元格区域内，把满足指定条件的单元格个数统计出来。

求和统计汇总，就是在单元格区域内，把满足指定条件的单元格数据加总起来。

本章介绍了一些常用的统计汇总函数。

统计单元格区域内不为空的单元格个数 技巧 210

如果要统计单元格区域内不为空的单元格个数，也就是只要单元格中有数据，就有一个算一个，此时可以使用 COUNTA 函数。

COUNTA 函数是统计单元格区域内不为空的单元格个数，只有没有数据的空单元格才被排除在外。用法如下：

```
=COUNTA( 单元格区域 )
```

例如图 18-1 是一个简单的例子，非空单元格个数的计算公式为：

```
=COUNTA(B2:D8)
```

需要特别注意的是，如果是使用公式（如下述公式）处理得到的“空单元格”，结果如图 18-2 所示。

```
=IFERROR(VLOOKUP(B2,Sheet4!A:B,2,0),"")
```

F4 =COUNTA(B2:D8)

	A	B	C	D	E	F
1						
2		480		884		不为空单元格个数
3		唐山	564	#N/A		
4		AAA	Q001			15
5			501	711		
6		810		TRUE		
7		TTT	警方			
8			794	0		
9						

图 18-1　统计单元格区域内不为空的单元格个数

C5 =IFERROR(VLOOKUP(B5,Sheet4!A:B,2,0),"")

	A	B	C	D	E	F	G	H
1		项目	结果					
2		项目1	100					
3		项目2	200					
4		项目3	300					
5		项目4						
6		项目5	500					
7		项目6	600					
8		项目7						

图 18-2　使用公式处理得到的“空单元格”

那么，如果使用 COUNTA 函数，会把这样的“空单元格”统计在内，如图 18-3 所示，因为这样处理的“空单元格”并不是真正的空单元格，而是一个零长度字符的单元格。

那么该如何处理这样的情况呢？这时候，需要使用 SUMPRODUCT 函数，公式如下，结果如图 18-4 所示。

```
=SUMPRODUCT((C2:C8<>"")*1)
```

E4　=COUNTA(C2:C8)

	A	B	C	D	E
1		项目	结果		
2		项目1	100		C列非空单元格个数
3		项目2	200		
4		项目3	300		7
5		项目4			
6		项目5	500		
7		项目6	600		
8		项目7			
9					

图 18-3　统计结果错误

E4　=SUMPRODUCT((C2:C8<>"")*1)

	A	B	C	D	E	F
1		项目	结果			
2		项目1	100		C列非空单元格个数	
3		项目2	200			
4		项目3	300		5	
5		项目4				
6		项目5	500			
7		项目6	600			
8		项目7				

图 18-4　统计结果正确

技巧 211　统计满足一个精确条件的单元格个数

统计满足一个指定条件的单元格个数，即单条件计数，可以使用 COUNTIF 函数。函数用法如下：

```
=COUNTIF( 统计区域，条件值 )
```

在使用这个函数时，需要注意以下两点：

（1）第 1 个参数必须是工作表里真实存在的单元格区域，不能是公式里做的数组。

（2）第 2 个参数是条件值，可以是精确的一个匹配值，也可以是大于或小于某个值的条件，还可以是诸如“开头是”“结尾是”“包含”等这样的关键词匹配。

把 COUNTIF 函数的第 2 个参数设置为一个具体的、明确的数值，就是精确条件计数。

图 18-5 是在员工花名册中统计每个部门的人数，公式如下：

```
=COUNTIF(C:C,L2)
```

	A	B	C	D	E	F	G	H	I	J	K	L	M
1	工号	姓名	部门	性别	学历	出生日期	年龄	入职时间	司龄			部门	人数
2	G0001	A0062	后勤部	男	本科	1962-12-15	54	1980-11-15	36			总经办	6
3	G0002	A0081	生产部	男	本科	1957-1-9	60	1982-10-16	34			人力资源部	9
4	G0003	A0002	总经办	男	硕士	1969-6-11	48	1986-1-8	31			财务部	8
5	G0004	A0001	总经办	男	博士	1970-10-6	47	1986-4-8	31			技术部	10
6	G0005	A0016	财务部	男	本科	1985-10-5	32	1988-4-28	29			生产部	7
7	G0006	A0015	财务部	男	本科	1956-11-8	60	1991-10-18	25			销售部	11
8	G0007	A0052	销售部	男	硕士	1980-8-25	37	1992-8-25	25			市场部	16
9	G0008	A0018	财务部	女	本科	1973-2-9	44	1995-7-21	22			信息部	5
10	G0009	A0076	市场部	男	大专	1979-6-22	38	1996-7-1	21			贸易部	5
11	G0010	A0041	生产部	女	本科	1958-10-10	58	1996-7-19	21			质检部	6
12	G0011	A0077	市场部	女	本科	1981-9-13	36	1996-9-1	21			后勤部	4
13	G0012	A0073	市场部	男	本科	1968-3-11	49	1997-8-26	20			合计	87
14	G0013	A0074	市场部	男	本科	1968-3-8	49	1997-10-28	19				

基本信息

图 18-5　统计各个部门的人数

统计满足一个比较条件的单元格个数　技巧 212

在 COUNTIF 函数的第 2 个参数中使用比较运算符，进行比较判断并统计，这就是比较条件下的模糊匹配计数。

例如，在图 18-5 所示的示例中，以 40 岁为界限，要求统计 40 岁以下、40 岁（含）以上的人数，公式如下，结果如图 18-6 所示。

40 岁以下人数：=COUNTIF(G:G,"<40")

40 岁（含）以上人数：=COUNTIF(G:G,">=40")

M4　=COUNTIF(G:G,"<40")

	A	B	C	D	E	F	G	H	I	J	K	L	M	N
1	工号	姓名	部门	性别	学历	出生日期	年龄	入职时间	司龄					
2	G0001	A0062	后勤部	男	本科	1962-12-15	57	1980-11-15	39			统计结果		
3	G0002	A0081	生产部	男	本科	1957-1-9	63	1982-10-16	37					
4	G0003	A0002	总经办	男	硕士	1969-6-11	50	1986-1-8	34			40岁以下人数	47	
5	G0004	A0001	总经办	男	博士	1970-10-6	49	1986-4-8	33			40岁(含)以上人数	40	
6	G0005	A0016	财务部	男	本科	1985-10-5	34	1988-4-28	31					
7	G0006	A0015	财务部	男	本科	1956-11-8	63	1991-10-18	28					
8	G0007	A0052	销售部	男	硕士	1980-8-25	39	1992-8-25	27					
9	G0008	A0018	财务部	女	本科	1973-2-9	47	1995-7-21	24					
10	G0009	A0076	市场部	男	大专	1979-6-22	40	1996-7-1	23					
11	G0010	A0041	生产部	女	本科	1958-10-10	61	1996-7-19	23					
12	G0011	A0077	市场部	女	本科	1981-9-13	38	1996-9-1	23					
13	G0012	A0073	市场部	男	本科	1968-3-11	51	1997-8-26	22					
14	G0013	A0074	市场部	男	本科	1968-3-8	51	1997-10-28	22					
15	G0014	A0017	财务部	男	本科	1970-10-6	49	1999-12-27	20					
16	G0015	A0057	信息部	男	硕士	1966-7-16	53	1999-12-28	20					

图 18-6　统计 40 岁（含）以上和 40 岁以下的人数

技巧 213 统计满足一个关键词匹配条件的单元格个数

对于文本数据来说，可以使用关键词进行匹配统计，这样的条件称为关键词匹配，需要使用通配符（*）。

例如，要匹配关键词“北京”，可以使用表 18-1 所示的 6 个常见组合。

表 18-1　通配符的关键词匹配

条件	条件值表达
以“北京”开头	北京 *
不以“北京”开头	<> 北京 *
以“北京”结尾	* 北京
不以“北京”结尾	<>* 北京
包含“北京”	* 北京 *
不包含“北京”	<>* 北京 *

图 18-7 是这种关键词匹配计数的一个实际示例，统计每个类别产品的订单数。单元格 G3 的公式为：

```
=COUNTIF(B:B,F3&"*")
```

在这个示例中，如果要计算除 TC 类别外的所有产品订单，有些人会使用下面的公式，先计算所有数，再减去 TC 数，结果需要用 2 个函数：

```
=COUNTA(B2:B299)-COUNTIF(B2:B299,"TC*")
```

其实，如果使用通配符（*），只需要 1 个 COUNTIF 函数即可：

```
=COUNTIF(B2:B299,"<> TC*")
```

G3　=COUNTIF(B:B,F3&"*")

	A	B	C	D	E	F	G	H
1	日期	产品编码	金额					
2	2019-9-5	CD66026203	103,297.70			产品类别	订单数	
3	2019-9-5	CD66309801	31,298.37			AP	21	
4	2019-9-5	CD66309802	11,896.00			BT	9	
5	2019-9-5	CD66237301	10,000.00			CM	3	
6	2019-9-5	CD66239802	7,000.00			EQ	16	
7	2019-9-5	CD66239803	45,500.00			GN	6	
8	2019-9-5	TC01013502	95,281.00			JX	3	
9	2019-9-6	TC01166401	58,828.50			TC	125	
10	2019-9-6	TC01349901	40,400.00			CD	115	
11	2019-9-6	TC01168801	1,093.76					
12	2019-9-6	AP03826404	1,710.81					
13	2019-9-7	TC01260301	65,590.20					
14	2019-9-7	GN01017001	42.00					
15	2019-9-10	CD66647201	1,765.04					
16	2019-9-10	CD66647202	4,188.00					
17	2019-9-11	TC01096901	30,148.00					

图 18-7　统计各个类别产品的订单数

需要注意的是，这里不能选整列统计，要选真正的数据区域，否则会把下面没有数据的所有空单元格也算在内，因为这些单元格数据不是以 TC 开头的。

统计满足多个精确条件的单元格个数 技巧 214

当对单元格区域内的数据进行判断时，统计同时满足多个条件的单元格个数就是多条件计数问题。多条件计数可以使用 COUNTIFS 函数。

COUNTIFS 函数用于统计满足多个指定条件的单元格个数。函数用法如下：

```
=COUNTIFS( 统计区域 1, 条件值 1, 统计区域 2, 条件值 2, 统计区域 3, 条件值 3,……)
```

在使用这个函数时，同样也要牢记以下重点：

（1）所有的统计区域必须是真实存在的单元格区域，不能是手动设计的数组。

（2）所有的条件值，既可以是一个精确的具体值，也可以是大于或小于某个值的条件，或者是诸如“开头是”“结尾是”“包含”等这样的模糊匹配。

（3）所有的条件都必须是与条件，也就是说，所有的条件必须都满足。

例如，图 18-8 所示的示例为统计各个部门、各个学历的人数，这就是多个精确条件下的计数问题。单元格 M2 的公式如下（注意绝对引用和相对引用的设置，才能往右往下复制公式）：

```
=COUNTIFS($C:$C,$L2,$E:$E,M$1)
```

M2　=COUNTIFS($C:$C,$L2,$E:E,M1)

	A	B	C	D	E	F	G	H	I
1	工号	姓名	部门	性别	学历	出生日期	年龄	入职时间	司龄
2	G0001	A0062	后勤部	男	本科	1962-12-15	57	1980-11-15	39
3	G0002	A0081	生产部	男	本科	1957-1-9	63	1982-10-16	37
4	G0003	A0002	总经办	男	硕士	1969-6-11	50	1986-1-8	34
5	G0004	A0001	总经办	男	博士	1970-10-6	49	1986-4-8	33
6	G0005	A0016	财务部	男	本科	1985-10-5	34	1988-4-28	31
7	G0006	A0015	财务部	男	本科	1956-11-8	63	1991-10-18	28
8	G0007	A0052	销售部	男	硕士	1980-8-25	39	1992-8-25	27
9	G0008	A0018	财务部	女	本科	1973-2-9	47	1995-7-21	24
10	G0009	A0076	市场部	男	大专	1979-6-22	40	1996-7-1	23
11	G0010	A0041	生产部	女	本科	1958-10-10	61	1996-7-19	23
12	G0011	A0077	市场部	女	本科	1981-9-13	38	1996-9-1	23
13	G0012	A0073	市场部	男	本科	1968-3-11	51	1997-8-26	22
14	G0013	A0074	市场部	男	本科	1968-3-8	51	1997-10-28	22
15	G0014	A0017	财务部	男	本科	1970-10-6	49	1999-12-27	20
16	G0015	A0057	信息部	男	硕士	1966-7-16	53	1999-12-28	20
17	G0016	A0065	市场部	男	本科	1975-4-17	44	2000-7-1	19

L	M	N	O	P	Q	R
部门	博士	硕士	本科	大专	中专	高中
总经办	1	1	4			
人力资源部		1	7	1		
财务部		3	5			
生产部	1	1	5			
销售部		3	6		2	
市场部			9	3		4
信息部		2	3			
贸易部		2	3			
技术部		5	5			
质检部		3	3			
后勤部			2	1		1

图 18-8　统计各个部门、各个学历的人数

技巧 215 统计满足多个比较条件的单元格个数

所谓比较条件，就是对数值进行大小判断，把满足条件的单元格个数统计出来。

图 18-9 所示的示例为统计各个部门、各个年龄段的人数，这就是多个比较条件下的模糊计数问题。

第 2 行各单元格统计公式如下：

```
单元格 M2：=COUNTIFS($C:$C,$L2,$G:$G,"<=30")
单元格 N2：=COUNTIFS($C:$C,$L2,$G:$G,">=31",$G:$G,"<=40")
单元格 O2：=COUNTIFS($C:$C,$L2,$G:$G,">=41",$G:$G,"<=50")
单元格 P2：=COUNTIFS($C:$C,$L2,$G:$G,">=51",$G:$G,"<=60")
单元格 Q2：=COUNTIFS($C:$C,$L2,$G:$G,">60")
```

	A	B	C	D	E	F	G	H	I
1	工号	姓名	部门	性别	学历	出生日期	年龄	入职时间	司龄
2	G0001	A0062	后勤部	男	本科	1962-12-15	54	1980-11-15	36
3	G0002	A0081	生产部	男	本科	1957-1-9	60	1982-10-16	34
4	G0003	A0002	总经办	男	硕士	1969-6-11	48	1986-1-8	31
5	G0004	A0001	总经办	男	博士	1970-10-6	47	1986-4-8	31
6	G0005	A0016	财务部	男	本科	1985-10-5	32	1988-4-28	29
7	G0006	A0015	财务部	男	本科	1956-11-8	60	1991-10-18	25
8	G0007	A0052	销售部	男	硕士	1980-8-25	37	1992-8-25	25
9	G0008	A0018	财务部	女	本科	1973-2-9	44	1995-7-21	22
10	G0009	A0076	市场部	男	大专	1979-6-22	38	1996-7-1	21
11	G0010	A0041	生产部	女	本科	1958-10-10	58	1996-7-19	21
12	G0011	A0077	市场部	女	本科	1981-9-13	36	1996-9-1	21
13	G0012	A0073	市场部	男	本科	1968-3-11	49	1997-8-26	20
14	G0013	A0074	市场部	男	本科	1968-3-8	49	1997-10-28	19
15	G0014	A0017	财务部	男	本科	1970-10-6	47	1999-12-27	17

L	M	N	O	P	Q	R
部门	30岁以下	31-40岁	41-50岁	51-60岁	60岁以上	合计
总经办	2	1	3			6
人力资源部	2	5	1	1		9
财务部	2	2	3	1		8
技术部	4	3	3			10
生产部	3	2		2		7
销售部	4	4	2		1	11
市场部		9	5	2		16
信息部		3	1	1		5
贸易部	1	2	2			5
质检部	2	3	1			6
后勤部		3		1		4
合计	20	37	21	8	1	87

基本信息

图 18-9 统计各个部门、各个年龄段的人数

技巧 216 统计满足多个包含关键词条件的单元格个数

与 COUNTIF 函数一样，COUNTIFS 函数的各个条件值也可以使用通配符（*）做关键词的匹配汇总。

统计各个客户、各个大类产品（编码的左边 3 个字母是产品大类）的订单数，如图 18-10 所示，单元格 H4 公式如下：

```
=COUNTIFS($B:$B,$G4,$C:$C,H$3&"*")
```

式中，客户是精确条件，产品大类是关键词的模糊匹配条件。

H4 =COUNTIFS($B:$B,$G4,$C:C,H3&"*")

日期	客户	编码	数量
2019-9-1	客户A	abc-100	415
2019-9-2	客户B	aaa-304	374
2019-9-3	客户C	ccc-233	531
2019-9-4	客户D	abc-102	283
2019-9-5	客户A	abc-103	756
2019-9-6	客户B	aaa-301	469
2019-9-7	客户C	abc-101	755
2019-9-8	客户D	aaa-303	357
2019-9-9	客户A	ccc-234	538
2019-9-10	客户A	aaa-302	576
2019-9-11	客户C	ccc-235	529
2019-9-12	客户A	abc-100	669
2019-9-13	客户B	aaa-304	721

各个客户、各个大类产品的订单数

	aaa	abc	ccc
客户A	1	3	2
客户B	5	3	0
客户C	2	2	5
客户D	2	3	1

图 18-10 各个客户、各个产品类别的订单数

对大量结构相同的工作表求和汇总 技巧 217

当要对大量结构完全相同的工作表求和汇总时，使用 SUM 函数最简单。

图 18-11 所示的示例为保存在同一个工作簿上的 12 个工作表，它们保存全年 12 个月的预算汇总数据，每个工作表的结构完全相同，也就是行数和列数都一致，行顺序和列顺序也一模一样。现在要制作一个汇总表，把这 12 个工作表的数据汇总在一起，结果如图 18-12 所示。

科室	可控费用		不可控费用	
	预算	实际	预算	实际
总务科	790,852.00	651,721.00	1,479,239.00	1,918,213.00
采购科	706,021.00	1,776,110.00	525,564.00	1,549,109.00
人事科	1,803,582.00	1,540,738.00	1,347,005.00	1,431,313.00
生管科	1,318,769.00	1,473,344.00	1,575,128.00	510,395.00
冲压科	1,663,718.00	1,102,016.00	1,231,771.00	1,486,473.00
焊接科	1,618,499.00	415,195.00	432,493.00	373,093.00
组装科	362,147.00	713,038.00	1,915,379.00	1,418,755.00
品质科	1,238,816.00	595,696.00	1,349,482.00	1,236,991.00
设管科	802,437.00	678,255.00	1,461,578.00	864,869.00
技术科	817,562.00	1,557,466.00	1,433,576.00	442,212.00
营业科	1,256,414.00	1,259,811.00	1,656,712.00	1,605,013.00
财务科	1,952,031.00	951,830.00	802,607.00	1,424,158.00
合计	14,330,848.00	12,715,220.00	15,210,534.00	14,260,594.00

汇总表 1月 2月 3月 4月 5月 6月 7月 8月 9月

图 18-11 12 个月份的预算数据

科室	可控费用		不可控费用	
	预算	实际	预算	实际
总务科	15,629,118.00	13,403,535.00	12,155,315.00	13,258,441.00
采购科	15,759,131.00	16,485,037.00	12,699,015.00	14,108,215.00
人事科	15,881,113.00	13,340,918.00	12,743,116.00	12,344,260.00
生管科	13,798,138.00	14,085,184.00	14,694,123.00	13,059,492.00
冲压科	14,666,811.00	16,738,493.00	15,250,877.00	14,668,570.00
焊接科	18,222,839.00	12,695,326.00	14,149,069.00	10,602,779.00
组装科	13,077,505.00	12,319,090.00	14,519,982.00	15,107,042.00
品质科	15,643,542.00	13,077,754.00	15,349,121.00	16,238,324.00
设管科	17,122,577.00	13,192,928.00	12,293,865.00	15,704,406.00
技术科	10,641,972.00	14,396,514.00	14,196,089.00	10,853,598.00
营业科	14,075,528.00	15,705,309.00	15,361,156.00	14,891,348.00
财务科	14,546,531.00	13,568,645.00	13,534,992.00	16,768,406.00
合计	179,064,805.00	169,008,733.00	166,946,720.00	167,604,881.00

汇总表 1月 2月 3月 4月 5月 6月 7月 8月 9月 10

图 18-12 汇总计算结果

Step01 首先把需要汇总的工作表全部移动在一起，顺序无关紧要，但要特别注意这些要汇总的工作表之间不能有其他工作表。

Step02 插入一个工作表，设计汇总表的结构。由于要汇总的每个工作表结构完全相同，简单的办法就是把某个工作表复制一份，然后删除表格中的数据，如图 18-13 所示。

	A	B	C	D	E
1	科室	可控费用		不可控费用	
2		预算	实际	预算	实际
3	总务科				
4	采购科				
5	人事科				
6	生管科				
7	冲压科				
8	焊接科				
9	组装科				
10	品质科				
11	设管科				
12	技术科				
13	营业科				
14	财务科				
15	合计				
16					

图 18-13　设计汇总表的结构

Step03 单击单元格 B3，插入 SUM 函数，单击要汇总的第一个工作表标签，按住 Shift 键不放，再单击要汇总的最后一个工作表标签，最后再单击要汇总的单元格 B3，即得到加总公式为：

```
=SUM('1 月 :12 月 '!B3)
```

Step04 按 Enter 键，完成公式的输入。

Step05 将单元格 B3 的公式进行复制，即可得到汇总报表。

技巧 218　对满足一个精确条件的单元格求和汇总

都知道SUM函数是无条件求和，那么现在给一个限制条件，也就是说，在满足条件范围内求和，不符合条件的不参与求和运算，这就是单条件求和问题。

单条件求和可以使用 SUMIF 函数，其用法如下：

```
=SUMIF( 判断区域，条件值，求和区域 )
```

与 COUNTIF 函数相比较，SUMIF 函数多了第 3 个参数：求和区域。

在使用 SUMIF 函数时，要注意以下重点：

（1）判断区域与求和区域必须是工作表中真实存在的单元格区域，不能是公式里做的数组。

（2）判断区域与求和区域必须一致，也就是说，如果判断区域选择了整列，求和区域也要选择整列；如果判断区域选择了 B2:B100，求和区域（假如在 D 列）也必须选择 D2:D100，不能一个多一个少，不然就会出现错误结果。

（3）条件值可以是一个具体的精确值，也可以是大于或小于某个值的条件，或者是诸如“开头是”“结尾是”“包含”“不包含”等这样的模糊匹配。

（4）如果判断区域与求和区域是同一个区域，则第 3 个参数可以不输入。

图 18-14 左侧是一个销售数据清单，现在要求计算各个地区的本月指标、实际销售金额、销售成本和毛利，汇总表如图 18-14 右侧所示。

在单元格 K3 中输入下面公式，往右、往下复制即可：

```
=SUMIF($A:$A,$J3,E:E)
```

	A	B	C	D	E	F	G	H
1	地区	城市	性质	店名	本月指标	实际销售金额	销售成本	毛利
2	东北	大连	自营	AAAA-001	150000	57062	20972	36090
3	东北	大连	加盟	AAAA-002	280000	130193	46208	83984
4	东北	大连	自营	AAAA-003	190000	86772	31356	55416
5	东北	沈阳	自营	AAAA-004	90000	103890	39519	64371
6	东北	沈阳	加盟	AAAA-005	270000	107766	38358	69408
7	东北	沈阳	加盟	AAAA-006	180000	57502	20867	36635
8	东北	沈阳	自营	AAAA-007	280000	116300	40945	75355
9	东北	沈阳	自营	AAAA-008	340000	63287	22490	40797
10	东北	沈阳	加盟	AAAA-009	150000	112345	39869	72476
11	东北	沈阳	自营	AAAA-010	220000	80036	28736	51300
12	东北	沈阳	自营	AAAA-011	120000	73687	23880	49807
13	东北	齐齐哈尔	加盟	AAAA-012	350000	47395	17637	29758
14	东北	哈尔滨	自营	AAAA-013	500000	485874	39592	446282
15	华北	北京	加盟	AAAA-014	260000	57256	19604	37651

J	K	L	M	N
统计分析表				
地区	本月指标	实际销售金额	销售成本	毛利
东北	3120000	1522108	410430	1111677
华北	7450000	2486906	898261	1588644
华东	25070000	9325386	3454477	5870908
华南	3590000	1262112	486438	775673
华中	2280000	531590	192372	339217
西北	3100000	889196	305568	583628
西南	2390000	1009293	360685	648608
合计	47000000	17026589	6108233	10918356

Sheet1

图 18-14　各个地区的统计汇总报表

快速加总所有小计数　技巧 219

图 18-15 是一个常见的表格示例，要求计算所有产品的总计数，也就是把所有产品的小计数加总起来。

有一部分人会直接在表格中寻找单元格，然后一个一个地加起来，即：

```
=C5+C11+C14+C18+C22
```

这个示例比较简单，要加的小计数仅有 5 个单元格。在实际中，可能远不止 5 个单元格，因此采用一个一个单击相加的办法难以实现快速加总且出错率高。

另外，日常工作中经常在进行插入行、删除行等操作后，就会变动原有小计数的单元格，导致计算结果出错。

解决的办法是采用 SUMIF 函数。

单元格 C23 的公式如下：

```
=SUMIF($B:$B," 小计 ",C:C)
```

	A	B	C	D	E	F	G	H	I	J	K	L	M	N	O
1	产品	客户	1月	2月	3月	4月	5月	6月	7月	8月	9月	10月	11月	12月	全年
2	产品A	客户1	242	127	200	344	294	294	384	205	80	203	130	57	2560
3		客户2	493	367	31	287	386	280	183	352	151	405	203	258	3396
4		客户5	18	206	30	423	487	233	452	255	28	233	468	116	2949
5		小计	753	700	261	1054	1167	807	1019	812	259	841	801	431	8905
6	产品B	客户1	475	256	471	337	346	340	57	196	258	493	91	277	3597
7		客户3	184	483	230	199	71	130	480	426	128	148	216	260	2955
8		客户5	491	370	415	441	357	187	379	274	48	147	32	192	3333
9		客户4	268	128	376	241	367	322	274	243	403	346	335	215	3518
10		客户2	281	155	64	379	427	208	256	488	361	30	33	420	3102
11		小计	1699	1392	1556	1597	1568	1187	1446	1627	1198	1164	707	1364	16505
12	产品C	客户3	113	171	484	332	481	56	352	171	273	476	263	436	3608
13		客户4	367	112	51	414	191	261	288	432	482	216	386	323	3523
14		小计	480	283	535	746	672	317	640	603	755	692	649	759	7131
15	产品D	客户1	443	453	455	54	169	133	140	456	182	327	193	167	3172
16		客户2	105	445	472	353	211	135	370	189	65	262	62	258	2927
17		客户3	386	129	318	16	191	365	376	391	288	253	304	44	3061
18		小计	934	1027	1245	423	571	633	886	1036	535	842	559	469	9160
19	产品E	客户3	39	182	145	209	406	166	426	55	263	290	351	147	2679
20		客户4	49	402	135	159	377	256	85	352	368	453	397	178	3211
21		客户5	346	214	174	296	271	19	218	297	429	97	370	50	2781
22		小计	434	798	454	664	1054	441	729	704	1060	840	1118	375	8671
23	总计		4300	4200	4051	4484	5032	3385	4720	4782	3807	4379	3834	3398	50372

图 18-15 计算各个产品的小计数汇总

技巧 220 每隔几列相加求和

在实际工作中经常会遇到图 18-16 这样结构的表格，如何在该表格中计算全年 12 个月的合计数呢？

	A	B	C	D	E	F	G	H	I	J	K	L	M	N	O	P	Q	R	S	T	U	V	W	X
1	项目	全年合计			1月			2月			3月			4月			5月			6月			7月	
2		预算	实际	差异	预算	实际	差异	预算	实际	差异	预算	实际	差异	预算	实际	差异	预算	实际	差异	预算	实际	差异	预算	实际
3	项目01				230	457	227	244	110	-134	444	461	17	156	269	113	240	455	215	497	497	0	372	485
4	项目02				447	166	-281	383	497	114	101	397	296	100	267	167	251	139	-112	171	320	149	102	107
5	项目03				459	328	-131	252	107	-145	365	377	12	219	371	152	372	230	-142	116	325	209	439	384
6	项目04				210	315	105	288	172	-116	369	194	-175	424	434	10	399	275	-124	147	411	264	370	376
7	项目05				206	374	168	302	177	-125	469	196	-273	421	236	-185	148	247	99	279	482	203	378	390
8	项目06				307	176	-131	187	271	84	142	356	214	500	407	-93	439	431	-8	417	222	-195	195	410
9	项目07				228	213	-15	398	184	-214	481	250	-231	339	460	121	204	492	288	303	424	121	145	204
10	项目08				386	296	-90	259	187	-72	155	496	341	428	391	-37	354	351	-3	206	257	51	161	126
11																								

Sheet1

图 18-16 计算 12 个月的合计数

简单的方法是用每隔两列加一列的方式相加，来计算 12 个月的预算数，即：

```
=E3+H3+K3+N3+Q3+T3+W3+Z3+AC3+AF3+AI3+AL3
```

从工作表中看出，所加的每一个单元格，其实都是在表格第 2 行的标题里进行判断的。如果标题文字是“预算”，则相加，否则不相加。实际数和差异数的全年合计的计算原理也是如此。这一种使用 SUMIF 函数的方法更加简单。

在单元格 B3 中输入下面的公式，然后往右、往下复制，即可计算出预算、实际、差异的全年合计数，如图 18-17 所示。

```
=SUMIF($E$2:$AN$2,B$2,$E3:$AN3)
```

项目	全年合计			1月			2月			3月		
	预算	实际	差异	预算	实际	差异	预算	实际	差异	预算	实际	差异
项目01	3275	3932	657	230	457	227	244	110	-134	444	461	17
项目02	3552	2826	-726	447	166	-281	383	497	114	101	397	296
项目03	3811	3535	-276	459	328	-131	252	107	-145	365	377	12
项目04	3416	3718	302	210	315	105	288	172	-116	369	194	-175
项目05	3724	3525	-199	206	374	168	302	177	-125	469	196	-273
项目06	3261	3624	363	307	176	-131	187	271	84	142	356	214
项目07	3649	4000	351	228	213	-15	398	184	-214	481	250	-231
项目08	3476	3608	132	386	296	-90	259	187	-72	155	496	341

项目	4月			5月			6月			7月	
	预算	实际	差异	预算	实际	差异	预算	实际	差异	预算	实际
项目01	156	269	113	240	455	215	497	497	0	372	48
项目02	100	267	167	251	139	-112	171	320	149	102	10
项目03	219	371	152	372	230	-142	116	325	209	439	38
项目04	424	434	10	399	275	-124	147	411	264	370	37
项目05	421	236	-185	148	247	99	279	482	203	378	39
项目06	500	407	-93	439	431	-8	417	222	-195	195	41
项目07	339	460	121	204	492	288	303	424	121	145	20
项目08	428	391	-37	354	351	-3	206	257	51	161	12

图 18-17　使用 SUMIF 函数快速计算 12 个月的合计数

分别对正数和负数进行求和　技巧 221

如果 SUMIF 函数的第 2 个参数条件值使用比较运算符，就可以实现对数值进行大小判断的单条件求和。

图 18-18 就是分别从混有正数和负数的区域里计算正数合计数和负数合计数，代码如下：

```
正数合计：=SUMIF(B:B,">0",B:B)
或者：=SUMIF(B:B,">0")
负数合计：=SUMIF(B:B,"<0",B:B)
或者：=SUMIF(B:B,"<0")
```

这里，条件区域和求和区域是同一个区域时，可以省略 SUMIF 函数的第 3 个参数。

F2　=SUMIF(B:B,">0",B:B)

日期	发生额				
2020-2-23	952			正数合计	6705
2020-2-24	460			负数合计	-3054
2020-2-25	-249				
2020-2-26	-235				
2020-2-27	2,000				
2020-2-28	327				
2020-2-29	-542				
2020-3-1	-1,000				
2020-3-2	926				
2020-3-3	-184				
2020-3-4	-844				
2020-3-5	2,040				

图 18-18　分别计算正数和负数的合计数

技巧 222 数值比较条件下的单条件求和

把条件值指定为某个限定值，就可以计算任意指定比较条件下的求和。

图 18-19 所示的示例为计算毛利在 10 万元以上及 10 万元以下的店铺的总毛利，此时的计算公式分别如下：

毛利 10 万元以上的店铺毛利总额：

```
=SUMIF(H:H,">=100000")
```

毛利 10 万元以下的店铺毛利总额：

```
=SUMIF(H:H,"<100000")
```

L4 =SUMIF(H:H,">=100000")

	A	B	C	D	E	F	G	H	I	J	K	L	M
1	地区	城市	性质	店名	本月指标	实际销售金额	销售成本	毛利		统计分析			
2	东北	大连	自营	AAAA-001	150000	57062	20972	36090					
3	东北	大连	加盟	AAAA-002	280000	130193	46208	83984			店铺数	毛利总额	
4	东北	大连	自营	AAAA-003	190000	86772	31356	55416		毛利10万元以上	14	3239838.6	
5	东北	沈阳	自营	AAAA-004	90000	103890	39519	64371		毛利10万元以下	184	8561771.6	
6	东北	沈阳	加盟	AAAA-005	270000	107766	38358	69408					
7	东北	沈阳	加盟	AAAA-006	180000	57502	20867	36635					
8	东北	沈阳	自营	AAAA-007	280000	116300	40945	75355					
9	东北	沈阳	自营	AAAA-008	220000	80036	28736	51300					
10	东北	沈阳	自营	AAAA-009	120000	73687	23880	49807					
11	东北	哈尔滨	自营	AAAA-010	500000	485874	39592	446282					
12	华北	北京	自营	AAAA-011	2200000	1689284	663000	1026284					
13	华北	北京	加盟	AAAA-012	260000	57256	19604	37651					
14	华北	天津	加盟	AAAA-013	320000	51086	17406	33679					
15	华北	北京	自营	AAAA-014	200000	59378	21061	38317					

图 18-19 计算毛利 10 万元以上及 10 万元以下的毛利总额

技巧 223 包含关键词条件下的单条件模糊匹配求和

与 COUNTIF 函数一样，SUMIF 函数的条件值也可以使用通配符（*）进行关键词的匹配。

图 18-20 的左侧是从 NC 导出的管理费用明细表，现在要求制作右侧各个费用项目的汇总表。各个含有项目名称的费用项目明细数据保存在 B 列里，此时需要根据关键词来匹配汇总。

单元格 H2 的公式如下：

```
=SUMIF(B:B,"*"&G2&"*",C:C)
```

H2 =SUMIF(B:B,"*"&G2&"*",C:C)

	A	B	C	D	E	F	G	H
1	科目编码	科目名称	本期借方	本期贷方			费用项目	金额
2	660201	660201\管理费用\折旧费	1,721.00	1,721.00			折旧费	1721
3	660202	660202\管理费用\无形资产摊销费	1,489.00	1,489.00			无形资产摊销费	1489
4	6602070101	6602070101\管理费用\职工薪酬\工资\固定职工	693.00	693.00			职工薪酬	9027
5	6602070301	6602070301\管理费用\职工薪酬\社会保险费\基本养老保险	956.00	956.00			差旅费	848
6	6602070303	6602070303\管理费用\职工薪酬\社会保险费\基本医疗保险	1,049.00	1,049.00			业务招待费	753
7	6602070306	6602070306\管理费用\职工薪酬\社会保险费\工伤保险	1,878.00	1,878.00			办公费	4681
8	6602070307	6602070307\管理费用\职工薪酬\社会保险费\失业保险	468.00	468.00			车辆使用费	734
9	6602070308	6602070308\管理费用\职工薪酬\社会保险费\生育保险	1,103.00	1,103.00			修理费	209
10	66020707	66020707\管理费用\职工薪酬\职工福利	1,765.00	1,765.00			租赁费	1471
11	66020718	66020718\管理费用\职工薪酬\职工教育经费	1,115.00	1,115.00			税金	5129
12	660209	660209\管理费用\差旅费	848.00	848.00				
13	660212	660212\管理费用\业务招待费	753.00	753.00				
14	66021301	66021301\管理费用\办公费\邮费	920.00	920.00				
15	66021303	66021303\管理费用\办公费\办公用品费	1,353.00	1,353.00				
16	66021304	66021304\管理费用\办公费\固定电话费	339.00	339.00				
17	66021305	66021305\管理费用\办公费\移动电话费	1,072.00	1,072.00				
18	66021399	66021399\管理费用\办公费\其他	997.00	997.00				

图 18-20　计算各个费用项目的合计数

指定多个精确条件下的求和汇总　技巧 224

当需要在一列里或者几列里判断是否满足多个指定条件时，如果满足，就相加，否则就不相加，这样的问题就是多条件求和。多条件求和可以使用 SUMIFS 函数。

SUMIFS 函数用于统计满足多个指定条件的单元格数据的合计数，也就是多条件求和。函数用法如下：

```
=SUMIFS( 求和区域，判断区域 1，条件值 1，判断区域 2，条件值 2，……)
```

在使用这个函数时，同样也要牢记以下重点：

（1）求和区域与所有的判断区域必须是表格真实存在的单元格区域。

（2）所有的条件值，既可以是一个精确的具体值，也可以是大于或小于某个值的条件，或者是诸如“开头是”“结尾是”“包含”等这样的模糊匹配。

（3）所有的条件必须是与条件，而不能是或条件。

在输入 SUMIFS 函数时，好习惯是打开函数参数对话框，一个一个地输入参数，这样不容易出错。

图 18-21 所示的示例需要计算各个地区自营店和加盟店的销售额和毛利，公式分别如下：

单元格 K5（销售额）：

```
=SUMIFS($F:$F,$A:$A,$J5,$C:$C,K$4)
```

单元格 M5（毛利）：

```
=SUMIFS($H:$H,$A:$A,$J5,$C:$C,M$4)
```

K5 =SUMIFS($F:$F,$A:$A,$J5,$C:C,K4)

地区	城市	性质	店名	本月指标	实际销售金额	销售成本	毛利
东北	大连	自营	AAAA-001	150000	57062	20972	36090
东北	大连	加盟	AAAA-002	280000	130193	46208	83984
东北	大连	自营	AAAA-003	190000	86772	31356	55416
东北	沈阳	自营	AAAA-004	90000	103890	39519	64371
东北	沈阳	加盟	AAAA-005	270000	107766	38358	69408
东北	沈阳	加盟	AAAA-006	180000	57502	20867	36635
东北	沈阳	自营	AAAA-007	280000	116300	40945	75355
东北	沈阳	自营	AAAA-008	340000	63287	22490	40797
东北	沈阳	加盟	AAAA-009	150000	112345	39869	72476
东北	沈阳	自营	AAAA-010	220000	80036	28736	51300
东北	沈阳	自营	AAAA-011	120000	73687	23880	49807
东北	齐齐哈尔	加盟	AAAA-012	350000	47395	17637	29758
东北	哈尔滨	自营	AAAA-013	500000	485874	39592	446282
华北	北京	加盟	AAAA-014	260000	57256	19604	37651
华北	天津	加盟	AAAA-015	320000	51086	17406	33679
华北	北京	自营	AAAA-016	200000	59378	21061	38317

统计分析表

地区	销售额		毛利	
	自营	加盟	自营	加盟
东北	1066908	455200	819416	292261
华北	1493425	993481	951320	637324
华东	7754810	1570576	4864434	1006474
华南	655276	606836	400639	375034
华中	335864	195726	213807	125410
西北	514350	374846	343138	240490
西南	840189	169104	531735	116873
合计	12660822	4365767	8124490	2793867

图 18-21　各个地区的自营店和加盟店的销售额和毛利

技巧 225 指定多个比较条件下的求和汇总

如果把 SUMIFS 函数的某个条件值使用比较运算符，就可以实现对数值进行大小判断的多条件求和。这种用法与 COUNTIFS 函数是一样的，唯一不同的是这里要做求和计算。

图 18-22 所示的示例为各个城市的发货记录清单，正数表示发出，负数表示退回。现要求计算每个城市的送货数量和退货数量，公式分别如下：

单元格 G4：=SUMIFS(C:C,B:B,F4,C:C,">0")

单元格 H4：=SUMIFS(C:C,B:B,F4,C:C,"<0")

G4　=SUMIFS(C:C,B:B,F4,C:C,">0")

	A	B	C	D	E	F	G	H	I
1	日期	城市	发货数量						
2	2019-3-15	天津	40						
3	2019-4-15	上海	90			城市	送货数量	退货数量	
4	2019-5-16	北京	200			北京	460	-230	
5	2019-5-18	北京	-200			上海	545	-60	
6	2019-5-24	天津	120			天津	560	-25	
7	2019-6-30	天津	400						
8	2019-8-17	北京	57						
9	2019-8-20	北京	10						
10	2019-9-25	北京	-20						
11	2019-9-25	上海	405						
12	2019-10-2	北京	110						
13	2019-10-20	北京	-10						
14	2019-11-19	上海	50						

图 18-22　每个城市的送货数量和退货数量

包含关键词的多条件模糊匹配求和　技巧 226

如果在 SUMIFS 函数的某个或几个条件值里使用通配符（*），就可以进行关键词的匹配。图 18-23 是一个示例，要求计算各个客户的各个大类产品的总数量，单元格 H4 的公式为：

=SUMIFS($D:$D,$B:$B,$G4,$C:C,H3&"*")

这里，客户条件是精确匹配，产品类别是关键词模糊匹配（以类别名称开头）。

H4　=SUMIFS($D:$D,$B:$B,$G4,$C:C,H3&"*")

	A	B	C	D	E	F	G	H	I	J	K
1	日期	客户	编码	数量							
2	2019-9-1	客户A	abc-100	415			各个客户、各个大类产品的总数量				
3	2019-9-2	客户B	aaa-304	374				aaa	abc	ccc	
4	2019-9-3	客户C	ccc-233	531			客户A	576	1840	1078	
5	2019-9-4	客户D	abc-102	283			客户B	2614	1316	0	
6	2019-9-5	客户A	abc-103	756			客户C	896	1019	2672	
7	2019-9-6	客户B	aaa-301	469			客户D	547	1499	294	
8	2019-9-7	客户C	abc-101	755							
9	2019-9-8	客户D	aaa-303	357							
10	2019-9-9	客户A	ccc-234	538							
11	2019-9-10	客户A	aaa-302	576							
12	2019-9-11	客户C	ccc-235	529							
13	2019-9-12	客户A	abc-100	669							
14	2019-9-13	客户B	aaa-304	721							
15	2019-9-14	客户C	ccc-233	476							
16	2019-9-15	客户D	abc-102	517							

图 18-23　各个客户的各个大类产品的总数量

第19章

数据查找与引用实用技巧

EXCEL

数据查找与引用是数据处理与分析中使用最频繁的操作，一般是使用相关的查找引用函数来完成，其中最常用的函数是 VLOOKUP 函数、HLOOKUP 函数、MATCH 函数、INDEX 函数等。

查找数据在某列中的位置 技巧 227

要查找数据在某列中的位置及单元格地址，常用的方法是利用 MATCH 函数。

MATCH 函数的功能是从一个数组中，把指定元素的存放位置找出来。就好比在实际生活中，大家先排成一队，然后喊号，问张三排在第几个？ MATCH 函数就是这个意思。

由于必须是一组数，因此在定位时，只能选择工作表的一列区域或者一行区域，当然，也可以是自己创建的一个数组。

MATCH 函数得到的结果不是数据本身，而是该数据的位置。其语法如下：

```
=MATCH( 查找值，查找区域，匹配模式 )
```

各个参数说明如下：

◎ 查找值：要查找位置的数据，可以是精确的一个值，也可以是一个要匹配的关键词。

◎ 查找区域：要查找数据的一组数，可以是工作表的一列区域，或者工作表的一行区域，或者一个数组。

◎ 匹配模式：是一个数字，如 -1、0 或者 1。

◆ 如果是 1 或者忽略，查找区域的数据必须做升序排序。

◆ 如果是 -1，查找区域的数据必须做降序排序。

◆ 如果是 0，则可以是任意顺序。

一般情况下，数据的次序是乱的，因为我们常常把第 3 个参数“匹配模式”设置成 0。

需要特别注意的是 MATCH 函数不能查找重复数据，也不区分大小写。

例如，下面的公式结果是 3，因为字母 A 在数组 {"B","D","A","M","P"} 的第 3 个位置。

```
=MATCH("A",{"B","D","A","M","P"},0)
```

利用 MATCH 函数查找某数据在某列中的位置是非常简单的，但这个位置与选定的区域有关。

例如，对于图 19-1 所示的数据，要查找“上海”的位置，则有下面两个处理方式：

（1）确定在 B 列的位置，计算结果为 7（即第 7 行），具体公式为：

E3 =MATCH("上海",B:B,0)

	A	B	C	D	E	F
1						
2						
3		武汉		上海在B列第几行?	7	
4		北京				
5		西安		上海在数据区域第几个?	5	
6		南京				
7		上海				
8		苏州				
9		广州				
10		深圳				
11						

图 19-1 利用 MATCH 函数确定“上海”在 B 列的位置

```
=MATCH(" 上海 ",B:B,0)
```

（2）确定“上海”在数据区域的位置，计算结果为 5（即第 5 个），具体公式为：

```
=MATCH(" 上海 ",B3:B10,0)
```

技巧 228 查找数据在某行中的位置

要查找数据在某行中的位置，也是使用 MATCH 函数。

例如，图 19-2 所示的数据，要查找“上海”的位置，也有下面两个处理方式：

（1）确定“上海”在第 3 行的位置，结果为 6（即第 6 列），具体公式为：

```
=MATCH(" 上海 ",3:3,0)
```

（2）确定“上海”在数据区域的位置，结果为 5（即第 5 个），具体公式为：

```
=MATCH(" 上海 ",B3:I3,0)
```

E6　=MATCH("上海",3:3,0)

	A	B	C	D	E	F	G	H	I
1									
2									
3		武汉	北京	西安	南京	上海	苏州	广州	深圳
4									
5									
6		上海在3行的第几列?			6				
7									
8		上海在数据区域的第几个?			5				
9									

图 19-2　利用 MATCH 函数确定“上海”在第 3 行的位置

技巧 229 查找含有指定关键词的数据的位置

MATCH 函数的第一个参数是要在数组中查找的数据，它可以是精确值匹配，也可以是使用通配符（*）做的关键词匹配，而没有必要对数据分列得到严格匹配的精确值了。

图 19-3 是根据关键词定位查找的一个简单示例。在 A 列里，含有“富士康”的客户保存在第 5 行，查找公式如下：

```
=MATCH("* 富士康 *",A:A,0)
```

D2　=MATCH("*富士康*",A:A,0)

	A	B	C	D
1	客户名称			
2	北京明华科技股份公司		富士康在第几行?	5
3	上海明辉科技			
4	苏州大湖集团			
5	广东富士康集团			
6	上海益康眼镜店			
7	苏州辉瑞动保			
8	北京世辉环保			

图 19-3　关键词定位查找

在左边一列精确匹配条件，在右边一列提取结果 技巧 230

如果要在表格的左边一列匹配查询条件，但是要提取的结果在右边某一列，此时需要使用 VLOOKUP 函数。

VLOOKUP 函数是根据指定的一个条件，在指定的数据列表或区域内，在左边第一列里匹配是否满足指定的条件，然后从右边某列中取出该项目的数据，使用方法如下：

```
=VLOOKUP( 匹配条件，查找列表或区域，取数的列号，匹配模式 )
```

该函数的 4 个参数说明如下：

◎ 匹配条件：是指定的查找条件。

◎ 查找列表或区域：是一个至少包含一列数据的列表或单元格区域，并且该区域的第一列必须含有要匹配的数据，也就是说谁是匹配值，就把谁选为区域的第一列。

◎ 取数的列号：是指定从单元格区域的哪列取数。

◎ 匹配模式：是指做精确定位单元格查找和模糊定位单元格查找（当为 TRUE 或者 1 或者忽略时做模糊定位单元格查找，当为 FALSE 或者 0 时做精确定位单元格查找）。

VLOOKUP 函数的应用是有条件的，并不是任何查询问题都可以使用 VLOOKUP 函数。要使用 VLOOKUP 函数，必须满足 5 个条件：

◎ 查询区域必须是列结构的，也就是数据必须按列保存（这就是为什么该函数的第一个字母是 V 的原因，V 就是英文单词 vertical 的缩写）。

◎ 匹配条件必须是单条件的。

◎ 查询方向是从左往右的，也就是说，匹配条件在数据区域的左边某列，要取的数在匹配条件的右边某列。

◎ 在查询区域中，匹配条件不允许有重复数据。

◎ 匹配条件不区分大小写。

把 VLOOKUP 函数的第 1 个参数设置为具体的值，从查询表中数出要取数的列号，并且第 4 个参数设置为 FALSE 或者 0，这是最常见的用法。

例如，图 19-4 是一个示例要求把每个人的实发合计数查询出来，单元格 C2 公式为：

```
=VLOOKUP(A2, 工资清单 !B:K,6,0)
```

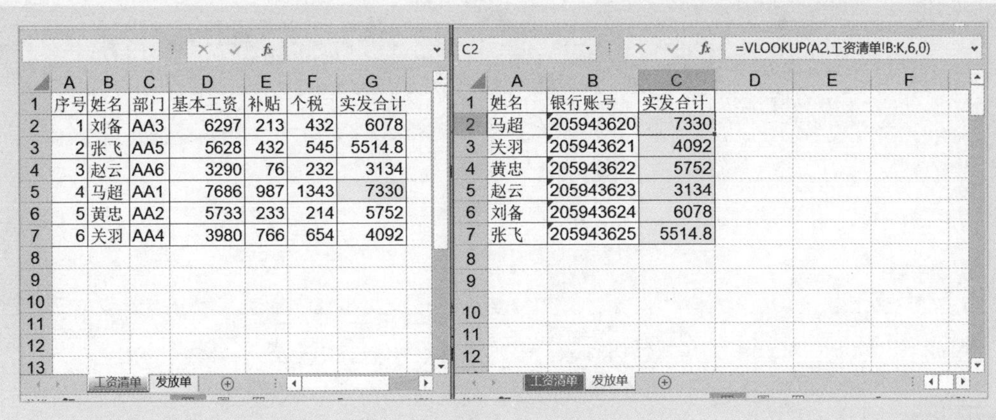

序号	姓名	部门	基本工资	补贴	个税	实发合计
1	刘备	AA3	6297	213	432	6078
2	张飞	AA5	5628	432	545	5514.8
3	赵云	AA6	3290	76	232	3134
4	马超	AA1	7686	987	1343	7330
5	黄忠	AA2	5733	233	214	5752
6	关羽	AA4	3980	766	654	4092

姓名	银行账号	实发合计
马超	205943620	7330
关羽	205943621	4092
黄忠	205943622	5752
赵云	205943623	3134
刘备	205943624	6078
张飞	205943625	5514.8

图 19-4　使用 VLOOKUP 函数查找数据

技巧 231　在左边一列精确匹配条件，在右边某列提取结果

在上述例子中，VLOOKUP 函数的第 3 个参数是输入了一个固定数字 6，是数出来的，也就是固定了取数的位置。

对于有很多列的大型表格来说，这样用眼睛去看位置，不是一个好方法，也不方便建立一个可以查询任意指定条件的动态查询表。另外，经常进行的删除列或插入列操作会引起取数列号的改变等问题。

所以，在实际应用中，除非工作表的列位置完全固定不变，取数的列号也固定不变，否则不建议使用这种方式取数。

VLOOKUP 函数的第 3 个参数，其实也可以用其他函数来自动匹配列号，包括 COLUMN 函数，IF 函数，MATCH 函数等。

例如，可以联合 MATCH 函数和 VLOOKUP 函数，先用 MATCH 函数确定取数的列位置，然后使用 VLOOKUP 函数取数。

对于图 19-4 所示的示例数据，可以将公式修改为：

```
=VLOOKUP(A2, 工资清单 !B:K,MATCH($C$1, 工资清单 !$B$1:$G$1,0),0)
```

这样，可以查询任意指定项目的数据，如图 19-5 所示。

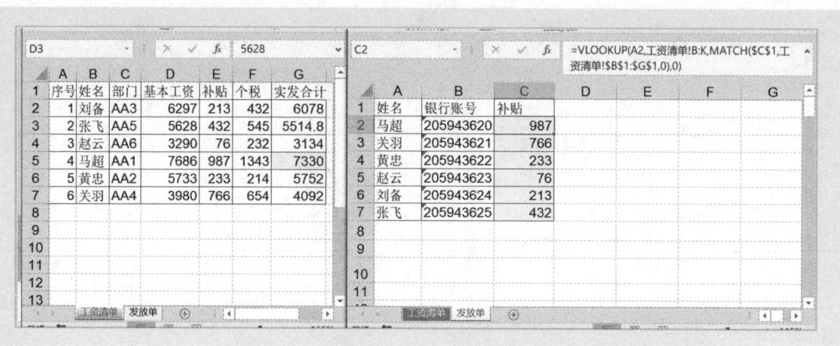

D3 | 5628

序号	姓名	部门	基本工资	补贴	个税	实发合计
1	刘备	AA3	6297	213	432	6078
2	张飞	AA5	5628	432	545	5514.8
3	赵云	AA6	3290	76	232	3134
4	马超	AA1	7686	987	1343	7330
5	黄忠	AA2	5733	233	214	5752
6	关羽	AA4	3980	766	654	4092

工资清单　发放单

C2 | =VLOOKUP(A2,工资清单!B:K,MATCH($C$1,工资清单!$B$1:$G$1,0),0)

姓名	银行账号	补贴
马超	205943620	987
关羽	205943621	766
黄忠	205943622	233
赵云	205943623	76
刘备	205943624	213
张飞	205943625	432

工资清单　发放单

图19-5　联合使用VLOOKUP函数和MATCH函数灵活定位查找

在左边一列匹配关键词，在右边一列提取结果　技巧232

VLOOKUP函数的第1个参数是匹配的条件，这个条件可以是精确的完全匹配，也可以是模糊的大致匹配。如果条件值是文本，可以使用通配符（*）来匹配关键词，VLOOKUP函数的这种用法更加强大。

图19-6是一个快递公司的示例，要求在D列输入某个目的地后，E列自动从价目表里匹配出价格来。

但是，价目表里的地址并不是一个单元格就只保存一个省份名称，而是把价格相同的省份保存在了同一个单元格，此时，查找的条件就是从某个单元格里查找是否含有指定的省份名字。这种情况下，在查找条件里使用通配符即可，其计算结果如图19-6所示，单元格E2的公式为：

```
=VLOOKUP("*"&D2&"*",$I$3:$J$9,2,0)
```

日期	接单人	件数	目的地	单价	金额
2017-9-10	A	1	河北	6.5	6.5
2017-9-11	B	1	上海	4	4
2017-9-12	A	2	云南	9	18
2017-9-13	D	5	重庆	9	45
2017-9-14	C	1	上海	4	4
2017-9-15	C	3	江苏	4	12
2017-9-16	A	6	江苏	4	24
2017-9-17	B	8	天津	6	48
2017-9-18	A	2	山东	6	12
2017-9-19	B	1	广东	6	6
2017-9-20	C	10	安徽	5	50
2017-9-21	C	1	广西	7.5	7.5
2017-9-22	B	2	山西	6.5	13

价目表

地址	价格
江苏、浙江、上海	4
安徽	5
北京，天津，广东、福建、山东、湖北、湖南	6
江西、河南、河北、山西	6.5
广西	7.5
陕西、辽宁	8
吉林、黑龙江、云南、贵州、四川、重庆、海南	9

图19-6　VLOOKUP函数的第1个参数使用通配符

技巧 233 条件值为数值区间的模糊查找

当 VLOOKUP 函数的第 4 个参数留空，或者输入 TRUE 或 1 时，即为模糊匹配定位查找。

比如，以图 19-7 中的数据为例，要计算业务员的提成，不同的达成率有不同的提成比例。业务员 A001，他的达成率是 110.31%，但在提成标准表里是找不到这个比例数字的，它只是在 100%~110% 内，对应的提成比例是 12%。很多人会立刻想到用嵌套 IF 函数，但是嵌套过多会很麻烦。

如果在提成标准的左边做一个辅助列，输入达成率区间的下限值，并做升序排序，那么使用下面的查找公式，可以非常方便地找出每个人的提成比例。

```
=VLOOKUP(D2,$I$2:$K$15,3)
```

此时，VLOOKUP 函数的查找原理是：首先在 I 列中搜查 110.31%，结果是无法找到；然后把第 4 位参数留空，查找小于或等于 110.31% 的最大值（即小于或等于 110.31% 的所有数据中，最接近 110.31% 的数）；这个值为 110%，它对应的提成比例为 12%，则 12% 就是业务员 A001 的提成比例。

	A	B	C	D	E	F	G	H	I	J	K
1	业务员	目标	实际销售额	达成率	提成比例	提成额				提成标准	
2	A001	2250	2482	110.31%	12%	297.84			下限值	达成率	提成比率
3	A002	390	612	156.92%	20%	122.4			0	40%以下	1%
4	A003	1240	857	69.11%	6%	51.42			40%	40-50%	3%
5	A004	560	1410	251.79%	30%	423			50%	50-60%	4%
6	A005	1010	711	70.40%	7%	49.77			60%	60-70%	6%
7	A006	2420	2558	105.70%	10%	255.8			70%	70-80%	7%
8	A007	1180	1826	154.75%	20%	365.2			80%	80-90%	8%
9	A008	810	2533	312.72%	45%	1139.85			90%	90-100%	9%
10	A009	2860	1684	58.88%	4%	67.36			100%	100-110%	10%
11	A010	580	981	169.14%	20%	196.2			110%	110-120%	12%
12	A011	1700	1276	75.06%	7%	89.32			120%	120-150%	15%
13	A012	750	231	30.80%	1%	2.31			150%	150-200%	20%
14	A013	990	1263	127.58%	15%	189.45			200%	200-300%	30%
15	A014	2110	1967	93.22%	9%	177.03			300%	300%以上	45%
16											

Sheet1

图 19-7　计算业务员的提成比例

所以，当 VLOOKUP 函数的第 4 个参数留空，或者输入 TRUE 或 1 时，这个函数就是寻找最接近于指定条件值的最大数据，此时必须满足以下条件：

（1）查找条件必须是数字。

（2）必须在查询的左边做一个辅助列，输入区间的下限值，并做升序排序。

这种模糊定位查找，可以替代嵌套 IF 函数，让公式更加简单，也更加高效。另外，如果提成标准变化了，公式是不需要改动的。

原始数据为空值，VLOOKUP 函数查询出来是 0　技巧 234

如果原始表格中有空单元格，那么当使用 VLOOKUP 函数查询时，会出现数字 0 的结果，如图 19-8 所示。那么，如何处理这样的 0 呢？

如果原始数据是文本，可以使用空值引号来处理，如图 19-9 所示，公式为：

=VLOOKUP(F2,A:B,2,0)&""

F3　=VLOOKUP(F2,A:B,2,0)

	A	B	C	D	E	F	G
1	项目	类别					
2	项目09	AA			查询项目	项目02	
3	项目06	BB			查询结果	0	
4	项目02						
5	项目04	CC					
6	项目03	DD					
7	项目05	EE					
8	项目07						
9	项目01	GG					
10	项目08	KK					

图 19-8　空值查询结果为 0

F3　=VLOOKUP(F2,A:B,2,0)&""

	A	B	C	D	E	F	G
1	项目	类别					
2	项目09	AA			查询项目	项目02	
3	项目06	BB			查询结果		
4	项目02						
5	项目04	CC					
6	项目03	DD					
7	项目05	EE					
8	项目07						
9	项目01	GG					
10	项目08	KK					

图 19-9　使用空值引号的方法消除 0

如果原始数据是数字，就不能使用空值引号来处理，因为查询出来的数字会被处理为文本，以后将无法进行计算。此时，需要使用 IF 函数，如图 19-10 所示，公式为：

F3　=IF(VLOOKUP(F2,A:B,2,0)="","",VLOOKUP(F2,A:B,2,0))

	A	B	C	D	E	F	G	H	I
1	项目	类别							
2	项目09	100			查询项目	项目02			
3	项目06	200			查询结果				
4	项目02								
5	项目04	300							
6	项目03	500							
7	项目05	800							
8	项目07								
9	项目01	949							
10	项目08	439							

图 19-10　使用 IF 函数处理空值的情况

=IF(VLOOKUP(F2,A:B,2,0)="","",VLOOKUP(F2,A:B,2,0))

技巧 235 VLOOKUP 函数解惑答疑

技巧 227~ 技巧 234 对 VLOOKUP 函数的常见应用和技巧进行了分析介绍，下面再对 VLOOKUP 函数的常见问题进行解释。

问题 1：找不到数据是为什么

现象：明明表格里有正在查找的数据，却无法查找到数据。分析查找不到数据或者出现错误值的原因如下：

（1）未正确掌握或运用 VLOOKUP 函数。

（2）第四个参数留空了；输入 TRUE 或者 1，但却要做精确定位查找。

（3）查找依据和数据源中的数据格式不匹配（比如一个是文本型数字，另一个却是纯数字）。

（4）数据源中存在空格或者未显示的特殊字符。

问题 2：函数的原理和用法有哪些

VLOOKUP 函数的基本语法如下：

```
=VLOOKUP( 查找依据，查找区域，取数的列号，定位模式 )
```

（1）查找依据：就是查找的对象，比如要从工资表中查找张三的补贴，张三就是查找依据。这个查找依据是一个具体值，也可以是一个带通配符的模糊值。但是这个查找依据不能是一个单元格区域。

（2）查找区域：就是从哪个单元格区域中，根据查找依据，把该对象的某个字段数据查找出来。这个区域的第一列必须是查找依据所在的列。

（3）取数的列号：就是从该指定区域内，取出哪列字段的数据。比如，在工资表中，姓名在 C 列，补贴在 M 列，那么从 C 列算，往右数到 11 列是补贴字段位置，取数的列号就是 11。

（4）定位模式：是指当查不到数据时，如何定位依据（对象）单元格，且是否强制取数。当定位依据是精确值时，这个参数要设置为 FALSE 或者 0。如果要做模糊的匹配定位，则可以留空，或者输入 TRUE 或 1。

技巧 236 在上面一行匹配条件，在下面一行提取结果

VLOOKUP 函数只能用在列结构表格中，从左往右查询数据。如果表格是行结构的，该如何从上往下查找数据呢？使用 HLOOKUP 函数即可。

HLOOKUP 函数用于行结构表格，也就是指定的查找条件（查找依据）在上面一行，而需要提取的结果在下面的某行，即从上往下查找数据。

HLOOKUP 的用法及注意事项与 VLOOKUP 函数一模一样，其语法如下：

```
=HLOOKUP( 查找依据，查找区域，取数的行号，匹配模式 )
```

这里的查找依据和匹配模式与 VLOOKUP 函数是一样的。

（1）查找区域：必须包含条件所在的行以及结果所在的行，选择区域的方向是从上往下。

（2）取数的行号：是指从上面的条件所在行往下数，在第几行是要取数。

请细心区别首字母 V 和 H：

◎ VLOOKUP 函数中，第一个字母 V 表示垂直方向的意思（Vertical）。

◎ HLOOKUP 函数中，第一个字母 H 表示水平方向的意思（Horizental）。

与 VLOOKUP 函数一样，HLOOKUP 函数也不是任何的表格都可以使用的，必须满足以下条件：

◎ 查询区域必须是行结构的，也就是数据必须按行保存。

◎ 匹配条件必须是单条件的。

◎ 查询方向是从上往下的，也就是说，匹配条件在数据区域的上面某行，要取的数在匹配条件的下面某行。

◎ 在查询区域中，匹配条件不允许有重复数据。

◎ 匹配条件不区分大小写。

图 19-11 是一张管理费用汇总表，现在要查询各个月的管理费用总额，分析各月变化，如图 19-12 所示。

单元格 C3 的公式如下：

```
=HLOOKUP(B3, 原始数据 !$B$1:$M$16,16,0)
```

	A	B	C	D	E	F	G	H	I	J	K	L	M	N
1	项目	1月	2月	3月	4月	5月	6月	7月	8月	9月	10月	11月	12月	合计
2	工资	141.46	120.15	162.58	213.75	209.74	260.49	326.47	463.73	237.30	249.28	265.42	278.27	2,928.64
3	办公费	4.33	24.46	22.77	38.82	64.95	46.58	39.84	43.03	35.60	39.50	41.38	43.71	444.96
4	职工福利费	23.19	15.89	8.78	21.97	50.73	16.05	22.29	24.40	22.91	22.88	23.75	25.62	278.46
5	社保	9.22	9.20	12.73	20.71	24.88	24.55	28.78	35.32	20.67	22.11	23.72	25.09	256.98
6	出差	4.16	19.39	19.09	20.42	16.19	17.32	35.63	24.64	19.61	21.54	21.80	22.14	241.95
7	房租费	1.33	8.38	23.41	26.20	6.49	8.60	17.10	72.65	20.52	22.92	24.74	24.90	257.23
8	汽车费	5.62	9.51	9.14	9.47	9.55	9.12	11.48	9.91	9.23	9.68	9.70	9.77	112.18
9	利息支出	7.34	7.34	6.87	7.34	7.65	10.56	12.89	57.07	14.63	15.55	16.57	17.78	181.61
10	运输费	5.38	2.95	5.88	1.30	7.25	9.38	29.55	4.78	8.31	8.68	9.39	9.83	102.68
11	水电费	1.49	3.78	5.64	12.20	7.62	11.66	12.37	19.74	9.31	10.29	11.11	11.79	117.01
12	交际费	2.65	3.95	5.19	3.62	1.96	9.36	13.48	2.12	5.29	5.62	5.83	5.91	64.96
13	通讯费	1.01	1.73	1.92	1.94	2.49	3.51	3.22	3.29	2.39	2.56	2.67	2.76	29.50
14	税费	1.94	0.95	0.96	1.91	2.06	-	6.68	6.66	2.64	2.73	2.96	3.21	32.70
15	其他	-0.18	1.37	9.02	14.53	8.20	46.17	17.07	45.27	17.68	19.91	22.23	23.88	225.16
16	合计	208.93	229.06	293.99	394.18	419.77	473.36	576.85	812.62	426.09	453.24	481.26	504.67	5,274.02

图 19-11　管理费用汇总表

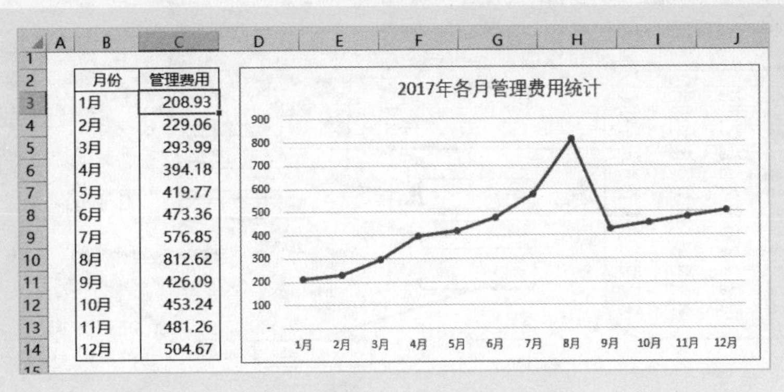

月份	管理费用
1月	208.93
2月	229.06
3月	293.99
4月	394.18
5月	419.77
6月	473.36
7月	576.85
8月	812.62
9月	426.09
10月	453.24
11月	481.26
12月	504.67

图 19-12 各月管理费用分析

技巧 237 联合使用 MATCH 函数和 INDEX 函数进行查找

在一个二维数据表格中，如果能够确定某个查找值所在的行和列，也就是能够确定该数据的 XY 坐标，那么就可以利用 INDEX 函数将该数据查找出来。而确定某个查找值所在的行和列，可以使用 MATCH 函数来分别定位。

INDEX 函数的用法如下：

=INDEX(取数的区域，指定行号，指定列号)

例如：

公式 =INDEX(A:A,6) 就是从 A 列里取出第 6 行的数据，也就是单元格 A6 的数据。

公式 =INDEX(2:2,,6) 就是从第 2 行里取出第 6 列的数据，也就是单元格 F2 的数据。

公式 =INDEX(C2:H9,5,3) 就是从单元格区域 C2:H9 的第 5 行、第 3 列交叉的单元格取数，也就是单元格 E6 的数据。

取数的区域也可以是一个数组，比如公式 =INDEX({"B","D","A","M","P"},2) 就是从数组 {"B","D","A","M","P"} 中取第 2 个数据，结果是字母 D。

图 19-13 体现了 INDEX 函数在单元格区域内，根据指定行和指定列取数的原理。

只有明确了从一个区域的什么位置取数，才能使用 INDEX 函数，因此该函数经常与 MATCH 函数联合使用，即先用 MATCH 函数定位，再用 INDEX 函数取数。

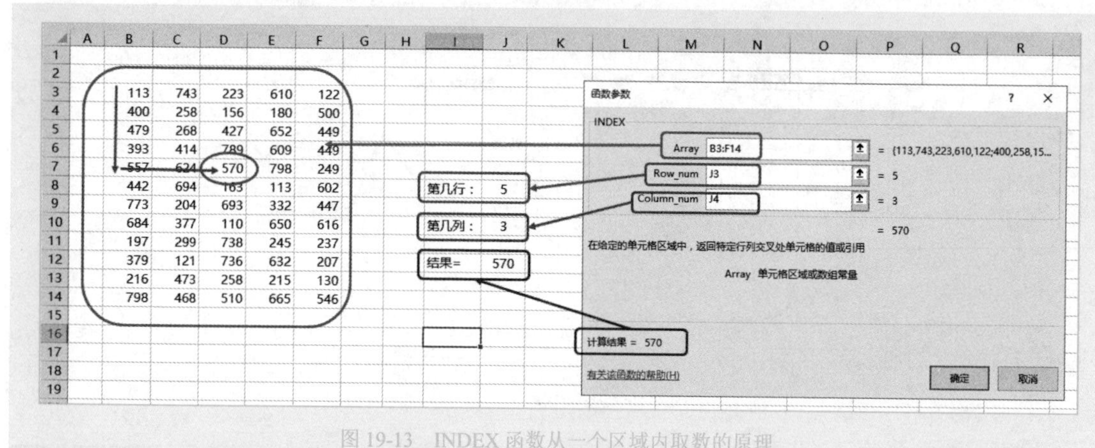

图 19-13　INDEX 函数从一个区域内取数的原理

图 19-14 显示的是从 K3 导出的各个产品成本数据，现在要将各个产品的单位成本取出，做成一个各个产品的单位实际成本汇总表。

仔细观察表格结构，每个产品下都有 5 个成本项目，最后一个项目就是单位实际成本。只要能够在 B 列里确定某产品的位置，在此位置上加上 4 行，就是该产品单位成本数据所在的行，这样，单元格 L2 的公式为：

```
=INDEX(H:H,MATCH(K2,B:B,0)+4)
```

	A	B	C	D	E	F	G	H	I	J	K	L
1	产品代码	产品名称	规格型号	实际产量	成本项目代码	成本项目名称	实际成本	单位实际成本			产品名称	单位实际成本
2	H204.12	产品A	AR252	230	4001	直接材料	70,631.07	321.05			产品A	446.26
3				0	4002	直接人工	4,041.45	18.37			产品B	135.34
4				0	4003	制造费用	18,533.02	84.24			产品D	439.64
5				0	4004	模具费用	4,972.00	22.60			产品E	446.50
6	小计			230			98,177.54	446.26			产品F	464.52
7	H204.14	产品B	YHRP1	210	4001	直接材料	14,120.88	70.60			产品G	91.61
8				0	4002	直接人工	2,174.45	10.87			产品H	86.75
9				0	4003	制造费用	9,971.41	49.86			产品P	558.27
10				0	4004	模具费用	802.00	4.01			产品Y	285.60
11	小计			210			27,068.74	135.34				
12	H204.16	产品D	AR257	500	4001	直接材料	156,715.53	313.43				
13				0	4002	直接人工	8,997.71	18.00				
14				0	4003	制造费用	41,260.96	82.52				
15				0	4004	模具费用	12,845.00	25.69				
16	小计			500			219,819.20	439.64				
17	H204.17	产品E	UOPW25	950	4001	直接材料	286,952.75	302.06				
18				0	4002	直接人工	18,520.29	19.50				

Sheet1

图 19-14　联合使用 MATCH 函数和 INDEX 函数，从导出的原始表格中查找数据

第20章

数据判断处理实用技巧

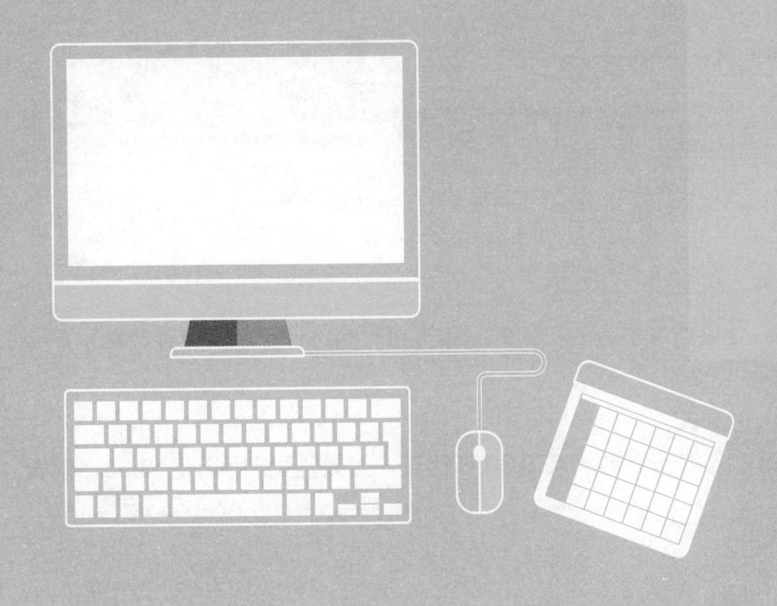

EXCEL

逻辑判断函数，是 Excel 最基础的函数，也考验着使用者的逻辑思维能力。无逻辑不成表，无逻辑不成公式，无逻辑不成思路，无逻辑不成分析。

实际工作中，常用的逻辑判断函数有 IF 函数、AND 函数、OR 函数、IFERROR 函数。

IF 函数基本应用 技巧 238

IF 函数的功能是，根据指定的条件是否成立，得到不是 A 就是 B 的结果，如图 20-1 所示：

=IF(条件是否成立，条件成立的结果 A，条件不成立的结果 B)

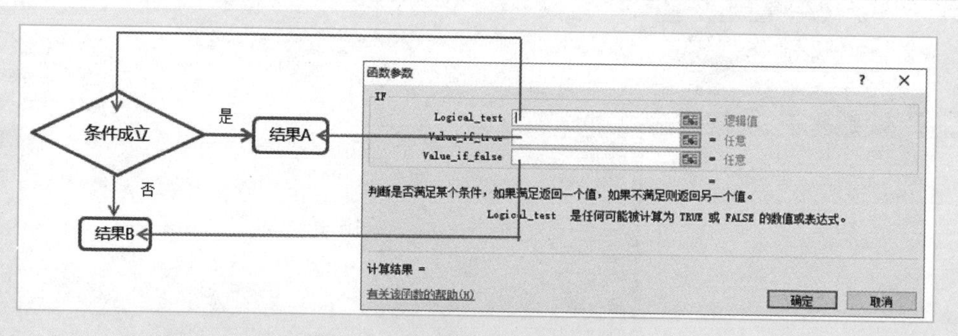

图 20-1 IF 函数的逻辑关系及用法

图 20-2 是一个简单的例子，要根据每个人的签到时间和签退时间，计算迟到分钟数和早退分钟数。这里的出勤时间是：8:30—17:30。

这是一个最简单的判断问题。

就迟到判断来说，就是把每个人的签到时间与 8:30 作比较，如果签到时间小于 8:30，代表没有迟到，单元格留空；如果签到时间大于 8:30，代表迟到了，那么需要计算迟到分钟数。此时，计算公式如下：

单元格 G2，迟到分钟数：

```
=IF(E2>8.5/24,
(E2-8.5/24)*24*60,"")
```

单元格 H2，早退分钟数：

```
=IF(F2<17.5/24,(17.5/24
-F2)*24*60,"")
```

G2 =IF(E2>8.5/24,(E2-8.5/24)*24*60,"")

	A	B	C	D	E	F	G	H	I
1	登记号码	姓名	部门	日期	签到时间	签退时间	迟到分钟数	早退分钟数	
2	3	李四	总公司	2017-8-2	8:19	17:30			
3	3	李四	总公司	2017-8-3	9:01	17:36	31		
4	3	李四	总公司	2017-8-4	8:16	17:02		28	
5	3	李四	总公司	2017-8-9	8:21	17:27		3	
6	3	李四	总公司	2017-8-10	8:33	17:36	3		
7	3	李四	总公司	2017-8-12	8:23	17:13		17	
8	3	李四	总公司	2017-8-14	8:18	17:29		1	
9	3	李四	总公司	2017-8-15	8:21	17:28		2	
10	3	李四	总公司	2017-8-19	8:18	17:27		3	
11	3	李四	总公司	2017-8-20	8:19	17:29		1	
12	3	李四	总公司	2017-8-21	8:26	17:28		2	
13	3	李四	总公司	2017-8-25	8:31	17:30	1		
14	13	刘备	总公司	2017-8-3	8:28	17:38			
15	13	刘备	总公司	2017-8-4	8:23	17:31			

图 20-2 计算每个人的迟到分钟数和早退分钟数

技巧 239 如何快速输入嵌套 IF 函数

在实际工作中，会频繁遇到使用多个 IF 函数嵌套的情况，可能是串联嵌套，也可能是并联 + 串联的嵌套。无论是何种嵌套关系，都需要先梳理清楚逻辑关系，绘制逻辑流程图，然后采用“函数对话框 + 名称框”的方法，快速准确地输入 IF 函数，创建正确的计算公式。

图 20-3 是一个计算考核工资的示例，根据不同的考核成绩分数有不同的考核工资计算标准。具体计算标准分为 6 种情况，因此需要使用 5 个 IF 函数串联嵌套。绘制逻辑流程图，如图 20-4 所示，使用“函数对话框 + 名称框”方法，创建如下的判断计算公式：

```
=IF(C2>=110,B2+200,
  IF(C2>=105,B2+100,
   IF(C2>=100,B2,
    IF(C2>=95,B2*80%,
     IF(C2>=90,B2*60%,
      B2*40%)))))
```

	A	B	C	D
1	姓名	目标考核工资	考核成绩分数	实发考核工资
2	AAA1	1200	120	1400
3	AAA2	800	98	640
4	AAA4	900	110	1100
5	AAA5	600	102	600
6	AAA6	850	100	850
7	AAA7	788	98	630.4
8	AAA8	309	118	509
9	AAA9	950	65	380
10	AAA10	602	90	361.2
11				

考核工资计算标准	
成绩	考核工资比例
≥110分	100%基础上，再额外奖励200元
≥105分	100%基础上，再额外奖励100元
≥100分	100%
≥95分	80%
≥90分	60%
不合格<90分	40%

图 20-3 计算考核工资

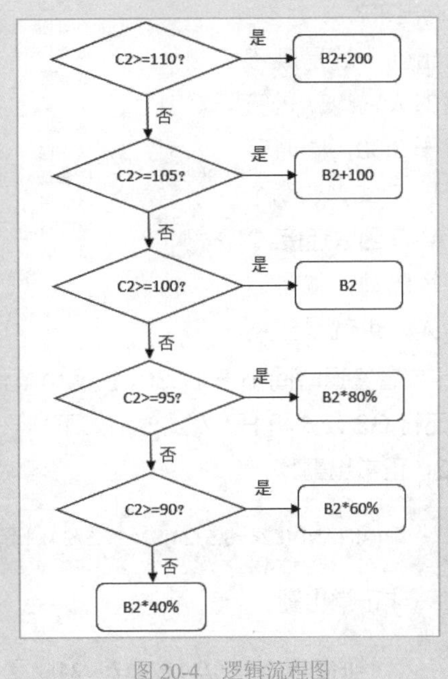

图 20-4 逻辑流程图

多条件组合下的判断处理 技巧 240

有些实际数据的判断处理要复杂得多，需要联合使用 IF 函数、AND 函数、OR 函数来解决，也就是把复杂的条件组合起来进行综合判断。

AND 函数用来组合多个与条件，也就是这几个条件必须同时满足，其使用语法如下：

```
=AND( 条件 1, 条件 2, 条件 3,……)
```

OR 函数用来组合多个或条件，也就是这几个条件中，只要有一个满足即可，其使用语法如下：

```
=OR( 条件 1, 条件 2, 条件 3,……)
```

例如，以图 20-5 中的数据为例，要在指纹考勤数据中进行统计，如何把那些正常出勤的人筛选出来，并且把非正常出勤的人也筛选出来？

G2 =IF(AND(E2<=8.5/24,F2>=17.5/24),"是","")

	A	B	C	D	E	F	G	H
1	登记号码	姓名	部门	日期	签到时间	签退时间	正常出勤	非正常出勤
2	3	李四	总公司	2017-8-2	8:19	17:30	是	
3	3	李四	总公司	2017-8-3	9:01	17:36		是
4	3	李四	总公司	2017-8-4	8:16	17:02		是
5	3	李四	总公司	2017-8-9	8:21	17:27		是
6	3	李四	总公司	2017-8-10	8:33	17:36		是
7	3	李四	总公司	2017-8-12	8:23	17:13		是
8	3	李四	总公司	2017-8-14	8:18	17:29		是
9	3	李四	总公司	2017-8-15	8:21	17:28		是
10	3	李四	总公司	2017-8-19	8:18	17:27		是
11	3	李四	总公司	2017-8-20	8:19	17:29		是
12	3	李四	总公司	2017-8-21	8:26	17:28		是
13	3	李四	总公司	2017-8-25	8:31	17:30		是
14	13	刘备	总公司	2017-8-3	8:28	17:38	是	
15	13	刘备	总公司	2017-8-4	8:23	17:31	是	
16	13	刘备	总公司	2017-8-5	8:09	17:43	是	
17	13	刘备	总公司	2017-8-6	8:05	17:51	是	

图 20-5　使用 AND 函数和 OR 函数组合条件进行判断处理

所谓正常出勤，就是既不迟到也不早退的人，也就是签到时间小于等于 8:30，同时签退时间大于等于 17:30，这两个条件需要使用 AND 函数连接。

所谓非正常出勤，就是迟到或者早退的人，也就是签到时间大于 8:30，或者签退时间小于 17:30，这两个条件需要使用 OR 函数连接。

这样，单元格 G2 公式和 H2 公式分别如下：

单元格 G2，正常出勤：

```
=IF(AND(E2<=8.5/24,F2>17.5/24)," 是 ","")
```

单元格 H2，非正常出勤：

```
=IF(OR(E2>=8.5/24,F2<17.5/24)," 是 ","")
```

技巧 241 如何处理公式的错误值

在制作数据分析模板时，常常会遇到公式出现错误的情况，但并不是说公式做错了，而是由于源数据的问题导致公式出现了计算错误，此时可以使用 IFERROR 函数来处理错误值。

IFERROR 函数的功能就是把一个错误值处理为要求的结果，用法如下：

```
=IFERROR( 表达式，错误值要处理的结果 )
```

也就是说，如果表达式的结果是错误值，就把错误值处理为需要的结果，如果不是错误值，就无须理会。

图 20-6 所示的示例是要根据商品名称，从编码表里把每个商品对应的编码查找出来。由于某些商品名称不存在，查找公式就会出现错误，因此使用 IFERROR 函数处理这个错误值。公式如下：

```
=IFERROR(INDEX( 编码 !A:A,MATCH(D3, 编码 !B:B,0)),"")
```

	A	B	C	D	E
1	科目编码	商品名称	实盘表	单价	期初的库存金额
2	1405.21.007A	1979一级盒装红茶300g			
3	1405.21.007	1979一级听装红茶100g			
4	1405.21.008	1985二级袋装红茶100g			
5	1405.21.006	1985二级礼盒红茶400g			
6	1405.07.015	305g袋装开心果305g			
7		305克罐装开口松子305g			
8	1405.07.017	365克袋装开口松子365g			
9	1405.09.016	400克篓装野笋400g			
10	1405.07.014	405克袋装小银杏405g			
11		650克篓装野笋650g			
12		吊瓜子礼盒360g*2			
13	1405.22.003	江南绕绩溪红烧肉260g			
14	1405.22.016	江南绕烧鸡500g			
15	1405.22.002	江南绕鸭翅膀208g			

统计　编码

	A	B
1	科目代码	科目名称
2	1405.01	山核桃原子系列
3	1405.01.013	2500g原果核桃（合作社）
4	1405.02.010	2500克手剥核桃（合作社）
5	1405.02.12	品尝手剥核桃
6	1405.03.012	合作社山核桃仁
7	1405.03.020	品尝仁
8	1405.03.021	散黑仁
9	1405.05.005	味道安徽之仁者天下130g*6
10	1405.05.006	味道安徽之核王天下280g*5,130g
11	1405.05.007	特制无糖山核桃仁礼盒350g
12	1405.05.01	壳壳果山核桃180克
13	1405.05.010	尊享原真单盒（2大袋手剥）
14	1405.05.012	250g仁礼盒
15	1405.05.013	尊享原真单盒（1大袋15克仁+1袋手剥无手提袋）

统计　编码

图 20-6　根据商品名称查找对应编码

技巧 242 实战案例：从身份证号码中提取性别

有时需要从身份证号码中提取性别，其解决方法很简单：先使用 MID 函数把身份证号码的第 17 位数字取出来，用 ISEVEN 函数判断这个数字是否是偶数，如果是偶数，就是女生，否则就是男生。当然，也可以使用 ISODD 函数判断是否是奇数，如果是奇数，就是男生，否则就是女生。

图 20-7 是一个简单的示例，提取性别的公式为：

```
=IF(ISEVEN(MID(B2,17,1))," 女 "," 男 ")
```

或者

```
=IF(ISODD(MID(B2,17,1))," 男 "," 女 ")
```

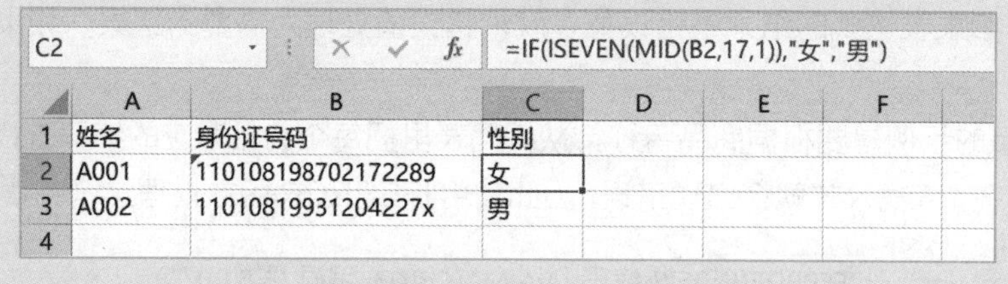

C2 =IF(ISEVEN(MID(B2,17,1)),"女","男")

	A	B	C	D	E	F
1	姓名	身份证号码	性别			
2	A001	110108198702172289	女			
3	A002	11010819931204227x	男			
4						

图 20-7　从身份证号码中提取性别

第21章 数据筛选实用技巧

EXCEL

筛选是 Excel 的一个常用的数据分析功能。筛选功能很强大，不仅可以筛选多个条件，还可以对日期、时间数据进行特殊的筛选，以及按照颜色进行筛选。

自动筛选基本技能 技巧 243

说起筛选，几乎所有人都会用。首先单击数据区域的任一单元格，然后执行“数据”→“筛选”命令，如图 21-1 所示，即为数据表建立了自动筛选。

对于标准规范的表单来说，直接单击“筛选”命令按钮即可。

但是，如果设计的表格不规范，有合并单元格的多行标题，那么直接单击“筛选”按钮是不可行的，如图 21-2 所示。直接单击“筛选”按钮，并没有对每个列建立筛选。

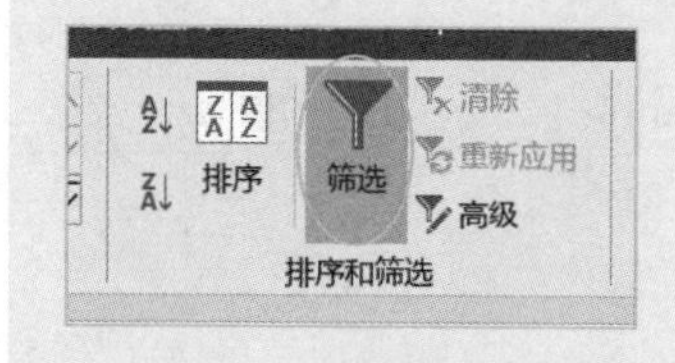

图 21-1 “筛选”按钮

	A	B	C	D	E	F	G	H	I	J	K	L	M	N	O	P	Q	R	S	T
1	部 门	职 务	姓 名	性别	进公司时间			出生年月日	籍 贯	学 历 情 况				参加工作时间	初次签合同时间			合同到期时间		
2										学历	毕业时间	毕 业 学 校	所学专业							
3					年	月	日								年	月	日	年	月	日
4	公司本部	党委副书记	张三	男	2004	7	1	570109	河北邯郸	大专	1996年12月	中央党校函授学院	行政管理	1974年8月	2004	7	1	2009	6	30
5	公司本部	副总经理	李四	男	2004	7	1	690611	江苏南京	本科	1984年7月	南京工学院土木工程系	道路工程	1984年7月	2004	7	1	2009	6	30
6	公司本部	副总经理	王五	女	2007	1	12	701006	湖北随州	本科	1990年6月	南京林业大学机械工程系	汽车运用工程	1990年8月	2007	3	10	2011	12	31
7	公司本部	总助兼经理	马六	男	2007	4	17	561108	北京市	本科	2006年6月	工程兵指挥学院	经济管理	1995年9月	2007	5	1	2012	4	30
8	公司本部	业务主管	赵琦	女	2004	10	1	581010	北京	本科	2005年12月	中共中央党校函授学院	经济管理	2000年10月	2004	11	1	2010	12	31
9	公司本部	科员	何仙	男	2005	8	1	680311	天津	本科	2005年9月	苏州大学文正学院	新闻学	2005年8月	2005	8	1	2008	10	31
10	公司本部	科员	名人	男	2006	7	10	680308	上海市	本科	2006年6月	苏州大学文正学院	汉语言文学	2006年7月	2006	8	1	2010	12	31
11																				

图 21-2 直接单击“筛选”按钮的结果

显然，这并不是需要的结果。在图 21-2 中，E 列至 G 列是在第 1 行的合并单元格大标题中进行筛选的，这是不对的。正确的方法是：如果有两行是合并单元格，就对合并单元格建立筛选；如果第 1 行是合并单元格大标题，第 3 行是该大标题下的几个小标题，就在小标题列上建立筛选。

此时，需要先选择第 3 行，然后再单击“筛选”按钮，这样才能建立需要的筛选，如图 21-3 所示。

	A	B	C	D	E	F	G	H	I	J	K	L	M	N	O	P	Q	R	S	T
1	部 门	职 务	姓 名	性别	进公司时间			出生年月日	籍 贯	学 历 情 况				参加工作时间	初次签合同时间			合同到期时间		
2										学历	毕业时间	毕 业 学 校	所学专业							
3					年										年			年		
4	公司本部	党委副书记	张三	男	2004	7	1	570109	河北邯郸	大专	1996年12月	中央党校函授学院	行政管理	1974年8月	2004	7	1	2009	6	30
5	公司本部	副总经理	李四	男	2004	7	1	690611	江苏南京	本科	1984年7月	南京工学院土木工程系	道路工程	1984年7月	2004	7	1	2009	6	30
6	公司本部	副总经理	王五	女	2007	1	12	701006	湖北随州	本科	1990年6月	南京林业大学机械工程系	汽车运用工程	1990年8月	2007	3	10	2011	12	31
7	公司本部	总助兼经理	马六	男	2007	4	17	561108	北京市	本科	2006年6月	工程兵指挥学院	经济管理	1995年9月	2007	5	1	2012	4	30
8	公司本部	业务主管	赵琦	女	2004	10	1	581010	北京	本科	2005年12月	中共中央党校函授学院	经济管理	2000年10月	2004	11	1	2010	12	31
9	公司本部	科员	何仙	男	2005	8	1	680311	天津	本科	2005年9月	苏州大学文正学院	新闻学	2005年8月	2005	8	1	2008	10	31
10	公司本部	科员	名人	男	2006	7	10	680308	上海市	本科	2006年6月	苏州大学文正学院	汉语言文学	2006年7月	2006	8	1	2010	12	31
11																				

图 21-3 在第 3 行的标题上建立筛选

技巧 244 为什么右边几列没有数据，也出现了筛选箭头

在实际操作中经常会遇到这样的表格，数据区域是 A 列至 H 列，但 H 列后面的几列并没有数据却也出现了筛选箭头，如图 21-4 所示。

	A	B	C	D	E	F	G	H	I	J	K	L
1	姓名	性别	出生日期	年龄	职务	进公司时间	司龄	学历				
2	王嘉木	男	1966-8-5	51	总经理	2008-8-1	9	硕士				
3	丛赫敏	女	1957-1-3	61	党委副书记	2004-7-1	13	大专				
4	白留洋	男	1963-5-19	54	副总经理	2004-7-1	13	本科				
5	张丽莉	男	1968-7-23	49	副总经理	2007-1-12	11	本科				
6	蔡晓宇	男	1972-4-24	46	总助兼经理	2007-4-17	11	本科				
7	祁正人	男	1975-8-17	42	副经理	2009-1-1	9	本科				
8	孟欣然	男	1978-1-19	40	业务主管	2004-10-1	13	本科				
9	毛利民	女	1982-8-12	35	科员	2005-8-1	12	本科				
10	马一晨	女	1983-12-27	34	科员	2006-7-10	11	本科				
11	王浩忌	女	1973-2-12	45	科员	2007-5-1	11	本科				
12												

图 21-4　右边没有数据的列也出现了筛选箭头

造成这个问题的原因是，在右侧几列输入过数据，然后使用 Delete 键清除了单元格数据，而没有使用右击“删除”命令彻底地删除这几列单元格，这样的操作，仅仅是清除单元格里的数据，但操作的痕迹还是被留下来了，因此在建立自动筛选时，Excel 会认为这几列也是数据区域。

要解决这样的问题，需要选择 I 列至 L 列这 4 列，右击，将其彻底地删除。如果还是删除不掉，那么只能把数据复制到一个新工作表上。

技巧 245 筛选不重复记录

从数据清单中筛选不重复记录的最简单方法是利用“删除重复值”命令。不过这个命令会彻底删除重复数据。但有时候不需要删除，而是仅仅把不重复的数据筛选出来，此时就可以使用高级筛选了。

筛选数据清单中的不重复记录是在“高级筛选”对话框中进行的。不重复的记录可以显示原有位置，也可以将不重复记录清单复制到其他的位置。

图 21-5 是一个员工信息清单，里面有些数据是重复的。现在要求筛选出不重复的记录具体步骤如下。

Step01 单击“数据”→“高级”按钮，如图 21-6 所示，打开“高级筛选”对话框。

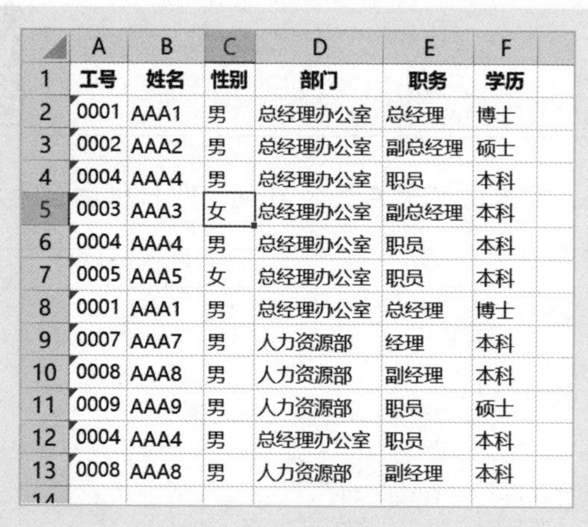

	A	B	C	D	E	F
1	工号	姓名	性别	部门	职务	学历
2	0001	AAA1	男	总经理办公室	总经理	博士
3	0002	AAA2	男	总经理办公室	副总经理	硕士
4	0004	AAA4	男	总经理办公室	职员	本科
5	0003	AAA3	女	总经理办公室	副总经理	本科
6	0004	AAA4	男	总经理办公室	职员	本科
7	0005	AAA5	女	总经理办公室	职员	本科
8	0001	AAA1	男	总经理办公室	总经理	博士
9	0007	AAA7	男	人力资源部	经理	本科
10	0008	AAA8	男	人力资源部	副经理	本科
11	0009	AAA9	男	人力资源部	职员	硕士
12	0004	AAA4	男	总经理办公室	职员	本科
13	0008	AAA8	男	人力资源部	副经理	本科
14						

图 21-5　员工信息清单

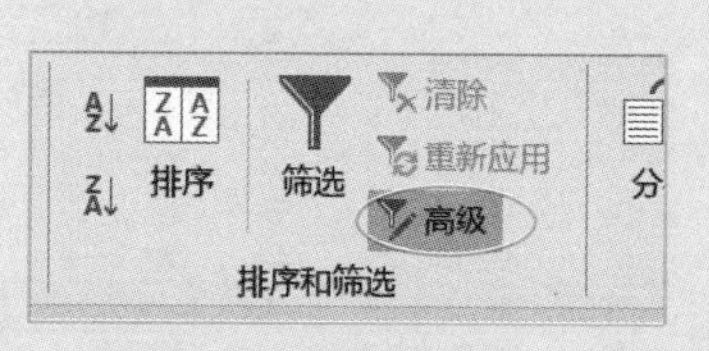

图 21-6　“高级”按钮

Step02 如果要在原数据区域显示筛选结果，选中“在原有区域显示筛选结果”单选按钮。

Step03 在“列表区域”输入框中选择输入要筛选的数据区域。

Step04 勾选对话框左下角的“选择不重复的记录”复选框。设置好的对话框如图 21-7 所示。

Step05 单击“确定”按钮，就得到了不重复数据表，如图 21-8 所示。

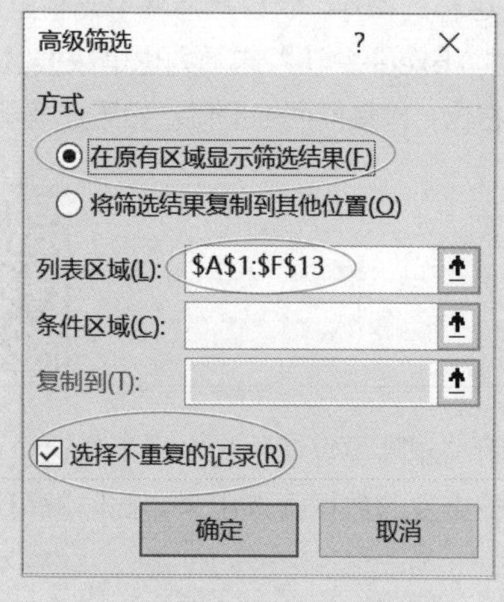

图 21-7　设置“高级筛选”选项

	A	B	C	D	E	F
1	工号	姓名	性别	部门	职务	学历
2	0001	AAA1	男	总经理办公室	总经理	博士
3	0002	AAA2	男	总经理办公室	副总经理	硕士
4	0004	AAA4	男	总经理办公室	职员	本科
5	0003	AAA3	女	总经理办公室	副总经理	本科
7	0005	AAA5	女	总经理办公室	职员	本科
9	0007	AAA7	男	人力资源部	经理	本科
10	0008	AAA8	男	人力资源部	副经理	本科
11	0009	AAA9	男	人力资源部	职员	硕士
14						

图 21-8　筛选结果

如果要把筛选结果保存到其他的地方，在“高级筛选”对话框中选中“将筛选结果复制到其他位置”单选按钮，并在“复制到”输入框中指定保存位置，如图 21-9 所示。

这样，就在指定位置得到筛选出的不重复数据结果，如图 21-10 所示。

需要注意的是，筛选结果只能保存到当前活动工作表，不能指定其他工作表的保存位置。

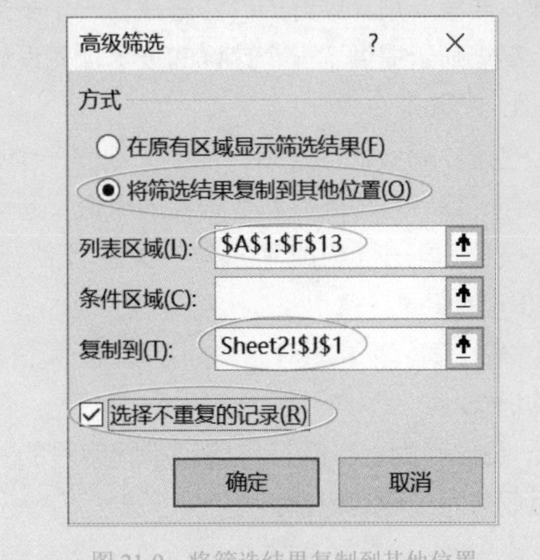

图 21-9　将筛选结果复制到其他位置

	A	B	C	D	E	F	G	H	I	J	K	L	M	N	O
1	工号	姓名	性别	部门	职务	学历				工号	姓名	性别	部门	职务	学历
2	0001	AAA1	男	总经理办公室	总经理	博士				0001	AAA1	男	总经理办	总经理	博士
3	0002	AAA2	男	总经理办公室	副总经理	硕士				0002	AAA2	男	总经理办	副总经理	硕士
4	0004	AAA4	男	总经理办公室	职员	本科				0004	AAA4	男	总经理办	职员	本科
5	0003	AAA3	女	总经理办公室	副总经理	本科				0003	AAA3	女	总经理办	副总经理	本科
6	0004	AAA4	男	总经理办公室	职员	本科				0005	AAA5	女	总经理办	职员	本科
7	0005	AAA5	女	总经理办公室	职员	本科				0007	AAA7	男	人力资源	经理	本科
8	0001	AAA1	男	总经理办公室	总经理	博士				0008	AAA8	男	人力资源	副经理	本科
9	0007	AAA7	男	人力资源部	经理	本科				0009	AAA9	男	人力资源	职员	硕士
10	0008	AAA8	男	人力资源部	副经理	本科									
11	0009	AAA9	男	人力资源部	职员	硕士									
12	0004	AAA4	男	总经理办公室	职员	本科									
13	0008	AAA8	男	人力资源部	副经理	本科									
14															

图 21-10　筛选出的结果保存到指定位置

技巧 246　复杂条件下的高级筛选

当筛选条件很多时，例如在同一列里做多个项目的筛选，在不同列里做不同字段的筛选等，此时就构成了复杂条件下的筛选。这样的问题，可以使用高级筛选，也可以使用普通筛选。

但是，普通筛选需要做很多次筛选动作，如果条件发生了变化，还需要重复一遍相同的操作步骤，非常麻烦。最好的办法是建立一个多条件筛选模型，这样只要执行一次筛选命令即可。

高级筛选提供了一个这样的技术，先设计一个条件区域，然后再来完成筛选工作。

1. 筛选条件

在建立高级筛选之前，需要先建立一个筛选条件区域。这些条件既可以是与条件，也可以是或条件，或者是与条件和或条件的组合，还可以使用计算条件。这些条件的设置如下。

（1）同一行构成了“与”关系条件。图 21-11 所示的条件，就是查找薪金在 5000 元至 8000 元的记录。

（2）同一列构成了“或”关系条件。图 21-12 所示的条件，就是查找部门为销售部或办公室的记录。

（3）不同列、同行构成了不同字段的“与”关系条件。图 21-13 所示的条件，就是查找男性且职务为经理的记录。

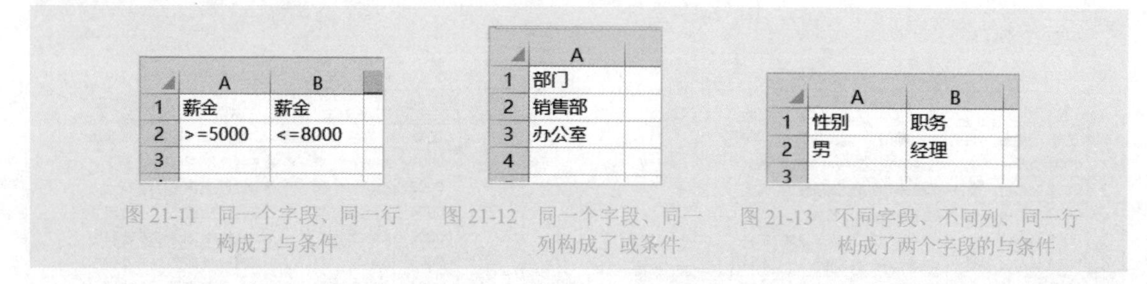

	A	B
1	薪金	薪金
2	>=5000	<=8000
3		

图 21-11 同一个字段、同一行构成了与条件

	A
1	部门
2	销售部
3	办公室
4	

图 21-12 同一个字段、同一列构成了或条件

	A	B
1	性别	职务
2	男	经理
3		

图 21-13 不同字段、不同列、同一行构成了两个字段的与条件

（4）不同列、不同行构成了不同字段的“或”关系条件。图 21-14 所示的条件，就是查找职称为高级工程师或职务为经理的记录。

（5）不同列、不同行的“与”关系和“或”关系的复杂条件。图 21-15 所示的条件，就是查找办公室的女性经理，或者销售部的男性高级工程师的记录。

	A	B
1	职称	职务
2	高级工程师	
3		经理
4		

图 21-14 不同字段、不同列、不同行构成了两个字段的或条件

	A	B	C	D
1	部门	性别	职称	职务
2	办公室	女		经理
3	销售部	男	高级工程师	
4				

图 21-15 不同字段、不同列、不同行的更为复杂的条件

这种通过组建一个条件区域，实现多条件筛选的方法，从某种程度上，可以帮助我们建立一个半自动化的数据筛选模型，实现任意条件下的快速筛选。

图 21-16 是一个销售月报，现在要建立一个筛选模型，可以任意设置条件来筛选。

	A	B	C	D	E	F	G	H	I	J	K
1	地区	省份	城市	性质	店名	本月指标	实际销售金额	销售成本	毛利	毛利率	
2	东北	辽宁	大连	自营	AAAA-001	150000	57062	34564	22498	39.43%	
3	东北	辽宁	大连	自营	AAAA-002	280000	130193	76155	54038	41.51%	
4	东北	辽宁	大连	自营	AAAA-003	190000	86772	51677	35095	40.45%	
5	东北	辽宁	沈阳	自营	AAAA-004	90000	103890	65131	38759	37.31%	
6	东北	辽宁	沈阳	自营	AAAA-005	270000	107766	51216	56550	52.47%	
7	东北	辽宁	沈阳	自营	AAAA-006	180000	57502	34391	23111	40.19%	
8	东北	辽宁	沈阳	自营	AAAA-007	280000	116300	37481	78819	67.77%	
9	东北	辽宁	沈阳	自营	AAAA-008	340000	63287	37066	26221	41.43%	
10	东北	辽宁	沈阳	自营	AAAA-009	150000	112345	45707	66638	59.32%	
11	东北	黑龙江	哈尔滨	自营	AAAA-010	220000	80036	22360	57676	72.06%	
12	东北	黑龙江	哈尔滨	自营	AAAA-011	120000	73687	19356	54330	73.73%	
13	东北	黑龙江	哈尔滨	加盟	AAAA-012	350000	47395	29067	18328	38.67%	

Sheet1

图 21-16 销售月报数据表

现在的任务如下：

（1）筛选指定地区，这里为华北和华南，以后也可以增加筛选区域。

（2）筛选自营店，以后也可以增加加盟店。

（3）毛利率在 50% 以上，这个数字条件以后也可以改变。

（4）毛利在 50000 元以上，这个数字条件以后也可以改变。

既然筛选条件随时在变，若不想重复筛选动作，那就建立一个筛选模型。条件区域设置如图 21-17 所示。

执行筛选中的“高级”命令，打开“高级筛选”对话框，设置各个项目：

（1）选中“将筛选结果复制到其他位置”单选按钮。

（2）在“列表区域”输入框中引用原始数据区域。

（3）在“条件区域”输入框中引用前面设计的条件区域。

（4）在”复制到”输入框中指定筛选结果的位置。

设置完毕后的对话框如图 21-18 所示。

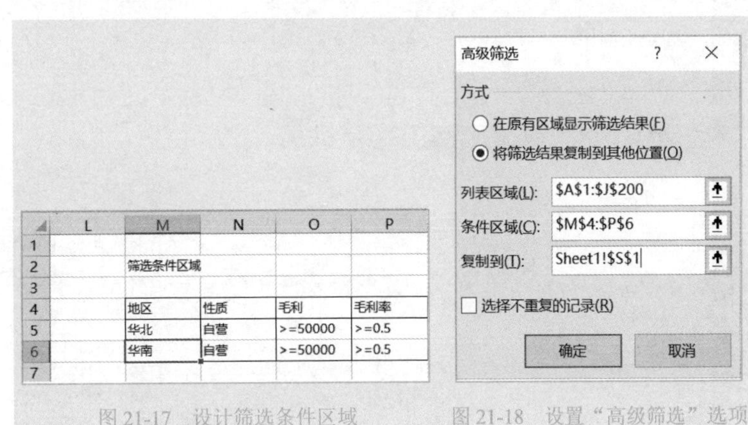

	L	M	N	O	P
1					
2		筛选条件区域			
3					
4		地区	性质	毛利	毛利率
5		华北	自营	>=50000	>=0.5
6		华南	自营	>=50000	>=0.5
7					

图 21-17 设计筛选条件区域

图 21-18 设置“高级筛选”选项

最后单击“确定”按钮，得到图 21-19 所示的结果。

	R	S	T	U	V	W	X	Y	Z	AA	AB	AC
1		地区	省份	城市	性质	店名	本月指标	实际销售金额	销售成本	毛利	毛利率	
2		华北	北京	北京	自营	AAAA-020	160000	104198	49603	54595	52.40%	
3		华北	北京	北京	自营	AAAA-021	150000	130105	43756	86349	66.37%	
4		华北	北京	北京	自营	AAAA-023	260000	97924	45391	52533	53.65%	
5		华南	广东	广州	自营	AAAA-158	120000	92785	35001	57784	62.28%	
6		华南	广东	深圳	自营	AAAA-165	210000	86949	28543	58406	67.17%	
7		华南	广东	东莞	自营	AAAA-169	150000	86530	32403	54127	62.55%	
8												

图 21-19　筛选出的结果

对数字数据进行特殊筛选　技巧 247

如果要对数字类型的数据进行筛选，可以筛选出更多符合特殊条件的数据，比如等于、不等于、大于、大于或等于、小于、小于或等于、介于、10 个最大的值、高于平均值、低于平均值，如图 21-20 所示。

例如，筛选出前 10 大订单，如图 21-21 所示。

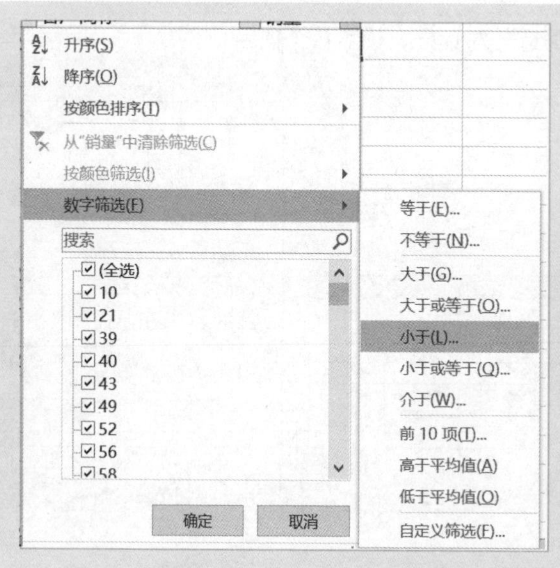

图 21-20　数字筛选的特有功能

	A	B	C	D
1	日期	客户简称	销量	
136	2019-1-21	比亚迪克	3967	
163	2019-4-24	苏州辉煌半导体有限公司	3943	
244	2019-1-9	北京可点新消息科技	3981	
259	2019-1-10	河北北方奥雷德	3993	
282	2019-10-24	浙江世纪科技	3986	
358	2019-2-18	德州太阳能新能源	3965	
364	2019-1-17	南京寻梦科技	3939	
514	2019-1-5	国能环保集团	3951	
599	2019-8-16	时刻信息	3949	
666	2019-6-22	华北电力科技	3970	

图 21-21　前 10 大订单

技巧 248 对日期数据进行特殊筛选

对于日期数据，可以筛选出指定日期之前、之后的记录，筛选出某两个日期之间的记录，筛选出今天、明天、昨天、本周、上周、下周、本月、上月、下月、本季度、上季度、下季度、今年、明年、去年、本年度截止到现在等的记录，如图 21-22 所示。

例如，要把第 4 季度的数据筛选出来，除了可以勾选“十月”“十一月”和“十二月”三个项目外，还可以直接选择“第 4 季度”选项，如图 21-23 所示。

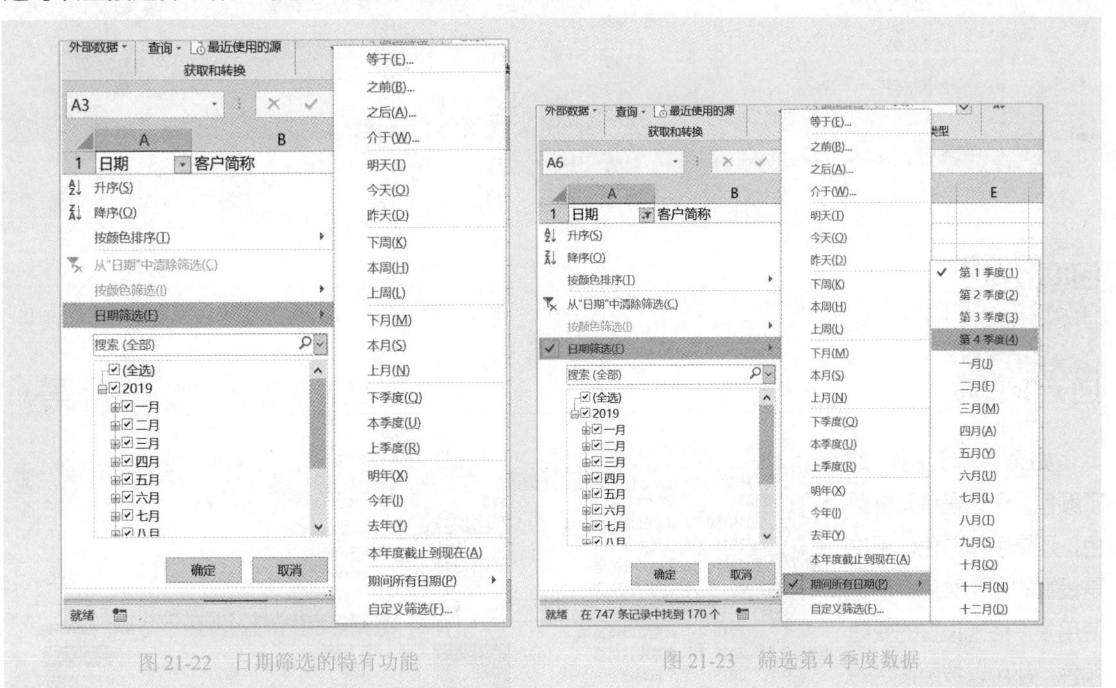

图 21-22 日期筛选的特有功能　　图 21-23 筛选第 4 季度数据

技巧 249 对文本数据进行特殊筛选

对于文本数据，我们可以筛选出等于、不等于、开头是、结尾是、包含、不包含、自定义筛选等的记录，如图 21-24 所示。

筛选含有某个关键词的数据时，直接在筛选框中输入关键词即可，如图 21-25 所示。

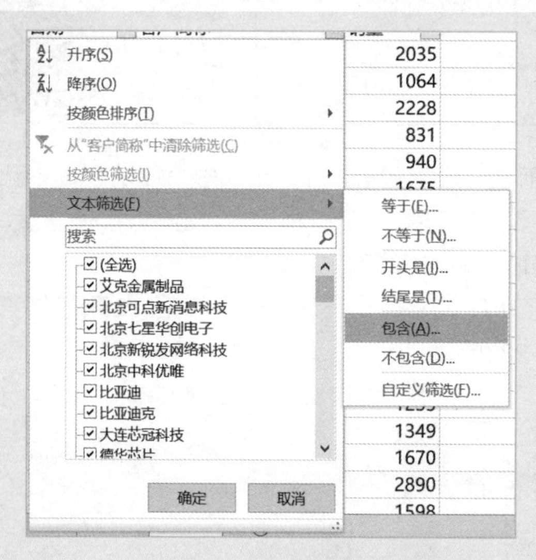

图 21-24 文本数据筛选的特有功能

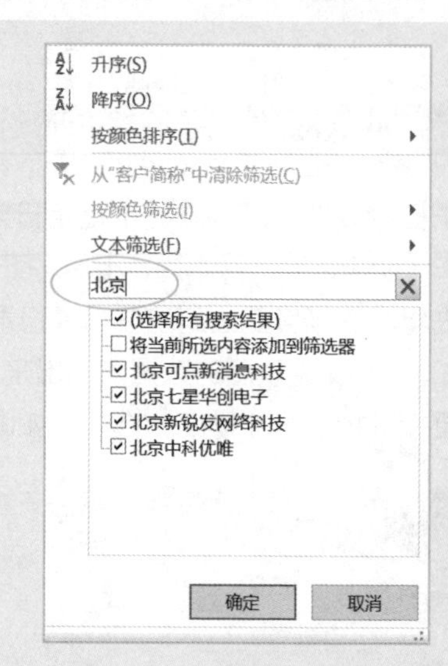

图 21-25 输入关键词，迅速筛选含有该关键词的数据

按照颜色进行筛选 技巧 250

如果为单元格设置了颜色，无论是单元格颜色，还是字体颜色；无论是设置的固定颜色，还是使用条件格式设置的变动颜色，都可以按照设定的颜色来筛选，非常方便。

图 21-26 和图 21-27 就是通过条件格式对 C 列销量标识单元格颜色，建立自动筛选，从而可以对 C 列按单元格颜色进行筛选。

图 21-26 条件格式设置的不同单元格颜色

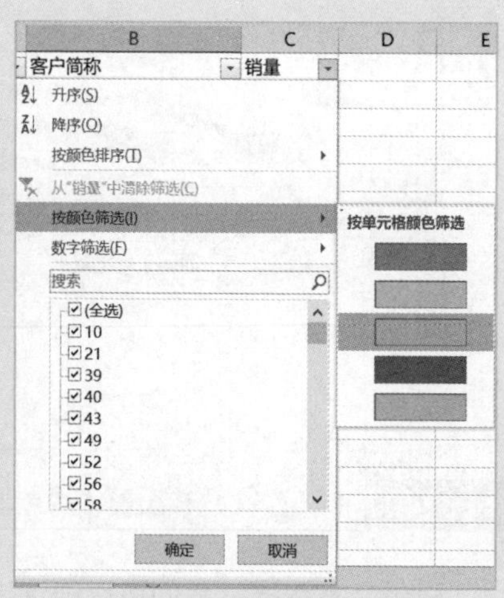

图 21-27 按单元格颜色进行筛选

技巧 251 如何将筛选结果复制到其他工作表

在进行普通筛选后，如果要将筛选结果复制到其他工作表，可以先按 Alt+；组合键定位可见单元格，然后再复制、粘贴。这是一个正规的做法。

不过，高版本的 Excel，可以直接复制、粘贴，一般不会把隐藏的数据也一起复制过去。

但是，如果是手动隐藏，或者建立的分级显示表，那么就需要先定位选择可见单元格，才能复制、粘贴。

技巧 252 只修改筛选出来的数据

如果已经对数据区域建立了筛选，现在需要对筛选出来的数据进行批量修改，该如何做呢？比如要对筛选出来的数据统一乘以 0.17，那么就可以按照下面的步骤来进行：

Step01 先进行筛选。

Step02 在工作表的某个空单元格输入 0.17，并复制此单元格。

Step03 选择要修改的筛选数据区域，按 Alt+；组合键定位可见单元格，也就是筛选出来的区域。

Step04 打开“选择性粘贴”对话框，选择“数值”选项按钮和“乘”选项按钮，单击“确定”按钮。

技巧 253 只修改筛选出来的单元格的公式

如果已经对数据区域建立了筛选，现在需要对筛选出来的单元格公式进行批量修改，该如何做呢？此时可以按照下面的步骤来进行：

Step01 先进行筛选。

Step02 选择要修改的数据区域，按 Alt+；组合键定位可见单元格。

Step03 输入新公式（此时公式会在活动单元格中进行）。

Step04 按 Ctrl+Enter 组合键。

例如，对于图 21-28 所示的数据，要把“产品 01”的销售额计算公式都乘以 0.9。

按照上述操作后，“产品 01”的计算公式进行了单独的修改，其他产品公式不变，如图 21-29 所示。

E2 =C2*D2

	A	B	C	D	E
1	日期	产品	单价	销量	销售额
2	2020-2-24	产品01	30	54	1620
3	2020-2-25	产品02	80	462	36960
4	2020-2-26	产品03	110	67	7370
5	2020-2-27	产品01	30	135	4050
6	2020-2-28	产品05	57	357	20349
7	2020-2-29	产品01	30	93	2790
8	2020-3-1	产品03	110	81	8910
9	2020-3-2	产品01	30	114	3420
10	2020-3-3	产品05	57	223	12711
11	2020-3-4	产品03	110	80	8800
12	2020-3-5	产品01	30	222	6660
13	2020-3-6	产品05	57	469	26733
14	2020-3-7	产品04	22	354	7788
15	2020-3-8	产品04	22	236	5192
16	2020-3-9	产品02	80	185	14800
17	2020-3-10	产品01	30	215	6450
18	2020-3-11	产品05	57	431	24567
19	2020-3-12	产品03	110	286	31460

Sheet1 Sheet2

图 21-28 原始公式

E2 =C2*D2*0.9

	A	B	C	D	E
1	日期	产品	单价	销量	销售额
2	2020-2-24	产品01	30	54	1458
5	2020-2-27	产品01	30	135	3645
7	2020-2-29	产品01	30	93	2511
9	2020-3-2	产品01	30	114	3078
12	2020-3-5	产品01	30	222	5994
17	2020-3-10	产品01	30	215	5805
20	2020-3-13	产品01	30	356	9612
22					

图 21-29 单独修改筛选出来“产品 01”的计算公式

在智能表格中使用切片器快速筛选数据 技巧 254

无论是自动筛选还是高级筛选，当需要对某个字段下的各个项目进行筛选，或者同时对多个字段进行筛选时，都是不方便的。在 Excel 2016 中，可以对数据区域建立智能表格，然后再使用切片器进行快速筛选。

创建智能表格的按钮是“插入”选项卡中的“表格”按钮，如图 21-30 所示。

创建智能表格是非常简单的，单击表单中的任一单元格，然后单击“表格”按钮，就将普通的表单区域转换为智能表格，如图 21-31 和图 21-32 所示。

建立了智能表格后，可以为智能表格插入一个或多个切片器，并用切片器来控制筛选。

插入切片器的方法是：单击“设计”→“插入切片器”按钮，或单击“插入”→“切片器”按钮，打开“插入切片器”对话框，选择要插入切片器的字段，如图 21-33 所示。

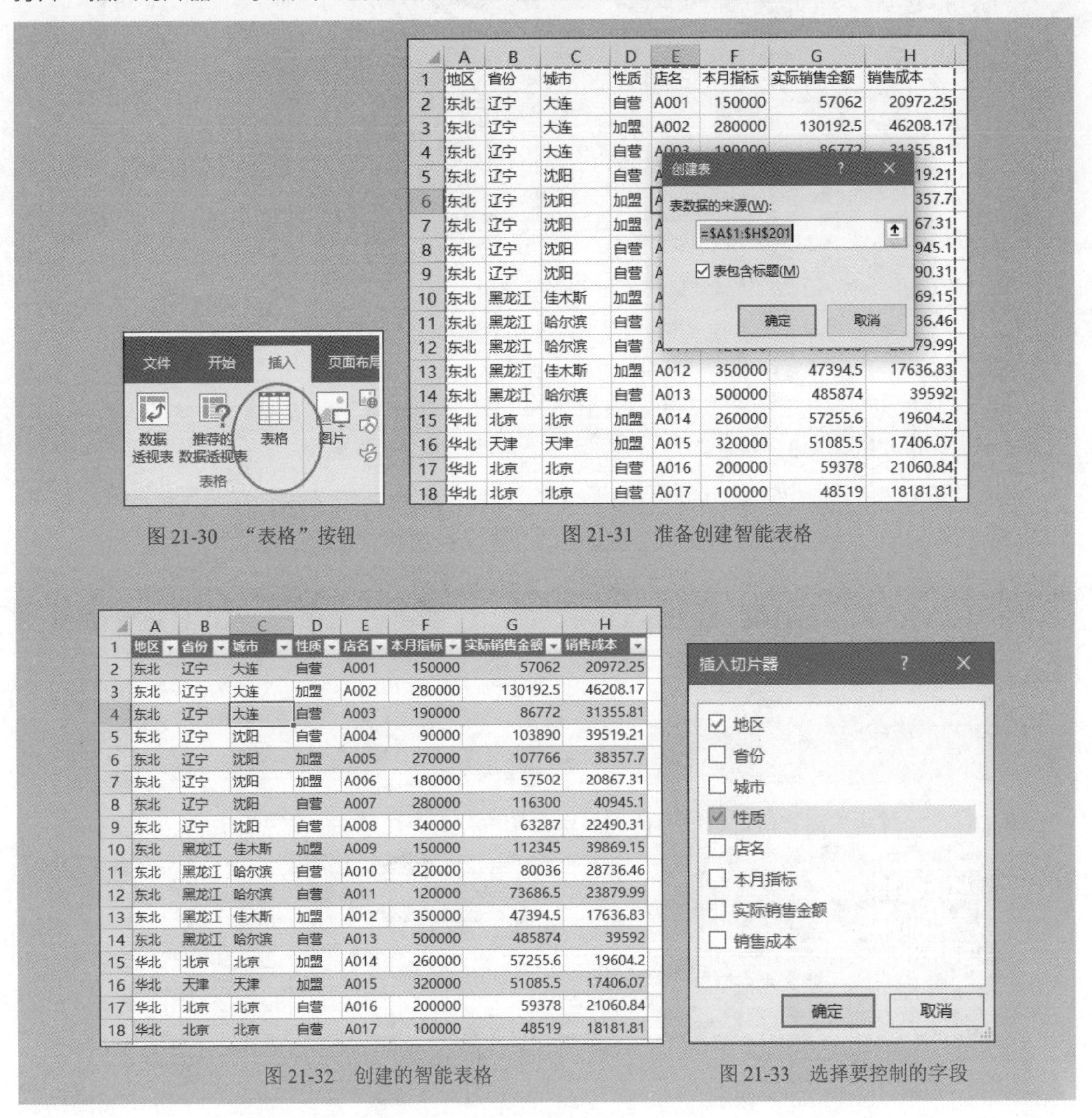

	A	B	C	D	E	F	G	H
1	地区	省份	城市	性质	店名	本月指标	实际销售金额	销售成本
2	东北	辽宁	大连	自营	A001	150000	57062	20972.25
3	东北	辽宁	大连	加盟	A002	280000	130192.5	46208.17
4	东北	辽宁	大连	自营	A003	190000	86772	31355.81
5	东北	辽宁	沈阳	自营	A004	90000	103890	39519.21
6	东北	辽宁	沈阳	加盟	A005	270000	107766	38357.7
7	东北	辽宁	沈阳	加盟	A006	180000	57502	20867.31
8	东北	辽宁	沈阳	自营	A007	280000	116300	40945.1
9	东北	辽宁	沈阳	自营	A008	340000	63287	22490.31
10	东北	黑龙江	佳木斯	加盟	A009	150000	112345	39869.15
11	东北	黑龙江	哈尔滨	自营	A010	220000	80036	28736.46
12	东北	黑龙江	哈尔滨	自营	A011	120000	73686.5	23879.99
13	东北	黑龙江	佳木斯	加盟	A012	350000	47394.5	17636.83
14	东北	黑龙江	哈尔滨	自营	A013	500000	485874	39592
15	华北	北京	北京	加盟	A014	260000	57255.6	19604.2
16	华北	天津	天津	加盟	A015	320000	51085.5	17406.07
17	华北	北京	北京	自营	A016	200000	59378	21060.84
18	华北	北京	北京	自营	A017	100000	48519	18181.81

图 21-30 “表格”按钮

图 21-31 准备创建智能表格

图 21-32 创建的智能表格

图 21-33 选择要控制的字段

这样，就得到相应的切片器，如图 21-34 所示。

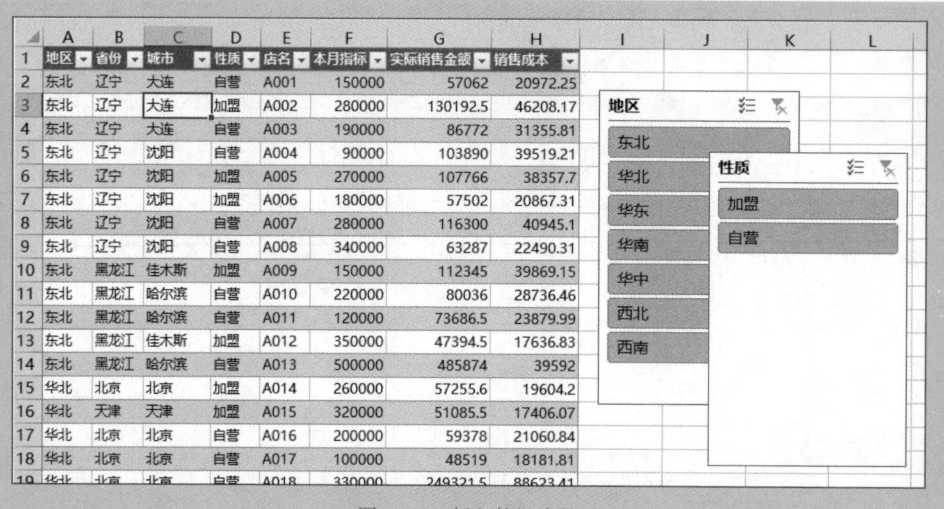

	地区	省份	城市	性质	店名	本月指标	实际销售金额	销售成本
2	东北	辽宁	大连	自营	A001	150000	57062	20972.25
3	东北	辽宁	大连	加盟	A002	280000	130192.5	46208.17
4	东北	辽宁	大连	自营	A003	190000	86772	31355.81
5	东北	辽宁	沈阳	自营	A004	90000	103890	39519.21
6	东北	辽宁	沈阳	加盟	A005	270000	107766	38357.7
7	东北	辽宁	沈阳	加盟	A006	180000	57502	20867.31
8	东北	辽宁	沈阳	自营	A007	280000	116300	40945.1
9	东北	辽宁	沈阳	自营	A008	340000	63287	22490.31
10	东北	黑龙江	佳木斯	加盟	A009	150000	112345	39869.15
11	东北	黑龙江	哈尔滨	自营	A010	220000	80036	28736.46
12	东北	黑龙江	哈尔滨	自营	A011	120000	73686.5	23879.99
13	东北	黑龙江	佳木斯	加盟	A012	350000	47394.5	17636.83
14	东北	黑龙江	哈尔滨	自营	A013	500000	485874	39592
15	华北	北京	北京	加盟	A014	260000	57255.6	19604.2
16	华北	天津	天津	加盟	A015	320000	51085.5	17406.07
17	华北	北京	北京	自营	A016	200000	59378	21060.84
18	华北	北京	北京	自营	A017	100000	48519	18181.81
19	华北	北京	北京	自营	A018	330000	249321.5	88623.41

图 21-34　插入的切片器

当选择某个切片器时，在功能区就会出现一个“选项”选项卡，它是用来对切片器进行设置的，例如设置切片器的样式、名称、大小、切片器项目列数等，如图 21-35 所示。

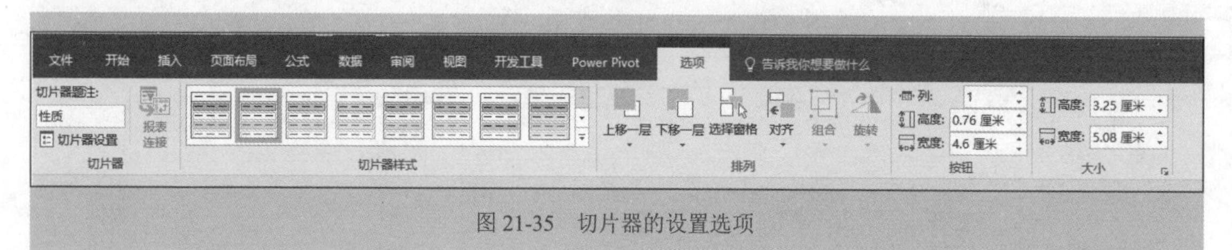

图 21-35　切片器的设置选项

图 21-36 是对切片器进行设置后的情况，单击切片器的某个项目，即可迅速筛选数据。

	地区	省份	城市	性质	店名	本月指标	实际销售金额	销售成本	毛利
153	华南	广东	广州	自营	A152	120000	52785	21237	31548
154	华南	广东	广州	自营	A153	230000	83692	33789	49903
155	华南	广东	广州	自营	A154	250000	42910	18086	24824
156	华南	广东	深圳	自营	A155	110000	55219	23789	31430
157	华南	广东	深圳	自营	A156	150000	95128	35791	59337
158	华南	广东	深圳	自营	A157	320000	84445	30588	53857
159	华南	广东	深圳	自营	A158	350000	71967	27414	44553
160	华南	广东	深圳	自营	A159	210000	46949	17718	29231
161	华南	广东	深圳	自营	A160	80000	78171	29210	48961
162	华南	广东	深圳	自营	A161	90000	44011	17015	26996
202	汇总	10	10	10	10	1910000	655276	254637	400639
203									

性质：加盟　自营
地区：东北　华北　华东　华南　华中　西北　西南

图 21-36　使用切片器控制筛选

第22章 数据排序实用技巧

EXCEL

数据排序是数据处理的基本操作之一，相信每个人都会进行降序或升序排序，然而，有时排完序后得到的却不一定是想要的顺序。比如从销售流水中，把所有客户进行排序，想要看销量前十大客户、销售额前十大客户，或者毛利前十大客户时也很有技巧。

排序的基本规则与注意事项 技巧 255

Excel 允许对字符、数字等数据按大小顺序进行升序或降序排列，需要进行排序的数据称为关键字。不同类型的关键字排序规则如下：

◎ 数值：按数值的大小。

◎ 字母：按字母先后顺序。

◎ 日期：按日期的先后顺序。

◎ 汉字：按汉语拼音的顺序或按笔画顺序。

◎ 逻辑值：升序时 FLASE 排在 TRUE 前面，降序时相反，因为 TRUE 比 FALSE 大。

◎ 空格：总是排在最后。

经常有学生问我，老师，我进行排序时，总是出现错误，为什么会是这个样子？

因为当进行排序时，默认的第一行是标题，如果表格第一行是合并单元格，即会出现错误。

假如数据有很多列数据，现在要依据某列数据，对整个数据区域进行升序排序，很多人的操作是选中该整列，然后单击升序排序按钮 A↓ 或降序排序按钮 Z↓，但是这样做会弹出一个“排序提醒”对话框，如图 22-1 所示，此时需要选中“扩展选定区域”单选按钮才能得到正确的排序结果。

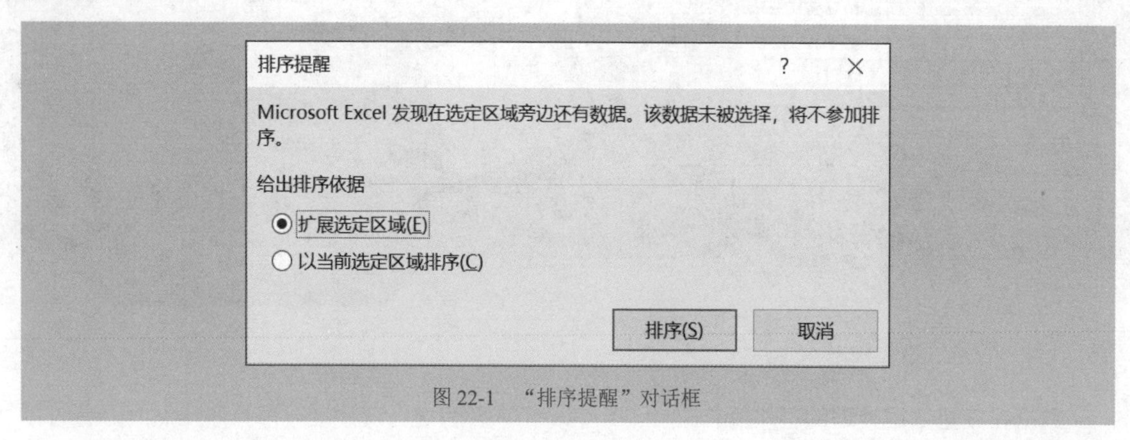

图 22-1 “排序提醒”对话框

其实，依据某列数据对整个数据区域进行排序是最简单的，只要单击该列的某个单元格，再单击“排序”按钮即可，大可不必先选择整列排序。

技巧 256 对多个关键字排序

如果要对多个关键字排序，就不能直接单击功能区的升序排序按钮或者降序排序按钮，而是需要单击“排序”按钮，如图 22-2 所示。

打开“排序”对话框，单击“添加条件”按钮，可以增加排序条件；单击“删除条件”按钮，就可以删除某个筛选条件，如图 22-3 所示。

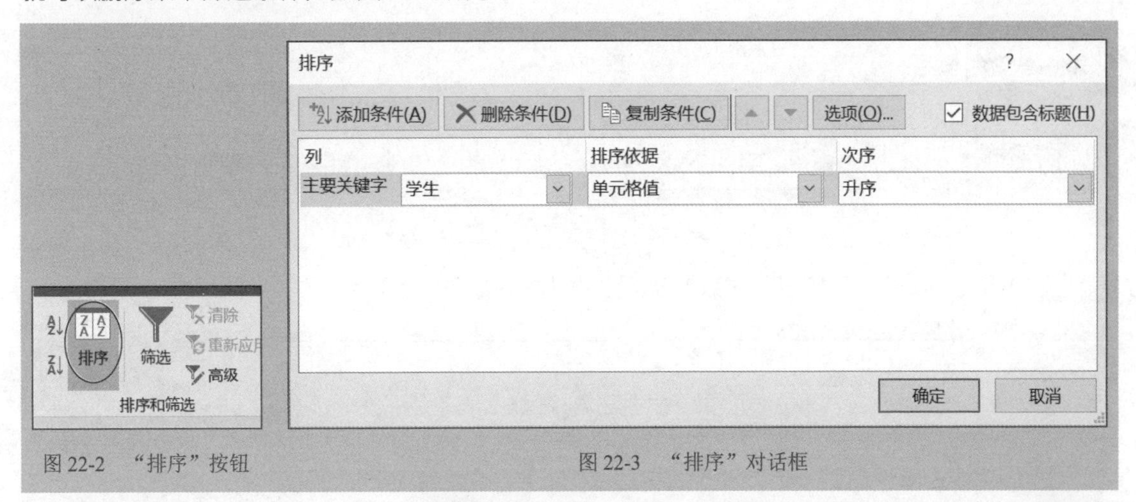

图 22-2 “排序”按钮

图 22-3 “排序”对话框

在排序时，一定要检查这个对话框中是否勾选了右上角的“数据包含标题”复选框，因为有时这个复选框是未勾选的，这会导致表格标题也参与了排序。

例如，要对图 22-4 所示的考试成绩进行排序，要求先对总分从大到小排序，如果相同，再对数学从大到小排序，如果相同，再对语文从大到小排序。

	A	B	C	D
1	学生	数学	语文	总分
2	A001	94	68	162
3	A002	80	100	180
4	A003	100	62	162
5	A004	91	62	153
6	A005	81	100	181
7	A006	100	98	198
8	A007	90	62	152
9	A008	55	59	114
10	A009	99	63	162
11	A010	66	93	159
12	A011	55	97	152

图 22-4 学生考试成绩

Step01 单击数据区域任一单元格。

Step02 单击“数据”→“排序”按钮，打开“排序”对话框。

Step03 先设置按总分从大到小排序，如图 22-5 所示。

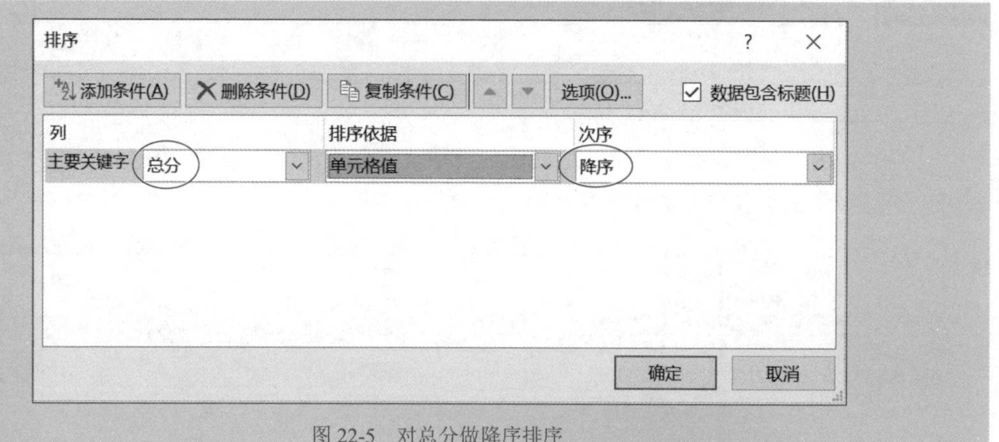

图 22-5　对总分做降序排序

Step04 单击“添加条件”按钮，对数学从大到小排序，如图 22-6 所示。

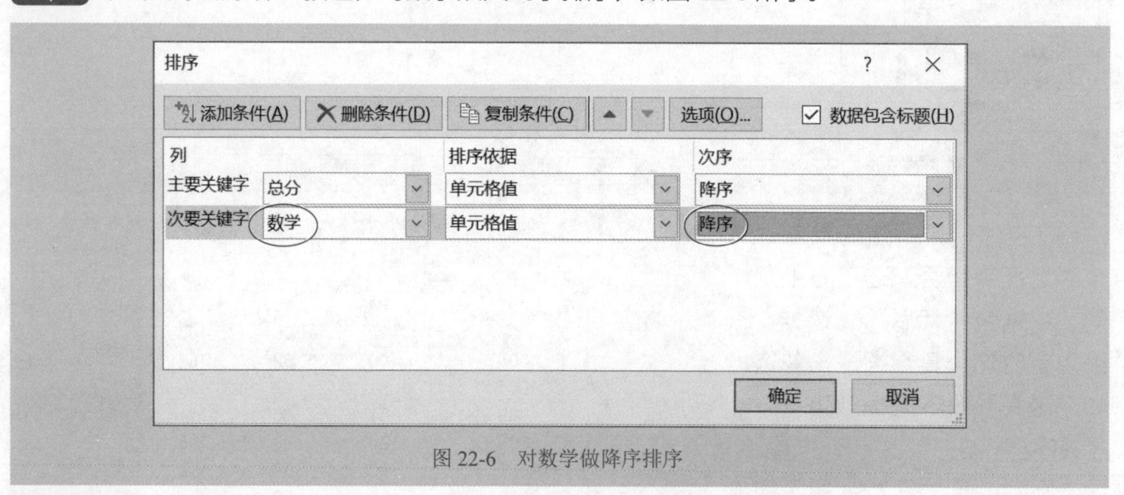

图 22-6　对数学做降序排序

Step05 单击“添加条件”按钮，对语文从大到小排序，如图 22-7 所示。

Step06 单击“确定”按钮，得到需要的排序结果，如图 22-8 所示。

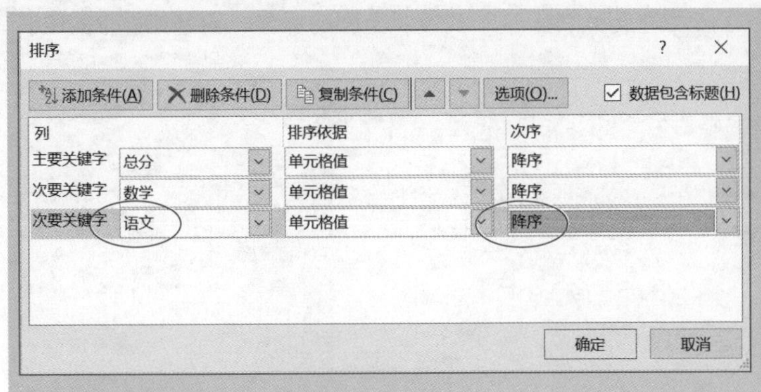

图 22-7　对语文做降序排序

	A	B	C	D
1	学生	数学	语文	总分
2	A006	100	98	198
3	A005	81	100	181
4	A002	80	100	180
5	A003	100	62	162
6	A009	99	63	162
7	A001	94	68	162
8	A010	66	93	159
9	A004	91	62	153
10	A007	90	62	152
11	A011	55	97	152
12	A008	55	59	114

图 22-8　学生成绩的多个字段排序

技巧 257 按照笔划排序

一般的排序规则是按照拼音、字母等进行排序的，如果要对汉字按照笔划进行排序，可以在“排序”对话框中单击“选项”按钮，如图 22-9 所示。

打开“排序选项”对话框，选中“笔划排序”单选按钮，如图 22-10 所示。

在这个“排序选项”对话框中，还可以选择“区分大小写”排序、“按行排序”等。

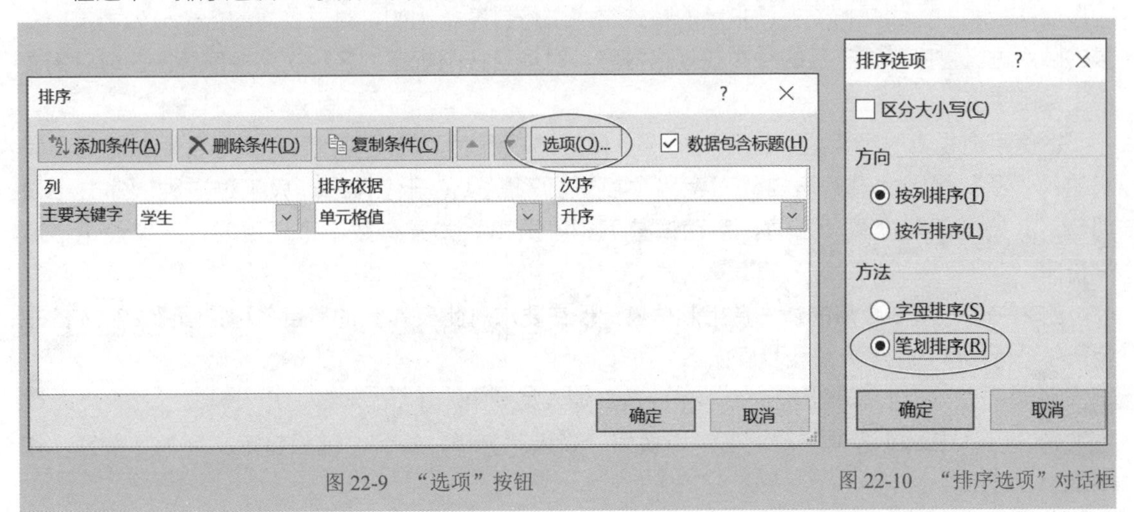

图 22-9　“选项”按钮

图 22-10　“排序选项”对话框

例如，对图 22-11 所示的表格，按照姓氏笔划排序，就按照上面的操作，得到如图 22-12 所示的结果。

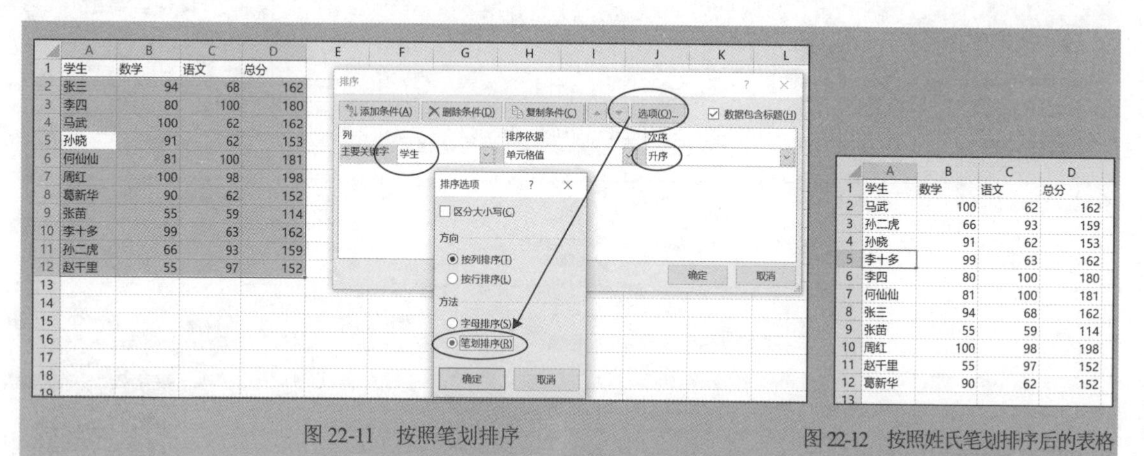

	A	B	C	D
1	学生	数学	语文	总分
2	张三	94	68	162
3	李四	80	100	180
4	马武	100	62	162
5	孙晓	91	62	153
6	何仙仙	81	100	181
7	周红	100	98	198
8	葛新华	90	62	152
9	张苗	55	59	114
10	李十多	99	63	162
11	孙二虎	66	93	159
12	赵千里	55	97	152

图 22-11　按照笔划排序

	A	B	C	D
1	学生	数学	语文	总分
2	马武	100	62	162
3	孙二虎	66	93	159
4	孙晓	91	62	153
5	李十多	99	63	162
6	李四	80	100	180
7	何仙仙	81	100	181
8	张三	94	68	162
9	张苗	55	59	114
10	周红	100	98	198
11	赵千里	55	97	152
12	葛新华	90	62	152

图 22-12　按照姓氏笔划排序后的表格

按自定义次序排序　技巧 258

有些情况下，对数据的排序要求可能非常特殊，既不是按数值大小次序也不是按汉字的拼音顺序或笔画顺序，而是按照自己指定的特殊次序进行排序。例如，对总公司的各个分公司按照要求的顺序进行排序，按产品的种类或规格排序，对项目按照规定的名称次序排序等，这时就需要自定义排序了。

在使用透视表时经常遇到这样的情况，做好透视表后，发现项目名称次序乱七八糟的。其实这种“乱”是因为透视表自动对字段项目进行了默认的升序排序，只不过这种次序并不是期望的。如果只有少数项目时，手动调整下也不费事；如果有数十个项目时，建议使用自定义排序。

图 22-13 是前 8 个月的管理费用汇总表，现在要求对此表 A 列的科目名称按照图 22-14 的规定次序进行排序。主要方法和步骤如下：

Step01 首先在某个工作表上把这个次序的数据输入某列中。

Step02 打开“Excel 选项”对话框，切换到“高级”分类，找到“编辑自定义列表”按钮，如图 22-15 所示。

	A	B	C	D	E	F	G	H	I
1	科目名称	1月	2月	3月	4月	5月	6月	7月	8月
2	办公费	20040.04	4356.99	55661.62	32642.62	12002.87	31704.02	33813.88	9420.6
3	保安费	32980	35572	31327	32959	32875	34086	32580	32706
4	保险费	7906.61	7906.63	9620.43	9620.43	9620.43	10940.43	9620.43	9620.43
5	仓储费	220	220	220	220	220	220	270	0
6	差旅费	129424.45	75252.1	167495.86	111921.6	163131	190498.49	198301.72	165487.05
7	城市房产税	0	0	70646.04	0	0	70646.04	0	0
8	待摊费用摊销	7150	7150	7150	7150	7150	7150	7150	7150
9	低值易耗品摊销	582.76	873.78	1210.42	1491.45	2281.33	536.58	978.65	2490.79
10	福利费	40859	1952	1506.99	8139.27	27654.14	28347.45	865.2	24166.44
11	工会经费	7509.16	8175.81	7990.17	7564.41	7400.58	7750.54	7577.25	7420.15
12	工资	426647.78	402820.99	440445.21	461768.14	414994.22	482123.86	498438.78	523515.61
13	固定资产折旧	582734.18	582705.48	560467.51	548350.34	550349.13	549445.94	552912.42	557886.63
14	环保费	53688	0	0	0	67436	0	0	39046
15	伙食费	45024	33740	46998	34167	31143	38654	46403	38346
16	技术使用费	332422.95	231987.11	370732.92	163831.64	293750.31	370124.92	486454.27	442702.14
17	加班费	26460.11	40059.97	47391.2	29417.87	58991.74	77672.98	98936.72	59769.69
18	检验测试费	20861.1	240.88	6205.08	3719.56	501.65	3892.93	25141.74	0
19	交际应酬费	107128	9260	30666	22662	15541	123500	8176	189676
20	教育基金	3430	100	200	300	0	0	400	1680
21	进出口费	6155	3590	9752.75	25113.67	19313.17	4307	10582.06	14704.18

报表 自定义序列 排序练习

图 22-13　原始数据，科目名称次序不符合要求

	A
1	工资
2	加班费
3	伙食费
4	社保费
5	福利费
6	审计费
7	水电费
8	租赁费
9	汽车费用
10	办公费
11	差旅费
12	邮电费
13	修理费
14	保险费
15	交际应酬费
16	税金
17	固定资产折旧
18	待摊费用摊销
19	低值易耗品摊销
20	无形资产摊销
21	教育基金
22	保安费
23	其他费用

图 22-14　规定的次序

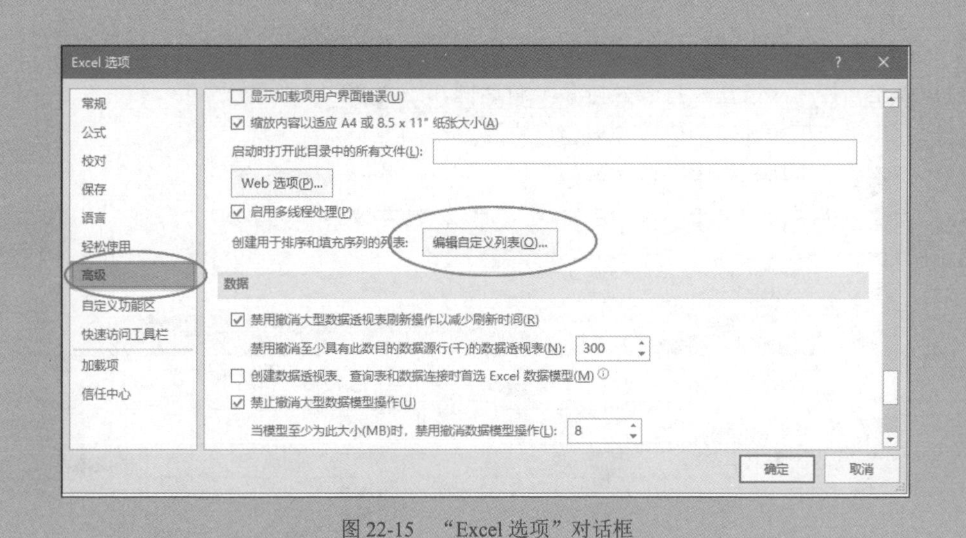

图 22-15　“Excel 选项”对话框

Step03 单击“编辑自定义列表”按钮，打开“选项”对话框，在对话框底部的输入框中，先用鼠标选择已经输入工作表的某列数据，再单击“导入”按钮，就将该序列导入了自定义序列中，如图 22-16 所示，然后单击“确定”按钮，关闭此对话框。

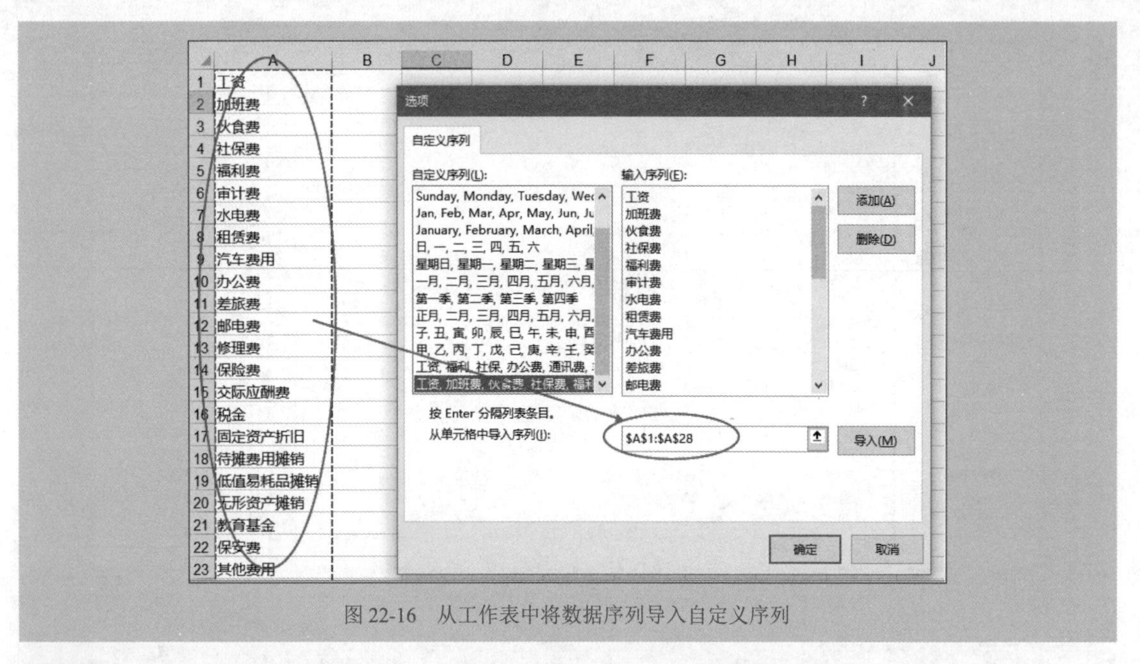

图 22-16　从工作表中将数据序列导入自定义序列

Step04 下面对原始数据的 A 列科目名称按照此自定义序列进行排序，具体方法如下：

（1）单击“排序”按钮，打开“排序”对话框，如图 22-17 所示。

（2）在第一个下拉列表中选择“科目名称”。

（3）在第二个下拉列表中选择“数值”。

（4）在第三个下拉列表中选择“自定义序列”，打开“自定义序列”对话框，从自定义序列中选择刚才添加的自定义序列，如图 22-18 所示。

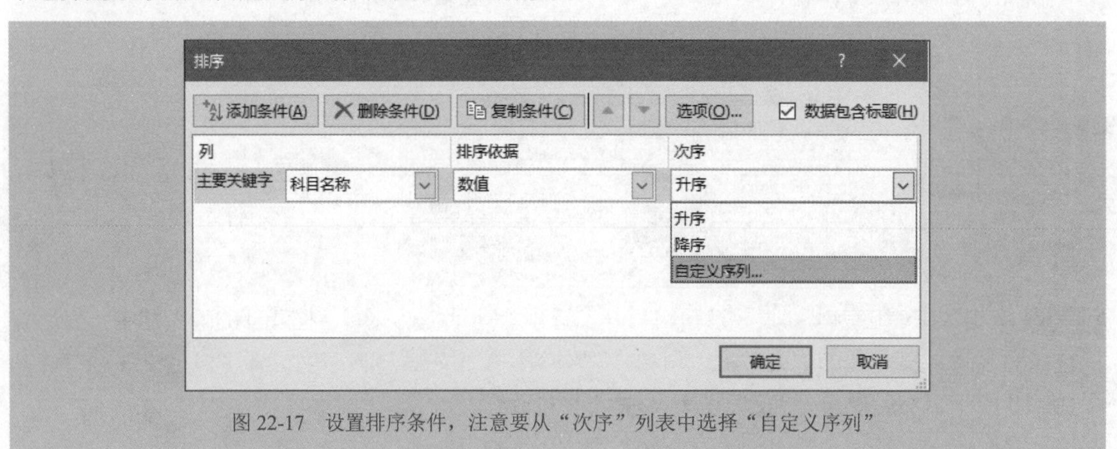

图 22-17　设置排序条件，注意要从“次序”列表中选择“自定义序列”

图 22-18　选择自定义序列

(5) 单击“确定”按钮，返回到“排序”对话框，可以看到，自定义序列已经被调出来，如图 22-19 所示。

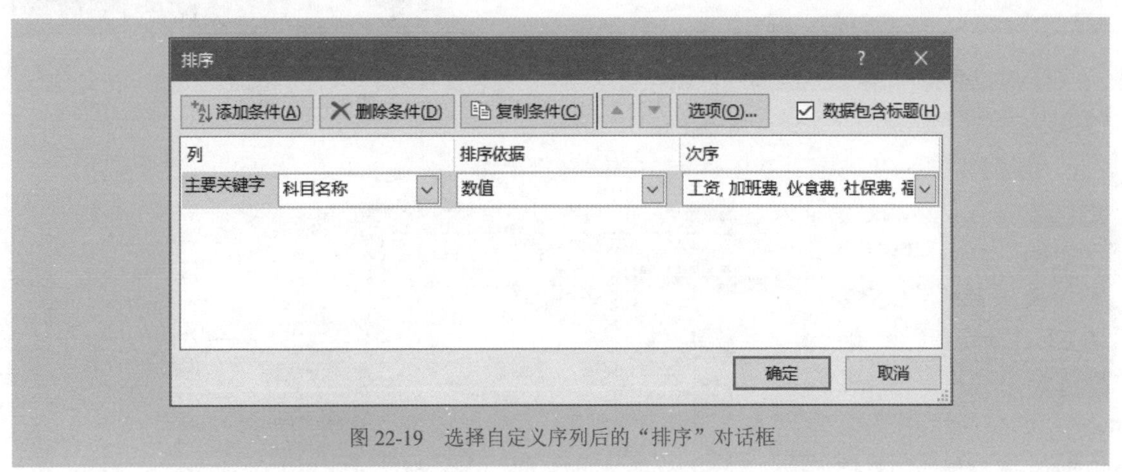

图 22-19　选择自定义序列后的“排序”对话框

(6) 单击“确定”按钮，得到如图 22-20 所示的排序结果。

	A	B	C	D	E	F	G	H	I
1	科目名称	1月	2月	3月	4月	5月	6月	7月	8月
2	工资	426647.78	402820.99	440445.21	461768.14	414994.22	482123.86	498438.78	523515.61
3	加班费	26460.11	40059.97	47391.2	29417.87	58991.74	77672.98	98936.72	59769.69
4	伙食费	45024	33740	46998	34167	31143	38654	46403	38346
5	社保费	86718.34	87501.85	91464.25	96742.92	99107.97	112261.92	120098.63	114081.91
6	福利费	40859	1952	1506.99	8139.27	27654.14	28347.45	865.2	24166.44
7	审计费	0	0	16000	80000	0	0	0	0
8	水电费	364822.53	283964.1	305003.13	257352.31	273579.94	342184.67	361031.88	361883.96
9	租赁费	44000	57080	45800	45800	45800	45800	45800	45800
10	汽车费用	27137.9	13161.21	71079.63	35005.9	48270.04	55289.51	46419.06	54307.4
11	办公费	20040.04	4356.99	55661.62	32642.62	12002.87	31704.02	33813.88	9420.6
12	差旅费	129424.45	75252.1	167495.86	111921.6	163131	190498.49	198301.72	165487.05
13	邮电费	16448.59	20490.44	17145.72	18543.2	16909.98	25284.03	35067.31	36751.5
14	修理费	60978.7	160215.42	98116.73	148546.56	85042.96	179738.71	192085.22	695961.29
15	保险费	7906.61	7906.63	9620.43	9620.43	9620.43	10940.43	9620.43	9620.43
16	交际应酬费	107128	9260	30666	22662	15541	123500	8176	189676
17	税金	0.02	1716	60157.5	33020.2	0	79206.7	7243	0
18	固定资产折旧	582734.18	582705.48	560467.51	548350.34	550349.13	549445.94	552912.42	557886.63
19	待摊费用摊销	7150	7150	7150	7150	7150	7150	7150	7150
20	低值易耗品摊销	582.76	873.78	1210.42	1491.45	2281.33	536.58	978.65	2490.79
21	无形资产摊销	11287.95	11287.95	11287.95	11287.95	11287.95	11287.95	11287.95	11287.95

报表 | 自定义序列 | 排序练习

图 22-20　按照自定义的次序排好序

先排序再恢复原始状态　技巧 259

数据区域一经排序，原来的数据先后顺序就会被打乱。如果还没有保存，可以按 Ctrl+Z 组合键撤销排序。如果保存了文档，就无法使用 Ctrl+Z 组合键撤销排序了。

为了能够在需要时将已经排序后的数据恢复为原始状态，可以采用下面的办法：

Step01 在数据区域右侧插入一个空白辅助列“序号”，并输入自然数 1、2、3 等，如图 22-21 所示。

Step02 对数据区域进行排序，如图 22-22 所示。

Step03 要恢复原始数据状态，可对辅助列“序号”进行升序排序。

	A	B	C
1	项目	数据	序号
2	项目01	583	1
3	项目02	1176	2
4	项目03	1171	3
5	项目04	333	4
6	项目05	717	5
7	项目06	861	6
8	项目07	290	7
9	项目08	1018	8
10	项目09	585	9
11	项目10	1025	10

图 22-21　右侧插入辅助列“序号”

	A	B	C
1	项目	数据	序号
2	项目02	1176	2
3	项目03	1171	3
4	项目10	1025	10
5	项目08	1018	8
6	项目06	861	6
7	项目05	717	5
8	项目09	585	9
9	项目01	583	1
10	项目04	333	4
11	项目07	290	7
12			

图 22-22　对数据进行降序排序

技巧 260 利用函数建立自动排序模型

单击功能区的“排序”按钮，是对数据区域的手动排序操作，在有些情况下，需要建立一个自动化的排序模型，以便更加灵活地对数据进行排序分析，此时，就需要使用函数。

可以以数据清单为基础，利用有关的排序函数，在工作表的其他区域对数据进行排序并自动生成排序结果。

这种排序，可以建立自动化的排序模板，快速对比分析数据，如可以建立客户排名分析模板，业务员业绩排名分析模板等。

常用的排序函数有 LARGE 函数和 SMALL 函数，LARGE 函数用于从大到小排序（降序），SMALL 函数用于从小到大排序（升序）。

函数的用法如下：

```
=LARGE( 一组数字 , 第 k 个 )
=SMALL( 一组数字 , 第 k 个 )
```

需要注意的是，如果是几个相同的数字，则排序不分前后。

如果要建立自动化排名分析模板，就需要对这些相同的数据进行处理，使之能够区分开，但又不影响其排名。此时可以采用的方法是在数字后面加一个较小的随机数，如公式 =B2+RAND()/10000000，这里 RAND 函数是产生一个 0~1 的随机数，有 15 位小数点，两个数字几乎是不会相同的。

图 22-23 是一个产品销售数据表，现在要对选定的产品进行自动降序或升序排序。

这里有 6 种产品，不可能依次对每个产品单击“排序”按钮进行降序排序，需要建立一个自动化的排序分析模板。下面是这个模板的主要制作过程。

	A	B	C	D	E	F	G	H
1								
2		客户	产品1	产品2	产品3	产品4	产品5	产品6
3		客户H	612	519	1093	753	260	688
4		客户B	1363	1057	542	991	403	977
5		客户M	1004	319	1482	493	1052	1377
6		客户N	554	945	925	521	607	1379
7		客户A	786	987	890	1194	798	1140
8		客户Z	1171	1120	985	720	1354	519
9		客户E	608	589	1423	1028	548	880
10		客户L	1010	803	708	458	386	1024
11		客户C	910	1453	1221	730	226	758
12		客户P	431	481	569	437	854	1031
13		客户Q	568	1371	492	455	636	338
14		客户G	921	1417	869	1086	400	1137
15		客户D	237	290	477	971	269	892
16								

图 22-23 原始数据

	I	J	K
1			
2		选择产品	产品3
3		排序方式	降序
4			

图 22-24 选择产品和排序方式

Step01 设计数据验证，方便快速选择产品和排序方式，如图 22-24 所示。

Step02 根据选定的产品，从原始数据中查找数据，做出辅助区域，设计查找公式，并同时处理可能存在的相同数据，如图 22-25 所示，单元格 N3 的公式为：

```
=VLOOKUP(M3,$B$2:$H$15,MATCH($K$2,$B$2:$H$2,0),0)+RAND()/1000000
```

Step03 对 N 列数据，依据指定的排序方式进行排序，单元格 Q3 公式为：

```
=IF($K$3=" 降序 ",
    LARGE($N$3:$N$15,ROW(A1)),
    SMALL($N$3:$N$15,ROW(A1)))
```

排序完成后，将每个数值对应的客户名称取出来，如图 22-26 所示，单元格 P3 公式为：

```
=INDEX($M$3:$M$15,MATCH(Q3,$N$3:$N$15,0))
```

	J	K	L	M	N
1				step1：取数并处理	
2	选择产品	产品3		客户	数据
3	排序方式	降序		客户H	1093
4				客户B	542
5				客户M	1482
6				客户N	925
7				客户A	890
8				客户Z	985
9				客户E	1423
10				客户L	708
11				客户C	1221
12				客户P	569
13				客户Q	925
14				客户G	869
15				客户D	477

图 22-25　查找指定产品的数据

	J	K	L	M	N	O	P	Q
1				step1：取数并处理			step2：排序	
2	选择产品	产品3		客户	数据		客户	排序后
3	排序方式	降序		客户H	1093		客户M	1482
4				客户B	542		客户E	1423
5				客户M	1482		客户C	1221
6				客户N	925		客户H	1093
7				客户A	890		客户Z	985
8				客户Z	985		客户Q	925
9				客户E	1423		客户N	925
10				客户L	708		客户A	890
11				客户C	1221		客户G	869
12				客户P	569		客户L	708
13				客户Q	925		客户P	569
14				客户G	869		客户B	542
15				客户D	477		客户D	477

图 22-26　数据排序，并匹配客户名称

Step04 对排序后的数据画图，得到排名分析图表，如图 22-27 所示。

选择不同的产品和不同的排序方式，就可以分析指定任意产品的客户排名情况，如图 22-28 所示。

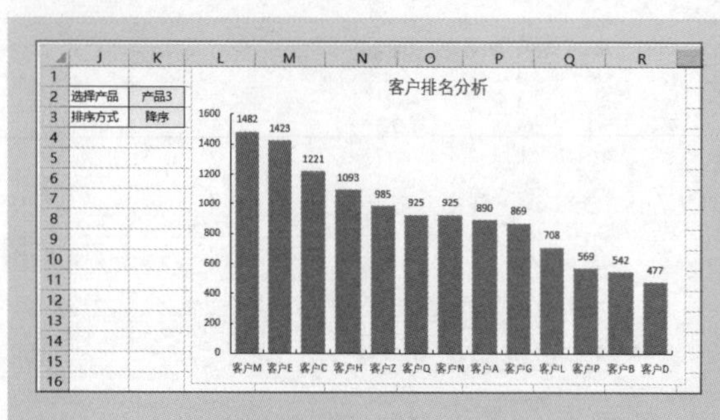

图 22-27　制作好的排名分析图

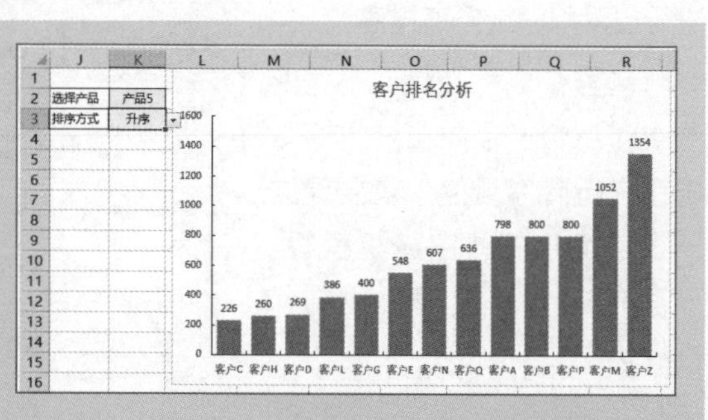

图 22-28　指定任意产品的客户排名

第23章

分类汇总与分级显示实用技巧

EXCEL

对一个大型表格来说，建立多层分类汇总和分级显示，可以非常方便地在汇总数据和明细数据之间进行快速切换，让表格更加容易查看。

分类汇总是 Excel 提供的一个很实用的小工具，用于对大量的数据进行分类汇总计算，汇总计算的方式可以是求和、计数、最大值、最小值、平均值等，从而可以从不同的角度对海量的数据进行快速汇总分析，而且这个工具不像数据透视表那样占用大量的内存。

我们也可以在行方向和列方向上同时建立起分级显示，这样对于查看数据，美化表格是非常有用的。

创建单层分类汇总 技巧 261

图 23-1 是一个销售数据表单，现在要对地区做分类汇总，计算每个地区的指标、销售额和成本合计数，可以按照下面的步骤进行：

Step01 首先对数据区域按照地区进行排序，升序排序或者降序排序都是可以的，这一点很重要。

Step02 执行“数据”→“分类汇总”命令，如图 23-2 所示。

	A	B	C	D	E	F	G	H
1	地区	省份	城市	性质	店名	本月指标	实际销售金额	销售成本
2	东北	辽宁	大连	自营	AAAA-001	150000	57062	20972.25
3	东北	辽宁	大连	自营	AAAA-002	280000	130192.5	46208.17
4	东北	辽宁	大连	自营	AAAA-003	190000	86772	31355.81
5	东北	辽宁	沈阳	自营	AAAA-004	90000	103890	39519.21
6	东北	辽宁	沈阳	自营	AAAA-005	270000	107766	38357.7
7	东北	辽宁	沈阳	自营	AAAA-006	180000	57502	20867.31
8	东北	辽宁	沈阳	自营	AAAA-007	280000	116300	40945.1
9	东北	辽宁	沈阳	自营	AAAA-008	340000	63287	22490.31
10	东北	辽宁	沈阳	自营	AAAA-009	150000	112345	39869.15
11	东北	辽宁	沈阳	自营	AAAA-010	220000	80036	28736.46
12	东北	辽宁	沈阳	自营	AAAA-011	120000	73686.5	23879.99
13	华北	北京	北京	加盟	AAAA-013	260000	57255.6	19604.2
14	华北	天津	天津	加盟	AAAA-014	320000	51085.5	17406.07
15	华北	北京	北京	自营	AAAA-015	200000	59378	21060.84
16	华北	北京	北京	自营	AAAA-016	100000	48519	18181.81

图 23-1 销售数据表单

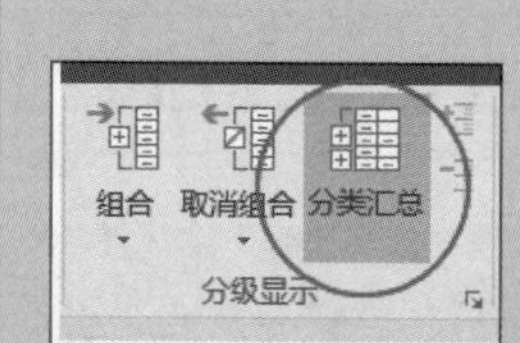

图 23-2 “分类汇总”命令

Step03 打开“分类汇总”对话框，做如下设置：

（1）在“分类字段”下拉列表中选择要汇总的字段（这里选择“地区”）。

（2）在“汇总方式”下拉列表中选择计算方式（这里选择“求和”）。

（3）在“选定汇总项”下拉列表中选择要进行汇总计算的列（这里勾选“本月指标”“实际销售金额”和“销售成本”复选框），如图 23-3 所示。

Step04 单击“确定”按钮，即可得到以分类汇总报表，如图 23-4 所示。

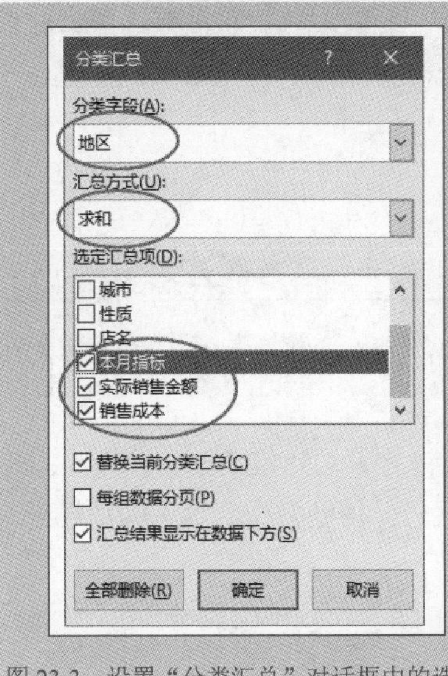

图 23-3　设置“分类汇总”对话框中的选项

	A	B	C	D	E	F	G	H
1	地区	省份	城市	性质	店名	本月指标	实际销售金额	销售成本
2	东北	辽宁	大连	自营	AAAA-001	150000	57062	20972.25
3	东北	辽宁	大连	自营	AAAA-002	280000	130192.5	46208.17
4	东北	辽宁	大连	自营	AAAA-003	190000	86772	31355.81
5	东北	辽宁	沈阳	自营	AAAA-004	90000	103890	39519.21
6	东北	辽宁	沈阳	自营	AAAA-005	270000	107766	38357.7
7	东北	辽宁	沈阳	自营	AAAA-006	180000	57502	20867.31
8	东北	辽宁	沈阳	自营	AAAA-007	280000	116300	40945.1
9	东北	辽宁	沈阳	自营	AAAA-008	340000	63287	22490.31
10	东北	辽宁	沈阳	自营	AAAA-009	150000	112345	39869.15
11	东北	辽宁	沈阳	自营	AAAA-010	220000	80036	28736.46
12	东北	辽宁	沈阳	自营	AAAA-011	120000	73686.5	23879.99
13	**东北 汇总**					2270000	988839	353201.46
14	华北	北京	北京	加盟	AAAA-013	260000	57255.6	19604.2
15	华北	天津	天津	加盟	AAAA-014	320000	51085.5	17406.07
16	华北	北京	北京	自营	AAAA-015	200000	59378	21060.84
17	华北	北京	北京	自营	AAAA-016	100000	48519	18181.81
18	华北	北京	北京	自营	AAAA-017	330000	249321.5	88623.41
19	华北	北京	北京	自营	AAAA-018	250000	99811	36295.97
20	华北	北京	北京	自营	AAAA-019	170000	87414	33288.2

图 23-4　建立好的分类汇总

在建立好分类汇总报表后，工作表的左侧会出现 3 个按钮 1 2 3，同时在行号的左侧也出现了分级显示按钮 - 和 +。

◎ 单击按钮 1，将只显示整个表格的总计数。

◎ 单击按钮 2，将只显示整个表格的各个地区的汇总数。

◎ 单击按钮 3，将显示整个表格的分类汇总数和明细数。

如果只是想显示或隐藏某个大区的分类汇总数和明细数，可以单击分级显示按钮 - 和 +。

在默认情况下，分类汇总结果显示在明细数据的下方。如果要把分类汇总结果显示在明细数据的上方，则需要在“分类汇总”对话框中，取消勾选“汇总结果显示在数据下方”复选框，如图 23-5 所示。

如果想要把每个地区的分类数据（分类汇总数和明细数）单独打印在一张纸上，可以在“分类汇总”对话框中，勾选“每组数据分页”复选框，如图 23-5 所示。

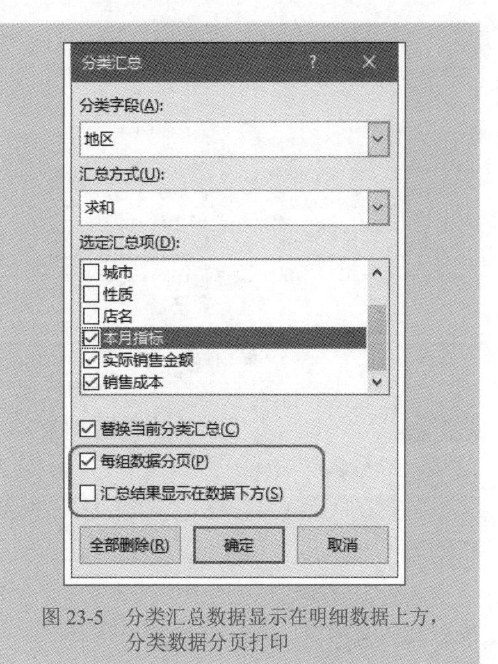

图 23-5　分类汇总数据显示在明细数据上方，分类数据分页打印

如果不再需要分类汇总，那么删除分类汇总也很简单，打开“分类汇总”对话框，单击对话框左下角的“全部删除”按钮即可。

创建多层分类汇总　技巧 262

可以对一列数据进行多种分类汇总，比如要统计每个地区的门店数、销售总额、平均每家店铺的销售额，就可以按照下面的步骤进行：

Step01 首先对数据区域按照地区进行排序，升序排序或者降序排序都是可以的。

Step02 执行“分类汇总”命令，对地区进行“平均值”的分类汇总，得到各个店铺平均销售额的分类汇总结果，如图 23-6 所示。

	A	B	C	D	E	F	G	H
1	地区	省份	城市	性质	店名	本月指标	实际销售金额	销售成本
2	东北	辽宁	大连	自营	AAAA-001	150000	57062	20972.25
3	东北	辽宁	大连	自营	AAAA-002	280000	130192.5	46208.17
4	东北	辽宁	大连	自营	AAAA-003	190000	86772	31355.81
5	东北	辽宁	沈阳	自营	AAAA-004	90000	103890	39519.21
6	东北	辽宁	沈阳	自营	AAAA-005	270000	107766	38357.7
7	东北	辽宁	沈阳	自营	AAAA-006	180000	57502	20867.31
8	东北	辽宁	沈阳	自营	AAAA-007	280000	116300	40945.1
9	东北	辽宁	沈阳	自营	AAAA-008	340000	63287	22490.31
10	东北	辽宁	沈阳	自营	AAAA-009	150000	112345	39869.15
11	东北	辽宁	沈阳	自营	AAAA-010	220000	80036	28736.46
12	东北	辽宁	沈阳	自营	AAAA-011	120000	73686.5	23879.99
13	**东北 平均值**						89894.4545	
14	华北	北京	北京	加盟	AAAA-013	260000	57255.6	19604.2
15	华北	天津	天津	加盟	AAAA-014	320000	51085.5	17406.07
16	华北	北京	北京	自营	AAAA-015	200000	59378	21060.84
17	华北	北京	北京	自营	AAAA-016	100000	48519	18181.81
18	华北	北京	北京	自营	AAAA-017	330000	249321.5	88623.41
19	华北	北京	北京	自营	AAAA-018	250000	99811	36295.97
20	华北	北京	北京	自营	AAAA-019	170000	87414	33288.2

原始数据　分类汇总练习

图 23-6　显示每个地区下各个店铺平均销售额的分类汇总报表

Step03 再次执行“分类汇总”命令，对地区进行“求和”的分类汇总，得到销售总额的分类汇总结果，如图 23-7 所示。

但需要特别注意，在“分类汇总”对话框中，一定要取消勾选“替换当前分类汇总”复选框。

Step04 以此方法，再对地区进行“计数”的分类汇总。

最后的分类汇总报表如图 23-8 所示。在这个报表上，同时显示了每个地区的平均销售额、销售总额和店铺数的数据。

	A	B	C	D	E	F	G	H
1	地区	省份	城市	性质	店名	本月指标	实际销售金额	销售成本
2	东北	辽宁	大连	自营	AAAA-001	150000	57062	20972.25
3	东北	辽宁	大连	自营	AAAA-002	280000	130192.5	46208.17
4	东北	辽宁	大连	自营	AAAA-003	190000	86772	31355.81
5	东北	辽宁	沈阳	自营	AAAA-004	90000	103890	39519.21
6	东北	辽宁	沈阳	自营	AAAA-005	270000	107766	38357.7
7	东北	辽宁	沈阳	自营	AAAA-006	180000	57502	20867.31
8	东北	辽宁	沈阳	自营	AAAA-007	280000	116300	40945.1
9	东北	辽宁	沈阳	自营	AAAA-008	340000	63287	22490.31
10	东北	辽宁	沈阳	自营	AAAA-009	150000	112345	39869.15
11	东北	辽宁	沈阳	自营	AAAA-010	220000	80036	28736.46
12	东北	辽宁	沈阳	自营	AAAA-011	120000	73686.5	23879.99
13	**东北 汇总**						988839	
14	**东北 平均值**						89894.4545	
15	华北	北京	北京	加盟	AAAA-013	260000	57255.6	19604.2
16	华北	天津	天津	加盟	AAAA-014	320000	51085.5	17406.07
17	华北	北京	北京	自营	AAAA-015	200000	59378	21060.84
18	华北	北京	北京	自营	AAAA-016	100000	48519	18181.81
19	华北	北京	北京	自营	AAAA-017	330000	249321.5	88623.41
20	华北	北京	北京	自营	AAAA-018	250000	99811	36295.97

原始数据　分类汇总练习

图 23-7　同时显示平均销售额和销售总额的分类汇总报表

	A	B	C	D	E	F	G	H
1	地区	省份	城市	性质	店名	本月指标	实际销售金额	销售成本
2	东北	辽宁	大连	自营	AAAA-001	150000	57062	20972.25
3	东北	辽宁	大连	自营	AAAA-002	280000	130192.5	46208.17
4	东北	辽宁	大连	自营	AAAA-003	190000	86772	31355.81
5	东北	辽宁	沈阳	自营	AAAA-004	90000	103890	39519.21
6	东北	辽宁	沈阳	自营	AAAA-005	270000	107766	38357.7
7	东北	辽宁	沈阳	自营	AAAA-006	180000	57502	20867.31
8	东北	辽宁	沈阳	自营	AAAA-007	280000	116300	40945.1
9	东北	辽宁	沈阳	自营	AAAA-008	340000	63287	22490.31
10	东北	辽宁	沈阳	自营	AAAA-009	150000	112345	39869.15
11	东北	辽宁	沈阳	自营	AAAA-010	220000	80036	28736.46
12	东北	辽宁	沈阳	自营	AAAA-011	120000	73686.5	23879.99
13	**东北 计数**						11	
14	**东北 汇总**						988839	
15	**东北 平均值**						89894.4545	
16	华北	北京	北京	加盟	AAAA-013	260000	57255.6	19604.2
17	华北	天津	天津	加盟	AAAA-014	320000	51085.5	17406.07
18	华北	北京	北京	自营	AAAA-015	200000	59378	21060.84
19	华北	北京	北京	自营	AAAA-016	100000	48519	18181.81
20	华北	北京	北京	自营	AAAA-017	330000	249321.5	88623.41

原始数据　分类汇总练习

图 23-8　同时显示平均销售额、销售总额和店铺数的分类汇总报表

分类汇总是 Excel 提供的一个比较实用的小工具，对于那些不喜欢使用透视表的用户来说，它确实比较方便。但是，这种操作是在基础表单上进行的，破坏了原有表格的结构（当然可以通过删除分类汇总来恢复原始表单），在我看来基础表单就是基础表单，永远保持它的原始性，而分类汇总其实就是汇总报告，应该做到另外一个表格上，使两者彼此分开。

从这一点来说，分类汇总就不如透视表。透视表可以做在另一个工作表中，而且透视表的汇总和分析功能远远不是分类汇总所能比的。当需要对基础表单数据进行分类汇总分析时，还是建议使用透视表。

创建分类汇总还有一个必须进行的前提工作：需要先把分类汇总的字段进行排序，然后才能进行分类汇总，这也是它不方便的一点。

自动创建分级显示 技巧 263

可以在行方向和列方向上同时建立起分级显示，这样对于查看数据和美化表格是非常有用的。

创建分级显示有两种方法：自动创建分级显示和通过组合方式创建分级显示。

图 23-9 是各个部门、各个员工、各个月的社保公积金数据表单，表中按照部门和季度做了求和，现在要求建立分级显示，全表单能同时显示每个季度、每个部门的汇总数据和明细数据，其效果如图 23-10 所示。

	A	B	C	D	E	F	G	H	I	J	K	L	M	N
1	部门	姓名	1月	2月	3月	一季度	4月	5月	6月	二季度	7月	8月	9月	三季度
2	财务部	郝般蕊	268.80	267.20	233.60	769.60	266.11	261.53	233.12	760.76	248.76	251.07	232.20	732.03
3	财务部	纪天雨	205.60	251.40	225.70	682.70	194.54	245.10	223.21	662.84	176.49	243.62	224.95	645.06
4	财务部	李雅苓	176.80	244.20	222.10	643.10	180.34	235.36	221.88	637.58	190.80	229.70	223.65	644.15
5	财务部	王晓萌	183.20	245.80	222.90	651.90	187.56	245.22	221.90	654.68	174.35	284.34	239.45	698.14
6	财务部	合计	834.40	1008.60	904.30	2747.30	828.55	987.21	900.11	2715.87	790.39	1008.73	920.25	2719.37
7	人事部	王嘉木	180.00	245.00	222.50	647.50	153.23	242.95	223.93	620.12	234.40	258.60	229.30	722.30
8	人事部	丛赫敏	224.00	256.00	228.00	708.00	253.12	251.89	228.16	733.17	233.20	249.32	227.72	710.24
9	人事部	白留洋	161.60	240.40	220.20	622.20	175.56	242.90	219.88	638.34	177.21	236.32	218.70	632.24
10	人事部	张丽莉	210.40	252.60	226.30	689.30	220.33	246.84	225.13	692.30	221.59	244.81	224.54	690.94
11	人事部	合计	776.00	994.00	897.00	2667.00	802.25	984.58	897.10	2683.93	866.40	989.05	900.26	2755.71
12	研发部	蔡晓宇	210.36	246.81	220.41	677.58		252.44	223.66	476.10	148.80	248.59	224.14	621.52
13	研发部	祁正人	185.60	246.40	223.20	655.20	189.96	245.52	221.83	657.31	210.36	246.81	220.41	677.58
14	研发部	孟欣然	180.80	245.20	222.60	648.60	187.56	245.22	221.90	654.68	182.14	250.88	222.75	655.77
15	研发部	毛利民	183.20	245.80	222.90	651.90	191.15	244.74	225.88	661.77	197.90	243.31	227.08	668.28
16	研发部	马一晨	268.80	267.20	233.60	769.60	210.36	246.81	220.41	677.58	234.40	258.60	229.30	722.30
17	研发部	王浩忌	205.60	251.40	225.70	682.70	193.18	255.41	225.62	674.21	159.99	258.51	222.25	640.76
18	研发部	刘晓晨	176.80	244.20	222.10	643.10	153.23	242.95	223.93	620.12	169.69	243.78	225.50	638.97
19	研发部	合计	1411.16	1747.01	1570.51	4728.68	1125.45	1733.09	1563.22	4421.76	1303.29	1750.47	1571.43	4625.19
20	营销部	刘一伯	180.00	245.00	222.50	647.50	176.26	239.96	821.64	1237.86	190.00	238.94	917.56	1346.51

社保公积金

图 23-9 社保公积金数据

Step01 要达到如图 23-10 所示的分级显示效果，首先必须先对相同类别的数据进行加总计算，也就是插入行和列，输入求和公式（使用 SUM 函数或者直接加减），然后再执行相关的命令。在这个示例中，已经做了相应的计算公式。

	A	B	C	D	E	F	G	H	I	J	K	L	M	N
1	部门	姓名	1月	2月	3月	一季度	4月	5月	6月	二季度	7月	8月	9月	三季度
2	财务部	郝般蕊	268.80	267.20	233.60	769.60	266.11	261.53	233.12	760.76	248.76	251.07	232.20	732.03
3	财务部	纪天雨	205.60	251.40	225.70	682.70	194.54	245.10	223.21	662.84	176.49	243.62	224.95	645.06
4	财务部	李雅苓	176.80	244.20	222.10	643.10	180.34	235.36	221.88	637.58	190.80	229.70	223.65	644.15
5	财务部	王晓萌	183.20	245.80	222.90	651.90	187.56	245.22	221.90	654.68	174.35	284.34	239.45	698.14
6	财务部	合计	834.40	1008.60	904.30	2747.30	828.55	987.21	900.11	2715.87	790.39	1008.73	920.25	2719.37
7	人事部	王嘉木	180.00	245.00	222.50	647.50	153.23	242.95	223.93	620.12	234.40	258.60	229.30	722.30
8	人事部	丛赫敏	224.00	256.00	228.00	708.00	253.12	251.89	228.16	733.17	233.20	249.32	227.72	710.24
9	人事部	白留洋	161.60	240.40	220.20	622.20	175.56	242.90	219.88	638.34	177.21	236.32	218.70	632.24
10	人事部	张丽莉	210.40	252.60	226.30	689.30	220.33	246.84	225.13	692.30	221.59	244.81	224.54	690.94
11	人事部	合计	776.00	994.00	897.00	2667.00	802.25	984.58	897.10	2683.93	866.40	989.05	900.26	2755.71
12	研发部	蔡晓宇	210.36	246.81	220.41	677.58		252.44	223.66	476.10	148.80	248.59	224.14	621.52
13	研发部	祁正人	185.60	246.40	223.20	655.20	189.96	245.52	221.83	657.31	210.36	246.81	220.41	677.58
14	研发部	孟欣然	180.80	245.20	222.60	648.60	187.56	245.22	221.90	654.68	182.14	250.88	222.75	655.77
15	研发部	毛利民	183.20	245.80	222.90	651.90	191.15	244.74	225.88	661.77	197.90	243.31	227.08	668.28
16	研发部	马一晨	268.80	267.20	233.60	769.60	210.36	246.81	220.41	677.58	234.40	258.60	229.30	722.30
17	研发部	王浩忌	205.60	251.40	225.70	682.70	193.18	255.41	225.62	674.21	159.99	258.51	222.25	640.76
18	研发部	刘晓晨	176.80	244.20	222.10	643.10	153.23	242.95	223.93	620.12	169.69	243.78	225.50	638.97

图 23-10　分级显示效果

Step02 执行“数据”→“组合”→“自动建立分级显示”命令，如图 23-11 所示，为数据表自动创建分级显示效果。

如果不想保留建立的分级显示，那么可以执行“数据”→“取消组合”→“清除分级显示”命令，如图 23-12 所示。

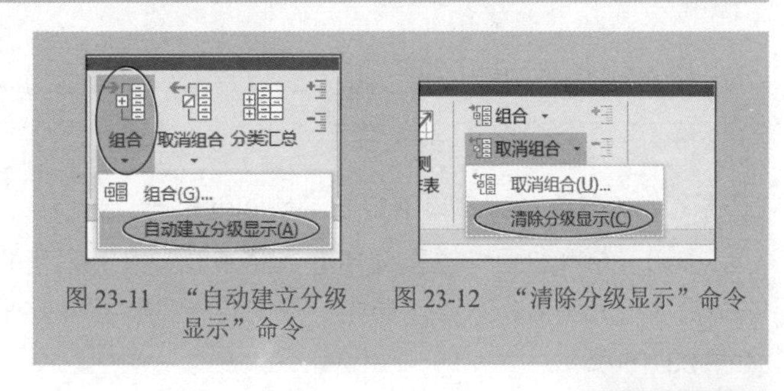

图 23-11　“自动建立分级显示”命令

图 23-12　“清除分级显示”命令

技巧 264 手动组合创建分级显示

有时候，需要在一个既有总账科目数据又有明细科目数据的表格上建立分级显示，以便查看总账科目，或者查看某个总账科目下的明细科目。此时，就需要使用组合工具来手动创建分级显示。

“组合”是一个非常有用的小工具，利用“组合”工具，可以把那些不愿意查看的行或列组合并隐藏起来，这样可以通过折叠 / 展开按钮，快速隐藏或显示这些数据，也就是建立表格数据的分级显示。

图 23-13 左侧是一个既有总账科目数据又有明细科目数据的表格，现在要将其转变为图 23-14 所示的简洁分级显示表格，具体方法和步骤如下：

	A	B	C
1	科目编码	科目名称	金额
2	5101	主营业务收入	407,158.64
3	510101	品销售收入	407,158.64
4	510102	销售退回	-
5	5102	其他业务收入	4,000.00
6	5201	投资收益	-
7	5203	补贴收入	-
8	5301	营业外收入	968.49
9	5401	主营业务成本	-157,202.96
10	540101	主营业务成本	-145,243.44
11	540102	产品价格差异	-
12	540103	产品质检差旅费	-9,954.86
13	54010301	机票	-3,045.43
14	54010302	火车票及其他	-1,506.43
15	54010303	住宿费	-2,058.00
16	54010304	当地出差交通费	-296.00
17	54010305	出差补贴及其他	-3,049.00
18	540104	其他成本	-2,004.66
19	5402	主营业务税金及附加	-1,236.79
20	5405	其他业务支出	-200.00

源数据　分级显示

图 23-13　原始表单数据

	A	B	C
1	科目编码	科目名称	金额
2	5101	主营业务收入	407,158.64
5	5102	其他业务收入	4,000.00
6	5201	投资收益	-
7	5203	补贴收入	-
8	5301	营业外收入	968.49
9	5401	主营业务成本	-157,202.96
19	5402	主营业务税金及附加	-1,236.79
20	5405	其他业务支出	-200.00
21	5501	营业费用	-327,361.14
67	5502	管理费用	-120.15
107	5503	财务费用	-3,011.86
113	5601	营业外支出	-6,567.49
114	5701	所得税	-
115	5801	以前年度损益调整	-
116			
117			
118			
119			
120			

源数据　分级显示

图 23-14　建立分级显示

Step01 如果某个总账科目下只有一级明细科目，就直接选择这些明细科目的所在行。

例如，总账科目“主营业务收入”下有“产品销售收入”和“销售退回”两个明细科目，就选择第 3 行和第 4 行，然后单击“数据”→“组合”按钮，将选择的第 3 行和第 4 行组合在一起，如图 23-15 所示。

	A	B	C
1	科目编码	科目名称	金额
2	01	主营业务收入	407,158.64
3	510101	产品销售收入	407,158.64
4	510102	销售退回	-
5	5102	其他业务收入	4,000.00
6	5201	投资收益	-
7	5203	补贴收入	-
8	5301	营业外收入	968.49
9	5401	主营业务成本	-157,202.96
10	540101	主营业务成本	-145,243.44

图 23-15　手动组合第 3 行和第 4 行

Step02 如果总账科目下既有一级明细，又有二级明细和三级明细，那么首先从最里面的一层开始进行组合。

例如，在总账科目“主营业务成本”下的一级明细科目“产品质检差旅费”中还有二级明细科目“机票”“火车票及其他”等，那么先选择这些二级明细科目的所在行，再执行“组合”命令，将这些二级明细科目进行组合，如图 23-16 所示。

Step03 当组合完毕二级明细科目后，将该级项目折叠起来，然后再选择该总账科目下的所有一级明细科目，执行“组合”命令，将这些一级明细科目进行组合，从而就建立了多级分级显示，如图 23-17 所示。

	A	B	C
1	科目编码	科目名称	金额
2	5101	主营业务收入	407,158.64
3	510101	产品销售收入	407,158.64
4	510102	销售退回	-
5	5102	其他业务收入	4,000.00
6	5201	投资收益	-
7	5203	补贴收入	-
8	5301	营业外收入	968.49
9	5401	主营业务成本	-157,202.96
10	540101	主营业务成本	-145,243.44
11	540102	产品价格差异	-
12	540103	产品质检差旅费	-9,954.86
13	54010301	机票	-3,045.43
14	54010302	火车票及其他	-1,506.43
15	54010303	住宿费	-2,058.00
16	54010304	当地出差交通费	-296.00
17	54010305	出差补贴及其他	-3,049.00
18	540104	其他成本	-2,004.66
19	5402	主营业务税金及附加	-1,236.79

图 23-16 组合二级明细科目

	A	B	C
1	科目编码	科目名称	金额
2	5101	主营业务收入	407,158.64
3	510101	产品销售收入	407,158.64
4	510102	销售退回	-
5	5102	其他业务收入	4,000.00
6	5201	投资收益	-
7	5203	补贴收入	-
8	5301	营业外收入	968.49
9	5401	主营业务成本	-157,202.96
10	540101	主营业务成本	-145,243.44
11	540102	产品价格差异	-
12	540103	产品质检差旅费	-9,954.86
18	540104	其他成本	-2,004.66
19	5402	主营业务税金及附加	-1,236.79
20	5405	其他业务支出	-200.00
21	5501	营业费用	-327,361.14
22	550101	工资	-
23	550102	劳务费	-136,848.53

图 23-17 组合一级明细科目

Step04 按照上面的方法，把所有的明细科目进行组合，即可得到需要的报表。

技巧 265 复制分类汇总和分级显示数据

当建立了分类汇总和分级显示后，就可以把分类汇总数据复制到一个新工作表中。

但是，不能按照常规的方法选择全部的分类汇总数据进行复制、粘贴，因为这样会把隐藏的明细数据也一并复制。

要复制分类汇总数据，需要按照下面的步骤进行操作：

Step01 选择整个数据区域。

Step02 按 Alt+；组合键，选择可见单元格。

因为这些可见单元格才是要复制的分类汇总数据，所以复制分类汇总数据之前，必须先选择这些可见单元格。

Step03 按 Ctrl+C 组合键进行复制。

Step04 指定保存位置，按 Ctrl+V 组合键进行粘贴。

第24章

工作表汇总实用技巧

EXCEL

大量工作表的汇总问题，是职场人士经常遇到的比较烦琐的问题其原因可能有两个：一是这些工作表结构和数据本身很乱；二是使用者没有掌握更实用、更高效的 Excel 工具。

本章介绍几个实用的工作表汇总技能。但切记，这些技能的运用，离不开表格的标准化和规范化。

多个结构相同工作表的快速汇总 技巧 266

如果每个工作表的结构完全相同（行数、列数、行次序、列次序都一样），可以使用 SUM 函数或者合并计算工具快速合并。

图 24-1 是各个部门的管理费用预算表，结构完全一样。现在要把这几个部门表单合并到一个报表中，利用 SUM 函数合并，得到的仅仅是一个合计数，在这个合并报表里，无法查看每个部门的数据，只能再去翻阅每个部门表单。如果想要合并后还能同时看到每个部门的合计数，那就需要使用合并计算工具了。方法和步骤如下：

2018年管理费用预算　　单位：元

科目名称	1月	2月	3月	4月	5月	6月	7月	8月	9月	10月	11月	12月
工资	104,584.77	103,218.77	105,318.69	102,856.20	93,576.50	98,072.41	134,547.59	136,841.39	135,408.79	202,722.59	206,113.25	1,423,260.95
公积金	15,677.90	15,299.50	15,675.98	15,070.06	12,868.16	12,171.95	13,541.62	15,091.20	14,240.12	13,827.29	14,732.60	158,196.38
福利费	3,000.00	-	800.00	2,250.00	2,426.00	-	-	900.00	7,800.00	-	7,800.00	24,976.00
折旧费	684.45	684.51	684.45	684.51	684.45	684.51	684.44	684.49	748.72	419.06	419.04	7,062.63
差旅费	742.04	2,430.64	2,063.35	2,446.16	1,084.16	930.53	1,623.87	1,632.90	1,784.32	2,401.91	1,216.53	18,356.40
办公费	1,211.96	4,566.97	14,131.66	4,201.05	2,353.29	14,802.09	10,002.01	41,260.54	9,308.75	74,630.42	8,866.20	185,334.93
电费	1,555.90	2,107.01	1,430.64	742.04	1,563.07	2,522.04	1,732.84	1,807.17	2,151.53	8,685.69	742.04	25,039.96
车辆使用费	1,355.03	1,487.93	3,442.39	3,865.96	6,408.51	3,902.08	12,623.92	1,274.56	7,022.87	5,226.68	28,545.44	75,155.38
劳保用品	1,134.98	797.05	1,066.22	742.04	742.04	1,036.74	742.04	791.16	742.04	810.80	4,385.51	12,990.62
通讯费	7,311.49	6,335.87	6,011.44	5,669.65	5,109.36	5,686.58	5,213.68	5,118.94	5,332.81	-1,353.92	5,967.10	56,402.98
餐饮费	2,190.23	3,754.51	3,544.18	1,866.50	3,866.00	7,138.84	6,675.75	4,677.45	35,815.52	19,697.07	6,590.75	95,816.80
业务招待费	1,500.62	2,606.34	742.04	1,281.09	742.04	2,730.43	1,330.51	1,330.51	3,000.15	13,434.05	953.71	29,651.48
合计	140,949.37	143,289.10	154,911.04	141,675.25	131,423.58	149,678.20	188,718.26	211,410.30	223,355.61	340,501.63	286,332.18	2,112,244.52

人力资源部 | 财务部 | 研发部 | 销售部

图 24-1　部门管理费用预算表

Step01 新建一个工作表，按每个部门的表格结构设计结构（可以复制某个工作表，然后清除数据即可）。

Step02 选择要保存合并数的单元格区域。

Step03 单击“数据”→“合并计算”按钮，如图 24-2 所示。

Step04 打开“合并计算”对话框，如图 24-3 所示。

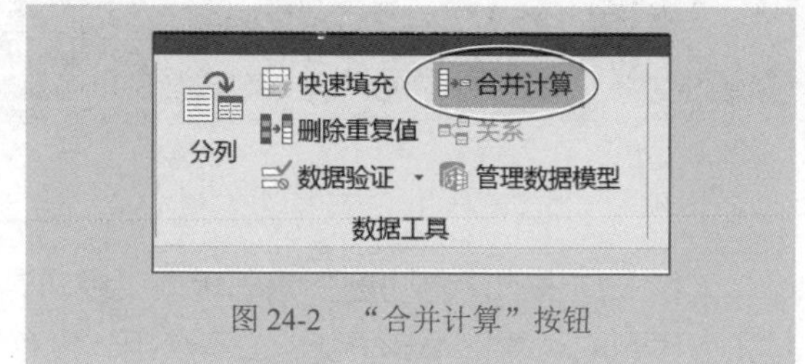

图 24-2　“合并计算”按钮

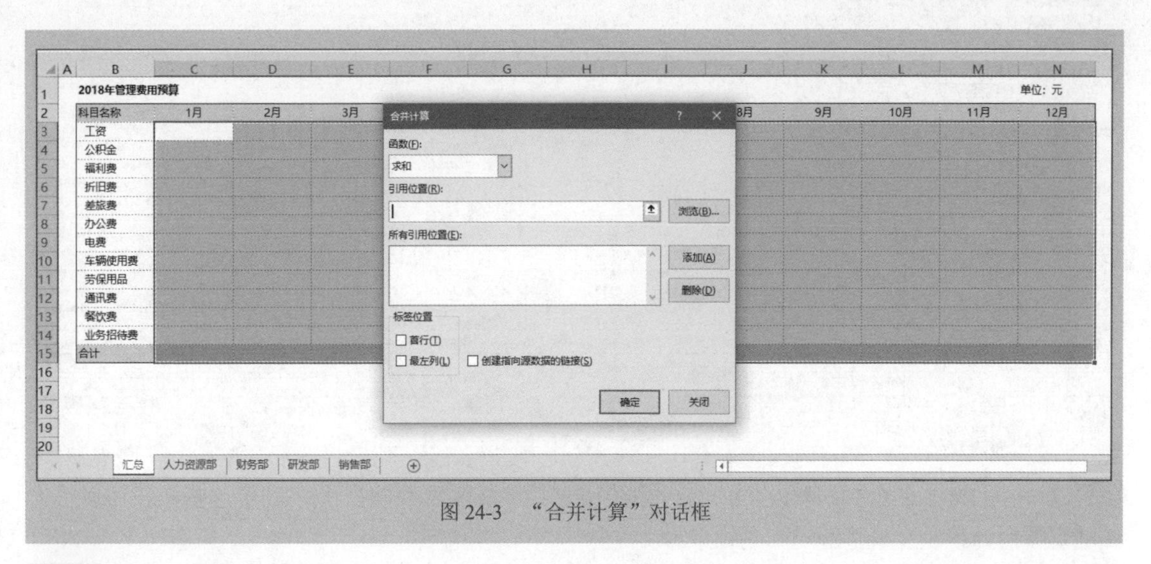

图 24-3 “合并计算”对话框

Step05 在“引用位置”输入框中，单击每个部门要合并的数字区域，单击“添加”按钮，把它们都添加到引用位置列表中，并注意勾选对话框底部的“创建指向源数据的链接”复选框，如图 24-4 所示。

图 24-4 添加每个表格的合并区域，并创建链接

Step06 单击“确定”按钮，得到如图 24-5 所示的结果。

2018年管理费用预算　　单位：元

	科目名称	1月	2月	3月	4月	5月	6月	7月	8月	9月	10月	11月	12月
7	工资	248,599.50	216,207.63	240,479.31	224,299.59	243,683.21	218,031.19	298,958.52	269,374.31	270,813.59	366,848.33	371,448.65	2,968,743
12	公积金	34,861.77	34,665.47	38,612.72	35,669.57	31,960.46	29,566.26	32,905.63	33,916.55	32,827.90	32,192.43	32,990.86	370,169
17	福利费	4,000.00	22,628.25	2,734.17	3,933.37	6,783.41	2,145.79	1,206.12	1,200.00	21,064.57	1,544.08	20,634.86	87,874
22	折旧费	16,420.88	16,503.72	16,503.61	16,503.72	14,942.93	14,943.06	14,942.92	14,924.43	15,069.49	14,089.04	14,089.02	168,932
27	差旅费	3,432.23	10,825.44	9,217.32	10,893.38	4,930.16	4,257.52	7,293.17	7,332.69	7,995.64	10,699.64	5,509.71	82,386
32	办公费	5,489.70	20,178.93	62,056.00	18,576.85	10,486.79	64,991.34	43,975.15	180,834.38	40,939.87	326,937.73	39,002.27	813,469
37	电费	6,812.20	9,225.13	6,263.78	3,248.86	6,843.60	11,042.24	7,586.91	7,912.31	9,420.04	38,028.55	3,248.86	109,632
42	车辆使用费	5,932.73	6,514.62	15,071.82	16,926.34	28,058.39	17,084.47	55,271.31	5,580.39	30,748.25	22,883.97	124,980.50	329,052
47	劳保用品	4,969.29	3,489.72	4,668.24	3,248.86	3,248.86	4,539.18	3,248.86	3,463.92	3,248.86	3,549.92	19,201.09	56,876
52	通讯费	32,011.90	27,740.32	26,319.90	24,823.43	22,370.29	24,897.54	22,827.04	22,412.26	23,348.63	-5,927.88	26,125.74	246,949
57	餐饮费	9,589.49	16,438.38	15,517.48	8,172.08	16,926.51	31,256.00	29,228.43	20,479.28	156,811.07	86,239.68	28,856.29	419,514
62	业务招待费	6,570.15	11,411.33	3,248.86	5,608.99	3,248.86	11,954.65	5,825.37	5,825.37	13,135.55	58,818.29	4,175.63	129,823
67	合计	378,689.83	395,828.94	440,693.23	371,905.03	393,483.49	434,709.24	523,269.44	573,255.90	625,423.45	955,903.78	690,263.49	5,783,425

汇总　人力资源部　财务部　研发部　销售部

图 24-5　初步完成的合并报表

Step07 在图 24-5 的合并报表左侧，有分级按钮 1 2 和折叠展开按钮 + ，利用这些按钮可以很方便地查看合计数以及某个部门的明细数。

但是，这个合并报表还没有完成。单击分级按钮 2 ，展开报表，可以看到在左侧的项目名称列中，有很多空单元格及其对应的行，这些行就是每个部门的数据，现在需要手动在此列的空单元格中输入部门名称，具体某行是哪个部门，可以单击右边的单元格进行查看。

因此，这种合并也有一个小问题：合并后，部门位置不一定是工作簿上的原始次序。

图 24-6 是输入部门名称后，并重新调整了单元格格式的合并报表。

2018年管理费用预算　　单位：元

	科目名称	1月	2月	3月	4月	5月	6月	7月	8月	9月	10月	11月	12月
3	财务部	104,584.77	103,218.77	105,318.69	102,856.20	93,576.50	98,072.41	134,547.59	136,841.39	135,408.79	202,722.59	206,113.25	1,423,260
4	人力资源部	14,966.67	16,266.67	21,991.67	19,647.17	16,300.00	16,730.00	23,110.00	23,110.00	23,110.00	33,878.33	33,878.33	242,988
5	销售部	51,858.33	51,858.33	60,731.75	54,570.83	54,570.83	54,830.83	63,111.25	63,111.25	63,111.25	79,775.98	79,775.98	677,306
6	研发部	77,189.73	44,863.86	52,437.20	47,225.39	79,235.88	48,397.95	78,189.68	46,311.67	49,183.55	50,471.43	51,681.09	625,187
7	工资	248,599.50	216,207.63	240,479.31	224,299.59	243,683.21	218,031.19	298,958.52	269,374.31	270,813.59	366,848.33	371,448.65	2,968,743
8	财务部	15,677.90	15,299.50	15,675.98	15,070.06	12,868.16	12,171.95	13,541.62	15,091.20	14,240.12	13,827.29	14,732.60	158,196
9	人力资源部	2,537.87	2,897.97	4,421.47	3,742.04	2,719.87	2,591.51	2,754.58	2,754.58	2,754.58	2,719.87	2,719.87	32,614
10	销售部	6,675.70	6,675.70	7,431.24	6,758.80	6,514.80	5,909.28	6,549.51	7,357.45	6,953.49	6,918.78	6,918.78	74,663
11	研发部	9,970.30	9,792.30	11,084.03	10,098.67	9,857.63	8,893.52	10,059.92	8,713.32	8,879.71	8,726.49	8,619.61	104,695
12	公积金	34,861.77	34,665.47	38,612.72	35,669.57	31,960.46	29,566.26	32,905.63	33,916.55	32,827.90	32,192.43	32,990.86	370,169
13	财务部	3,000.00	-	800.00	2,250.00	2,426.00	-	-	900.00	7,800.00	-	7,800.00	24,976
14	人力资源部	-	183.37	383.37	683.37	-	183.37	183.37	-	1,483.37	183.37	1,683.37	4,966
15	销售部	1,000.00	-	-	1,000.00	800.00	-	-	300.00	2,600.00	-	3,000.00	8,700
16	研发部	-	22,444.88	1,550.80	-	3,557.41	1,962.42	1,022.75	-	9,181.20	1,360.71	8,151.49	49,231
17	福利费	4,000.00	22,628.25	2,734.17	3,933.37	6,783.41	2,145.79	1,206.12	1,200.00	21,064.57	1,544.08	20,634.86	87,874
18	财务部	684.45	684.51	684.45	684.51	684.45	684.51	684.44	684.49	748.72	419.06	419.04	7,062
19	人力资源部	271.58	354.31	354.31	354.31	354.31	354.31	354.31	354.31	354.31	354.31	354.31	3,814
20	销售部	296.52	296.50	296.52	296.50	296.52	296.50	296.52	296.50	296.52	296.50	296.52	3,261

汇总　人力资源部　财务部　研发部　销售部

图 24-6　具有分级显示效果的合并报表

技巧 267 多个关联工作表的快速汇总

所谓关联工作表，就是指每个工作表都有一列或几列字段是共有的。共有的字段被称为关键字段。现在的任务是把这几个工作表按照这些关键字段进行汇总。

这种关联工作表的汇总，常用的方法是利用 VLOOKUP 函数。但是，这种方法比较麻烦，当关联工作表有很多时，做公式是非常耗时的，也非常容易出错。

关联工作表汇总的最简单、最高效的方法是利用 Microsoft Query。

图 24-7 是一个员工信息、工资数据及个税数据分别保存在 3 个工作表中的示例工作簿。其中：

"部门情况"工作表保存员工的工号、姓名及其所属部门；

"明细工资"工作表保存员工的工号、姓名及其工资明细等数据；

"个税"工作表保存员工的工号、姓名及其个人所得税数据。

这 3 个工作表都有一个"工号"列数据。现在要求按工号将这 3 个工作表数据汇总在一个工作表上，并去除多余的重复列数据，以便做进一步的分析具体步骤：

部门情况

工号	姓名	部门
NO001	A001	办公室
NO005	A002	办公室
NO009	A003	办公室
NO010	A004	办公室
NO002	A005	销售部
NO003	A006	销售部
NO006	A007	销售部
NO007	A008	销售部
NO012	A009	销售部
NO004	A010	人事部
NO008	A011	人事部
NO011	A012	人事部
NO438	A013	财务部
NO439	A014	财务部

明细工资

工号	姓名	工资	福利	扣餐费	奖金	扣住宿费
NO002	A005	3677	479	123	388	100
NO012	A009	6065	176	153	798	100
NO003	A006	4527	903	126	429	100
NO001	A001	3716	563	120	347	100
NO005	A002	2690	630	132	511	100
NO006	A007	4259	212	135	552	100
NO011	A012	2263	104	150	757	100
NO007	A008	7782	652	138	593	100
NO008	A011	4951	713	141	634	100
NO009	A003	1363	813	144	675	100
NO010	A004	2629	572	147	716	100
NO004	A010	5204	602	129	470	100
NO438	A013	4858	476	165	654	100
NO439	A014	3694	634	148	452	100

个税

工号	姓名	扣个税
NO002	A005	142.70
NO001	A001	146.60
NO004	A010	355.60
NO005	A002	44.00
NO008	A011	317.65
NO006	A007	213.85
NO007	A008	781.40
NO009	A003	0.00
NO010	A004	37.90
NO003	A006	254.05
NO011	A012	13.15
NO012	A009	484.75
NO438	A013	303.70
NO439	A014	144.40

图 24-7 多个有关联的工作表数据

Step01 执行"数据"→"来自 Microsoft Query"命令，如图 24-8 所示。

Step02 打开"选择数据源"对话框，选择 Excel Files*，如图 24-9 所示。同时注意，要保证勾选了底部的"使用 | 查询向导 | 创建 / 编辑查询"复选框。

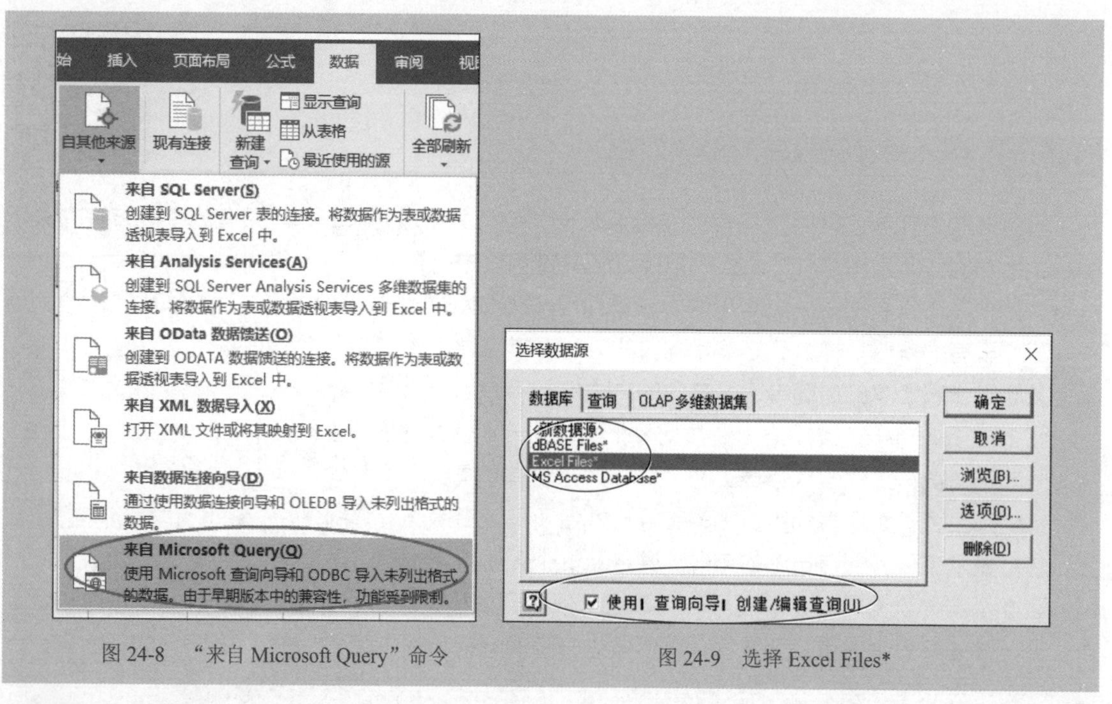

图 24-8 “来自 Microsoft Query”命令　　图 24-9 选择 Excel Files*

Step03 单击“确定”按钮，打开“选择工作簿”对话框，从保存有当前工作簿文件的文件夹里选择该文件，如图 24-10 所示。

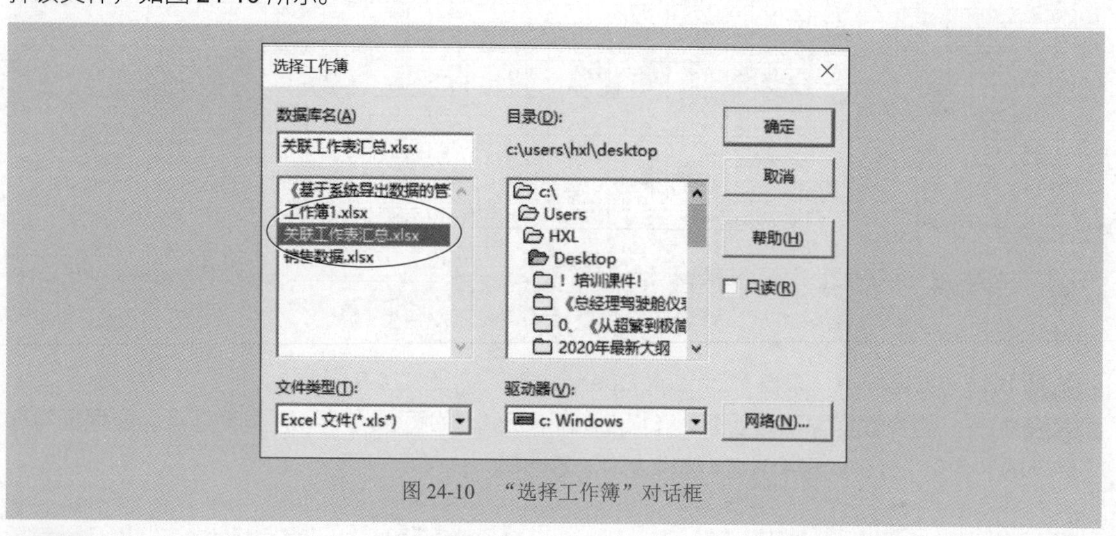

图 24-10 “选择工作簿”对话框

Step04 单击“确定”按钮，打开“查询向导 - 选择列”对话框，如图 24-11 所示。

说明：如果没有出现图 24-11 所示的对话框，而是弹出一个图 24-12 所示的警示框。那么，就需要单击“确定”按钮，再次打开“查询向导 - 选择列”对话框，如图 24-13 所示。

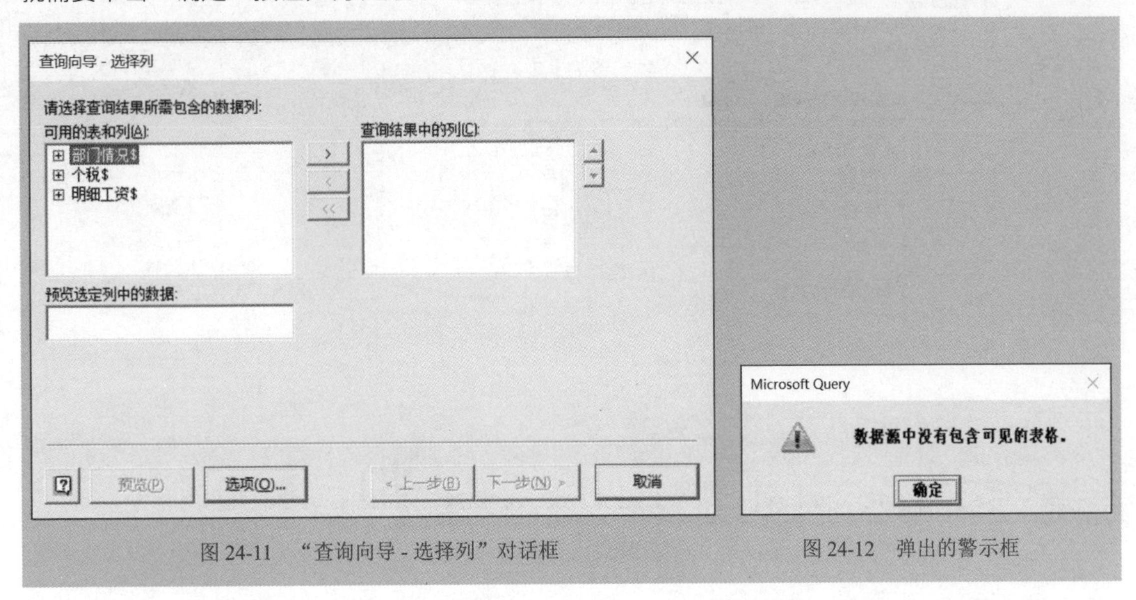

图 24-11 “查询向导 - 选择列”对话框　　图 24-12 弹出的警示框

此时，单击“选项”按钮，打开“表选项”对话框，勾选“系统表”复选框，如图 24-14 所示，这样，就能显示出各个工作表了。

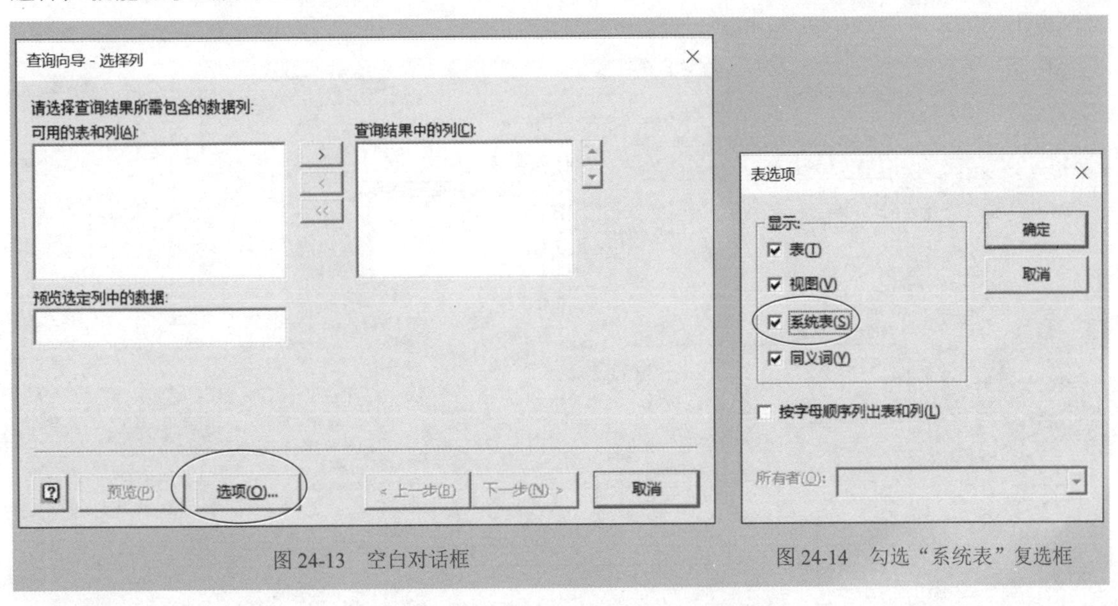

图 24-13 空白对话框　　图 24-14 勾选“系统表”复选框

Step05 在左侧的“可用的表和列”列表中分别选择工作表“部门情况”“个税”和“明细工资”，单击按钮 > ，将这 3 个字段添加到右侧的“查询结果中的列”列表中，如图 24-15 所示。

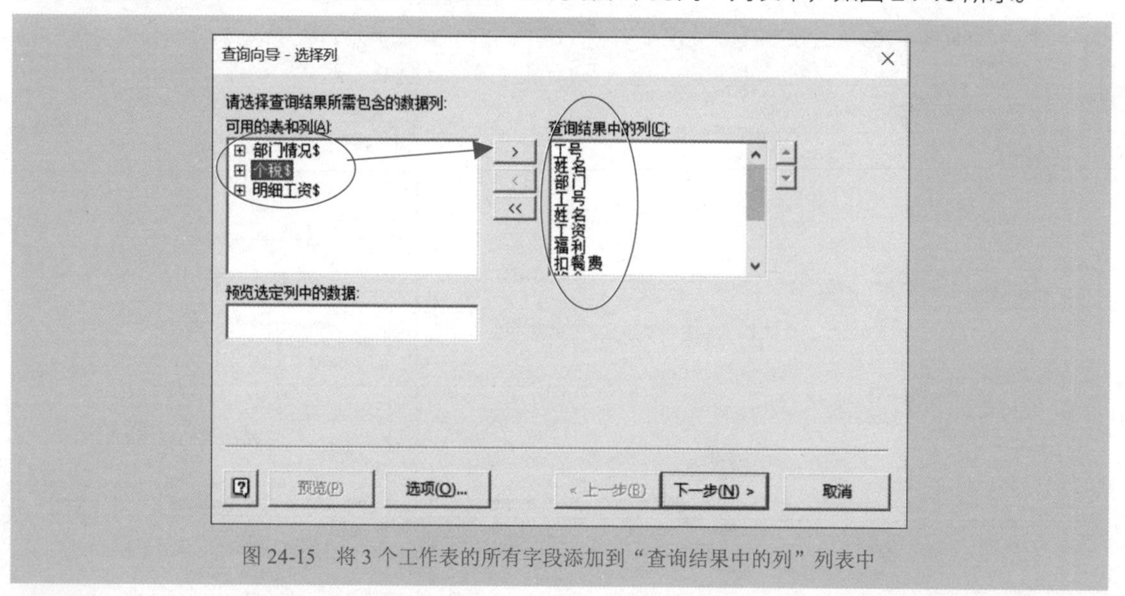

图 24-15　将 3 个工作表的所有字段添加到“查询结果中的列”列表中

Step06 由于 3 个工作表都有一列“工号”和“姓名”，因此在“查询结果中的列”列表中出现了 3 个“工号”和 3 个“姓名”，选择多余的 2 个“工号”和“姓名”，单击按钮 < ，将其移出“查询结果中的列”列表，如图 24-16 所示。

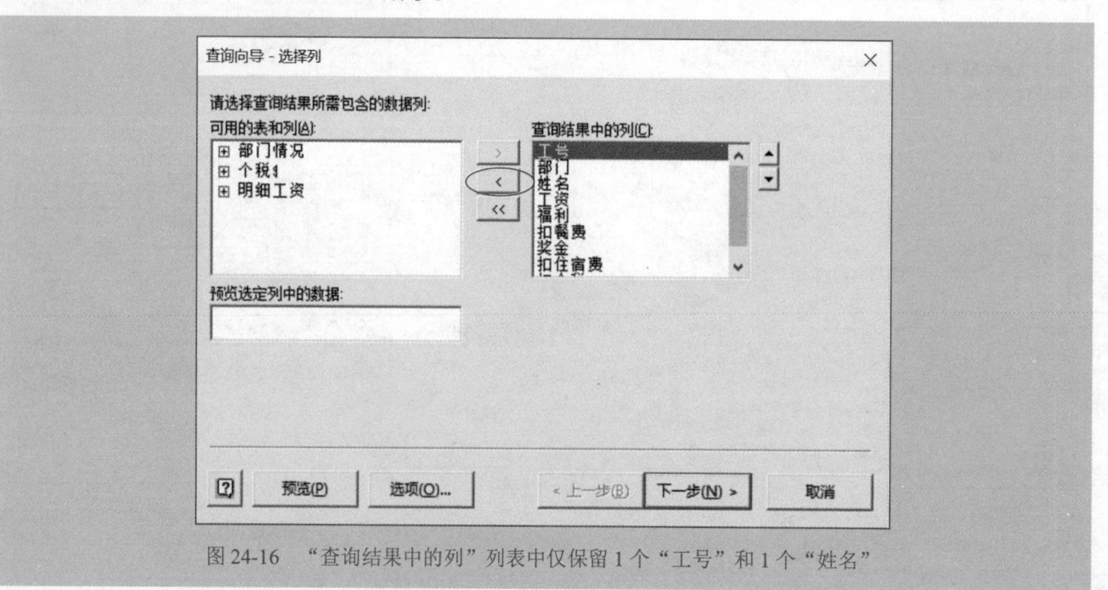

图 24-16　“查询结果中的列”列表中仅保留 1 个“工号”和 1 个“姓名”

如果需要还可以在此对话框中，调整各列的次序，即在右侧列表中选择某个字段，单击对话框右侧的上移按钮▲或者下移按钮▼即可。

Step07 单击“下一步”按钮，系统会弹出一个警示框，告诉用户“查询向导”无法继续，需要在 Microsoft Query 窗口中拖动字段进行查询，如图 24-17 所示。

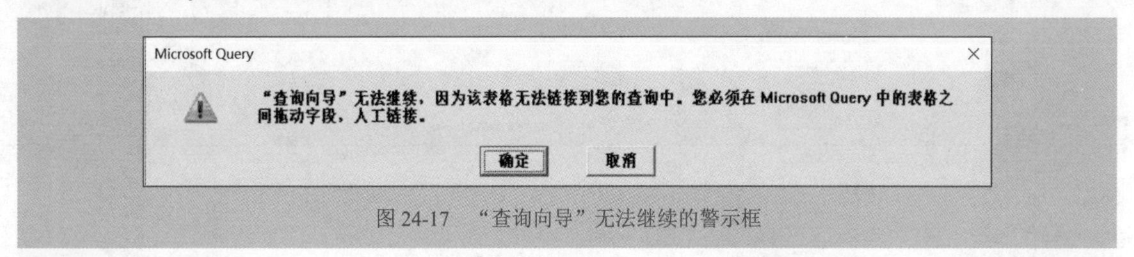

图 24-17 “查询向导”无法继续的警示框

Step08 单击“确定”按钮，打开 Microsoft Query 窗口，此时的窗口会出现上、下两部分，上方有 3 个小窗口，分别显示 3 个工作表的字段列表，下方是 3 个工作表全部的数据列表，如图 24-18。

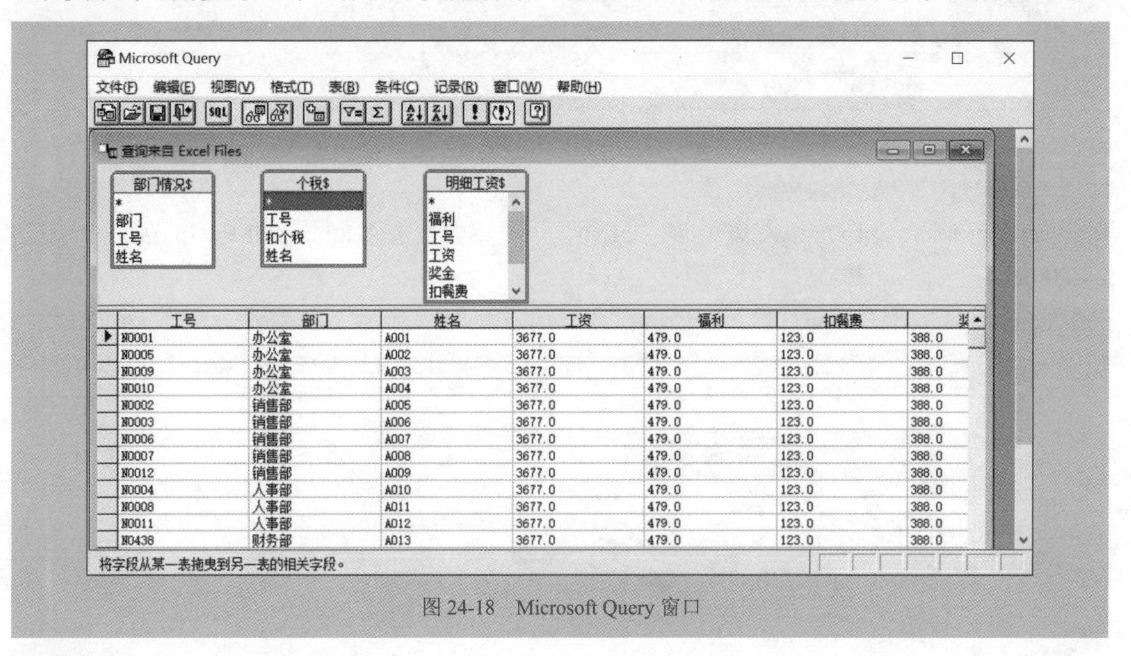

工号	部门	姓名	工资	福利	扣餐费	奖
N0001	办公室	A001	3677.0	479.0	123.0	388.0
N0005	办公室	A002	3677.0	479.0	123.0	388.0
N0009	办公室	A003	3677.0	479.0	123.0	388.0
N0010	办公室	A004	3677.0	479.0	123.0	388.0
N0002	销售部	A005	3677.0	479.0	123.0	388.0
N0003	销售部	A006	3677.0	479.0	123.0	388.0
N0006	销售部	A007	3677.0	479.0	123.0	388.0
N0007	销售部	A008	3677.0	479.0	123.0	388.0
N0012	销售部	A009	3677.0	479.0	123.0	388.0
N0004	人事部	A010	3677.0	479.0	123.0	388.0
N0008	人事部	A011	3677.0	479.0	123.0	388.0
N0011	人事部	A012	3677.0	479.0	123.0	388.0
N0438	财务部	A013	3677.0	479.0	123.0	388.0

图 24-18 Microsoft Query 窗口

Step09 由于 3 个工作表的记录是以“工号”相关联的，因此将某个工作表字段列表小窗口中的“工号”字段拖到其他工作表字段列表小窗口中的“工号”字段上，就将 3 个工作表通过“工号”字段建立了链接。此时，在 Microsoft Query 窗口下方的查询结果列表中就显示出所有满足条件的记录，如图 24-19 所示。

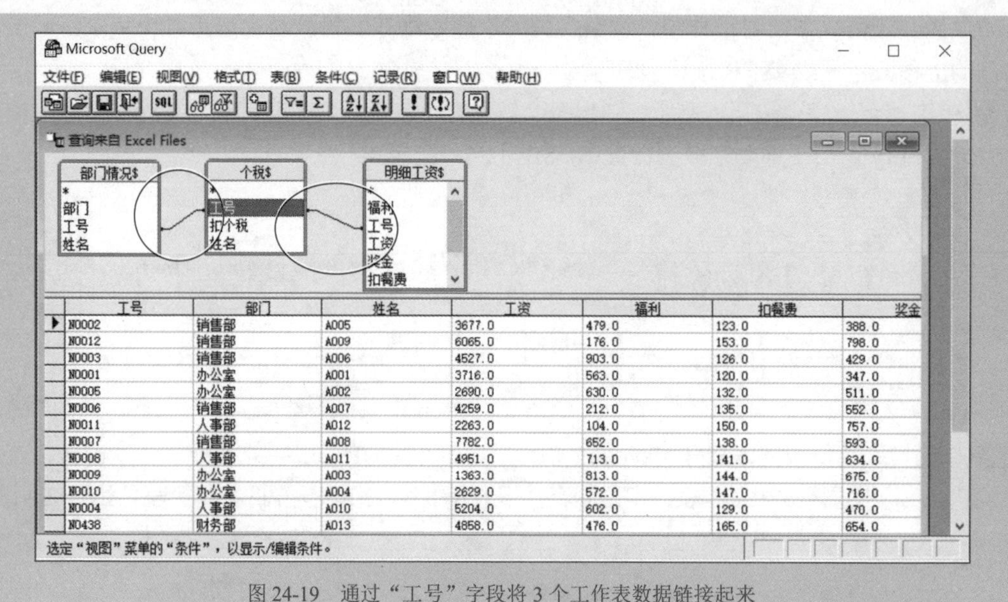

图 24-19　通过“工号”字段将 3 个工作表数据链接起来

Step10 单击窗口下方列表中的“工号”列中的某个数据，在工具栏上单击“升序”按钮或“降序”按钮，对数据按工号进行排序。

Step11 执行 Microsoft Query 窗口中的“文件”→“将数据返回 Microsoft Excel”命令，如图 24-20 所示。

Step12 打开“导入数据”对话框，选中“表”单选按钮和“新工作表”单选按钮，如图 24-21 所示。

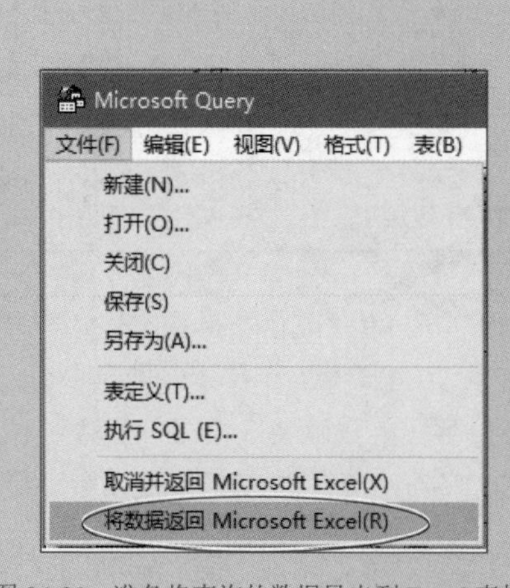

图 24-20　准备将查询的数据导出到 Excel 表格

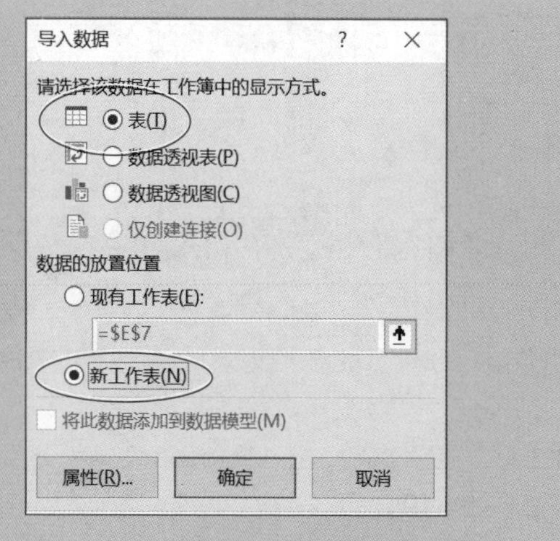

图 24-21　选中“表”和“新工作表”单选按钮

Step13 单击“确定”按钮，得到图 24-22 所示的汇总表。

	工号	姓名	部门	工资	奖金	福利	扣餐费	扣住宿费	扣个税
2	NO001	A001	办公室	3716	347	563	120	100	146.6
3	NO005	A002	办公室	2690	511	630	132	100	44
4	NO009	A003	办公室	1363	675	813	144	100	0
5	NO010	A004	办公室	2629	716	572	147	100	37.9
6	NO002	A005	销售部	3677	388	479	123	100	142.7
7	NO003	A006	销售部	4527	429	903	126	100	254.05
8	NO006	A007	销售部	4259	552	212	135	100	213.85
9	NO007	A008	销售部	7782	593	652	138	100	781.4
10	NO012	A009	销售部	6065	798	176	153	100	484.75
11	NO004	A010	人事部	5204	470	602	129	100	355.6
12	NO008	A011	人事部	4951	634	713	141	100	317.65
13	NO011	A012	人事部	2263	757	104	150	100	13.15
14	NO438	A013	财务部	4858	654	476	165	100	303.7
15	NO439	A014	财务部	3694	452	634	148	100	144.4

图 24-22　三个关联工作表的汇总表

技巧 268 多个二维工作表的快速汇总

实际工作中，也经常会遇到将多个结构不相同的二维表格进行汇总的问题，此时，可以使用多重合并计算数据区域透视表来完成。

图 24-23 是一个 12 个月的各个成本中心的费用表，现在要将这 12 个月的数据汇总到一起，并进一步分析各个成本中心、各个费用项目、各个月的情况。

	成本中心	职工薪酬	差旅费	业务招待费	办公费	车辆使用费	修理费	租赁费	税金	折旧费
2	管理科	540	521	1173	962	849	1436	1116	1017	1032
3	人事科	224	1029	298	739	1175	1000	277	1223	513
4	设备科	774	1309	683	1262	1355	1334	1431	532	382
5	技术科	283	626	635	843	1080	311	555	1303	1017
6	生产科	1121	1132	1351	446	1448	1194	860	838	1247
7	销售科	986	273	1370	488	1104	1350	658	545	1078
8	设计科	924	873	1359	802	220	561	829	968	303
9	后勤科	264	1052	1328	1482	985	753	603	835	957
10	信息中心	469	1111	631	1479	1456	879	605	624	693

1月 | 2月 | 3月 | 4月 | 5月 | 6月 | 7月 | 8月 | 9月 | 10月 | 11月 | 12月

图 24-23　12 个月的成本中心费用表

Step01 在某个工作表中，按 Alt+D+P 组合键（P 键按两下），打开“数据透视表和数据透视图向导 -- 步骤 1（共 3 步）”对话框，选中“多重合并计算数据区域”单选按钮，如图 24-24 所示。

Step02 单击“下一步”按钮，打开“数据透视表和数据透视图向导 -- 步骤 2a（共 3 步）”对话框，保持默认，如图 24-25 所示。

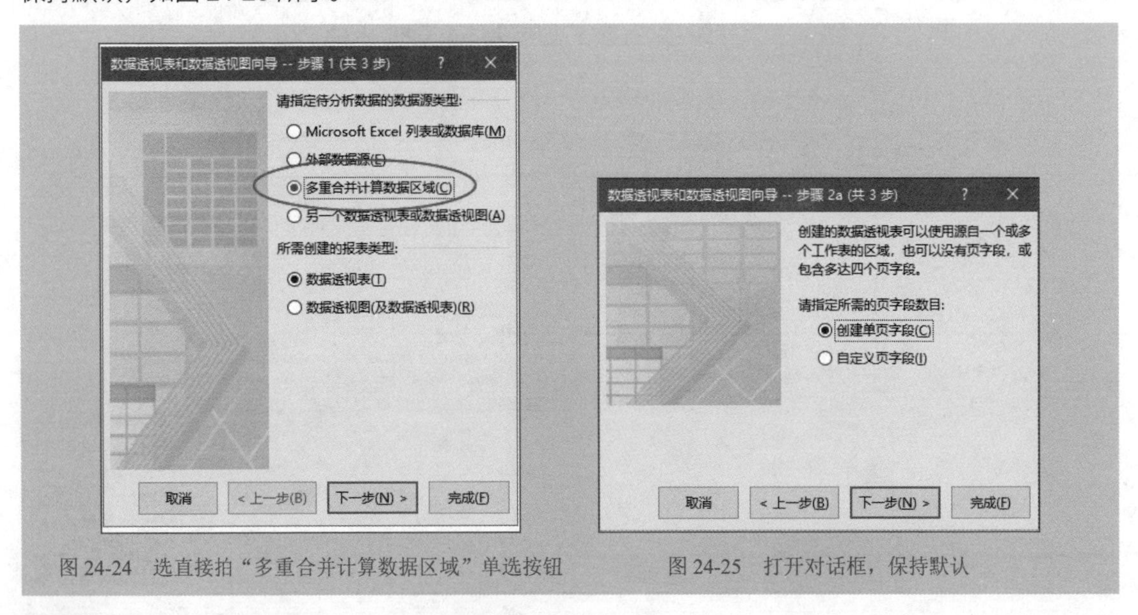

图 24-24 选直接拍“多重合并计算数据区域”单选按钮

图 24-25 打开对话框，保持默认

Step03 单击“下一步”按钮，打开“数据透视表和数据透视图向导 - 第 2b 步，共 3 步”对话框，将各个月份的数据区域添加进来，如图 24-26 所示。

Step04 单击“下一步”按钮，打开“数据透视表和数据透视图向导 -- 步骤 3（共 3 步）”对话框，选中“新工作表”单选按钮，如图 24-27 所示。

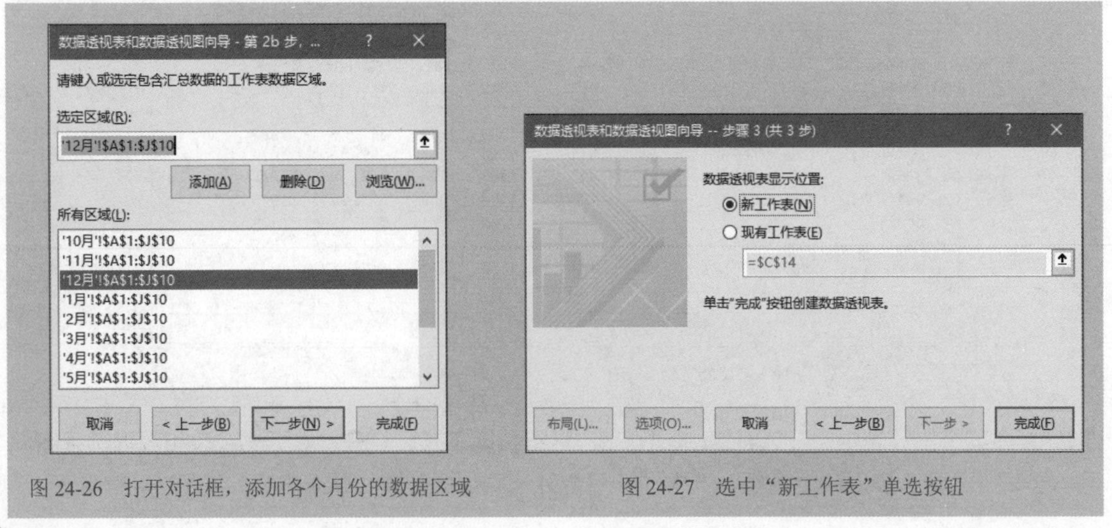

图 24-26 打开对话框，添加各个月份的数据区域

图 24-27 选中“新工作表”单选按钮

请一定要记住在该对话框中，添加数据区域后各个工作表的先后次序，它们都将自动按照拼音的先后顺序排序，这个次序非常重要，关系到后面如何修改默认项目名称。

Step05 单击“完成”按钮，即得到基本的透视表，如图 24-28 所示。

	A	B	C	D	E	F	G	H	I	J	K
1	页1	(全部)									
2											
3	求和项:值	列标签									
4	行标签	租赁费	办公费	差旅费	修理费	税金	车辆使用费	业务招待费	折旧费	职工薪酬	总计
5	管理科	11313	10233	9621	10724	9006	10287	8725	11091	9583	90583
6	后勤科	9766	10426	14407	11106	12894	8534	9750	10685	9385	96953
7	技术科	10956	10912	11257	13685	11169	10001	8375	9332	8780	94467
8	人事科	7919	9267	9318	8114	13537	9507	8880	9057	9573	85172
9	设备科	11720	10782	9832	11939	8217	12116	11174	9153	11908	96841
10	设计科	10767	10624	9979	9720	11754	9836	11264	7222	9167	90333
11	生产科	9420	11076	10643	9212	10540	11543	12472	8928	10840	94674
12	销售科	10513	10943	9554	13090	10967	10431	12324	9698	9254	96774
13	信息中心	10872	11011	9919	10190	11436	11267	8348	10660	10597	94300
14	总计	93246	95274	94530	97780	99520	93522	91312	85826	89087	840097

图 24-28　得到的基本透视表，也是 12 个月数据的合并报表

Step06 对透视表进行基本的美化，如清除透视表的样式，设置报表布局，修改字段名称，调整字段项目的行位置和列位置，得到图 24-29 所示的透视表。

	A	B	C	D	E	F	G	H	I	J	K
1	月份	(全部)									
2											
3	金额	费用									
4	成本中心	职工薪酬	差旅费	业务招待费	办公费	车辆使用费	修理费	租赁费	税金	折旧费	总计
5	管理科	9583	9621	8725	10233	10287	10724	11313	9006	11091	90583
6	人事科	9573	9318	8880	9267	9507	8114	7919	13537	9057	85172
7	设备科	11908	9832	11174	10782	12116	11939	11720	8217	9153	96841
8	技术科	87	11257	8375	10912	10001	13685	10956	11169	9332	94467
9	生产科	108	10643	12472	11076	11543	9212	9420	10540	8928	94674
10	销售科	92	9554	12324	10943	10431	13090	10513	10967	9698	96774
11	设计科	91	9979	11264	10624	9836	9720	10767	11754	7222	90333
12	后勤科	9385	14407	9750	10426	8534	11106	9766	12894	10685	96953
13	信息中心	10597	9919	8348	11011	11267	10190	10872	11436	10660	94300
14	总计	89087	94530	91312	95274	93522	97780	93246	99520	85826	840097

金额
值: 11908
行: 设备科
列: 职工薪酬

图 24-29　美化后的透视表

Step07 注意此时字段“月份”下的每个项目名称并不是具体的月份名称，而是“项 1”“项 2”“项 3”……这样的默认名字，需要将其修改成具体月份名称，方法是：将“月份”字段拖放到行标签内，“成本中心”字段拖到筛选窗格，如图 24-30 所示，然后再在单元格里修改月份名称即可。

	A	B	C	D	E	F	G	H	I	J	K
1											
2	成本中心	(全部)									
3											
4	金额	费用									
5	月份	职工薪酬	差旅费	业务招待费	办公费	车辆使用费	修理费	租赁费	税金	折旧费	总计
6	项1	5965	9225	7928	7154	6314	7239	6953	9153	9439	69370
7	项10	8562	6628	6729	9689	7241	7759	6399	9881	7477	70365
8	项11	8407	7899	7925	6857	8708	7253	8499	7721	7724	70993
9	项12	7039	7172	5440	6976	8387	9283	8758	9821	5075	67951
10	项2	5547	6993	7853	7486	7643	7860	5493	7414	5382	61671
11	项3	7661	8715	7288	8140	7058	7337	金额	6963	7505	68200
12	项4	5585	7926	8828	8503	9672	8818	值: 5493	7885	7222	71373
13	项5	6969	6711	7852	7112	8431	7727	行: 项2	7395	5694	66087
14	项6	7927	9509	9414	7882	6347	8742	列: 租赁费	9132	7502	75933
15	项7	8532	8311	7889	6495	7534	8650	8871	8551	6199	71032
16	项8	10103	7704	7538	8661	7658	7552	8262	7660	7750	72888
17	项9	6790	7737	6628	10319	8529	9560	7870	7944	8857	74234
18	总计	89087	94530	91312	95274	93522	97780	93246	99520	85826	840097

图 24-30　重新布局透视表，将月份拖放到行标签内

注意在图 24-26 所示的对话框中，添加完数据区域后，各个工作表的次序就自动按照拼音的先后顺序进行了排序，而透视表按照这个次序，把每个工作表区域的名称设置为默认的名称“项1”“项 2”“项 3”“项 4”……因此，“项 1”是 10 月，“项 2”是 11 月，“项 3”是 12 月，“项 4”是 1 月，“项 5”是 2 月……以此类推。

图 24-31 是修改月份名称后的透视表。

	A	B	C	D	E	F	G	H	I	J	K
1											
2	成本中心	(全部)									
3											
4	金额	费用									
5	月份	职工薪酬	差旅费	业务招待费	办公费	车辆使用费	修理费	租赁费	税金	折旧费	总计
6	10月	5965	9225	7928	7154	6314	7239	6953	9153	9439	69370
7	7月	8562	6628	6729	9689	7241	7759	6399	9881	7477	70365
8	8月	8407	7899	7925	6857	8708	7253	8499	7721	7724	70993
9	9月	7039	7172	5440	6976	8387	9283	8758	9821	5075	67951
10	11月	5547	6993	7853	7486	7643	7860	5493	7414	5382	61671
11	12月	7661	8715	7288	8140	7058	7337	7533	6963	7505	68200
12	1月	5585	7926	8828	8503	9672	8818	6934	7885	7222	71373
13	2月	6969	6711	7852	7112	8431	7727	8196	7395	5694	66087
14	3月	7927	9509	9414	7882	6347	8742	9478	9132	7502	75933
15	4月	8532	8311	7889	6495	7534	8650	8871	8551	6199	71032
16	5月	10103	7704	7538	8661	7658	7552	8262	7660	7750	72888
17	6月	6790	7737	6628	10319	8529	9560	7870	7944	8857	74234
18	总计	89087	94530	91312	95274	93522	97780	93246	99520	85826	840097

图 24-31　修改月份名称后的透视表

由上图可见，月份名称仍然是被打乱顺序的，可以手动调整，得到图 24-32 的数据透视表。

	A	B	C	D	E	F	G	H	I	J	K
1											
2	成本中心	(全部)									
3											
4	金额	费用									
5	月份	职工薪酬	差旅费	业务招待费	办公费	车辆使用费	修理费	租赁费	税金	折旧费	总计
6	1月	5585	7926	8828	8503	9672	8818	6934	7885	7222	71373
7	2月	6969	6711	7852	7112	8431	7727	8196	7395	5694	66087
8	3月	7927	9509	9414	7882	[illegible]	8742	9478	9132	7502	75933
9	4月	8532	8311	7889	6495	[illegible]	8650	8871	8551	6199	71032
10	5月	10103	7704	7538	8661	[illegible]	7552	8262	7660	7750	72888
11	6月	6790	7737	6628	10319	[illegible]	9560	7870	7944	8857	74234
12	7月	8562	6628	6729	9689	7241	7759	6399	9881	7477	70365
13	8月	8407	7899	7925	6857	8708	7253	8499	7721	7724	70993
14	9月	7039	7172	5440	6976	8387	9283	8758	9821	5075	67951
15	10月	5965	9225	7928	7154	6314	7239	6953	9153	9439	69370
16	11月	5547	6993	7853	7486	7643	7860	5493	7414	5382	61671
17	12月	7661	8715	7288	8140	7058	7337	7533	6963	7505	68200
18	总计	89087	94530	91312	95274	93522	97780	93246	99520	85826	840097

金额
值: 8431
行: 2月
列: 车辆使用费

图 24-32　再次修改月份名称后的透视表

有了这个透视表，就可以随意地拖放字段，进行各种组合计算，得到需要的分析报告。图 24-33 就是为预算提供参考数据的一种合并报表。

	A	B	C	D	E	F	G	H	I	J	K	L	M	N	O
1															
2															
3															
4	金额		月份												
5	成本中心	费用	1月	2月	3月	4月	5月	6月	7月	8月	9月	10月	11月	12月	总计
6	⊟管理科	职工薪酬	540	418	523	1029	945	962	1465	684	954	639	715	709	9583
7		差旅费	521	891	1316	500	1065	927	694	1044	971	482	598	612	9621
8		业务招待费	1173	527	640	727	814	1065	369	588	260	1331	843	388	8725
9		办公费	962	735	798	936	466	1346	1222	506	697	923	881	761	10233
10		车辆使用费	849	1131	1420	591	860	1500	886	224	880	291	1142	513	10287
11		修理费	1436	243	1215	1181	547	1444	286	274	1495	321	1316	966	10724
12		租赁费	1116	987	864	1489	1341	1182	506	755	1286	827	241	719	11313
13		税金	1017	1168	617	1022	355	677	1265	840	470	403	404	768	9006
14		折旧费	1032	466	729	675	1297	1316	221	1406	726	1459	391	1373	11091
15	管理科 汇总		8646	6566	8122	8150	7690	10419	6914	6321	7739	6676	6531	6809	90583
16	⊟人事科	职工薪酬	224	563	1365	998	845	208	1030	464	1043	1437	930	466	9573
17		差旅费	1029	468	742	1416	656	1467	349	265	338	708	690	1190	9318
18		业务招待费	298	490	1065	594	1192	882	465	292	484	1369	1026	723	8880
19		办公费	739	625	1445	747	1085	1052	710	419	459	421	1151	414	9267
20		车辆使用费	1175	1210	439	1253	433	287	626	202	1056	1337	502	987	9507
21		修理费	1000	213	1248	211	666	1019	544	601	415	358	892	947	8114
22		租赁费	277	1429	1305	298	382	951	670	647	411	206	479	864	7919
23		税金	1223	240	1343	1481	455	1482	1358	1443	1438	1014	1168	892	13537
24		折旧费	513	1112	823	523	342	1256	1031	1165	399	974	583	336	9057
25	人事科 汇总		6478	6350	9775	7521	6056	8604	6783	5498	6043	7824	7421	6819	85172
26	⊟设备科	职工薪酬	774	1255	1497	1144	969	767	732	1240	1467	389	209	1465	11908
27		差旅费	1309	728	807	923	577	485	307	822	1082	1118	440	1234	9832
28		业务招待费	683	1280	1091	1115	811	415	1014	1423	509	577	1432	824	11174
29		办公费	1262	331	487	282	650	1032	1429	472	1286	894	1362	1295	10782
30		车辆使用费	1355	688	711	568	1276	1225	600	1461	1438	530	1273	991	12116
31		修理费	1334	1085	606	951	1219	1378	1469	579	996	1369	452	501	11939

汇总 | 01月 | 02月 | 03月 | 04月 | 05月 | 06月 | 07月 | 08月 | 09月 | 10月 | 11月 | 12月

图 24-33　12 个月费用表的合并报表

多个一维工作表的快速汇总：SQL 语句方法 技巧 269

如果所有要汇总的工作表都是一维表单，并且列数和列次序完全一样，但数据的行数可以有多有少，那么该如何进行汇总呢？有两个简单的方法可供选择：①现有连接 +SQL 语句；② Power Query。其中，现有连接 +SQL 语句在任何一个版本的 Excel 中都可以使用，而 Power Query 则需要在 Excel 2016 以上的版本中才能使用。下面介绍现有连接 +SQL 语句。

现有连接 +SQL 语句这个方法就是利用“现有连接”命令，按照向导操作，编写一段 SQL 语句。要使用这种方法，需要先了解下 SQL 语句的基本知识。

SQL 的语法属于一种非程序性的语法描述，是专门针对关系型数据库处理时所使用的语法。SQL 由若干的 SQL 语句组成。利用 SQL 语句，可以很容易地对数据库进行编辑、查询等操作。

在众多的 SQL 语句中，SELECT 语句是使用最频繁的。SELECT 语句主要被用来对数据库进行查询并返回符合用户查询标准的结果数据。

SELECT 语句有 5 个主要的子句，FROM 子句是唯一必需的子句。每一个子句有大量的选择项和参数等。

SELECT 语句的语法格式如下：

```
SELECT 字段列表
  FROM 子句
     [WHERE 子句 ]
     [GROUP BY 子句 ]
     [HAVING 子句 ]
     [ORDER BY 子句 ]
```

SELECT 语句中，最重要的是字段列表和 FROM 子句。

1．字段列表

字段列表指定多个字段名称，各个字段之间用逗号“,”分隔，用星号“*”代替所有的字段。当包含有多个表的字段时，可用“数据表名，字段名”来表示，即在字段名前标明该字段所在的数据表。

例如，“select *”就是选择数据表中所有的字段。“select 日期 , 产品 , 销售量 , 销售额”就是选择数据表中的日期、产品、销售量和销售额这 4 个字段。

可以在字段列表中添加自定义字段，例如，“select' 北京 'as 城市 ,*”就是指除了查询数据表的所有字段外，还自定义了一个数据表中没有的“城市”字段，并将“北京”作为该字段的数据。由于 ' 北京 ' 是一个文本，因此需要用单引号括起来。

将某个数据保存在自定义字段的方法是利用 as 属性词，如“' 北京 'as 城市”。

2．FROM 子句

FROM 子句是一个必需的子句，指定要查询的数据表，各个数据表之间用逗号“,”分隔。

但要注意，如果是查询工作簿的工作表，那么必须用方括号将工作表名括起来，并且工作表名后要有符号（$）。

例如，“select * from [销售 $]”就是查询工作表“销售”里的所有字段。

如果为工作表的数据区域定义一个名称，就在 from 后面直接写上定义的名称即可，但仍要用方括号括起来。

例如，“select * from [Data]”就是查询名称为“Data”代表数据区域的所有字段。

如果要查询的是 Access 数据库、SQL Server 数据库等关系型数据库的数据表，那么在 from 后面直接写上数据表名即可。

在进行 SQL 语句查询汇总多个工作表时，要特别注意以下两个问题：

（1）工作表内不能有空单元格。如果存在空单元格，那么对于数字字段要填充 0，对于文本字段要填充相应的文本。

（2）SQL 语句中，字母不区分大小写，但所有标点符号必须是半角的，同时英文单词前后必须有至少一个空格。

如果要汇总的工作表都保存在一个工作簿中，并且每个工作表的列数和列次序一样，每个工作表的第一行就是列标题，工作表中除了数据区域外，没有其他的垃圾数据，那么就可以利用下面的 SQL 语句快速汇总工作表数据：

```
select * from [ 表 1$]
union all
select * from [ 表 2$]
union all
select * from [ 表 3$]
union all
……
select * from [ 表 n$]
```

图 24-34 所示为一个工作簿中的 12 个月的工资表，现在要把这 12 个月的工资数据汇总到一个新工作表上，以准备进行进一步的处理：

	A	B	C	D	E	F	G	H	I	J	K	L	M	N	O	P	Q	R
1	发放月份	工号	姓名	性别	所属部门	级别	基本工资	岗位工资	工龄工资	住房补贴	交通补贴	医疗补助	奖金	病假扣款	事假扣款	迟到早退扣款	应发合计	住房公积
2	1月	0001	刘晓晨	男	办公室	1级	1581	1000	360	543	120	84	1570	0	57	0	5201	58
3	1月	0004	祁正人	男	办公室	5级	3037	800	210	543	120	84	985	0	0	69	5710	43
4	1月	0005	张丽莉	女	办公室	3级	4376	800	150	234	120	84	970	77	39	19	6599	
5	1月	0006	孟欣然	女	行政部	1级	6247	800	300	345	120	84	1000	98	0	50	8748	45
6	1月	0007	毛利民	男	行政部	4级	4823	600	420	255	120	84	1000	0	72	0	7230	36
7	1月	0008	马一晨	男	行政部	1级	3021	1000	330	664	120	84	1385	16	28	0	6560	50
8	1月	0009	王浩忌	男	行政部	1级	6859	1000	330	478	120	84	1400	13	0	0	10258	52
9	1月	0013	王玉成	男	财务部	6级	4842	600	390	577	120	84	1400	0	0	87	7926	46
10	1月	0014	蔡齐豫	女	财务部	5级	7947	1000	360	543	120	84	1570	0	0	20	11604	58
11	1月	0015	秦玉邦	男	财务部	6级	6287	800	270	655	120	84	955	0	0	0	9171	45
12	1月	0016	马梓	女	财务部	1级	6442	800	210	435	120	84	1185	0	66	21	9189	42
13	1月	0017	张慈淼	女	财务部	3级	3418	800	210	543	120	84	985	0	23	0	6137	43
14	1月	0018	李萌	女	财务部	4级	4187	800	150	234	120	84	970	95	86	0	6364	
15	1月	0019	何欣	女	技术部	3级	1926	800	300	345	120	84	1000	100	0	0	4475	45
16	1月	0020	李然	男	技术部	4级	1043	600	420	255	120	84	1000	0	0	27	3495	36
17	1月	0021	黄兆炜	男	技术部	4级	3585	1000	330	664	120	84	1385	92	0	0	7076	50
18	1月	0022	彭然君	女	技术部	4级	3210	1000	330	478	120	84	1400	0	0	0	6622	52
19	1月	0023	舒思雨	女	技术部	3级	7793	600	300	645	120	84	1400	24	88	61	10769	48

1月 | 2月 | 3月 | 4月 | 5月 | 6月 | 7月 | 8月 | 9月 | 10月 | 11月 | 12月

图 24-34　12 个月的工资表

Step01 先检查每个工作表是否标准规范，尤其是不要在每个工作表的空白区域乱输入垃圾数据，如有，必须彻底删除。

Step02 执行“数据”→“现有连接”命令，如图 24-35 所示。

Step03 打开“现有连接”对话框，如图 24-36 所示。

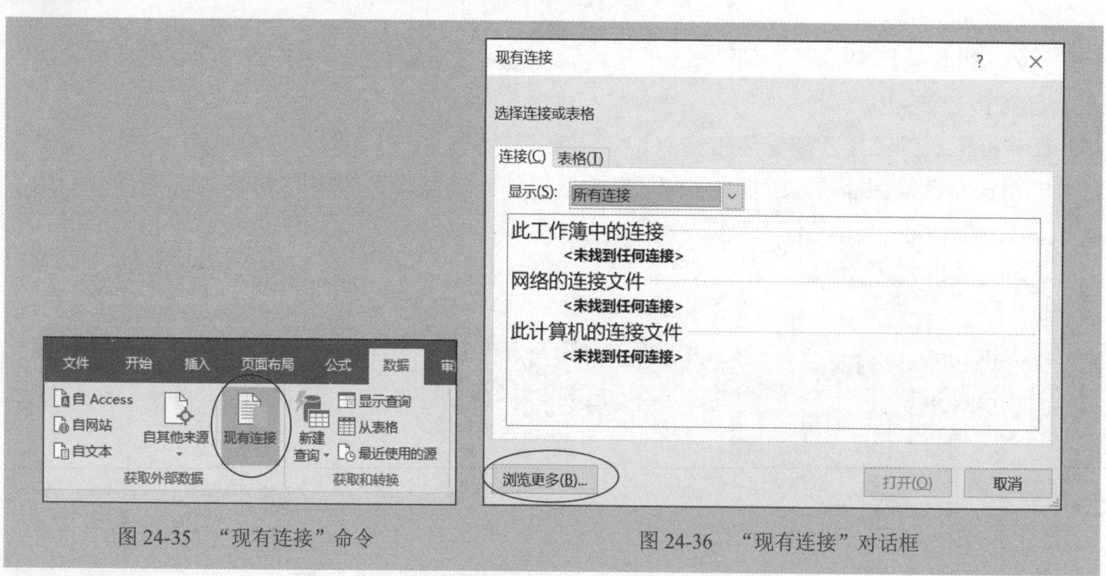

图 24-35　“现有连接”命令

图 24-36　“现有连接”对话框

Step04 单击“现有连接”对话框左下角的“浏览更多”按钮，打开“选取数据源”对话框，从文件夹里选择需要的工作簿文件，如图 24-37。

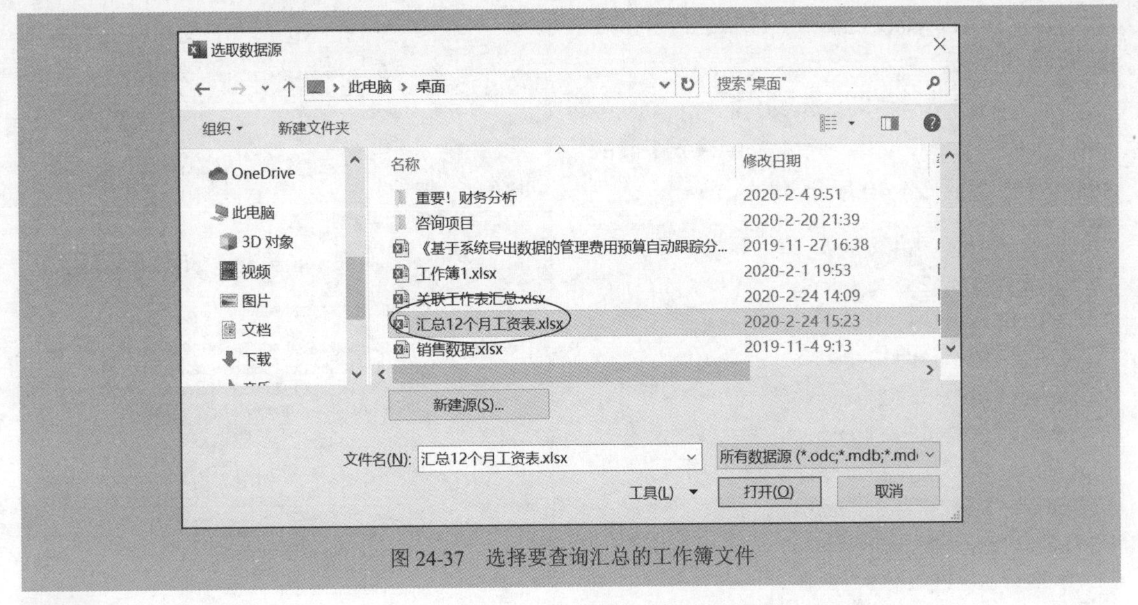

图 24-37 选择要查询汇总的工作簿文件

Step05 单击“打开”按钮，打开“选择表格”对话框，如图 24-38 所示。

Step06 保持默认，单击“确定”按钮，打开“导入数据”对话框，做如下的设置：

（1）选中“表”和“新工作表”单选按钮，如图 24-39 所示。

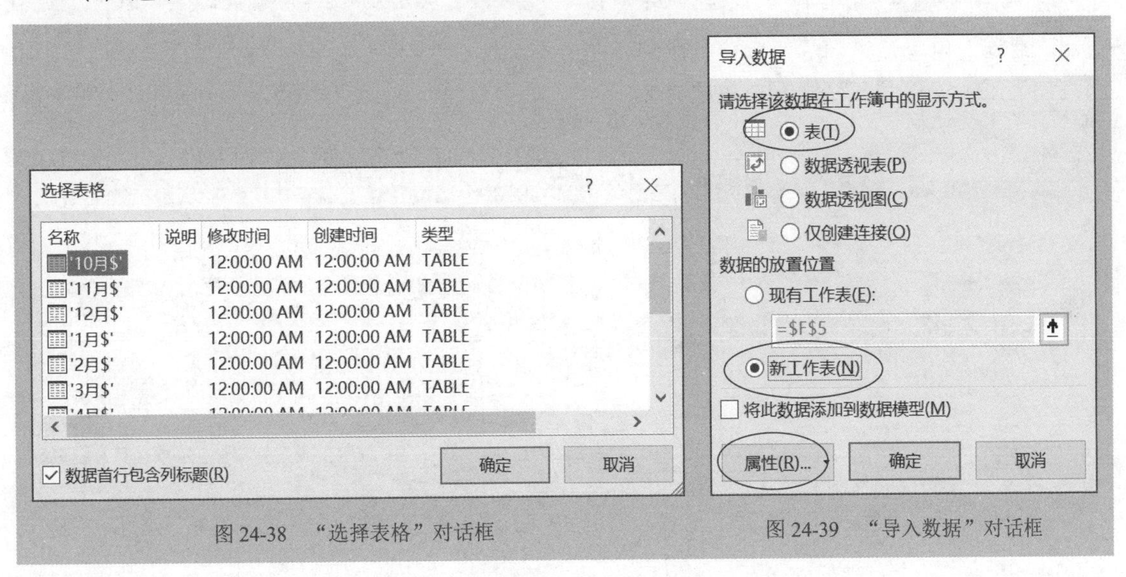

图 24-38 “选择表格”对话框

图 24-39 “导入数据”对话框

（2）单击底部的“属性”按钮，打开“连接属性”对话框；

（3）切换到“定义”选项卡；

（4）在“命令文本”输入框中输入下面的 SQL 语句，如图 24-40 所示。

```
select * from [1 月 $] union all
select * from [2 月 $] union all
select * from [3 月 $] union all
select * from [4 月 $] union all
select * from [5 月 $] union all
select * from [6 月 $] union all
select * from [7 月 $] union all
select * from [8 月 $] union all
select * from [9 月 $] union all
select * from [10 月 $] union all
select * from [11 月 $] union all
select * from [12 月 $]
```

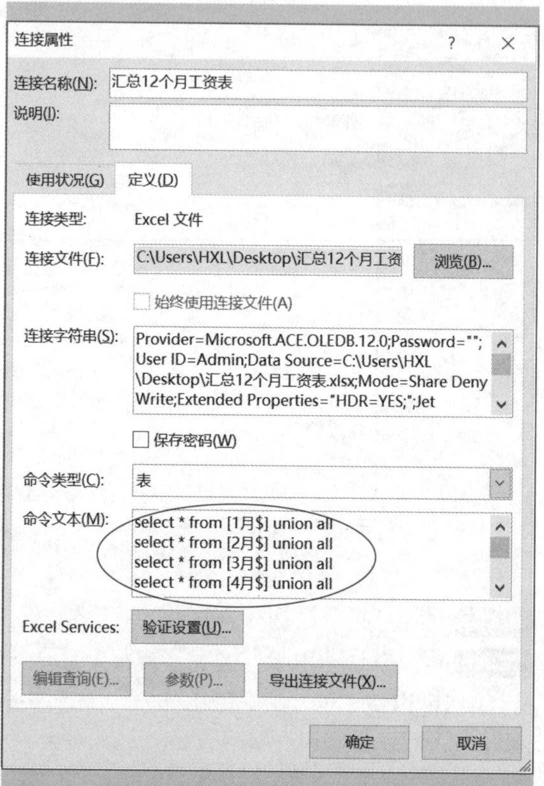

图 24-40 在“连接属性”对话框中输入 SQL 语句

Step07 单击“确定”按钮，返回到“导入数据”对话框，再单击“确定”按钮，得到如图 24-41 所示的 12 个月工资表汇总数据清单。

	A	B	C	D	E	F	G	H	I	J	K	L	M	N	O	P	Q	R
1	发放月份	工号	姓名	性别	所属部门	级别	基本工资	岗位工资	工龄工资	住房补贴	交通补贴	医疗补助	奖金	病假扣款	事假扣款	迟到早退扣款	应发合计	住房公积
2	1月	0001	刘晓晨	男	办公室	1级	1581	1000	360	543	120	84	1570	0	57	0	5201	
3	1月	0004	祁正人	男	办公室	5级	3037	800	210	543	120	84	985	0	0	69	5710	
4	1月	0005	张丽莉	女	办公室	3级	4376	800	150	234	120	84	970	77	39	19	6599	
5	1月	0006	孟欣然	女	行政部	1级	6247	800	300	345	120	84	1000	98	0	50	8748	
6	1月	0007	毛利民	男	行政部	4级	4823	600	420	255	120	84	1000	0	72	0	7230	
7	1月	0008	马一晨	男	行政部	1级	3021	1000	330	664	120	84	1385	16	28	0	6560	
8	1月	0009	王浩忌	男	行政部	1级	6859	1000	330	478	120	84	1400	13	0	0	10258	
9	1月	0013	王玉成	男	财务部	6级	4842	600	390	577	120	84	1400	0	0	87	7926	
10	1月	0014	蔡齐豫	女	财务部	5级	7947	1000	360	543	120	84	1570	0	0	20	11604	
726	12月	0053	纪天雨	女	信息部	4级	7845	1000	360	543	120	84	1570	0	0	0	11522	
727	12月	0054	李雅苓	女	信息部	6级	7926	800	270	655	120	84	955	73	66	79	10592	
728	12月	0055	杨若梦	女	信息部	4级	7873	800	210	435	120	84	1185	20	6	0	10681	
729	12月	0056	陈羽晰	男	信息部	2级	1017	800	210	543	120	84	985	0	0	0	3759	
730	12月	0057	张梦瑶	女	信息部	2级	5796	800	150	234	120	84	970	0	0	0	8154	
731	12月	0058	李羽雯	女	后勤部	2级	2181	800	300	345	120	84	1000	0	0	0	4253	
732	12月	0059	陈琦安	女	后勤部	6级	1552	600	420	255	120	84	1000	100	0	0	4755	
733	12月	0060	姜然	男	后勤部	2级	4789	1000	330	664	120	84	1385	67	0	0	5163	
734	12月	0061	袁涵	女	后勤部	3级	6999	1000	330	478	120	84	1400	0	0	76	6496	
735	12月	0062	郭亦然	男	后勤部	5级	3711	600	300	645	120	84	1400	7	0	0	5752	

Sheet1 | 1月 | 2月 | 3月 | 4月 | 5月 | 6月 | 7月 | 8月 | 9月 | 10月 | 11月 | 12月

图 24-41 12 个月工资表汇总数据清单

如果某个月的工资表数据发生了变化，只需在这个汇总表中，右击“刷新”命令，就会重新查询数据，得到数据更新后的汇总数据清单。

同样，也可以不打开源工作簿文件，而是把查询汇总结果保存到另一个工作簿中，其操作方法和步骤与上述方法和步骤是完全一样的。

技巧 270 多个一维工作表的快速汇总：Power Query 方法

如果安装了 Excel 2016，那么可以使用 Power Query 快速汇总，而没有必要绞尽脑汁编写 SQL 语句了。使用 Power Query 可以汇总数十个甚至上百个工作表。

图 24-42 所示为一个工作簿中的 12 个工作表，其保存 12 个月的工资数据。现在要把这 12 个月工资表数据汇总到一个新工作簿中的一个工作表中，要求不打开源工作簿。这里，保存 12 个月工资表的源工作簿名称是“2019 年工资表 .xlsx”：

	A	B	C	D	E	F	G	H	I	J	K	L	M	N	O	P
1	姓名	性别	合同种类	基本工资	岗位工资	工龄工资	住房补贴	交通补贴	医疗补助	奖金	病假扣款	事假扣款	迟到早退扣款	应发合计	住房公积金	养老保险
2	A001	男	合同工	2975	441	60	334	566	354	332	100	0	0	4962	404.96	303.
3	A002	男	合同工	2637	429	110	150	685	594	568	0	0	81	5092	413.84	310.
4	A005	女	合同工	4691	320	210	386	843	277	494	0	0	16	7205	577.68	433.
5	A006	女	合同工	5282	323	270	298	612	492	255	62	0	0	7470	602.56	451.
6	A008	男	合同工	4233	549	230	337	695	248	414	53	0	0	6653	536.48	402.
7	A010	男	合同工	4765	374	170	165	549	331	463	0	0	29	6788	545.36	409.
8	A016	女	合同工	4519	534	260	326	836	277	367	48	53	29	6989	569.52	427.
9	A003	女	劳务工	5688	279	290	250	713	493	242	0	0	0	7955	636.4	477
10	A004	男	劳务工	2981	296	200	254	524	595	383	0	39	15	5179	418.64	313.
11	A007	男	劳务工	5642	242	170	257	772	453	382	76	0	0	7842	633.44	475.
12	A009	男	劳务工	2863	260	220	115	769	201	415	39	12	0	4792	387.44	290.
13	A011	女	劳务工	4622	444	50	396	854	431	504	0	0	46	7255	584.08	438.
14	A012	女	劳务工	4926	301	290	186	897	212	563	0	79	0	7296	590	442

1月 2月 3月 4月 5月 6月 7月 8月 9月 10月 11月 12月

图 24-42 当前工作簿中的 12 个月工资表

Step01 首先删除源工作簿中其他所有不相干的工作表。

Step02 新建一个工作簿。

Step03 执行“数据”→“获取数据”→“自文件”→“从工作簿”命令，如图 24-43 所示。

Step04 打开“导入数据”对话框，从文件夹里选择要汇总的工作簿“2019 年工资表 .xlsx”，如图 24-44 所示。

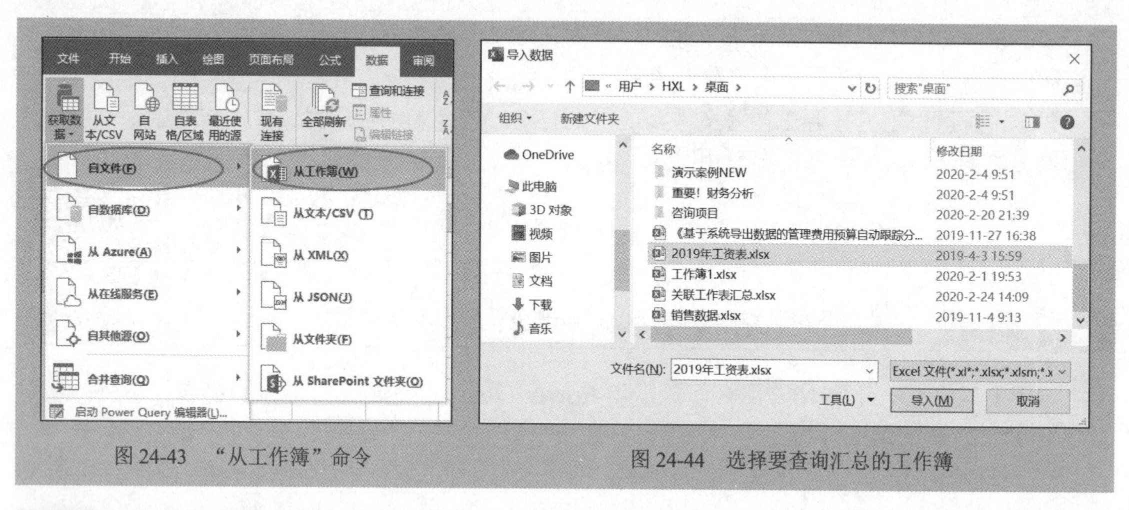

图 24-43 “从工作簿”命令　　图 24-44 选择要查询汇总的工作簿

Step05 单击“导入”按钮，打开“导航器”对话框，由于是要汇总该工作簿中的全部 12 个工作表，所以选择“2019 年工资表 .xlsx [12]”选项，如图 24-45 所示。这里工作簿名称后面的“[12]”表示该工作簿有 12 个工作表。

注意，不能只选择某个工作表，因为是要汇总全部 12 个工作表。

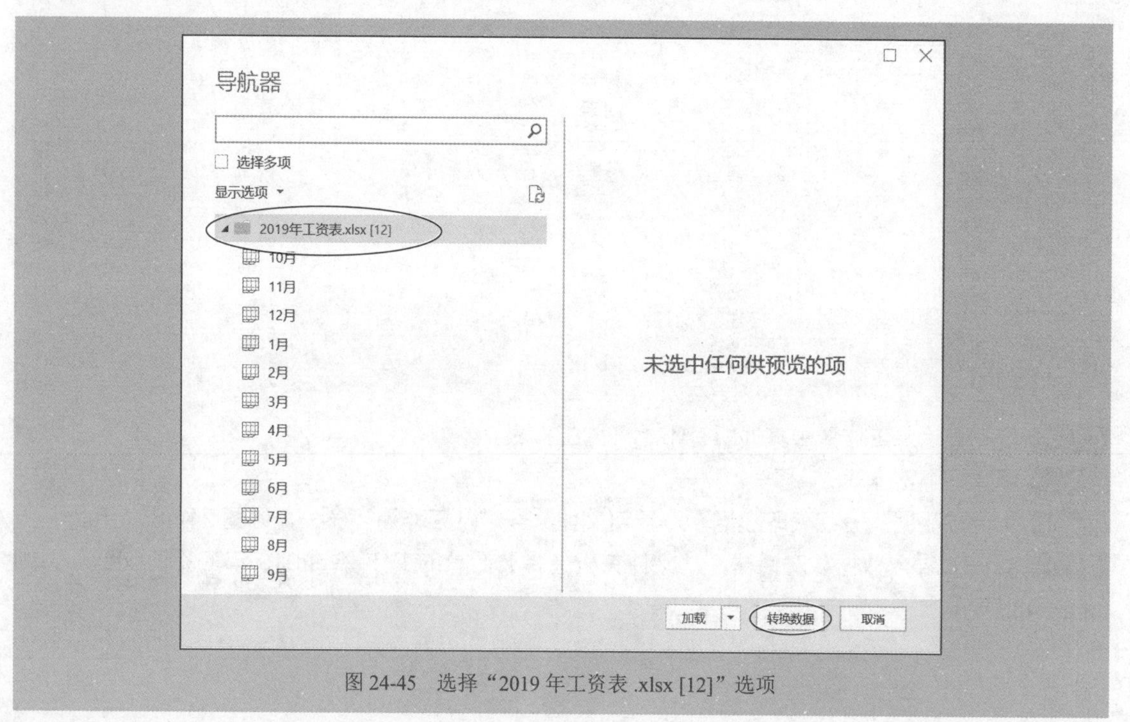

图 24-45 选择“2019 年工资表 .xlsx [12]”选项

Step06 单击右下角的“转换数据”按钮，打开“Power Query 编辑器”，如图 24-46 所示。

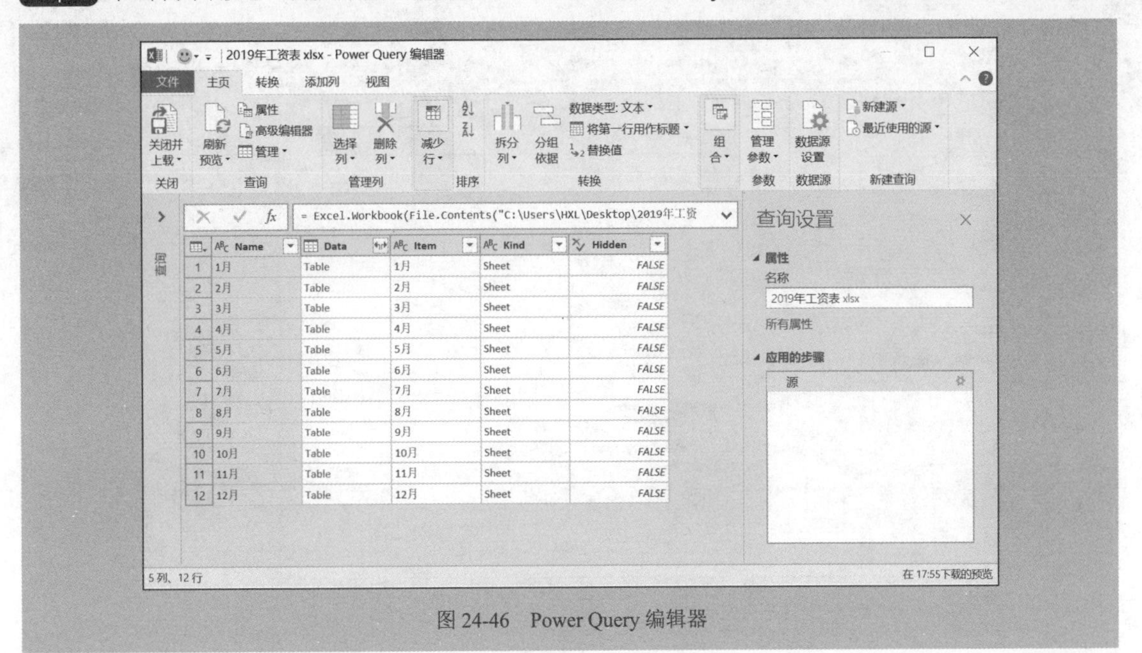

图 24-46 Power Query 编辑器

Step07 保留左侧的两列，删除右侧的 3 列，如图 24-47 所示。

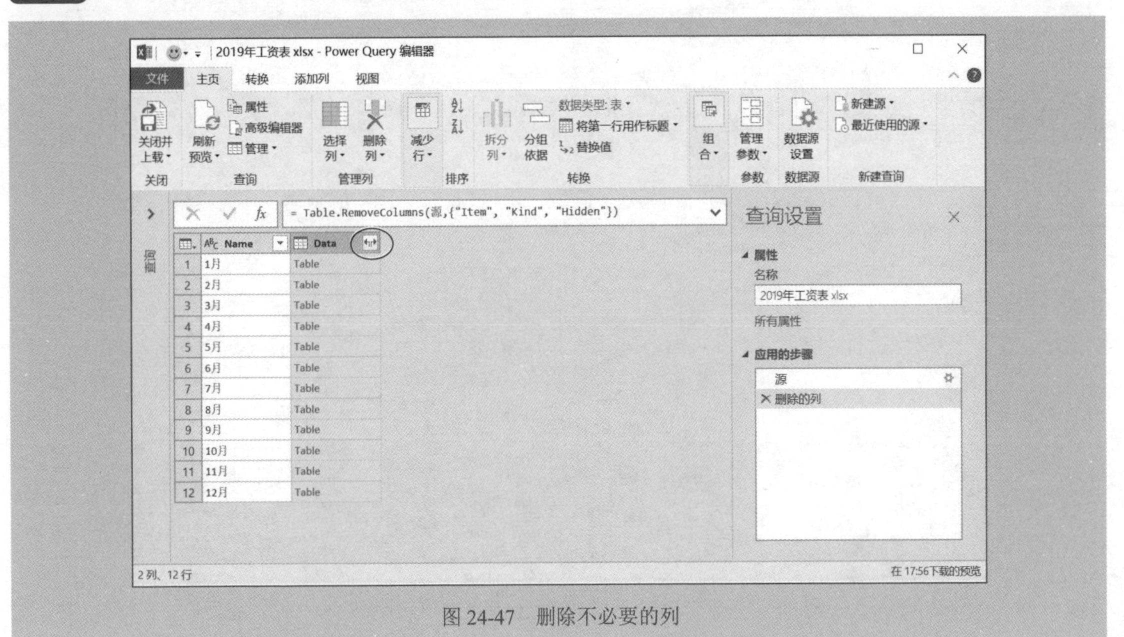

图 24-47 删除不必要的列

Step08 单击“Data”字段右侧的展开按钮，打开如下的筛选窗格，取消勾选“使用原始列名作为前缀”复选框，如图 24-48 所示。

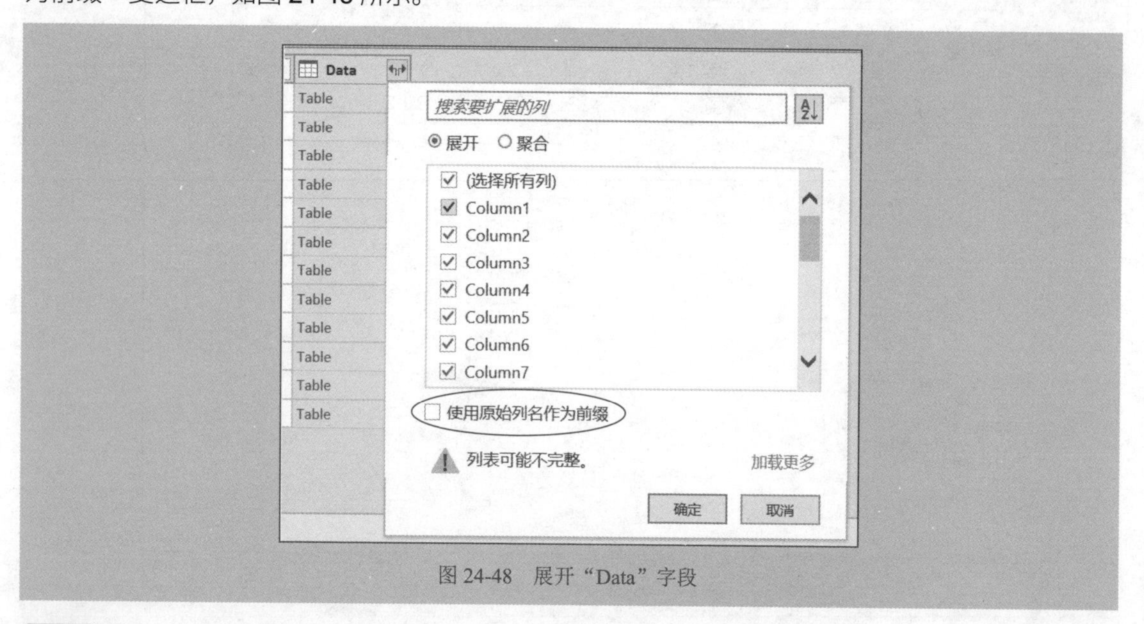

图 24-48　展开“Data”字段

Step09 单击“确定”按钮，得到全部 12 个工作表的数据，如图 24-49 所示。

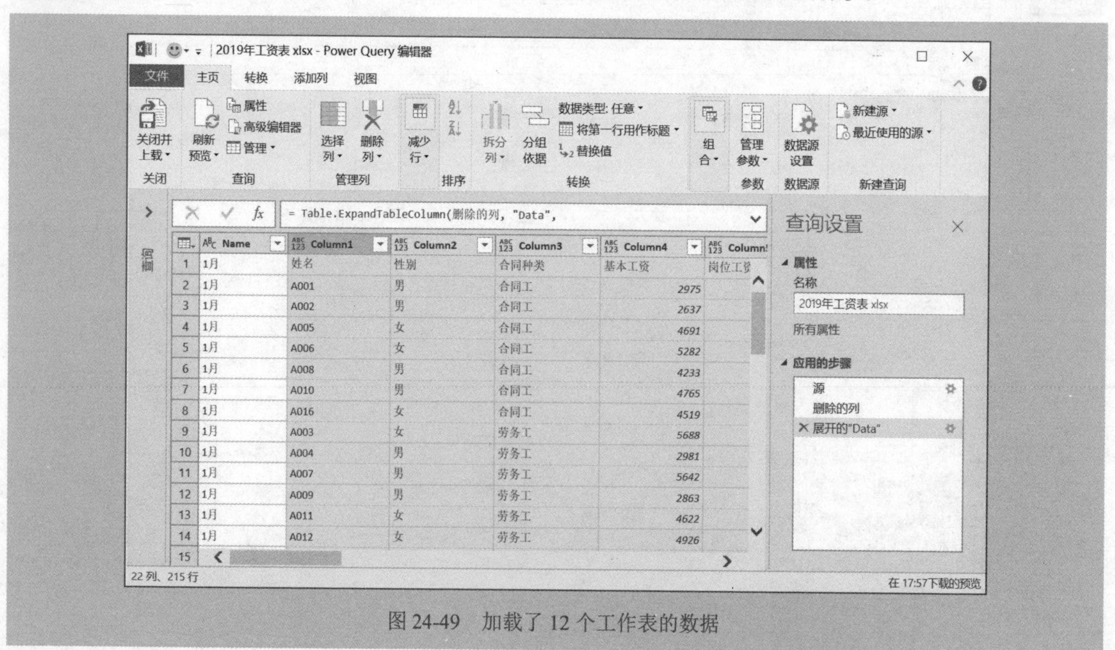

	Name	Column1	Column2	Column3	Column4	Column5
1	1月	姓名	性别	合同种类	基本工资	岗位工资
2	1月	A001	男	合同工	2975	
3	1月	A002	男	合同工	2637	
4	1月	A005	女	合同工	4691	
5	1月	A006	女	合同工	5282	
6	1月	A008	男	合同工	4233	
7	1月	A010	男	合同工	4765	
8	1月	A016	女	合同工	4519	
9	1月	A003	女	劳务工	5688	
10	1月	A004	男	劳务工	2981	
11	1月	A007	男	劳务工	5642	
12	1月	A009	男	劳务工	2863	
13	1月	A011	女	劳务工	4622	
14	1月	A012	女	劳务工	4926	
15						

图 24-49　加载了 12 个工作表的数据

Step10 单击“开始”→“将第一行用作标题”按钮，如图 24-50 所示，提升标题，然后将第一列默认的标题“1 月”修改为“月份”，就得到如图 24-51 所示的结果。

这里需要注意，如果出现了“更改的类型”操作，需要将其删除，因为这一步操作是自动的，会将月份的文本数据变为日期。

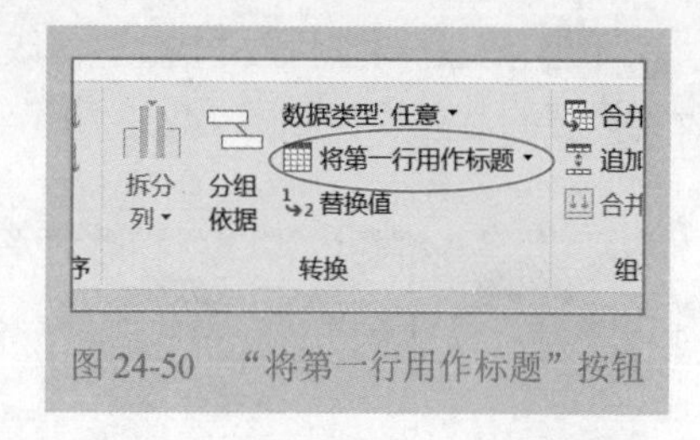

图 24-50 “将第一行用作标题”按钮

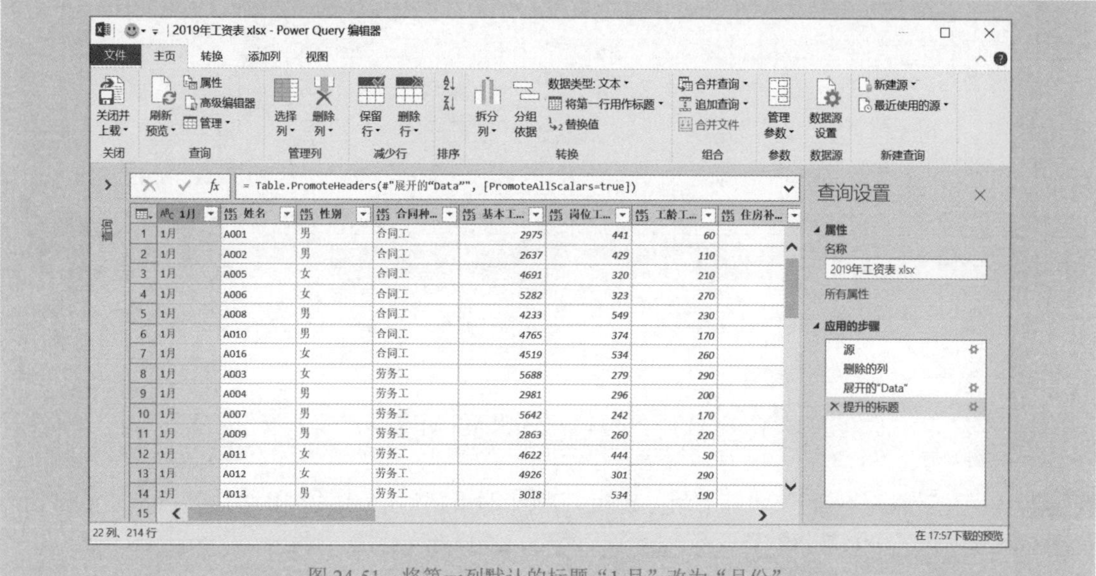

图 24-51 将第一列默认的标题“1 月”改为“月份”

Step11 这种汇总，实质上是把 12 个月的工作表的全部数据（包含标题在内）堆积到一起，因此是有 12 个标题存在。

现在已经将第一个表的标题当成了汇总表的标题，那么还剩下的 11 个标题是无用的，必须将它们筛选掉。方法是：单击某一个项目较少、容易操作的列，比如“性别”列，将数据“性别”取消，如图 24-52 所示。

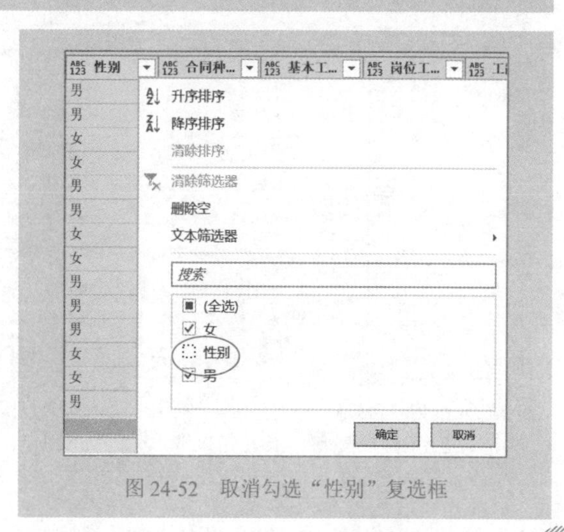

图 24-52 取消勾选“性别”复选框

Step12 将第一列标题“1 月”修改为“月份”，并将所有金额列的数据类型设置为“小数”，得到需要的汇总表，如图 24-53 所示。

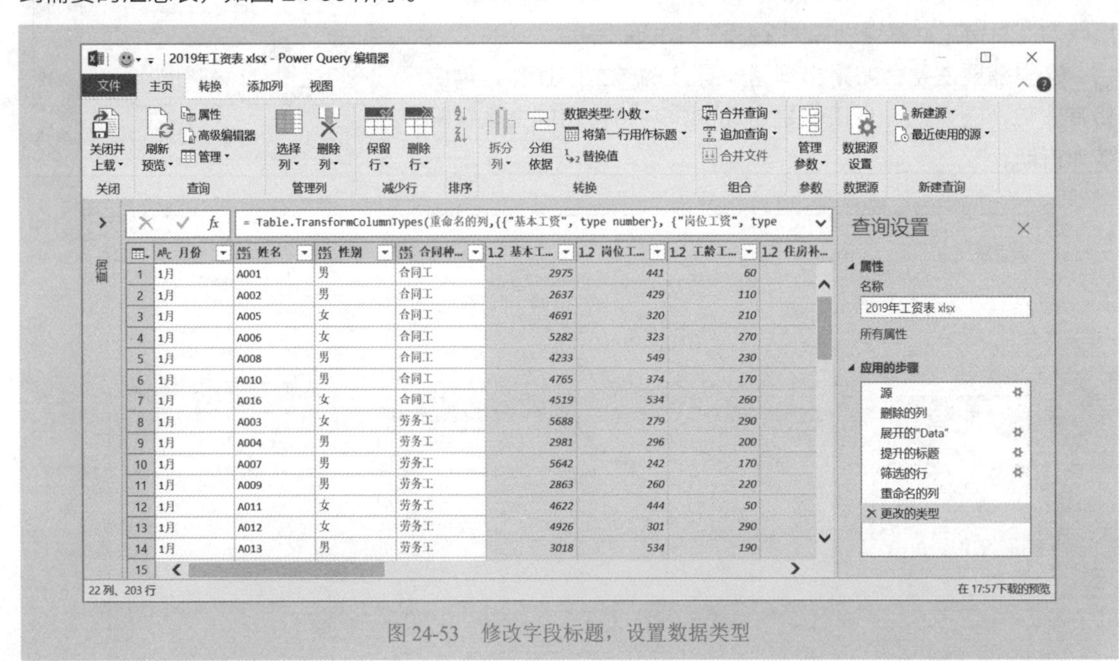

图 24-53　修改字段标题，设置数据类型

Step13 单击“开始”→“关闭并上载”按钮，如图 24-54 所示，得到 12 个月工资表的汇总表，如图 24-55 所示。

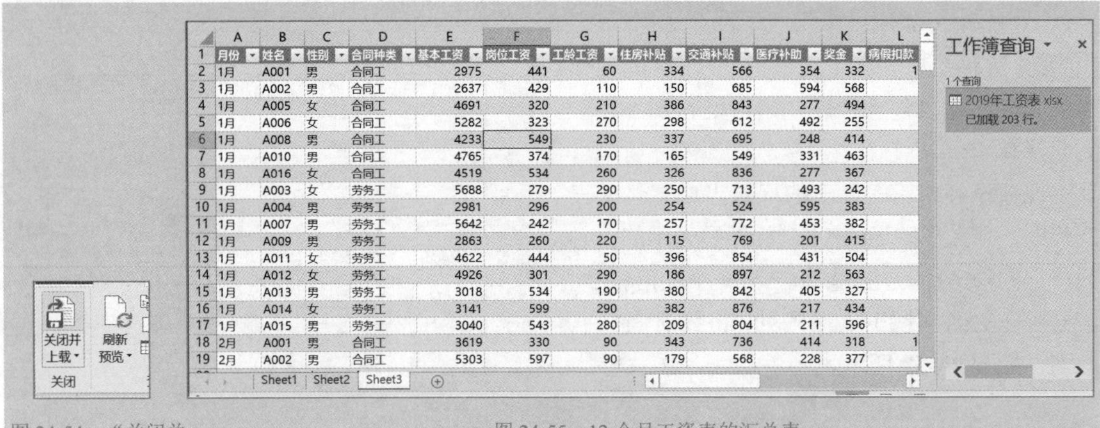

图 24-54　“关闭并上载”按钮

图 24-55　12 个月工资表的汇总表

第25章 数据透视表分析数据实用技巧

EXCEL

数据透视表是 Excel 中易学好用的高效数据处理分析工具，用于对数据表单进行快速分类汇总计算，以及对海量的数据进行多维度的分析。

数据透视表是 Excel 使用者必须掌握的重要技能之一，熟练使用数据透视表，让我们的数据处理分析事半功倍。

数据透视表基本创建方法 技巧 271

数据源的来源不同，制作数据透视表的方法也各不相同。既可以用一个表格数据制作数据透视表，也可以用多个表格数据制作数据透视表。数据源可以是 Excel 表格，也可以是数据库表，甚至是文本文件。

在实际工作中，遇到最多的情况是用一个工作表数据来创建数据透视表，这是最简单的情况，也是最常见的情况。

图 25-1 是各个店铺的销售月报数据汇总表，现在要求制作数据透视表来分析各个店铺本月的销售情况。制作数据透视表的基本步骤如下。

	A	B	C	D	E	F	G	H	I
1	地区	省份	城市	性质	店名	本月指标	实际销售金额	销售成本	
2	东北	辽宁	大连	自营	AAAA-001	150000	57062.00	20972.25	
3	东北	辽宁	大连	自营	AAAA-002	280000	130192.50	46208.17	
4	东北	辽宁	大连	自营	AAAA-003	190000	86772.00	31355.81	
5	东北	辽宁	沈阳	自营	AAAA-004	90000	103890.00	39519.21	
6	东北	辽宁	沈阳	自营	AAAA-005	270000	107766.00	38357.70	
7	东北	辽宁	沈阳	自营	AAAA-006	180000	57502.00	20867.31	
8	东北	辽宁	沈阳	自营	AAAA-007	280000	116300.00	40945.10	
9	东北	辽宁	沈阳	自营	AAAA-008	340000	63287.00	22490.31	
10	东北	辽宁	沈阳	自营	AAAA-009	150000	112345.00	39869.15	
11	东北	辽宁	沈阳	自营	AAAA-010	220000	80036.00	28736.46	
12	东北	辽宁	沈阳	自营	AAAA-011	120000	73686.50	23879.99	
13	东北	黑龙江	齐齐哈尔	加盟	AAAA-012	350000	47394.50	17636.83	
14	东北	黑龙江	哈尔滨	自营	AAAA-013	400000	89999.00	577495.00	
15	华北	北京	北京	加盟	AAAA-013	260000	57255.60	19604.20	
16	华北	天津	天津	加盟	AAAA-014	320000	51085.50	17406.07	
17	华北	北京	北京	自营	AAAA-015	200000	59378.00	21060.84	

3月

图 25-1　基础数据表

Step01 单击数据区域的任意单元格。

Step02 单击“插入”选项卡中的“数据透视表”按钮，如图 25-2 所示，打开“创建数据透视表”对话框，系统会自动选择整个数据区域作为数据透视表的数据源，如图 25-3 所示。

Step03 在该对话框中，保持默认设置，单击“确定”按钮，得到空白的数据透视表，如图 25-4 所示。

Step04 在透视表右侧“数据透视表字段”的 5 个小窗格里进行操作，对数据透视表进行布局，布局的方法是从上面的字段列表中拖动某个字段到下面的 4 个窗格里，即可得到需要的数据透视表，图 25-5 就是一个示例。

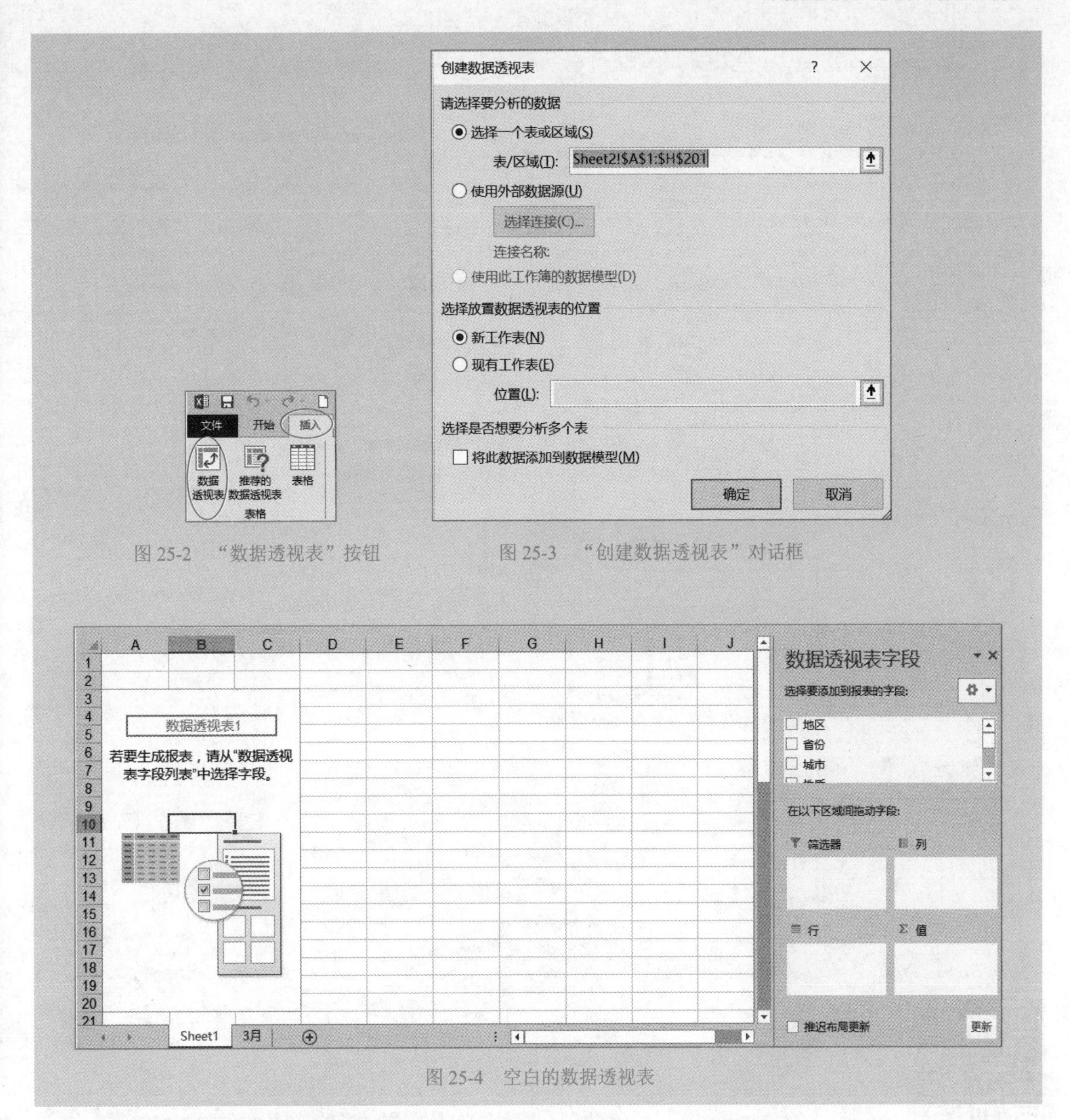

图 25-2 “数据透视表”按钮

图 25-3 “创建数据透视表”对话框

图 25-4 空白的数据透视表

如果单击“推荐的数据透视表”按钮，就会打开“推荐的数据透视表”对话框，如图 25-6 所示，然后从推荐的数据透视表结构中选择一个，即可得到一个布局好的数据透视表。该方法省去了常规的字段布局过程。

	A	B	C	D	E	F	G
1							
2							
3		列标签					
4		加盟		自营			
5	行标签	求和项:本月指标	求和项:实际销售金额	求和项:本月指标	求和项:实际销售金额	求和项:本月指标汇总	求和项:实际销售金额汇总
6	东北	350000	47394.5	2670000	1078838	3020000	1126232.5
7	华北	3380000	993480.6	4070000	1493425	7450000	2486905.6
8	华东	7010000	1570575.7	18060000	7754810.04	25070000	9325385.74
9	华南	1680000	606835.5	1910000	655276	3590000	1262111.5
10	华中	740000	195725.5	1540000	335864	2280000	531589.5
11	西北	1910000	374845.5	1190000	514350.3	3100000	889195.8
12	西南	250000	169104	2140000	840189.3	2390000	1009293.3
13	总计	15320000	3957961.3	31580000	12672752.64	46900000	16630713.94
14							

图 25-5　布局字段后得到的数据透视表

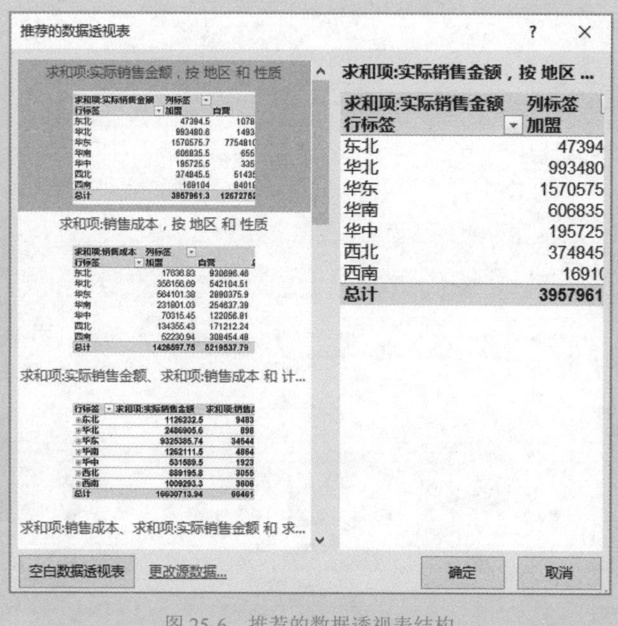

图 25-6　推荐的数据透视表结构

数据透视表美化技能：设计透视表样式　技巧 272

制作的基本数据透视表，无论是外观样式，还是内部结构，都是比较难看的，因此需要进一步设计和美化，包括设计报表样式，设置报表显示方式，设置字段，合并单元格，修改名称，项目排序等。

美化的第一步是重新设计透视表样式，即在“设计”选项卡中，单击右侧的“数据透视表样式”下拉列表框，展开数据透视表样式列表，从中选择一个喜欢的样式即可，如图 25-7 所示。

如果不想使用数据透视表的默认样式，可以直接单击该列表底部的“清除”按钮，清除默认的格式，恢复普通的表格样式。

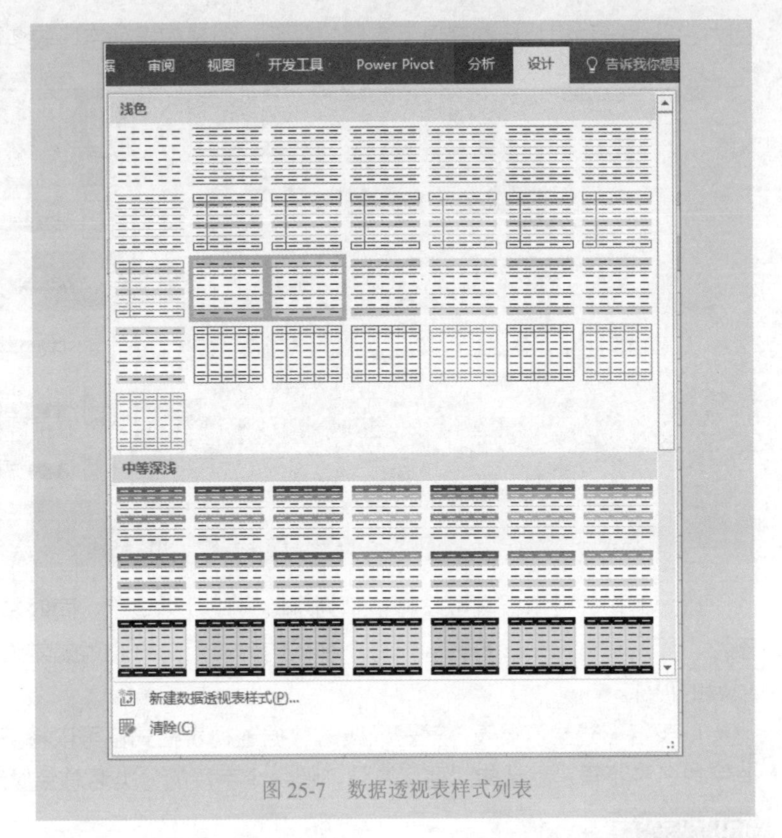

图 25-7 数据透视表样式列表

技巧 273 数据透视表美化技能：设置报表布局

所谓数据透视表的布局，就是如何设置报表的架构，设置的方法是在“设计”选项卡中的“布局”功能组中进行。

数据透视表的布局有三种情况：以压缩形式显示、以大纲形式显示和以表格形式显示，它们的切换是在“设计”选项卡中的“报表布局”命令中完成的，如图 25-8 所示。

单击“报表布局”按钮后，展开命令选项列表，如图 25-9 所示。

默认情况下，数据透视表的布局方式是压缩形式，也就是如果有多个行字段，就会被压缩在一列里显示，此时最明显的标志就是行字段和列字段并不是真正的字段名称，而是默认的“行标签”和“列标签”。这种压缩布局方式，在列字段较少（比如仅仅两个字段）的情况下是很直观的，因为它是以一种树状结构来显示各层的关系，但是如果列字段较多，这种布局就显得非常凌乱。

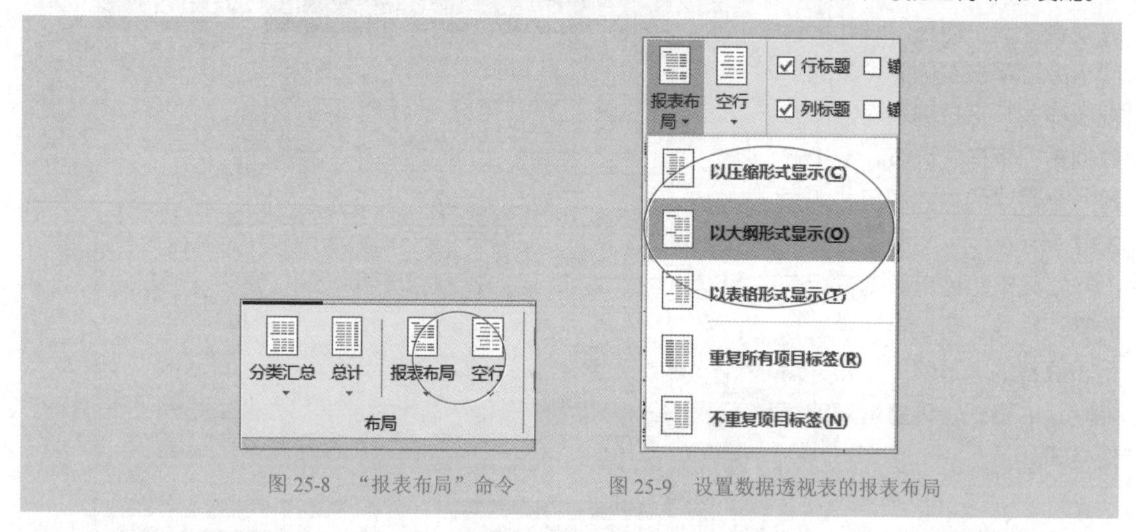

图 25-8 “报表布局”命令　　图 25-9 设置数据透视表的报表布局

以大纲形式显示报表可以将多个列字段分成几列显示，同时其字段名称不再是默认的“列标签”，而是具体的字段名称，但每个字段的分类汇总（也就是常说的小计）会显示在该字段明细项目的顶部。

以表格形式显示报表，就是经典的数据透视表格式，可以将多个列字段分成几列显示，同时其字段名称不再是默认的“列标签”，但每个字段的分类汇总会显示在该字段明细项目的底部。

数据透视表美化技能：设置行总计和列总计　技巧 274

在默认情况下，透视表的最下面有一个总计，称为列总计，就是每列项目的合计数。无论有多少个行字段，这个总计总是显示为“总计”字样。

在右侧也有一个总计，称为行总计，就是每一行项目的合计。如果列字段只有一个字段，那么这个总计就显示为“总计”字样；如果列字段有多个，那么总计的名称不再显示为“总计”，而是显示为“求和项：*** 汇总”或者“计数项：*** 汇总”的字样。

列总计和行总计是整个报表的每个字段项目的合计，可以选择显示它们，也可以选择不显示它们。显示或不显示的方法有很多，比如在“设计”选项卡中的“总计”命令中进行设置，如图 25-10 所示。也可以在“数据透视表选项”对话框的“汇总和筛选”选项卡中进行设置，如图 25-11 所示。

如果仅仅是不显示透视表的两个总计，那么就可以使用快捷命令，即对准总计所在单元格，右击，执行快捷菜单中的“删除总计”命令，如图 25-12 所示。

图 25-10 “总计”命令　　图 25-11 “数据透视表选项”对话框　　图 25-12 “删除总计”命令

技巧 275 数据透视表美化技能：修改值字段名称

在默认情况下，值字段的默认名称是“求和项 :***”或“计数项 :***”等，这样的名称是很不直观的，需要修改为更加直观的名称。

修改字段名的方法很简单：在单元格中直接修改即可。

需要注意的是，修改后的新名称不能与原有字段名称重名。

如果非要使用原来的字段名称，可以把“求和项:”和“计数项:”替换为一个空格，这样外表上看起来似乎还是原来的字段名称。图 25-13 就是修改值字段名称后的数据透视表。

	A	B	C	D	E
1					
2					
3		性质	值		
4		加盟		自营	
5	地区	本月指标	实际销售金额	本月指标	实际销售金额
6	东北	350000	47394.5	2670000	1078838
7	华北	3380000	993480.6	4070000	1493425
8	华东	7010000	1570575.7	18060000	7754810.04
9	华南	1680000	606835.5	1910000	655276
10	华中	740000	195725.5	1540000	335864
11	西北	1910000	374845.5	1190000	514350.3
12	西南	250000	169104	2140000	840189.3
13	总计	15320000	3957961.3	31580000	12672752.64

图 25-13　修改值字段名称后的数据透视表

数据透视表美化技能：合并标签单元格　技巧 276

为了让报表更加美观，可以将字段的项目标签合并居中，方法是：在透视表上右击，执行“数据透视表选项”命令，打开“数据透视表选项”对话框，勾选“合并且居中排列带标签的单元格”复选框，如图 25-14 所示。

图 25-15 和图 25-16 是合并标签单元格前后的对比。

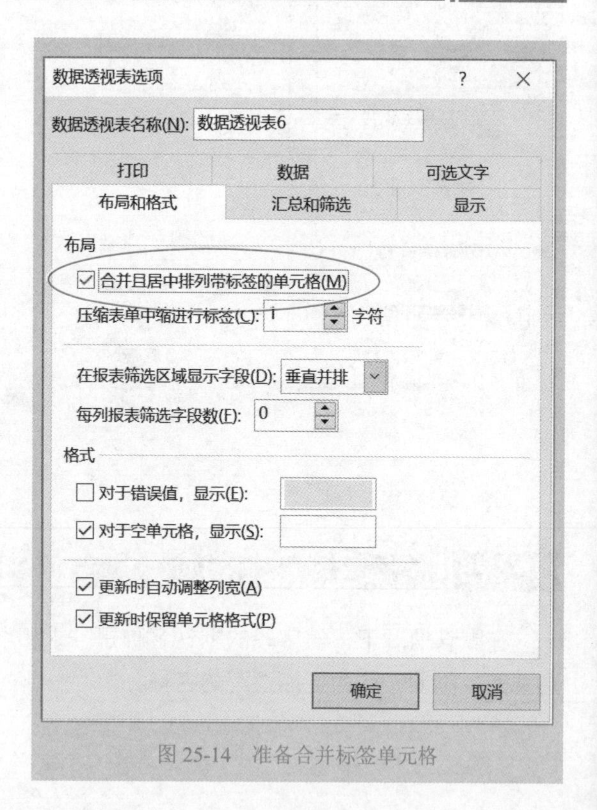

图 25-14　准备合并标签单元格

	A	B	C	D	E
1					
2					
3		性质	值		
4		加盟		自营	
5	地区	本月指标	销售额	本月指标	销售额
6	东北	350000	47394.5	2670000	1078838
7	华北	3380000	993480.6	4070000	1493425
8	华东	7010000	1570575.7	18060000	7754810.04
9	华南	1680000	606835.5	1910000	655276
10	华中	740000	195725.5	1540000	335864
11	西北	1910000	374845.5	1190000	514350.3
12	西南	250000	169104	2140000	840189.3
13	总计	15320000	3957961.3	31580000	12672752.64
14					

图 25-15　合并标签单元格前

	A	B	C	D	E
1					
2					
3		性质	值		
4		加盟		自营	
5	地区	本月指标	销售额	本月指标	销售额
6	东北	350000	47394.5	2670000	1078838
7	华北	3380000	993480.6	4070000	1493425
8	华东	7010000	1570575.7	18060000	7754810.04
9	华南	1680000	606835.5	1910000	655276
10	华中	740000	195725.5	1540000	335864
11	西北	1910000	374845.5	1190000	514350.3
12	西南	250000	169104	2140000	840189.3
13	总计	15320000	3957961.3	31580000	12672752.64

图 25-16　合并标签单元格后

技巧 277　数据透视表美化技能：设置值字段的数字格式

如果值字段是数值型字段，默认求和后的结果可能是有的数字带小数点，有的数字没有带小数点，而且当数值很大时，表格里的数字不便于阅读。

此时，可以对值字段的数字格式进行设置，令其显示为会计格式、数值格式、自定义数字格式等，方法是：在某个值字段位置右击，执行快捷菜单中的“数字格式”命令，如图 25-17 所示，打开“设置单元格格式”对话框，然后设置数字格式。

图 25-18 是将数字格式设置为以万元为单位后的显示效果。

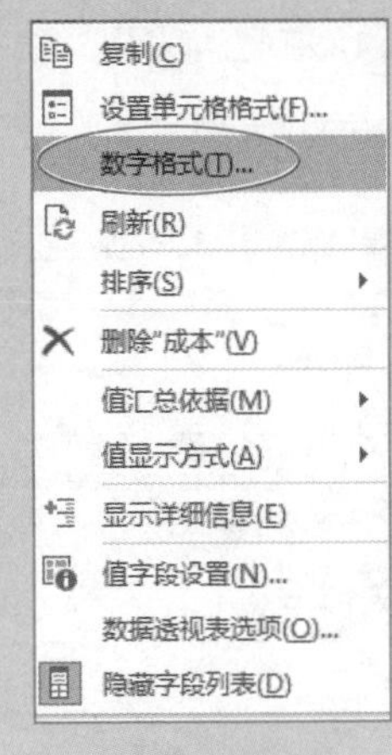

图 25-17　快捷菜单中的“数字格式”命令

	A	B	C	D	E
1					
2					单位：万元
3		性质	值		
4		加盟		自营	
5	地区	本月指标	销售额	本月指标	销售额
6	东北	35.0	4.7	267.0	107.9
7	华北	338.0	99.3	407.0	149.3
8	华东	701.0	157.1	1806.0	775.5
9	华南	168.0	60.7	191.0	65.5
10	华中	74.0	19.6	154.0	33.6
11	西北	191.0	37.5	119.0	51.4
12	西南	25.0	16.9	214.0	84.0
13	总计	1532.0	395.8	3158.0	1267.3
14					

图 25-18　将数字格式设置为以万元为单位显示

数据透视表美化技能：显示 / 隐藏分类汇总 技巧 278

默认情况下，每个字段都是有分类汇总的，也就是常说的小计。在透视表中，分类汇总会显示为“*** 汇总”。根据需要也可以不显示这个分类汇总，方法是执行快捷菜单命令或者执行选项卡中的命令。

如果仅仅是删除某个字段的分类汇总，比如删除“地区”字段的分类汇总，就在“地区”字段列的任一单元格右击，执行快捷菜单中的“分类汇总 " 地区 "”命令，如图 25-19 所示。

如果要删除透视表中所有字段的分类汇总，就执行“设计”选项卡中“分类汇总”按钮下的“不显示分类汇总”命令，如图 25-20 所示。

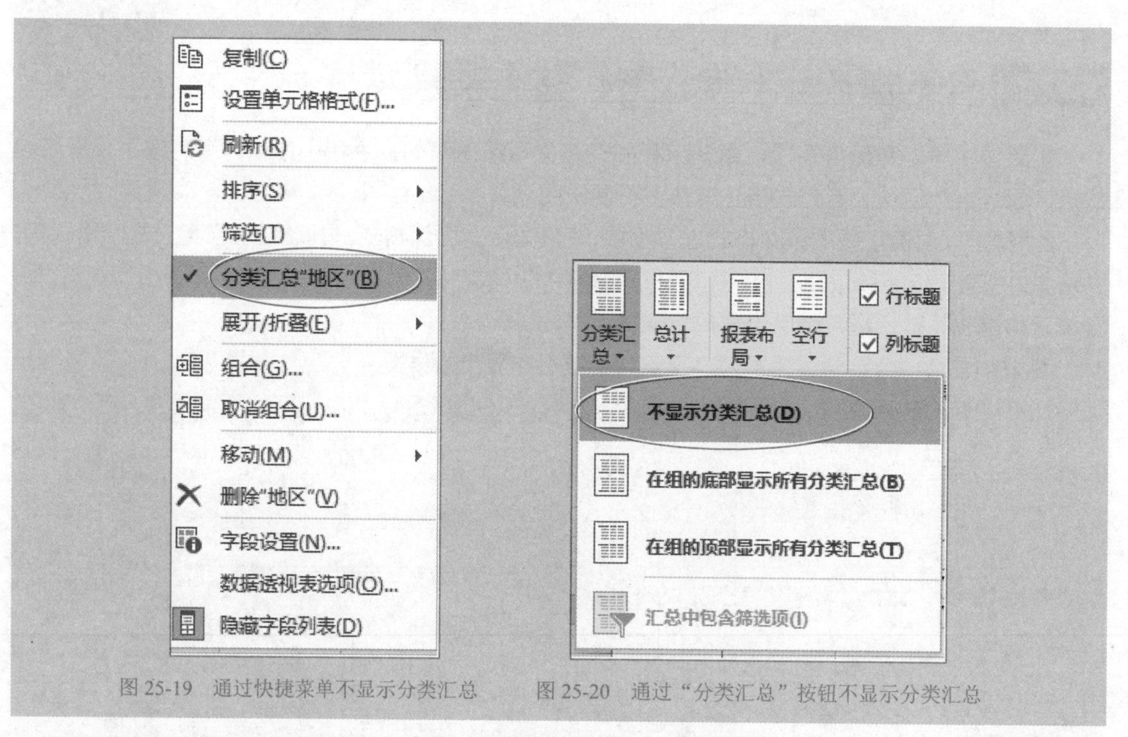

图 25-19　通过快捷菜单不显示分类汇总　　图 25-20　通过“分类汇总”按钮不显示分类汇总

如果需要重新显示字段的分类汇总，同样是在这两处执行相关命令。

技巧 279 数据透视表美化技能：项目的手动排序

分类字段项目按照常规的次序进行的排序，有时候并不能满足我们的要求，此时，需要对次序进行重新调整。

如果要调整次序的项目不多，可以手动调整，方法是：选择某个项目单元格（或者某几个连续项目单元格区域），把鼠标对准单元格的边框中间，出现上、下、左、右四个小箭头后，按住左键不放，将该单元格（或单元格区域）拖放到指定的位置。

如果项目较多，可以使用自定义排序来节省工作时间。

图 25-21 是对地区次序和性质次序进行调整后的报表。

	A	B	C	D	E
1					
2					
3		性质	值		
4		自营		加盟	
5	地区	本月指标	销售额	本月指标	销售额
6	华东	18060000	7754810.04	7010000	1570575.7
7	华中	1540000	335864	740000	195725.5
8	华北	4070000	1493425	3380000	993480.6
9	华南	1910000	655276	1680000	606835.5
10	西北	1190000	514350.3	1910000	374845.5
11	东北	2670000	1078838	350000	47394.5
12	西南	2140000	840189.3	250000	169104
13	总计	31580000	12672752.64	15320000	3957961.3

图 25-21 重新调整地区和性质的项目次序

技巧 280 制作不同计算类别指标报告

在默认情况下，不同类型数据的汇总方式是不同的。如果是数值字段，默认为求和；如果是文本字段，默认为计数。

实际数据分析中，也可以根据实际需要，通过改变数据汇总方式来得到需要的报告。

通过执行快捷菜单中的“值汇总依据”命令设置字段汇总方式，如图 25-22 所示。

图 25-23 就是利用透视表对各个部门的工资数据进行分析后的结果，该表计算了各个部门的人数、最低工资、最高工资和人均工资。

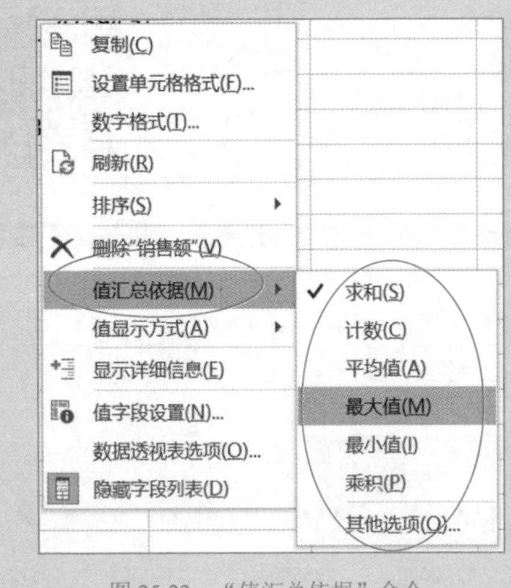

图 25-22 “值汇总依据”命令

	A	B	C	D	E	F	G
1							
2							
3		成本中心	人数	最低工资	最高工资	人均工资	
4		总经办	6	5450	9314	7330	
5		HR	7	5888	31882	11588	
6		设备部	11	4477	8019	6049	
7		信息部	7	4848	8206	5800	
8		维修	15	4395	6346	5020	
9		一分厂	43	623	9226	4766	
10		二分厂	67	1793	74093	9033	
11		三分厂	31	1767	32518	9249	
12		北京分公司	52	1182	45644	7447	
13		上海分公司	69	673	16359	6092	
14		苏州分公司	40	3629	21711	7386	
15		天津分公司	136	1360	164799	10977	
16		武汉分公司	23	3994	91965	14910	
17		总计	507	623	164799	8566	
18							

图 25-23 各部门工资数据的统计分析

制作结构分析报表 技巧 281

默认情况下，数据透视表的汇总数据是求和或者计数的实际值，但是可以改变汇总数据的显示方式，以制作需要的分析报告，比如占比分析、环比分析、同比分析等。

设置汇总数据显示方式的最简单的方法是在某个项目汇总数值单元格中右击，执行快捷菜单中的“值显示方式”命令，就会弹出一系列的显示方式，如图 25-24 所示。

图 25-25 是对字段设置为“列汇总的百分比”显示方式的报表，这个报表重点分析的是各个地区销售的对比情况。

B 列和 C 列分别表示加盟店中各个地区加盟店的销售额及其占加盟店总销售额的百分比，从中可以观察出哪个地区的加盟店销售最好。

D 列和 E 列分别表示自营店中，各个地区自营店的销售额及其占自营店总销售额的百分比，从中可以观察出哪个地区的自营店销售最好。

F 列和 G 列分别表示所有地区的销售总额（不区分加盟店和自营店）及其占全国总销售额的百分比。

这样的报表可以用于分析某个类别下各个项目的占比情况，以了解各个项目的贡献大小。百分比的计算，是分别在各列中进行的。

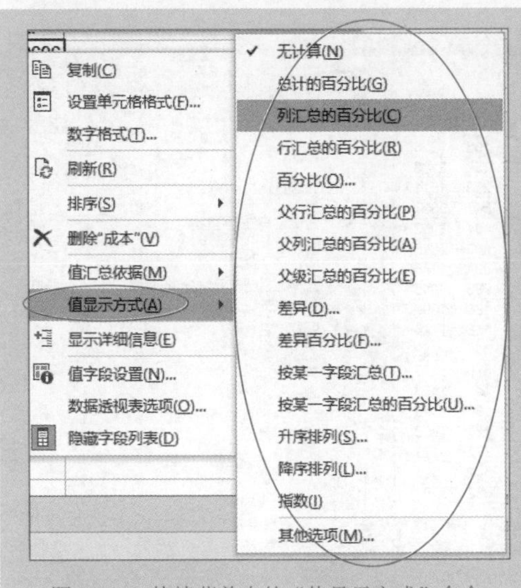

图 25-24 快捷菜单中的"值显示方式"命令

	A	B	C	D	E	F	G
1							
2							
3		性质	值				
4		加盟		自营		销售额汇总	占比汇总
5	地区	销售额	占比	销售额	占比		
6	东北	47395	1.20%	1078838	8.51%	1126233	6.77%
7	华北	993481	25.10%	1493425	11.78%	2486906	14.95%
8	华东	1570576	39.68%	7754810	61.19%	9325386	56.07%
9	华南	606836	15.33%	655276	5.17%	1262112	7.59%
10	华中	195726	4.95%	335864	2.65%	531590	3.20%
11	西北	374846	9.47%	514350	4.06%	889196	5.35%
12	西南	169104	4.27%	840189	6.63%	1009293	6.07%
13							

图 25-25 分析各个地区的销售占比

技巧 282 制作年报、季报、月报

对于日期型字段，可以自动组合成年、季度、月，从而可以对一个流水日期数据清单进行更加深入的分析，制作年报、季报、月报等。

图 25-26 是 2019 年销售流水清单，现在要按年、季度、月份汇总各个商品的销售额，如图 25-27 所示。

Step01 先制作一个基本的数据透视表，并进行格式化。

Step02 在 A 列日期字段的任一单元格右击，执行快捷菜单中的"组合"命令，如图 25-28 所示。

	A	B	C	D	E	F
1	日期	销售人员	城市	商品	销售量	销售额
2	2019-1-12	曹泽鑫	武汉	彩电	29	75548
3	2019-1-12	曹泽鑫	武汉	彩电	37	56679
4	2019-1-12	刘敬堃	沈阳	冰箱	44	88581
5	2019-1-12	王腾宇	杭州	冰箱	38	120661
6	2019-1-12	周德宇	太原	电脑	76	35732
7	2019-1-12	周德宇	贵阳	相机	69	64907
8	2019-1-12	周德宇	天津	彩电	29	47642
9	2019-1-13	房天琦	上海	空调	48	101108
10	2019-1-13	王腾宇	南京	空调	79	69523
11	2019-1-13	王学敏	郑州	电脑	77	100195
12	2019-1-13	周德宇	沈阳	相机	16	85550
13	2019-1-13	周德宇	太原	彩电	46	127265
14	2019-1-13	周德宇	郑州	相机	18	44830
15	2019-1-17	房天琦	天津	空调	77	147662
16	2019-1-17	周德宇	贵阳	空调	26	51750
17	2019-1-17	周德宇	武汉	冰箱	65	39030
18	2019-1-18	房天琦	郑州	彩电	58	24762
19	2019-1-18	郝宗泉	北京	彩电	65	34272

Sheet1 销售记录

图 25-26 销售记录

	A	B	C	D	E	F	G	H	I
1									
2									
3	销售量			商品					
4	年	季度	日期	冰箱	彩电	电脑	空调	相机	总计
5	⊟2019年	⊟第一季	1月	422	435	199	584	198	1838
6			2月	563	594	198	597	156	2108
7			3月	486	350	209	573	293	1911
8		第一季 汇总		1471	1379	606	1754	647	5857
9		⊟第二季	4月	178	282	35	470	87	1052
10			5月	881	1091	425	1066	582	4045
11			6月	649	549	204	522	324	2248
12		第二季 汇总		1708	1922	664	2058	993	7345
13		⊟第三季	7月	222	266	70	366	166	1090
14			8月	424	400	94	353	153	1424
15			9月	740	619	199	850	351	2759
16		第三季 汇总		1386	1285	363	1569	670	5273
17		⊟第四季	10月	627	471	27	597	151	1873
18			11月	377	358	48	463	100	1346
19			12月	691	509	27	555	121	1903
20		第四季 汇总		1695	1338	102	1615	372	5122
21	2019年 汇总			6260	5924	1735	6996	2682	23597
22	总计			6260	5924	1735	6996	2682	23597
23									

图 25-27　需要的报表

复制(C)
设置单元格格式(F)...
刷新(R)
排序(S)
筛选(T)
✓ 分类汇总"日期"(B)
展开/折叠(E)
组合(G)...
取消组合(U)...
移动(M)
✕ 删除"日期"(V)
字段设置(N)...
数据透视表选项(O)...
隐藏字段列表(D)

图 25-28　“组合”命令

Step03 打开“组合”对话框，“起始于”和“终止于”两个选项保持默认，在“步长”列表里选择“月”“季度”和“年”，如图 25-29 所示。

Step04 单击“确定”按钮，即可得到需要的报表。

对于 Excel 2016 来说，把日期字段拖放到行区域后，会自动按月显示，同时还有一列原始的日期被折叠起来了，如图 25-30 所示。此时，如果只要月度组合，就保持默认；如果需要季度组合，就需要重新组合日期。

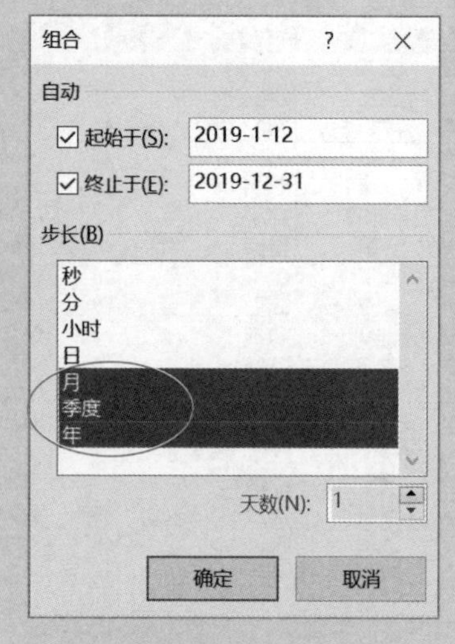

图 25-29　选择“月”“季度”和“年”

	A	B	C	D	E	F	G
1							
2							
3	求和项:销售量	列标签					
4	行标签	冰箱	彩电	电脑	空调	相机	总计
5	⊞1月	422	435	199	584	198	1838
6	⊞2月	563	594	198	597	156	2108
7	⊞3月	486	350	209	573	293	1911
8	⊞4月	178	282	35	470	87	1052
9	⊞5月	881	1091	425	1066	582	4045
10	⊞6月	649	549	204	522	324	2248
11	⊞7月	222	266	70	366	166	1090
12	⊞8月	424	400	94	353	153	1424
13	⊞9月	740	619	199	850	351	2759
14	⊞10月	627	471	27	597	151	1873
15	⊞11月	377	358	48	463	100	1346
16	⊞12月	691	509	27	555	121	1903
17	总计	6260	5924	1735	6996	2682	23597
18							

图 25-30　Excel 2016 中，日期字段自动按月显示

技巧 283 制作员工年龄分布报告

对于数字型字段，可以进行自动分组分析，比如分析各个年龄段的人数，各个工资区间内的人数和人均工资等。

图 25-31 是员工基本信息，现在要求分析各个年龄段的人数分布，如图 25-32 所示。

工号	姓名	性别	民族	部门	职务	学历	婚姻状况	出生日期	年龄	进公司时间	本公司工龄
0001	AAA1	男	满族	总经理办公室	总经理	博士	已婚	1963-12-12	56	1987-4-8	32
0002	AAA2	男	汉族	总经理办公室	副总经理	硕士	已婚	1965-6-18	54	1990-1-8	30
0003	AAA3	女	汉族	总经理办公室	副总经理	本科	已婚	1979-10-22	40	2002-5-1	17
0004	AAA4	男	回族	总经理办公室	职员	本科	已婚	1986-11-1	33	2006-9-24	13
0005	AAA5	女	汉族	总经理办公室	职员	本科	已婚	1982-8-26	37	2007-8-8	12
0006	AAA6	女	汉族	人力资源部	职员	本科	已婚	1983-5-15	36	2005-11-28	14
0007	AAA7	男	锡伯族	人力资源部	经理	本科	已婚	1982-9-16	37	2005-3-9	14
0008	AAA8	男	汉族	人力资源部	副经理	本科	未婚	1972-3-19	47	1995-4-19	24
0009	AAA9	男	汉族	人力资源部	职员	硕士	已婚	1978-5-4	41	2003-1-26	17
0010	AAA10	男	汉族	人力资源部	职员	大专	已婚	1981-6-24	38	2006-11-11	13
0011	AAA11	女	土家族	人力资源部	职员	本科	已婚	1972-12-15	47	1997-10-15	22
0012	AAA12	女	汉族	人力资源部	职员	本科	未婚	1971-8-22	48	1994-5-22	25
0013	AAA13	男	汉族	财务部	副经理	本科	已婚	1978-8-12	41	2002-10-12	17
0014	AAA14	女	汉族	财务部	经理	硕士	已婚	1959-7-15	60	1984-12-21	35
0015	AAA15	男	汉族	财务部	职员	本科	未婚	1968-6-6	51	1991-10-18	28
0016	AAA16	女	汉族	财务部	职员	本科	未婚	1967-8-9	52	1990-4-28	29
0017	AAA17	女	汉族	财务部	职员	本科	未婚	1974-12-11	45	1999-12-27	20
0018	AAA18	女	汉族	财务部	副经理	本科	已婚	1971-5-24	48	1995-7-21	24

Sheet1 基本信息

图 25-31 员工基本信息（1）

人数	年龄								
部门	25岁以下	26-30岁	31-35岁	36-40岁	41-45岁	46-50岁	51-55岁	56岁以上	总计
总经理办公室		1	1	1		1	1		5
人力资源部			4	1	3				8
财务部		2		1	2	2		1	8
国际贸易部		1	2	3				1	7
后勤部				3	1			1	5
技术部	1	1	4	1		1		1	9
销售部			4	6	1			1	12
信息部	1			4					5
生产部		1		1	4	1		1	8
分控			3	2	2	2	1	1	11
外借	2		1				2	1	6
总计	4	6	19	23	13	7	4	8	84

图 25-32 各个部门、各个年龄段的人数分布

主要步骤如下：

Step01 首先制作基本的数据透视表，进行布局，调整部门次序，如图 25-33 所示。

Step02 在“年龄”字段的任一单元格右击，执行快捷菜单中的“组合”命令，打开“组合”对话框，然后设置组合的起始值、终止值和步长，如图 25-34 所示。

Step03 单击“确定”按钮，得到组合年龄后的透视表，如图 25-35 所示。

Step04 最后修改各个年龄段的名称。

	A	B	C	D	E	F	G	H	I	J	K	L	M	N	O	P	Q
1	人数	年龄															
2	部门	23	24	25	26	27	28	29	30	31	32	33	34	35	36	37	38
3	总经理办公室							1				1			1		
4	人力资源部									1		2	1				1
5	财务部				1	1										1	
6	国际贸易部								1			1		1		3	
7	后勤部														1	1	
8	技术部	1							1			1	1	2		1	
9	销售部												2	2	2	2	2
10	信息部			1											1	1	1
11	生产部						1										1
12	分控									1	1	1					1
13	外借	1	1									1					
14	总计	2	1	1	1	1	1	1	2	2	1	7	4	5	5	9	6

图 25-33　基本的数据透视表

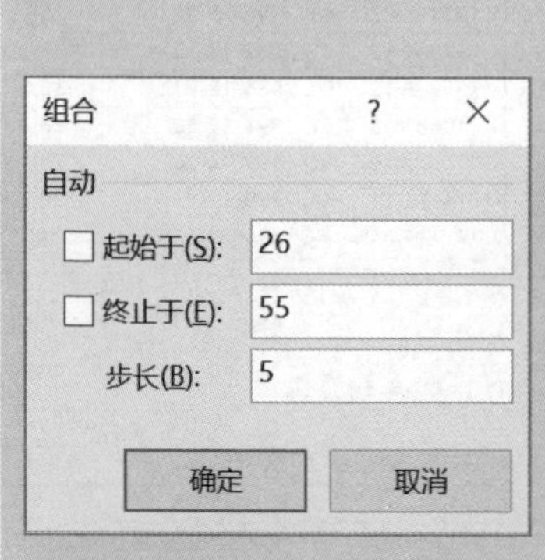

图 25-34　设置起始值、终止值和步长

	A	B	C	D	E	F	G	H	I	J
1	人数	年龄								
2	部门	<26	26-30	31-35	36-40	41-45	46-50	51-55	>56	总计
3	总经理办公室		1	1	1		1	1		5
4	人力资源部			4	1	3				8
5	财务部		2		1	2	2		1	8
6	国际贸易部		1	2	3				1	7
7	后勤部				3	1			1	5
8	技术部	1	1	4	1		1		1	9
9	销售部			4	6	1			1	12
10	信息部	1			4					5
11	生产部		1		1	4	1		1	8
12	分控			3	2	2	2	1	1	11
13	外借	2		1				2	1	6
14	总计	4	6	19	23	13	7	4	8	84

图 25-35　组合年龄后的数据透视表

制作前 *N* 大客户排名报表　技巧 284

对值字段进行排序，并对分类字段进行筛选，可以制作前 *N* 大客户报告。

执行快捷菜单的“排序”命令，即可进行快速排序，如图 25-36 所示。

在分类字段中执行“前 10 个”命令，即可筛选出前 *N* 个最大值（或者后 *N* 个最小值），如图 25-37 所示。

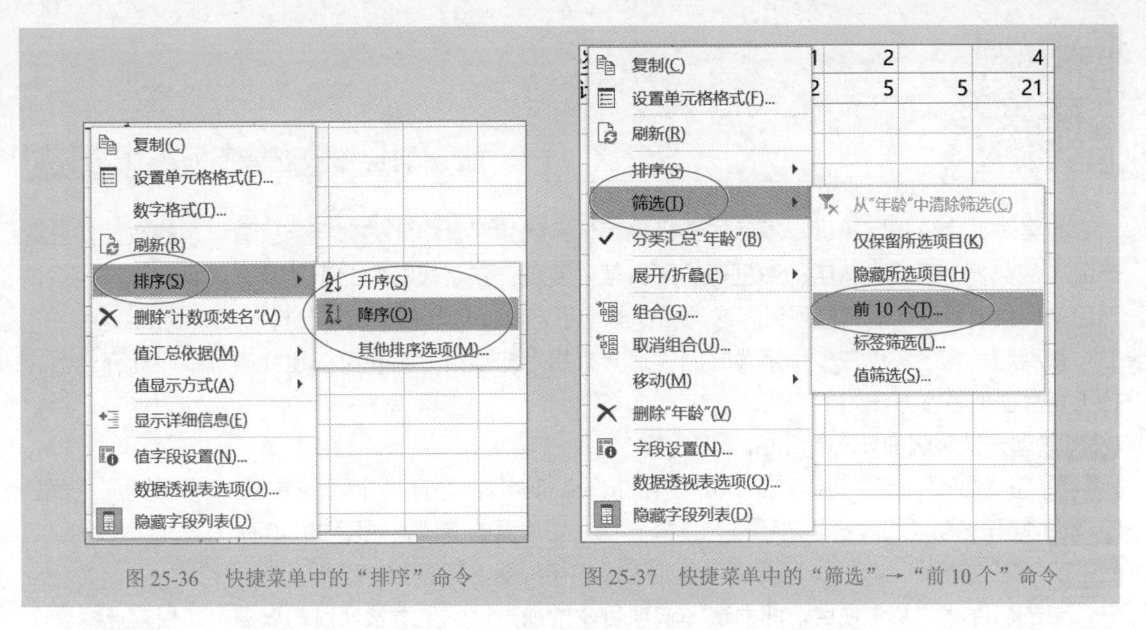

图 25-36 快捷菜单中的"排序"命令

图 25-37 快捷菜单中的"筛选"→"前 10 个"命令

图 25-38 是销售数据表，执行上述命令后，即可得到销售额前 10 大客户的排名报表，如图 25-39 所示。

	A	B	C	D	E	F	G
1	客户简称	业务员	月份	存货编码	存货名称	销量	销售额
2	客户03	业务员01	1月	CP001	产品1	15185.35	691975.7
3	客户05	业务员14	1月	CP002	产品2	26131.46	315263.8
4	客户05	业务员18	1月	CP003	产品3	6137.413	232354.6
5	客户07	业务员02	1月	CP002	产品2	13919.91	65818.58
6	客户07	业务员27	1月	CP003	产品3	759.2676	21852.55
7	客户07	业务员20	1月	CP004	产品4	4492.333	91258.86
8	客户09	业务员21	1月	CP002	产品2	1391.991	11350.28
9	客户69	业务员20	1月	CP002	产品2	4239.244	31441.58
10	客户69	业务员29	1月	CP001	产品1	4555.605	546248.5
11	客户69	业务员11	1月	CP003	产品3	1898.169	54794.45
12	客户69	业务员13	1月	CP004	产品4	16956.98	452184.7
13	客户15	业务员30	1月	CP002	产品2	12970.82	98630.02
14	客户15	业务员26	1月	CP001	产品1	506.1784	39008.43
15	客户86	业务员03	1月	CP003	产品3	379.6338	27853.85
16	客户61	业务员35	1月	CP002	产品2	38912.46	155185.7
17	客户61	业务员01	1月	CP001	产品1	759.2676	81539.37
18	客户61	业务员34	1月	CP004	产品4	822.5399	18721.44
19	客户26	业务员11	1月	CP005	产品5	126.5446	25114.12

Sheet1 销售数据

图 25-38 销售数据表

	A	B
1		
2	客户简称	销售额
3	客户28	11820012
4	客户74	7111929
5	客户69	5372140
6	客户03	4680686
7	客户54	4411475
8	客户04	4064379
9	客户14	3978469
10	客户42	3270250
11	客户05	3016957
12	客户61	2909129
13	总计	50635425

图 25-39 销售额前 10 大客户

使用切片器快速筛选报表 技巧 285

如果对某个分类字段进行项目的选择性筛选，比如只看华北的数据，只看华东的数据，只看产品 1 的数据，只看自营店的数据等，那么就需要单击该字段右侧的下拉箭头，展开筛选列表，然后勾选该项目，取消其他项目。这种操作非常不方便，也不利于快速分析指定的数据。

使用切片器，可以在多个字段之间快速分析指定的项目，因为可以建立多个字段的筛选器。插入切片器的基本方法如下：

Step01 单击透视表的任一单元格。

Step02 在“插入”选项卡中单击“切片器”按钮，或者在“分析”选项卡中单击“切片器”按钮。

Step03 打开“插入切片器”对话框，选择要插入切片器的字段，如图 25-40 所示。

Step04 单击“确定”按钮，就插入了选定字段的切片器，如图 25-41 所示。

单击切片器的某个项目，即为选择该项目，透视表也就变为该项目的数据。如果要选择多个项目，可以先单击切片器右上角的 按钮，再单击多个项目。如果要恢复全部数据，不再进行筛选，可以单击切片器右上角的清除筛选器按钮 。

如果不需要切片器了，可以将其删除，对准切片器右击，执行快捷菜单中的“剪切”命令即可。

还可以设置切片器格式（比如样式、字体、颜色、列数等），这些都是在切片器的“选项”选项卡中进行的。

图 25-42 就是使用切片器筛选报表的示例。

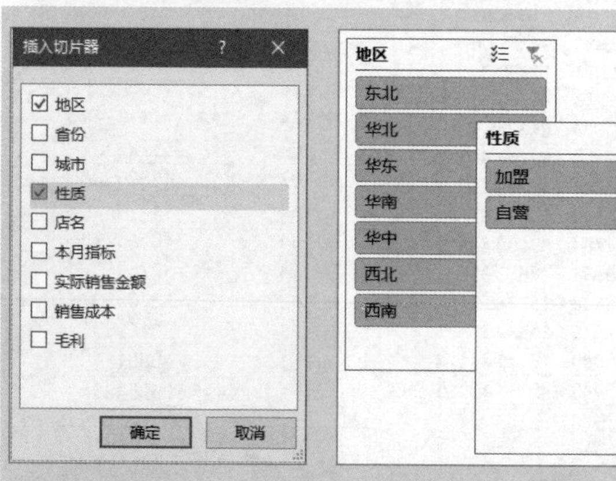

图 25-40 选择要插入切片器的字段

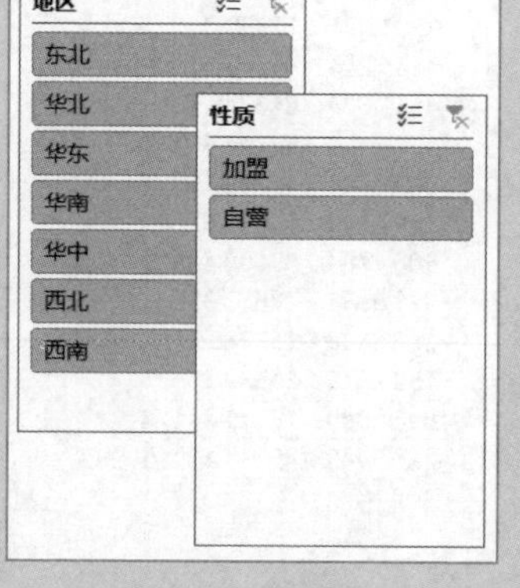

图 25-41 插入的切片器

省份	本月指标	销售额
安徽	760000	268015.5
北京	2690000	1153332.6
福建	3710000	1367395
河北	820000	282721
河南	440000	150404
江苏	9190000	2508064.9
山东	2450000	607643
山西	390000	159630.5
上海	7640000	4194152.44
天津	660000	133174.5
浙江	3770000	987757.9
总计	32520000	11812291.34

图 25-42 使用切片器筛选报表

技巧 286 使用数据透视图分析数据

在创建数据透视表时，可以同时创建透视表和透视图。如果已经创建了透视表，也可以使用插入图表命令，制作一个与透视表连接的透视图。

在透视表的基础上，绘制透视图是很简单的，单击透视表内的任一单元格，再插入图表，那么就得到了一个透视图，如图 25-43 所示。

刚创建的透视图很不美观，例如图表的有字段按钮很不协调，可以把这些字段按钮隐藏，方法是：在某个字段按钮上右击，执行快捷菜单中的“隐藏图表上的所有字段按钮”命令，如图 25-44 所示。

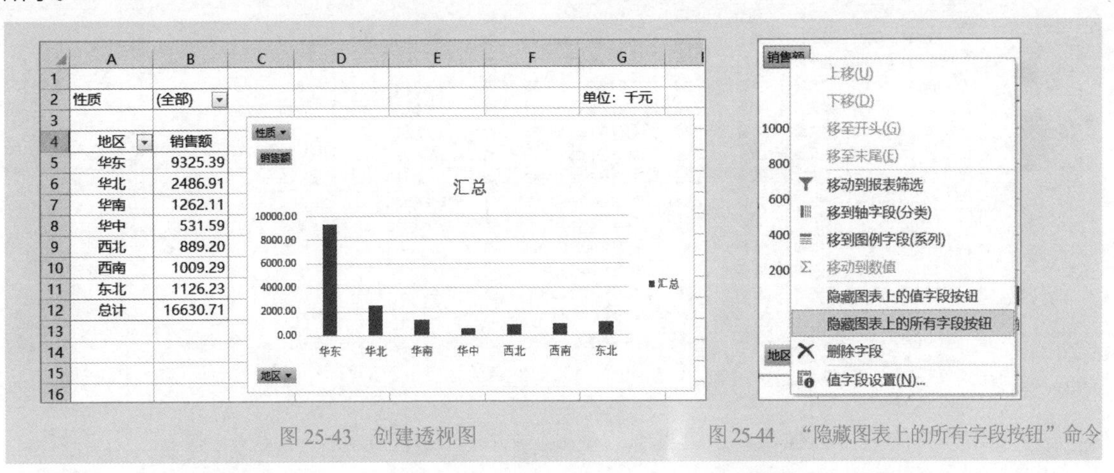

性质	(全部)
地区	销售额
华东	9325.39
华北	2486.91
华南	1262.11
华中	531.59
西北	889.20
西南	1009.29
东北	1126.23
总计	16630.71

图 25-43 创建透视图

图 25-44 “隐藏图表上的所有字段按钮”命令

隐藏了字段按钮后的透视图，可以直观地分析数据，如图 25-45 所示。

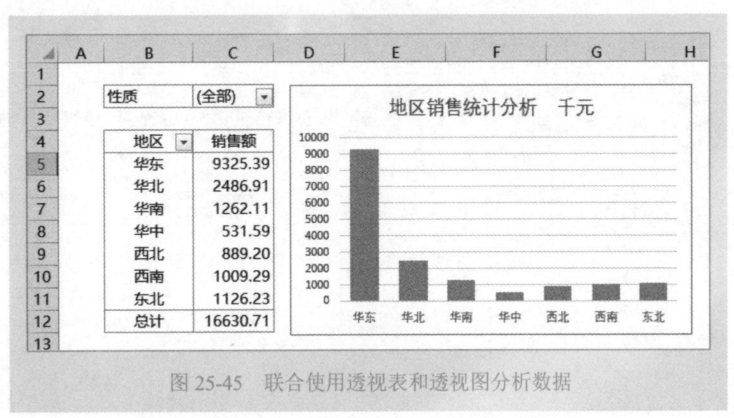

性质	(全部)
地区	销售额
华东	9325.39
华北	2486.91
华南	1262.11
华中	531.59
西北	889.20
西南	1009.29
东北	1126.23
总计	16630.71

图 25-45 联合使用透视表和透视图分析数据

制作某个项目的明细表 技巧 287

当数据透视表制作完毕后，可以通过双击某个汇总数据单元格，把该汇总数据所代表的所有项目明细数据还原出来，另存到一个新工作表中。

例如，图 25-46 是一个员工信息表，现要求制作一个销售部、本科学历、年龄在 30~40 岁的员工明细表。

工号	姓名	所属部门	学历	婚姻状况	身份证号码	性别	出生日期	年龄	入职时间	本公司工龄
G0001	A0062	后勤部	本科	已婚	421122196212152153	男	1962-12-15	54	1980-11-15	36
G0002	A0081	生产部	本科	已婚	110108195701095755	男	1957-1-9	60	1982-10-16	34
G0003	A0002	总经办	硕士	已婚	131182196906114415	男	1969-6-11	48	1986-1-8	31
G0004	A0001	技术部	博士	已婚	320504197010062020	女	1970-10-6	46	1986-4-8	31
G0005	A0016	财务部	本科	未婚	431124198510053836	男	1985-10-5	31	1988-4-28	29
G0006	A0015	财务部	本科	已婚	320923195611081635	男	1956-11-8	60	1991-10-18	25
G0007	A0052	销售部	硕士	已婚	320924198008252511	男	1980-8-25	37	1992-8-25	25
G0008	A0018	财务部	本科	已婚	320684197302090066	女	1973-2-9	44	1995-7-21	22
G0009	A0076	市场部	大专	未婚	110108197906221075	男	1979-6-22	38	1996-7-1	21
G0010	A0041	生产部	本科	已婚	371482195810102648	女	1958-10-10	58	1996-7-19	21
G0011	A0077	市场部	本科	已婚	11010819810913162X	女	1981-9-13	36	1996-9-1	21
G0012	A0073	市场部	本科	已婚	420625196803112037	男	1968-3-11	49	1997-8-26	20
G0013	A0074	市场部	本科	未婚	110108196803081517	男	1968-3-8	49	1997-10-28	19
G0014	A0017	财务部	本科	未婚	320504197010062010	男	1970-10-6	46	1999-12-27	17
G0015	A0057	信息部	硕士	已婚	130429196607168417	男	1966-7-16	51	1999-12-28	17

图 25-46　员工基本信息（2）

Step01 创建基本的数据透视表，进行基本的布局，如图 25-47 所示。

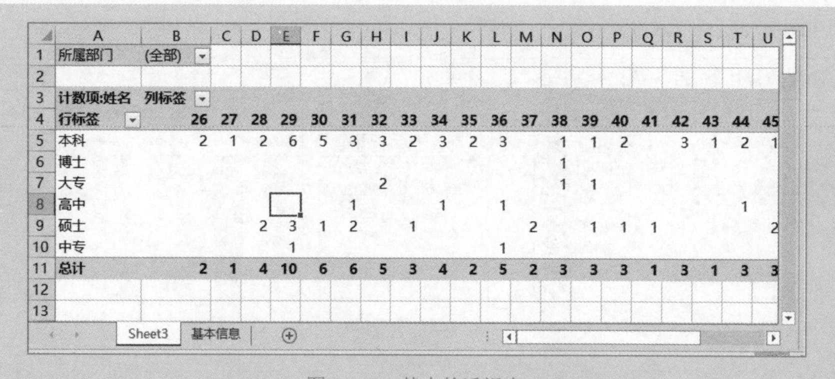

所属部门 (全部)

计数项:姓名 列标签

行标签	26	27	28	29	30	31	32	33	34	35	36	37	38	39	40	41	42	43	44	45
本科	2	1	2	6	5	3	3	2	3	2	3		1	1	2		3	1	2	1
博士													1							
大专							2						1	1						
高中						1			1		1								1	
硕士			2	3	1	2		1				2		1	1	1				2
中专				1							1									
总计	2	1	4	10	6	6	5	3	4	2	5	2	3	3	3	1	3	1	3	3

图 25-47　基本的透视表

Step02 在“年龄”字段的任一单元格右击快捷菜单的“组合”命令，打开“组合”对话框，设置组合参数，对年龄按要求进行组合，即可得到组合年龄后的透视表，如图 25-48 和图 25-49 所示。

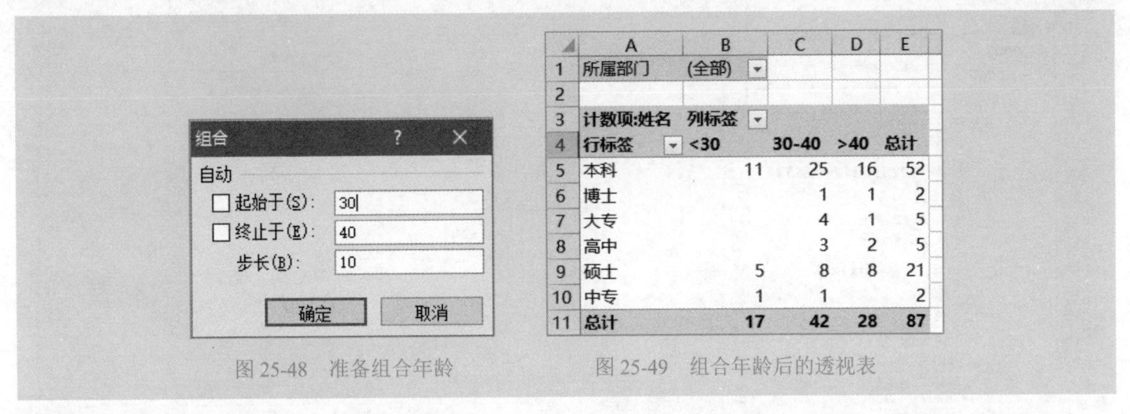

	A	B	C	D	E
1	所属部门	(全部)			
2					
3	计数项:姓名	列标签			
4	行标签	<30	30-40	>40	总计
5	本科	11	25	16	52
6	博士		1	1	2
7	大专		4	1	5
8	高中		3	2	5
9	硕士	5	8	8	21
10	中专	1	1		2
11	总计	17	42	28	87

图 25-48 准备组合年龄　　图 25-49 组合年龄后的透视表

Step03 从“所属部门”中选择“销售部”，然后双击行标签为“本科”、列表签为“30-40”的交叉汇总单元格（这里是单元格 C5），即可得到满足条件的明细表，如图 25-50 所示。

	A	B	C	D	E	F	G	H	I	J	K	L
1	工号	姓名	所属部门	学历	婚姻状况	身份证号码	性别	出生日期	年龄	入职时间	本公司工龄	
2	G0085	A0082	销售部	本科	未婚	4206241987(	男	1987-2-11	30	2014-3-31	3	
3	G0023	A0051	销售部	本科	未婚	3208261977	男	1977-12-23	39	2002-7-6	15	
4												

Sheet4　Sheet3　基本信息

图 25-50 销售部、本科学历、年龄在 30~40 岁的员工明细表

技巧 288 批量制作明细表

可以使用数据透视表的“显示报表筛选页”功能，快速批量制作明细表。这种方法很简单，也很容易掌握。

以图 25-46 所示的员工信息表为例，现需要制作每个部门的员工明细表，每个部门保存一个工作表，每个工作表名称就是该部门名称，主要步骤如下：

Step01 根据员工基本信息数据，制作基本的透视表，把所有的字段全部拉到行标签里，如图 25-51 所示。

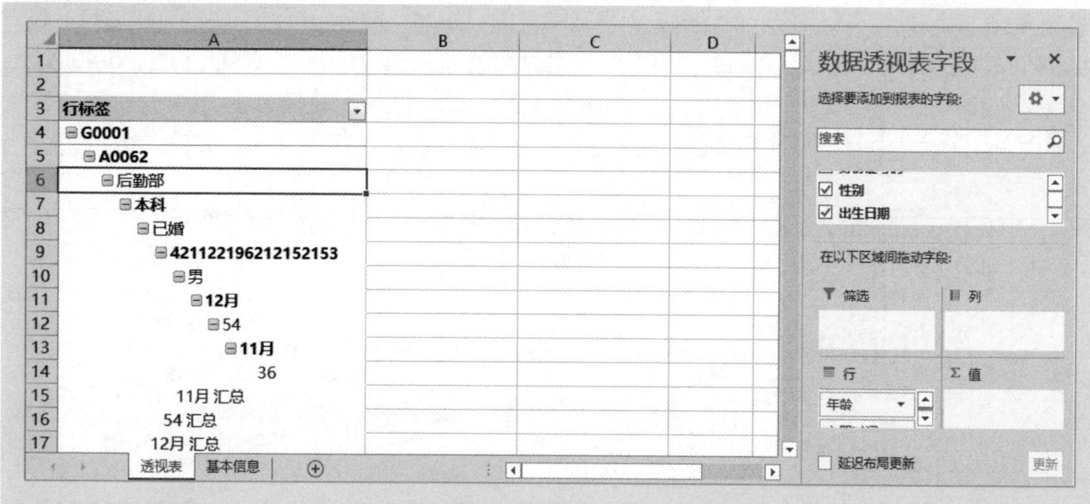

图 25-51　布局透视表

Step02 清除数据透视表样式，取消所有字段的分类汇总，取消行总计和列总计，并以表格形式显示透视表。这样，透视表就变为如图 25-52 所示的形式。

工号	姓名	所属部门	学历	婚姻状况	身份证号码	性别	出生日期	年龄	入职时间	本
G0001	A0062	后勤部	本科	已婚	421122196212152153	男	12月	54	11月	
G0002	A0081	生产部	本科	已婚	110108195701095755	男	1月	60	10月	
G0003	A0002	总经办	硕士	已婚	131182196906114415	男	6月	48	1月	
G0004	A0001	技术部	博士	已婚	320504197010062020	女	10月	46	4月	
G0005	A0016	财务部	本科	未婚	431124198510053836	男	10月	31	4月	
G0006	A0015	财务部	本科	已婚	320923195611081635	男	11月	60	10月	
G0007	A0052	销售部	硕士	已婚	320924198008252511	男	8月	37	8月	
G0008	A0018	财务部	本科	已婚	320684197302090066	女	2月	44	7月	
G0009	A0076	市场部	大专	未婚	110108197906221075	男	6月	38	7月	
G0010	A0041	生产部	本科	已婚	371482195810102648	女	10月	58	7月	
G0011	A0077	市场部	本科	已婚	11010819810913162X	女	9月	36	9月	
G0012	A0073	市场部	本科	已婚	420625196803112037	男	3月	49	8月	
G0013	A0074	市场部	本科	未婚	110108196803081517	男	3月	49	10月	
G0014	A0017	财务部	本科	未婚	320504197010062010	男	10月	46	12月	

图 25-52　格式化后的透视表

Step03 将“所属部门”字段拖到“筛选”区域，然后执行“分析”→“选项”→“显示报表筛选页”命令，如图 25-53 所示，打开“显示报表筛选页”对话框，保持默认，如图 25-54 所示。

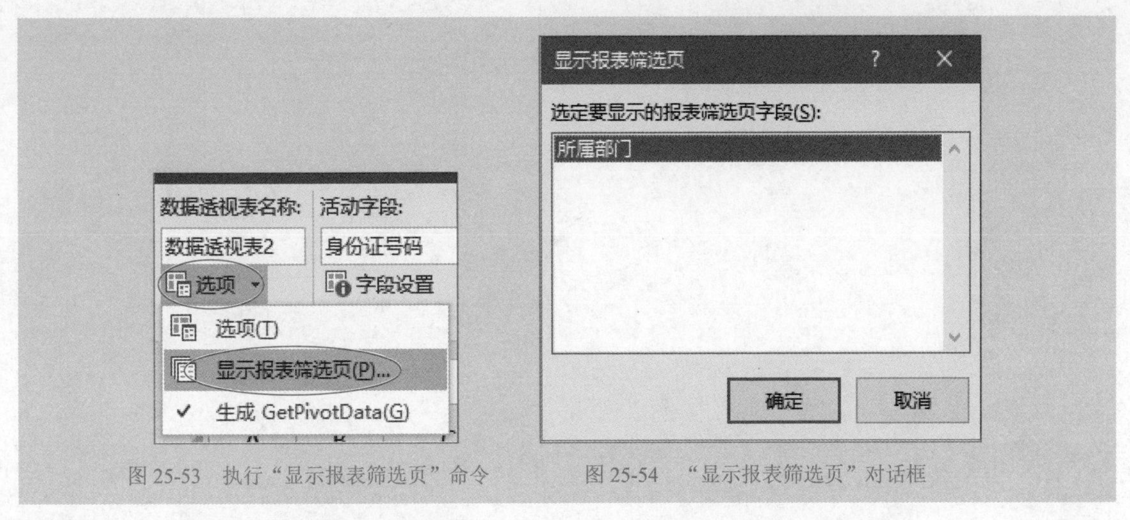

图 25-53　执行“显示报表筛选页”命令　　图 25-54　“显示报表筛选页”对话框

Step04 单击“确定”按钮，即可得到每个部门的员工明细表，如图 25-55 所示。

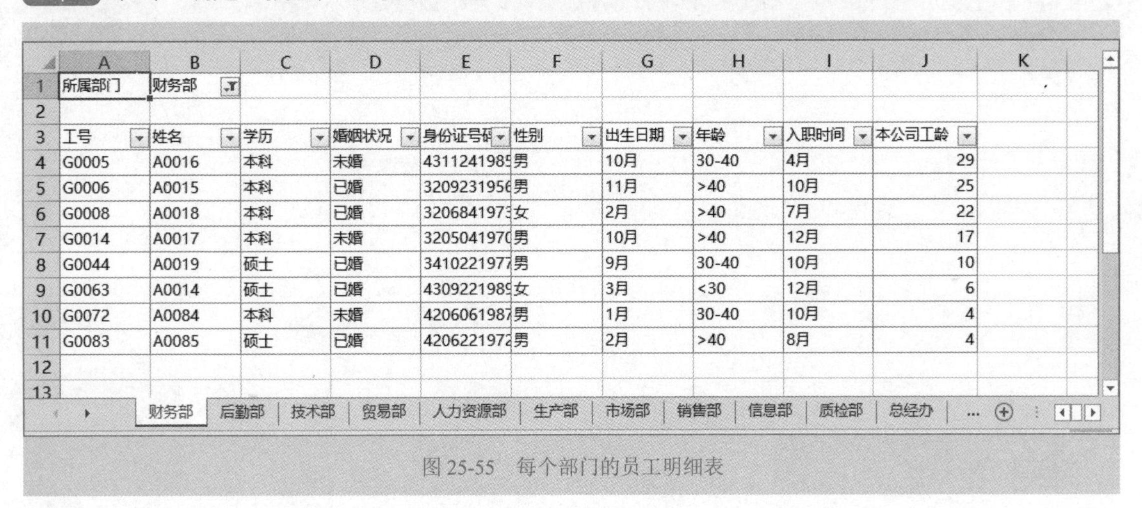

所属部门	财务部								
工号	姓名	学历	婚姻状况	身份证号码	性别	出生日期	年龄	入职时间	本公司工龄
G0005	A0016	本科	未婚	4311241985	男	10月	30-40	4月	29
G0006	A0015	本科	已婚	3209231956	男	11月	>40	10月	25
G0008	A0018	本科	已婚	3206841973	女	2月	>40	7月	22
G0014	A0017	本科	未婚	3205041970	男	10月	>40	12月	17
G0044	A0019	硕士	已婚	3410221977	男	9月	30-40	10月	10
G0063	A0014	硕士	已婚	4309221989	女	3月	<30	12月	6
G0072	A0084	本科	未婚	4206061987	男	1月	30-40	10月	4
G0083	A0085	硕士	已婚	4206221972	男	2月	>40	8月	4

图 25-55　每个部门的员工明细表

Step05 这种方法得到的部门员工明细表，实质上是把原始的透视表复制了 *N* 份，然后再在每个透视表中筛选部门，因此其本质还是透视表。

如果想把这些透视表转换为普通的表格，可以全部选中这些透视表，将其选择粘贴成数值即可。